国家“十二五”规划重点图书

中国地质调查局

青藏高原1：25万区域地质调查成果系列

中华人民共和国

区域地质调查报告

比例尺 1：250 000

库赛湖幅

(I46C001002)

项目名称： 青海省1：25万库赛湖幅、不冻泉幅区域地质调查

项目编号： 200313000005

项目负责： 李德威

图幅负责： 李德威

报告编写： 李德威　王国灿　魏启荣　袁晏明　蔡熊飞
刘德民　谢德凡　曹树钊　王　岸　汪校锋

编写单位： 中国地质大学(武汉)地质调查研究院

单位负责： 周爱国(院长)
张克信(总工程师)

中国地质大学出版社
ZHONGGUO DIZHI DAXUE CHUBANSHE

内 容 提 要

工作区位于人迹罕至的东昆仑造山带与可可西里盆地结合带，地貌反差大，建造类型多，构造变形强，是研究青藏高原形成与演化的理想窗口之一。

本项研究取得的主要进展有建立了工作区的岩石地层系统；以动态观点划分了大地构造单元；确定了阿尼玛卿构造带在测区的分布和延展；在中新世查保玛组埃达克质火山岩中发现了下地壳包体，提出了下地壳层流加厚部分熔融模式；划分了低级—极低级变质相和变质带，揭示了几条构造混杂岩带的相对高压特点；全面调查了东昆仑8.1级地震的地表破裂情况，并分析其成因；揭示了巴颜喀拉山群的物源及其与北部造山带的亲缘关系；分析了晚新生代隆升—剥蚀—盆地堆积之间的相互制约关系和地貌—水系—气候变迁过程；建立了库赛湖、叶鲁苏湖拉分盆地的成因模式；划分出基底构造演化、晚古生代洋陆转化、三叠纪印支期洋陆转化、晚中生代—新生代陆内构造演化的4个阶段；发现矿点7处、矿(化)点10个。

本书内容丰富，资料翔实，思路新颖，语言简洁，文字流畅，具有一些重要发现和新认识，可供地质类专业师生及相关部门科研人员在工作和研究中参考使用。

图书在版编目(CIP)数据

中华人民共和国区域地质调查报告·库赛湖幅(I46C001002)：比例尺1∶250 000/李德威，王国灿，魏启荣等著. —武汉：中国地质大学出版社，2014.12

ISBN 978-7-5625-3533-1

Ⅰ.①中…
Ⅱ.①李…②王…③魏…
Ⅲ.①区域地质调查-调查报告-中国 ②区域地质调查-调查报告-青海省
Ⅳ.①P562

中国版本图书馆CIP数据核字(2012)第258615号

中华人民共和国区域地质调查报告
库赛湖幅(I46C001002) 比例尺1∶250 000

李德威 王国灿 魏启荣 等著

责任编辑：李晶 刘桂涛 陈琪 责任校对：张咏梅

出版发行：中国地质大学出版社(武汉市洪山区鲁磨路388号) 邮政编码：430074
电 话：(027)67883511 传 真：67883580 E-mail：cbb @ cug.edu.cn
经 销：全国新华书店 http://www.cugp.cug.edu.cn

开本：880毫米×1 230毫米 1/16 字数：494千字 印张：13.5 图版：27 附图：1
版次：2014年12月第1版 印次：2014年12月第1次印刷
印刷：武汉市籍缘印刷厂 印数：1—1 500册

ISBN 978-7-5625-3533-1 定价：470.00元

前　言

青藏高原包括西藏自治区、青海省及新疆维吾尔自治区南部、甘肃省南部、四川省西部和云南省西北部，面积达260万km^2，是我国藏民族聚居地区，平均海拔4500m以上，被誉为“地球第三极”。青藏高原是全球最年轻的高原，记录着地球演化最新历史，是研究岩石圈形成演化过程和动力学的理想区域，是“打开地球动力学大门的金钥匙”。

青藏高原蕴藏着丰富的矿产资源，是我国重要的资源后备基地。青藏高原是地球表面的一道天然屏障，影响着中国乃至全球的气候变化。青藏高原也是我国主要大江大河和一些重要国际河流的发源地，孕育着中华民族的繁生和发展。开展青藏高原地质调查与研究，对于推动地球科学研究、保障我国资源战略储备、促进边疆经济发展、维护民族团结、巩固国防建设具有非常重要的现实意义和深远的历史意义。

1999年国家启动了“新一轮国土资源大调查”专项，按照温家宝总理“新一轮国土资源大调查要围绕填补和更新一批基础地质图件”的指示精神。中国地质调查局组织开展了青藏高原空白区1∶25万区域地质调查攻坚战，历时6年多，投入3亿多元，调集25个来自全国省（自治区）地质调查院、研究所、大专院校等单位组成的精干区域地质调查队伍，每年近千名地质工作者，奋战在世界屋脊，徒步遍及雪域高原，完成了全部空白区158万km^2共112个图幅的区域地质调查工作，实现了我国陆域中比例尺区域地质调查的全面覆盖，在中国地质工作历史上树立了新的丰碑。

青海省1∶25万库赛湖幅（I46C001002）区域地质调查项目，由中国地质大学（武汉）地质调查研究院承担，工作区跨高原北部边缘山系东昆仑山和南部高原腹地可可西里地区。目的是对本区沉积建造、岩浆活动、变质变形进行全面综合调查与分析，合理划分该区地层构造单元，建立区域构造格架，重塑区域地质演化史，揭示新构造运动及青藏高原隆升与古气候、古环境变迁关系调查，加强多金属及贵金属成矿地质背景调查，全面提高本区基础地质研究程度，为地方经济发展提供基础地质资料。

库赛湖幅（I46C001002）地质调查工作时间为2003—2005年，累计完成地质填图面积为15 120km^2，实测剖面55.9km。地质路线3337km，采集种类样品2087件，全面完成了设计工作量。创新性成果主要有①确定了阿尼玛卿构造带在测区的分布和延展；②建立了测区构造-岩浆演化时空格架；③在中新世查保玛组火山岩中发现大量中、下地壳包体，揭示查保玛组火山岩属典型的C－Adakitic岩；④首次对测区低级—极低级变质作用进行了系统的变质带和变质相划分，揭示几条构造混杂岩带的相对高压特点；⑤进一步揭示巴颜喀拉山群物源与北部造山带的亲缘关系，三叠纪阿尼玛卿构造带不存在分割东昆仑和巴颜喀拉浊积盆地的大洋；⑥分析了晚新生代隆升—剥蚀—盆地堆积之间的相互制约关系和地貌—水系—气候变迁过程，揭示多级河流阶地的形成受制于构造隆升与气候变迁的共同作用；⑦揭示了库赛湖、叶鲁苏湖均为受左行断裂控制的“S”型拉分盆地，揭示青藏高原北部第四纪以来物质运动受控于弥散式分布的左旋位移运动场。

2006年4月，中国地质调查局西安地质调查中心组织专家对项目进行最终成果验收，评审认为，项目完成了任务书和设计的各项工作任务，经评审委员会认真评议，一致建议项目报告通过评审，库赛湖幅成果报告被评为良好级（88.5分）。

参加报告编写人员有李德威、王国灿、袁晏明、魏启荣、谢德凡、蔡熊飞、曹树钊、刘德民、王岸、汪校锋等，由李德威、王国灿编纂、定稿。

先后参加本图幅野外和室内工作的还有贾春兴、董月华、田立柱、林水清、王磊、曹凯、董绍鹏等。在整个项目实施和报告编写过程中，得益于许多单位和领导的大力协助、支持，尤其要感谢的是中国地质调查局、西安地质调查中心、格尔木工作站、青海省地质调查院；本书孢粉处理和鉴定由中国地质大学(武汉)俞建新老师完成；放射虫化石鉴定由中国地质大学(武汉)冯庆来教授完成；吴顺宝教授、王志平教授、黄其胜教授帮助进行了古生物大化石的鉴定；常规锆石 U-Pb 同位素测试由天津地质矿产研究所完成；锆石 U-Pb SHRIMP 年龄测定在中国地质科学研究院北京离子探针中心完成；锆石 U-Pb LA-ICP-MS 测定在西北大学教育部大陆动力学重点实验室完成；常规化学全分析、稀土元素分析和微量元素分析由湖北省地质矿产勘查开发局试验测试中心完成；光释光年龄由中国科学院兰州寒区旱区环境与工程研究所沙漠与沙漠化国家重点实验室和国家地震局地质研究所新年代学国家重点实验室完成，^{14}C 和 ESR 年龄由青岛海洋地质研究所海洋地质测试中心测试；裂变径迹年龄分析在国家地震局地质研究所新年代学国家重点实验室完成；遥感图像的处理由北京航空遥感中心完成；地质图计算机制图和空间数据库建库由甘肃省第三地质矿产勘查院源鑫图形图像公司完成。在此一并表示诚挚的谢意。

为了充分发挥青藏高原 1∶25 万区域地质调查成果的作用，全面向社会提供使用，中国地质调查局组织开展了青藏高原 1∶25 万地质图的公开出版工作，由中国地质调查局成都地调中心与项目完成单位共同组织实施。出版编辑工作得到了国家测绘局孔金辉、翟义青及陈克强、王保良等一批专家的指导和帮助，在此表示诚挚的谢意。

鉴于本次区调成果出版工作时间紧、参加单位较多、项目组织协调任务重以及工作经验和水平所限，成果出版中可能存在不足与疏漏之处，敬请读者批评指正。

“青藏高原 1∶25 万区调成果总结”项目组

2010 年 9 月

目　　录

第一章 绪 论

第一节 目标与任务

根据中国地质调查局中地调函[2003]77号《关于下达2003年第一批基础地质调查工作内容任务书的通知》，由西安地质矿产研究所组织实施的项目“青藏高原北部空白区基础地质调查与研究”下属工作内容“青海省1∶25万库赛湖幅（I46C001002）区域地质调查”（项目编号200313000005）任务书（编号：基[2003]001－12）于2003年3月正式下达给中国地质大学（武汉）。

任务书对本工作内容下达的总体目标任务：充分收集和研究区内及邻区已有的基础地质调查资料和成果，按照《1∶25万区域地质调查技术要求（暂行）》和《青藏高原空白区1∶25万区域地质调查要求（暂行）》及其他相关的规范指南，参照造山带填图的新方法，应用遥感等新技术手段，以区域地质调查与研究为先导，合理划分该区地层构造单元，针对不同地质构造组成，应用相应的工作方法，通过对本区沉积建造、岩浆活动、变质变形的综合调查与分析，建立区域构造格架，重塑区域地质演化史。由于西金乌兰-金沙江结合带穿越本区，在对其构造组成、演化进行调查的同时，应注意新构造运动及青藏高原隆升与古气候、古环境变迁关系的调查，加强多金属及贵金属成矿地质背景的调查，全面提高本区基础地质研究程度，为地方经济发展提供基础地质资料。本着图幅带专题原则，本工作内容专题为“新生代青藏高原东北部构造隆升及其地质地貌响应”。

根据任务书要求，本工作内容工作起止年限为2003年1月—2005年12月，工作周期为3年，2005年7月提交野外验收成果，2005年12月提交最终验收成果。最终成果提交印刷地质图件及报告、专题报告，并按中国地质调查局编制的《地质图空间数据库工作指南》提交以ARC/INFO、MAPGIS图层格式的数据光盘及图幅描述数据、报告文字数据各一套。

第二节 交通位置及自然地理概况

1∶25万库赛湖幅（I46C001002）隶属青海省格尔木市及玉树藏族自治州管辖，地理坐标为东经91°30′—93°00′，北纬35°—36°，图幅总面积为15 120km²。

库赛湖幅图区交通条件较差（图1－1），109国道青藏公路从测区东南角擦角而过。沿109国道新建的青藏铁路已通车，2006年正式运行。图幅内大部分地区仅有一些可季节性通车的便道，主要为从索南达杰保护站向西至库赛湖及卓乃湖、从五道梁向西至卓乃湖及错仁德加等。这些季节性道路为我们在测区开展工作带来了一定便利，但由于测区地处高原，大部分地区属于可可西里无人区，自然环境十分恶劣，北侧昆仑山主脊一带沟谷深切，河流挡道，通行十分困难，昆仑山主脊上冰雪常年覆盖，更是难以逾越；南部高原腹地地区融冻泥流、沼泽十分发育，有限的简易便道极易陷车，行走极其艰难。

所选图幅北侧为近东西向的高原边缘山系，昆仑山主脊呈北西西-南东东向横贯测区北侧，大部分地区为高原腹地，是长江的发源地之一。在地貌上，北部昆仑山系高差大、切割深，为大起伏极高山区，一些小型山间断陷盆地呈北西西-南东东向镶嵌于山体中，山体山顶面海拔一般 5100～5400m，终年积雪和冰川发育。中南部大部分地区平均海拔高，而相对高差较小，为高原内部丘陵盆地区，高原面海拔一般 4500～4600m，山地山顶面海拔一般 4900～5000m，高原内部发育众多的咸水湖泊，较大者有库赛湖、卓乃湖、错达日玛及错仁德加等。

测区的水系结构较为复杂(图 1-1)，大致以昆仑山主脊为界，北侧为柴达木盆地内陆水系，南部包括长江源水系(楚玛尔河)及高原湖泊内湖水系。从现今水系的发育和分布格局来看，高原内部的内湖水系受到北部柴达木内陆水系和南部长江源外流水系的双向袭夺。在北部，流入柴达木盆地的红水河已经切穿昆仑山主脊而袭夺了原来属于内湖水系的东西向河流；在南部，长江源的楚玛尔河向西已切过错仁德加湖，并继续向西发展。

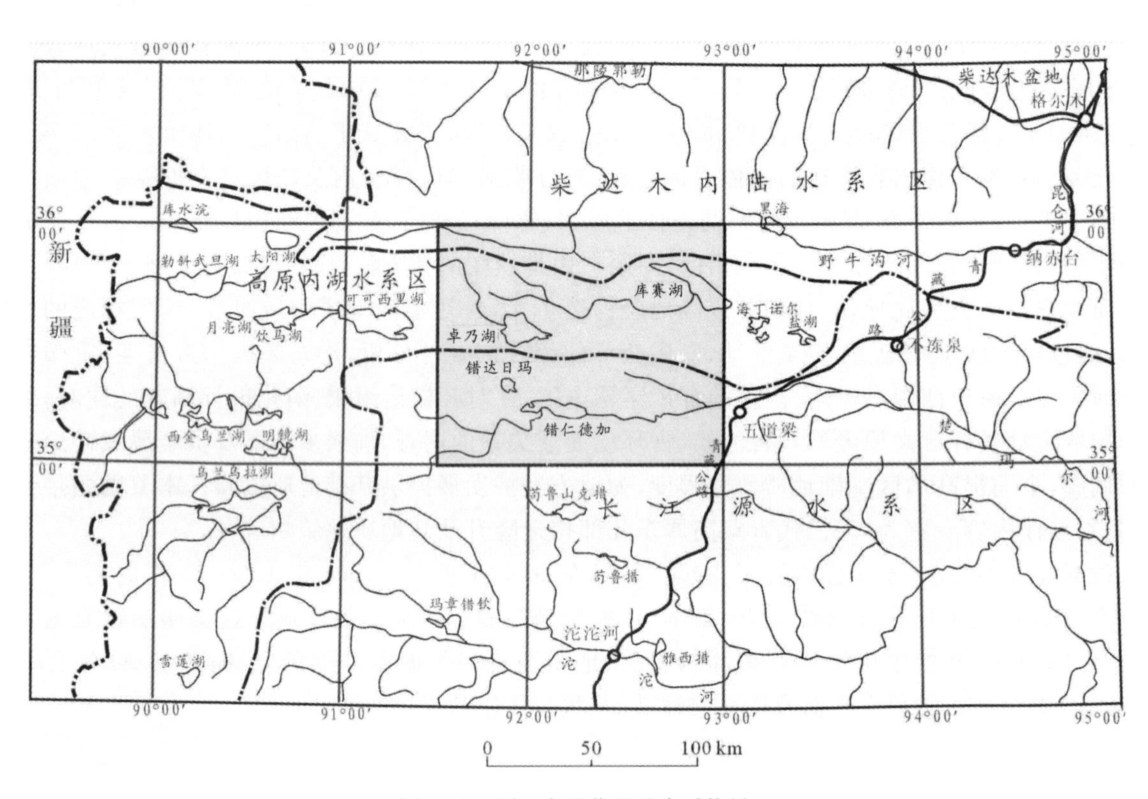

图 1-1　测区交通位置及水系格局

测区地处中纬度高海拔高原区，属典型高原大陆性气候，以低温干燥、冰冻期长、无霜期短、昼夜温差大为特点。测区气候属干旱—半干旱类型，干旱少雨，最高气温达 25℃，冬季漫长，风沙大，降雪不多，气候寒冷，最低气温可达－30℃左右。年平均气温在 0℃以下，6—9 月气温略高，多雨雪及冰雹；10 月—翌年 5 月气温低、干冷多风。

区内植被不发育，多为草本植物，北部高山区多为岩石裸露或常年积雪区，植被稀疏，类型以高寒荒漠为主。南部高原丘陵区植被稀疏，一般沿水系附近分布。

区内珍稀野生动物较多，是我国藏羚羊栖息地，其他珍稀野生动物还有野牦牛、黄羊、岩羊、盘羊、野驴、熊、狼及雪鸡等。

区内属可可西里野生动物保护区，为无人区，仅在西南部楚玛尔河流域见极少量藏族游牧民从事牧业，经济十分落后。

第三节 测区地质调查研究历史及研究程度

一、测区地质调查研究历史

测区范围内的区域地质调查工作主要为青海省地质局于20世纪80—90年代初先后完成的1∶20万可可西里湖幅、库赛湖幅和错仁德加幅区域地质调查，分别出版了1∶20万地质图、地质矿产图及其区域地质调查报告，这些资料也反映在后来出版的《青海省区域地质志》及《1∶100万青海省地质图》上。20世纪90年代，青海省地质矿产局完成了全国1∶50万数字地质图的青海省地质图的编图工作。在矿产地质工作方面，20世纪90年代以来，青海省地质矿产局加大了东昆仑地区的普查找矿工作，开展了以金为主的化探扫面及异常查证工作，并部署了东昆仑地区遥感找矿、区划及成矿远景预测工作。随着工作的进展及认识的突破，巴颜喀拉地区岩金找矿工作也有新的发现。在图幅内及邻区圈定了多个金、铜成矿远景区。此外，涉及测区及相邻地区还开展了多种性质的地质调查研究及矿产调查研究专项工作，其中主要有姜春发等20世纪90年代初开展的东昆仑开合构造研究；中国地质科学院吴功建等承担的格尔木-亚东地学大断面；1991—1995年，崔军文负责的原地质矿产部基础研究项目"青藏高原北缘构造变形动力学"；1997—2000年，中国地质科学院许志琴、姜枚与法国地质学家Alfred Hirn教授等领导的中法合作项目"东昆仑及邻区岩石圈缩短作用"，开展了基础地质研究和宽频广角地震反射剖面研究；1995—2005年，邓万明、莫宣学、许继锋、赖绍聪、王强等对可可西里地区新生代火山岩进行了一些专题研究；2001—2005年，青海省地震局徐锡伟、李海兵、任金卫、张国民等对昆仑山-库赛湖地震破裂带开展了研究。所有这些都为本项目的执行奠定了良好的基础。

总体来说，涉及测区或与测区有关的地质调查研究工作大体可划分为3个阶段。

第一阶段：20世纪60—80年代初，该阶段主要为一些零星的小比例尺的路线地质调查，对测区的地层、构造、岩浆岩做了一些工作，但该阶段研究程度极低，大部分地区属地质工作的空白区。

第二阶段：20世纪80—90年代初，主要地质调查工作为测区广泛开展的1∶20万区域地质调查和矿产普查，除西南角一个1∶10万区域尚未进行1∶20万路线地质调查外，其他地区都有1∶20万路线地质调查控制，通过广泛的1∶20万区域地质调查，建立了测区地层、构造和岩浆岩的总体框架。

第三阶段：20世纪90年代以来，随着大陆动力学研究的兴起，地学界对作为"世界第三极"的青藏高原极为重视，成为国内外地质工作者研究的热点地区，相继开展的一系列有关青藏高原北部组成、结构与演化、新生代火山岩、高原隆升及其深部过程、隆升与环境等专项研究涉及到本区。

涉及测区及邻区并对本图幅具有指导意义的主要的地质工作及其成果列于表1-1。

二、测区地质调查研究现状及存在的主要基础地质问题

1. 地质调查研究现状

测区的区域地质调查曾进行有1∶100万和1∶20万中小比例尺的。

表 1-1　测区研究程度一览表

序号	工作性质	工作时间	工作单位	主要成果
1	基础地质调查	1965—1969 年	青海省区调队	1∶100 万温泉幅区域地质调查，编制了地质图、矿产图，并编写了区调地质调查报告
2		1973—1975 年	中国地质科学院地质矿产研究所、青海地质局第一水文队	沿青藏公路进行 1∶50 万基础地质调查，编著有格拉路线地质调查简报
3		1975 年	国家地震局航磁大队 902 队	对青海中南及西南地区进行 1∶50 万航空磁力测量，著有青海中南地区航空磁力测量成果报告
4		1986—1988 年	青海省地质矿产局区调综合地质大队	1∶20 万错仁德加幅、五道梁幅区域地质调查，编写了 1∶20 万地质、矿产报告及相关图件
5		1989—1992 年	青海省地质矿产局第二区调队、青海省地质矿产局区调综合地质大队	1∶20 万布伦台幅、库赛湖幅、塔鹤托坂日幅、可可西里湖幅区域地质调查，编写 1∶20 万地质、矿产报告及相关图件
1	矿产工作	1971—1972 年	青海省地质局第一地质队	在纳赤台、野牛沟一带进行以煤、铁、铜、铍为目的的 1∶5 万地质普查，编写了纳赤台、野牛沟地区地质普查报告及相应图件
2		1996—1997 年	青海省地质矿产局区调综合地质大队	青海省东昆仑-柴达木盆地北缘区域地质图及金、银、铜、铅、锌矿产图及说明书（1∶50 万）
3		2000 年以来	青海省地质调查院	在昆仑山口-大场-玛多地区进行铜、金矿产资源普查评价；在驼路沟-布青山进行铜、金矿产资源普查评价；在大干沟-小庙-托克安进行铜、金矿产资源普查评价
1	专题研究	1978—1980 年	青海省地质研究所和南京古生物研究所	著有《青海省布尔汗布达山南坡石炭纪、三叠纪地层和古生物》
2		1978—1981 年	原地矿部青藏高原研究所	沿青藏公路进行了地质考察，编写了不同专业的文字总结报告
3		1980—1982 年	原地矿部青藏高原地质调查大队	著有《昆仑开合构造》
4		1987—1989 年	青海省地质研究所	著有青海省东昆仑东段南坡变火山岩系的基本特征及其含矿性的研究及有关图件
5		1991—1995 年	原地矿部、国家科委国际合作司及法国宇宙科研院	进行了"东昆仑及邻区岩石圈缩短机制"项目研究
6		1990—1992 年	青海省区调队	著有青海省东昆仑山缝合带及基底构造对比研究
7		1991—1993 年	青海省区调队	著有青海省东昆仑山北坡中—酸性侵入岩及成矿作用研究
8		1991—1996 年	青海省地质矿产局	著有青海省岩石地层序列及多重对比划分研究
9		1996 年	李吉均等	晚新生代黄河上游地貌演化与青藏高原隆起，中国科学（D 辑），1996，26(4)：316－322
10		1990 年	中英青藏高原综合地质考察队	《青藏高原地质演化》
11		1996 年	许志琴等	青藏高原北部隆升的深部构造物理作用——以"格尔木-唐古拉山"地质及地球物理综合剖面为例，地质学报，1996，70(3)：195－206
12		1998 年	施雅凤等	青藏高原晚新生代隆升与环境变化，广东科技出版社，1998
13		2000 年	李炳元	青藏高原大湖期，地理学报，2000，55(2)：174－182
14		2001 年	伍永秋等	Quaternary geomorphological evolution of the Kunlun Pass area and uplift of the Qinghai－Xizang Tibet Plateau，Geomorphology，2001(36)：203－216
15		2001 年	刘志飞等	可可西里盆地新生代沉积演化历史重建，地质学报，2001，75(2)：250－257
16		2001—2005 年	国家地震局、中国地质科学院、青海省地震局等	围绕 2001 年 11 月 14 号昆仑山口 Ms＝8.1 级地震变形及其动力学开展的系列调查、观测和研究成果
17		2002 年	李炳元等	可可西里东部地区的夷平面与火山作用，第四纪研究，2002，22(5)
18		2005 年	刘永江等	^{40}Ar/^{39}Ar mineral ages from basement rocks in the Eastern Kunlun Mountains，NW China，and their tectonic implications，Tectonophysics，2005，398：199－224
19		2005 年	张雪亭等	青海省地质图及板块构造编图；巴颜喀拉残留洋盆的沉积特征，地质通报，2005，24(7)：611－620

(1)1∶100万温泉幅区域地质调查完成于1965—1969年,编制了地质图、矿产图,并编写了区调地质调查报告,对测区的地层序列及地质构造格架提出了一些初步认识。

(2)涉及测区的1∶20万区域地质调查包括库赛湖幅(面积6697.42km^2)、可可西里湖幅东半幅(面积约3335km^2)和错仁德加幅北半幅(面积约3376km^2)。错仁德加幅路线间距一般在5km左右,库赛湖幅一般为4～7km,可可西里湖幅一般为4～7km。这些1∶20万区域地质调查工作提供了大量的实际资料,在地层、构造、岩浆岩等方面为本项目的开展奠定了良好的基础,同时发现了一些矿点、矿化点和找矿线索,为在本区进一步找矿提供了方向。

随着地质资料的不断积累和人们对青藏高原地质研究的日益重视,涉及测区的有关专题研究工作也广泛开展,其中对本项目具有重要指导作用的专题研究项目主要有全省性的《青海省区域地质志》、《青海省岩石地层》和《1∶50万青海省地质图》,这些成果的出版为我们在整个测区范围内的地层填图单元和构造地层格架的初步建立提供了宝贵的依据,是本项目研究重要的基础参考资料;20世纪80年代沿青藏公路进行了格尔木-亚东地学断面研究和许志琴等中法合作(1995—2000年)开展的青藏高原北部及相邻地域天然地震岩石圈探测剖面,提供了有关东昆仑构造带—阿尼玛卿构造带—巴颜喀拉山构造带的深部地壳结构和构造的重要信息;由施雅风、李吉均、伍永秋等在昆仑山口一带开展的一系列有关青藏高原隆升与环境的专题研究对我们进一步了解测区晚新生代隆升作用及其地质、地貌、环境响应具有重要的指导意义;近年来围绕2001年11月14日发生的Ms=8.1级昆仑山口地震开展的系列地表破裂调查和震后GPS观测等工作成果则为我们深刻认识横贯测区的昆南活断层提供了翔实的资料;莫宣学、王强、赖绍聪等发现的有关可可西里地区新生代火山岩的埃达克质火山岩属性提供了有关新生代厚壳部分熔融的信息;我们最近几年在中国地质调查局和国家自然科学基金的资助下,围绕东昆仑造山带组成、结构、演化和高原隆升等方面做了大量的基础地质调查和研究工作,取得了一系列成果。以上这些成果对本测区的地质调查工作有重要的指导和借鉴作用。

2.存在的主要基础地质问题

测区地处无人区,工作条件极为恶劣,因此,尽管涉及测区开展了一些地质调查和研究工作,但总体工作程度较低,许多重要基础地质问题认识并不清楚,较突出的有如下几个方面。

(1)阿尼玛卿构造带在测区的组成和延伸情况十分模糊。

(2)测区大面积分布三叠系地层,不同构造区被划分为不同的地层单元,但对它们之间的时空关系和大地构造涵义并不十分明确,对南部的西金乌兰构造带的组成、发育时代及所代表的古洋盆演化过程的认识程度较低,对测区广泛分布的并为地学界十分关注的三叠纪巴颜喀拉山群浊积盆地的基底性质、浊积岩的物质来源及所涉及的特提斯洋的演化过程等问题存在很大争议。

(3)中新生代板内地质过程、盆山作用等方面研究还很零星,并存在不同的意见分歧,青藏高原隆升过程所造成的地质地貌响应方面的研究仍较薄弱。

第四节 完成的实物工作量情况

考虑到本项目需要重点突破的关键地质问题,我们对一些重点地区进行加密路线或剖面的重点研究,如:①为了了解阿尼玛卿构造带的延伸情况,我们对园头山—库赛湖西北山区一带进行了加密路线和实测剖面控制;②为了深入研究测区新生代火山岩特征,我们对出露于大帽山一带和卓乃湖西侧的新生代查保玛组火山岩均进行了实测剖面控制,对大帽山一带的新生代火山岩还进行了十字形的加密路线部署，以解剖火山岩的组成和机构；③乌石峰—巴音莽鄂阿为测区西金乌兰构造带通过地带，在本项目任务书特别提到该构造带，为了了解在测区这一蛇绿构造混杂岩带的组成、结构和时代，我们也对此进行了重点解剖，通过加密路线、主干路线详细调查和系列实测剖面控制达到准确约束的目的；④为了更全面地了解东昆南断裂结构特征、运动性质和多期活动性，我们沿昆仑山南侧山前地带采取追索路线和短构造剖面相结合的办法进行了详细的构造解析；⑤新生代构造隆升及其地质地貌响应为本项目专题之一，在这一方面的工作部署，我们主要通过点面结合方式，所谓面就是全面系统地调查测区新生代特别是第四纪地层发育、地貌水系格架特点、主干河流阶地发育特点等，以及各种要素之间的叠置关系，所谓点就是突出专项地质点和新生代地质剖面的控制。

鉴于测区大部分地区已有前人1∶20万区域地质调查的工作基础，因此我们在实物工作量的投入上加强了研究性，在超额完成基本实物工作量的（如路线长度等）基础上，突出遗留问题的解决，突出重要地质科学问题的研究。为了取得优异成果，和原设计相比，加大测试工作的投入力度。根据工作需要和实际客观条件，部分测试工作在数量和工作内容上做了适当调整。项目完成的总实物工作量和本图幅实际完成工作量见表1-2，其中，完成的实测剖面见表1-3。

表1-2　本图幅实际完成工作量一览表

序号	工作项目	单位	完成工作量		序号	工作项目	单位	完成工作量
1	TM遥感图像处理及解译	张	1∶10万	9	2	野外地质调查总面积	km^2	15 120
			1∶25万	1				
3	野外地质调查路线总长	km	3337		4	野外实测地质剖面	km	55.9
5	重点解剖区	km^2	1500		6	主干路线	km	1200
7	岩石薄片切片（含探针片）及鉴定	片	566		8	电镜扫描锆石CL图片	件	77
9	岩石化学分析	件	141		10	伊利石结晶度	件	40
11	各类岩石标本	件	953		12	光释光年龄	件	5
13	遗迹化石	件	22		14	bo值	件	40
15	微量元素分析	件	41		16	稀土元素分析	件	41
17	X光衍射	件	40		18	锆石U-Pb定年	点	33(SHRIMP)
19	光片	片	40					233(LA-ICP-MS法)
20	微古放射虫分析	件	12		21	碳氧同位素	件	4
	微古牙形石分析		4		22	大化石鉴定	件	10
	微古孢粉分析		56		23	水质分析	件	1
24	流体包裹体分析	件	3		25	电子探针分析	点	151

表 1-3　1∶25 万库赛湖幅实测地层剖面一览表

剖面序号	剖面名称	比例尺	斜距(m)
KP1	青海省曲玛莱县贡冒日玛古近系古新统—始新统沱沱河组($E_{1-2}t$)实测剖面图	1∶2000	893
KP2	青海省格尔木市贡冒日玛北平顶山古近系渐新统—新近系中新统五道梁组上段($E_3N_1w^2$)地层实测剖面	1∶500	675
KP6	青海省格尔木市贡冒日玛君日玛塔玛东南古近纪渐新世正长斑岩体($\zeta\pi^{E3}$)实测剖面	1∶1000	390
KP10	青海省格尔木市狼牙山古近系古新统—始新统沱沱河组($E_{1-2}t$)实测剖面	1∶5000	5600
KP11	青海省治多县马鞍山第四系上更新统湖积物(Qp_3^l)实测剖面	1∶10	2.1
KP12	青海省格尔木市蛇山古近系渐新统雅西措组(E_3y)实测剖面	1∶5000	4800
KP13	青海省曲麻莱县错达日玛阿尕日旧南部元古界宁多群(PtN)蛇绿构造混杂岩系实测剖面图	1∶5000	2800
KP14	青海省曲麻莱县错达日玛阿尕日旧石炭系—二叠系乌石峰通天河蛇绿岩构造混杂系(CPw)实测剖面图	1∶5000	4080
KP15	青海省曲麻莱县错达日玛乌石峰东侧石炭系—二叠系乌石峰通天河蛇绿岩构造混杂系(CPw)、古近系古新统—始新统沱沱河组($E_{1-2}t$)实测剖面	1∶5000	3315
KP16	青海省曲麻莱县错达日玛乌石峰西南三叠系上统苟鲁山克措组(T_3g)地层实测剖面	1∶200	725
KP17	青海省曲麻莱县错达日玛北湖山古近系渐新统雅西措组二段(E_3y^2)实测剖面图	1∶5000	5400
KP18	青海省格尔木市卓乃湖西部中新统查保玛组(N_1c)火山岩实测剖面	1∶5000	11 355
KP19	青海省格尔木市园头山西红水河北侧二叠系下、中统园头山组下段($P_{1-2}y^1$)实测剖面图	1∶5000	7540
KP20	青海省格尔木市红水河河谷第四系上更新统洪冲积(Qp_3^{pal})实测剖面图	1∶200	560
KP21	青海省格尔木市大帽山新近系中新统查保玛组(N_1c)火山岩实测剖面图	1∶5000	3458
KP22	青海省曲麻莱县园头山东南湖边山三叠系中、上统上巴颜喀拉山亚群二组($T_{2-3}By2$)实测剖面图	1∶3000	3100
KP23	青海省曲麻莱县七十六道班古近系渐新统雅西措组(E_3y^2)实测剖面图	1∶1000	1220
总计 55.9km			

第二章　地层及沉积岩

测区地层发育比较齐全。从元古宇到中、新生代地层，但以中、新生代地层为主。全区共划分43个填图单位(表2-1)。它们可以划分两种地层类型：一种为构造混杂岩系统，分布十分局限，地层具有总体无序、局部有序的构造地层单位的特征；另一类为分布广泛的有序地层。有序地层体绝大部分出露较好，地层出露比较连续，而且成层有序，具有原生构造，因而地层保存完好，接触关系比较清楚，各种地层信息具有较完整被保存的特征，它们各自具有自身的发育特色。

第一节　元古宇

元古宇在本区分布非常局限，出露较差，限于交通不便和气候恶劣，工作程度总体不高。

一、概述

测区前寒武系结晶片岩出露十分局限，分布在图幅的南侧，呈零星状组成了本区的结晶基底。新一轮国土资源大调查，朱迎堂等(2004)将可可西里湖幅南东侧出露的片岩定为元古宇的宁多群。本图幅引用这些调研成果。

宁多群(Pt*N*)：西藏区调队(1990)在青海省玉树藏族自治州小苏莽乡建立宁多群，《西藏自治区岩石地层》(1997)定义为：分布于青海与西藏交界的小苏莽乡地区的一套中、深变质岩地层体，可分为上、下两部分，下为黑云斜长片麻岩、黑云石英片岩、二云石英片岩、辉石变粒岩等，上部为含白云石大理岩、角砾状大理岩、条带状大理岩夹角闪斜长片麻岩、片状石英岩。未见顶、底。

二、剖面介绍

以阿尕日旧宁多群实测剖面KP13为代表(图2-1)。

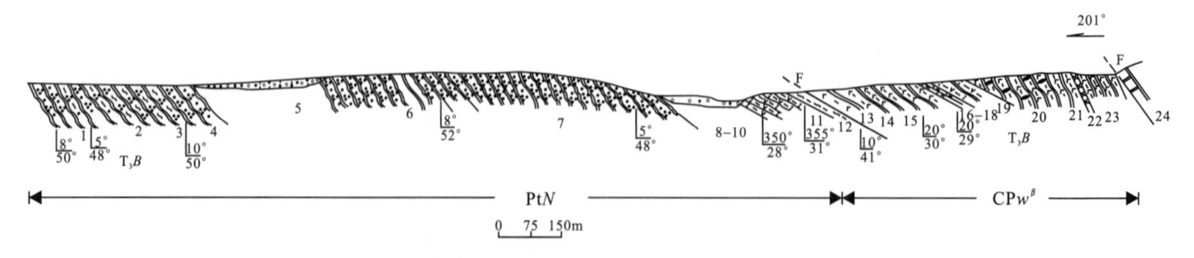

图2-1　青海省乌石峰元古宇宁多群实测剖面图(KP13)

表 2－1 测区岩石地层单位划分特征

界	系	统	岩石地层单位(群、组、代号)及岩性																	
新生界	第四系	全新统	Qh^{2eol}	风积	Qh^{al}	冲积	Qh^{pal}	洪冲积	Qh^{pl}	洪积	Qh^{1eol}	风积	Qh^{esl}	残坡积	Qh^{p}	沼泽沉积	Qh^{l}	湖积	Qh^{gl}	冰碛
		上更新统	Qp_3^{gl}	冰碛	Qp_3^{glf}	冰水堆积	Qp_3^{esl}	残坡积	Qp_3^{pl}	洪积	Qp_3^{1pl}	洪积	Qp_3^{2pl}	洪积	Qp_3^{psl}	洪冲积	Qp_3^{l}	湖积		
		中更新统	Qp_2^{gl}	冰碛																

界	系	统	组	代号	岩性
新生界	新近系	中新统	查保玛组	N_1c	玄武安山岩、粗面安山岩、粗面岩、粗面英安岩
			五道梁组	$E_3N_1w_2$	含介形虫的藻类碳酸盐岩
	古近系	渐新统 始新统 古新统	五道梁组	$E_3N_1w_1$	砂砾岩、钙质泥岩
			雅西措组	E_3y^3	粉砂质泥岩夹石膏层、灰岩
			雅西措组	E_3y^2	细碎屑岩系夹灰岩、钙质泥岩、粉砂岩
			雅西措组	E_3y^1	砂砾岩、细碎屑岩系
			沱沱河组	$E_{1-2}t$	砂砾岩、含砾杂砂岩、岩屑砂岩、粉砂岩、泥岩

阿尼玛卿构造带

界	系	统	群/组	岩性
中生界	三叠系	中上统	上巴颜喀拉山亚群	
		下统	下亚群	
古生界	二叠系	中下统	马尔争组变碎屑岩组合($P_{1-2}m^{d}$)	上部板岩夹中薄层变砂岩
				下部变质岩屑砂夹板岩

巴颜喀拉构造带

统	组	代号	岩性
中上统	五组	$T_{2-3}By5$	细粉砂岩夹板岩
	四组	$T_{2-3}By4$	板岩夹中—薄层变细粉砂岩
	三组	$T_{2-3}By3$	砂板互层夹厚—巨厚层变细砂岩
	二组	$T_{2-3}By2$	板岩夹细、粉砂岩
	一组	$T_{2-3}By1$	变细粉砂岩夹板岩、纹层理发育
下统	三组	T_1By3	杂色板岩夹变砂岩
	二组	T_1By2	含砾不等粒变砂岩夹板岩
	一组	T_1By1	灰绿色变粉砂岩，多板岩互层

西金乌兰构造带

系	群/组	代号	岩性
巴音莽鄂阿构造混杂岩系		T_3bm^{d}	千枚岩、板岩、片岩、砂岩
		T_3bm^{β}	玄武岩夹碎屑岩系
	苟鲁山克措组	T_3g	变砂岩、二云母石英片岩、黑云母石英片岩
二叠系—石炭系	乌石峰通天河混杂岩系	CPw^{d}	变砂岩 千枚岩、板岩、片岩、
		CPw^{β}	玄武岩夹碎屑岩系
		CPw^{Ca}	大理岩、结晶灰岩
		CPw^{Σ}	蛇纹石化辉橄岩
元古宇	宁多群	PtN	云母石英片岩、石英岩等

乌石峰通天河蛇绿混杂岩(CP*w*) **(未见顶)** **>312m**

24.大理岩

═══════ 断 层 ═══════

19—23.灰绿色块状玄武岩、斑晶和隐晶质玄武岩	117.11m
18.灰绿色玄武质凝灰质片岩	6.32m
15—17.灰白色结晶灰岩夹块状玄武岩	16.48m
14.灰绿色隐晶质块状玄武岩	143.43m
13.灰绿色玄武岩与灰白色结晶灰岩	28.13m

═══════ 断 层 ═══════

宁多群(Pt*N*) **>968m**

12.灰绿色云母石英片岩	28.13m
11.灰绿色云母石英片岩	32.12m
8—10.浮土掩盖	10.42m
6—7.灰色细粒石英岩	524.74m
5.浮土掩盖	189.02m
4.灰黑色石英岩	43.72m
3.灰绿色云母石英片岩	47.38m
2.灰白色块状石英岩	32.34m
1.灰绿色中—厚层状石英岩与灰绿色云母石英片岩互层	91.91m

(未见底)

三、时代的依据

宁多群下部相对较老,未获得直接同位素测年资料,但在上部斜长片麻岩获得锆石 U-Pb 年龄 2200Ma(王成善等,2003),在副变质成因的片麻岩内获有代表年龄的 U-Pb 锆石年龄 1870Ma(姚宗富,1992),同时在侵入体的花岗岩中也获得 1680Ma 和 1780Ma 的锆石 U-Pb 年龄。这些同位素测年资料共同表明宁多群至少是古元古代以来的地层。

四、岩性组合

测区该群的岩性组合与建群地区有很大的不同,以云母石英片岩、石英岩为主,不具有二分的特点。

五、原岩和构造古地理的恢复

宁多群由于经受多期变质、变形作用的改造,原岩结构构造已消失殆尽,内部已呈片状无序的地质体。云母石英片岩、石英岩恢复原岩应为细粒杂砂岩、石英砂岩等,为一种稳定类型的沉积。

第二节 石炭系—二叠系

该类地层主要分布在西金乌兰构造带上的石炭系—二叠系的通天河蛇绿混杂岩和分布在阿尼玛卿构造带上的二叠系马尔争组变碎屑岩组合。前者主要分布在测区西南角,往往出露不连续,零星分布;后者呈条带状稳定地分布在测区北部。

一、石炭系—二叠系乌石峰通天河蛇绿混杂岩(CP*w*)

(一)概述

1959 年,中国科学院南水北调考察队将通天河两侧的变质岩系命名为通天河群,时代归古生代。青海省地层编写组(1980)认为通天河群是一套中、浅变质的浅海—滨海相沉积的碎屑岩及火山喷发岩组成,沉积厚度 4200 余米。地质时代为二叠纪。以后对它的涵义、划分和归属一直各抒己见(表 2-2)。

表 2-2 通天河蛇绿混杂岩划分沿革表

<table>
<tr><th colspan="2">中国科学院(1959)</th><th colspan="2">青海地层编写组(1980)</th><th colspan="2">青海第二区调队(1983)</th><th>刘广才(1984)</th><th colspan="3">1:20 万玉树县幅(1986)</th><th>张以茀等(1994)</th><th colspan="2">青海省岩石地层清理(1997)</th><th colspan="3">本书(2003)</th></tr>
<tr><td rowspan="3">古生代</td><td rowspan="3">通天河群</td><td rowspan="3">通天河群</td><td>火山岩组</td><td rowspan="3">石炭系—二叠系</td><td>变砂岩组</td><td rowspan="3">通天河蛇绿混杂岩</td><td rowspan="3">晚三叠世</td><td rowspan="3">通天河群</td><td>碎屑岩组</td><td>西金乌兰群</td><td rowspan="3">石炭系—三叠系</td><td rowspan="3">通天河蛇绿混杂岩</td><td rowspan="3">石炭系—二叠系</td><td rowspan="3">通天河蛇绿混杂岩</td><td rowspan="3">待分</td></tr>
<tr><td>碎屑岩组</td><td>千枚岩砂岩组</td><td>火山岩碳酸盐岩组</td><td>叶桑岗群</td></tr>
<tr><td>火山岩碎屑岩组</td><td>片岩、变火山岩组</td><td>碎屑岩组</td><td>汉台山群</td></tr>
</table>

青海省岩石地层清理(1997)将其定义为西金乌兰湖—通天河一线呈带状或断续零星展布的多类混杂的地质体,主要由板岩、千枚岩、片岩、变砂岩、辉长岩、辉绿岩、辉长堆晶岩、枕状玄武岩、硅质岩、大理岩、灰岩及正常碎屑岩组成。各岩片间关系不清或断层接触,含放射虫、遗迹、䗴、腕足类及双壳类等化石。

根据前人资料,该蛇绿混杂岩内部均以断片形式产出,零星出露,未见到早三叠世的双壳类。前人发现的早三叠世的双壳类离本测区较远。本项目暂归为石炭纪—二叠纪。

(二)剖面描述

以错达日玛阿尕日旧剖面 KP15 为代表,描述如下(图 2-2)。

土黄色砂砾石、粘土质松散堆积物(Qp_3^{gl})

~~~~~~~~~~ 角度不整合 ~~~~~~~~~~

乌石峰通天河蛇绿混杂岩碳酸盐岩组合(CPw^{Ca})

16. 乳白色的细粒大理岩 557.41m

═════ 断 层 ═════

乌石峰通天河蛇绿混杂岩变碎屑岩组合(CPw^{d})

15. 断层破碎带 255.33m

14. 糜棱岩化、千枚岩化钙质石英粉砂、细砂岩 401.85m

13. 千枚岩化钙质石英粉砂、细砂岩 44.62m

12. 糜棱岩化、千枚岩化钙质石英粉砂、细砂岩 155.75m

═════ 断 层 ═════

乌石峰通天河蛇绿混杂岩变超镁铁岩组合(CPw^{Σ})(图版 8-2)

11. 蛇纹石化的辉橄岩及辉绿岩脉 107.39m
~~~~~~~~~~

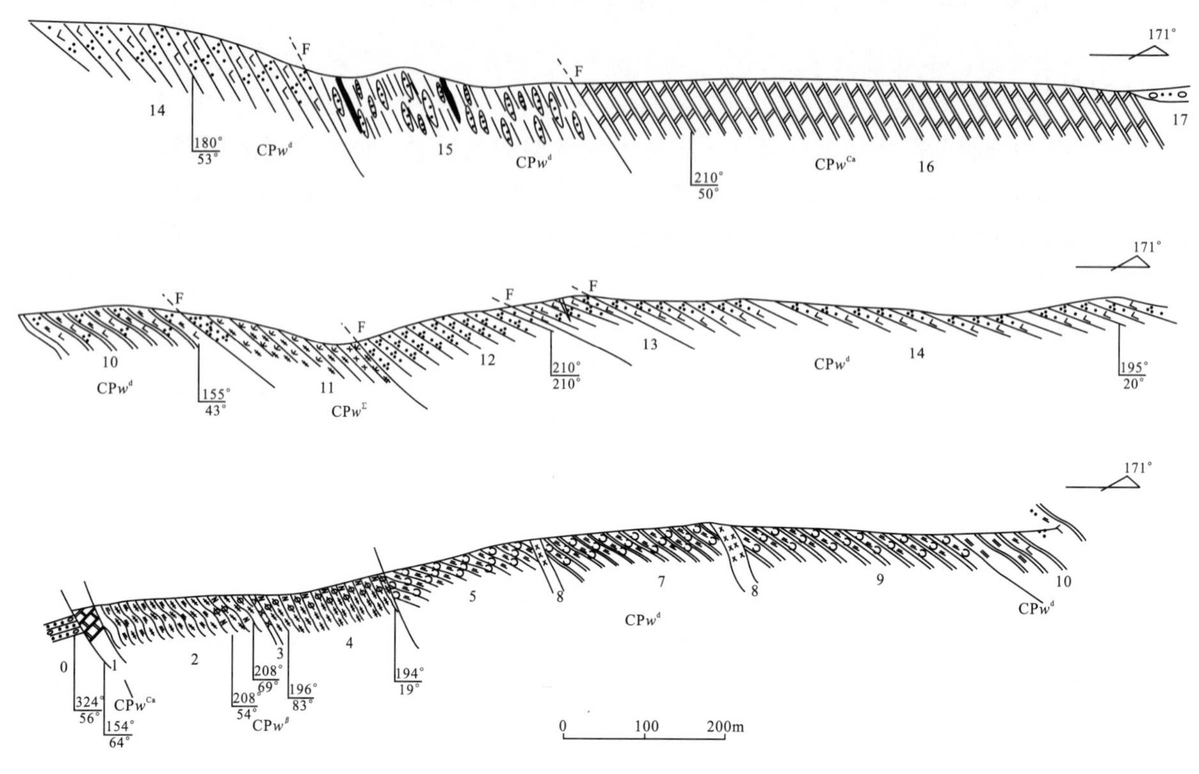

图 2-2　青海省错达日玛阿尕日旧通天河蛇绿混杂岩实测剖面图(KP15)

断　　层

乌石峰通天河蛇绿混杂岩变碎屑岩组合(CPw^d):二云母石英片岩

10. 方解石绢云母石英片岩夹绢云石英片岩	111.52m
9. 炭质绢云母板岩	65.96m
8. 变辉长辉绿岩脉	5.29m
7. 炭质绢云母千枚岩	72.02m
6. 变辉绿岩脉	5.17m
5. 炭质绢云母千枚片岩	86.34m

断　　层

乌石峰通天河蛇绿混杂岩变玄武岩组合(CPw^β)

4. 钠长绿帘阳起石片岩	160.99m
3. 变辉绿岩脉	
2. 阳起石绢云母片岩夹钠长阳起绿帘石片岩	173.43m

断　　层

乌石峰通天河蛇绿混杂岩碳酸盐岩组合(CPw^{Ca})

1. 强劈理化细粒大理岩	2.55m

断　　层

该剖面各个组之间以韧性剪切带为界面,以构造岩片态势展布,内部表现为褶皱、断裂等构造变形,片理化、劈理化和变质作用均很强烈,地层单元之间及地层单元内部的不同岩石组合之间基本上都是构造边界或为断裂带或为片理化带(图 2-2)。地层结构具有不连续、残破不全的特点,显示了总体无序、局部有序的构造地层单位的特征。

（三）时代的依据

根据乌石峰通天河蛇绿混杂岩变碎屑岩系采获的放射虫：*Pseudoalbaillella scalprata rhombothoracata* Ishiga，*Pseudoalbaillella scalprata scalprata* Holdsworth and Jones（图版1、图版8-4）。在乌兰乌拉湖也发现产有早二叠世放射虫：*Pseudoalbaillella scalprata rhombothoracata* Ishiga（伊海生等，2004）。该放射虫组合分布广泛，属于 *Pseudoalbaillella scalprata rhombothoracata* 带，可以进行全球对比，地质时代为早二叠世，相当于 Wolfcampian 顶部到 Leonardian 底部。本区通天河蛇绿混杂岩一大套岩系应归为石炭系—二叠系。

（四）岩性组合

测区的乌石峰通天河蛇绿混杂岩地层未见顶、底，分布在西南角西金乌兰构造带内。内部均以岩片形式出露，表现强烈的劈理化和变形构造，根据岩片之间岩性不同，可划分为4个岩性组合。CPw^{d}：变砂岩、千枚岩、板岩。CPw^{Ca}：岩性为乳白色大理岩、结晶灰岩。玄武岩组合 CPw^{β}：岩性为基性玄武岩夹碎屑岩。超镁铁岩组合 CPw^{Σ}：岩性为蛇纹石化橄榄岩等（图版8-3）。4个岩性组合具典型的混杂岩碰撞带特征。

（五）构造古地理的恢复

根据乌石峰通天河蛇绿混杂岩生物和洋壳的残留体，该混杂岩碰撞带在石炭纪—二叠纪时期打开，然后喷发巨厚的玄武岩。玄武岩形成海山高地，堆积了富含放射虫的硅质岩和变砂岩、千枚岩、板岩等碎屑岩系，内部可见水平层理。富含放射虫的硅质岩则是在构造活动性相对减弱、盆地进一步扩展，较为宁静的深海或半深海的环境下所形成。碳酸盐岩很可能属于洋岛（海山）型的沉积类型。

其构造古地理自下而上，由洋盆→洋岛（海山）→大陆斜坡→浅海逐步萎缩，最后在海西运动碰撞。

二、二叠系马尔争组

（一）概述

该组沿阿尼玛卿构造混杂岩带展布。青海省地质矿产局（1991）将都兰县树维门科—马尔争一带布青山群中部砂岩火山岩组和上部碳酸盐岩组命名为马尔争组。1997年青海省岩石地层清理对该组作了修订，指分布于布青山地区，位于树维门科组之上的地层体。下部为灰—灰绿色变火山岩、岩屑砂岩夹硅质岩及灰岩；上部为灰—深灰色、玫瑰色灰岩偶夹砂砾岩，含腕足类及珊瑚等化石。

通过测区近几年的工作实践，查明本区北边沿阿尼玛卿构造混杂岩带为以灰绿色变岩屑砂岩夹板岩和板岩为主的马尔争组变碎屑岩组合，与邻幅红石山马尔争组变碎屑岩相差较远。红石山马尔争组变碎屑岩内部无序，内部未见递变层理和任何沉积构造。而测区该岩系组合内部具有一些原生构造和基本层序，一些地层信息保存较完整，是马尔争组变碎屑岩组合在横向上变化的反映。由于内部岩性差异较大，可划分下、上部。

前人把测区北部的早、中二叠统岩组划分的有序地层由北向南变新，经过我们构造地层和沉积学的深入研究，发现向南均为倒转地层，向北为正常层序。

（二）剖面介绍

上部以邻区西大滩煤矿剖面为代表，未见顶、底，厚度大于1500.9m。岩性组合为深灰色斑点板岩、绢云母粉砂质板岩、中薄层状片理化含细砾长石石英砂岩与深灰色板岩互层、千枚状板岩夹含细砾—中细砂的绢云母粉砂质板岩、中厚层状变质中细粒岩屑长石杂砂岩、薄层状粉砂岩等，以板岩夹砂岩为特征，产大量二叠纪的孢粉。

下部以园头山洪水河北岸剖面 KP19 为代表，描述如下(图 2-3)。

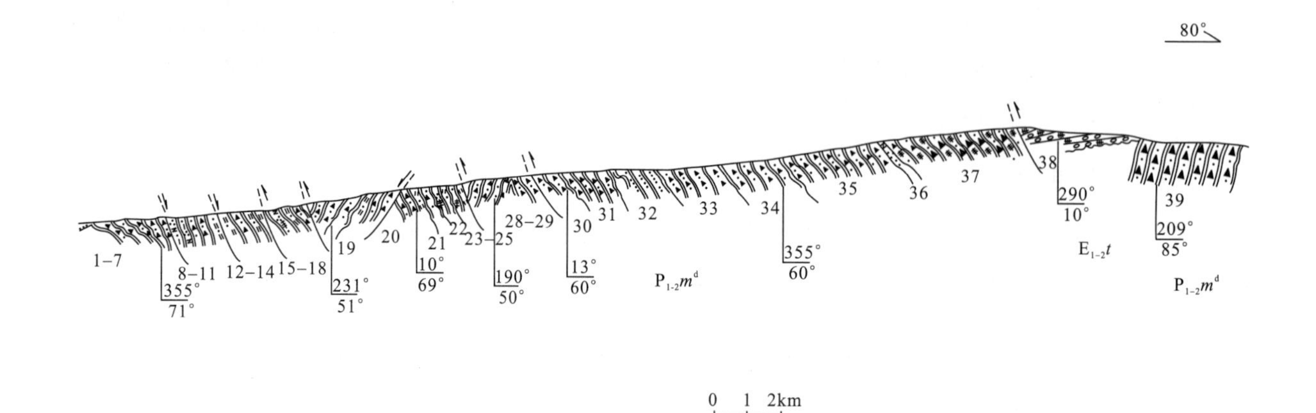

图 2-3 青海省园头山洪水河北岸石炭系—二叠系马尔争组变碎屑岩组合($P_{1-2}m^d$)下部实测剖面图(KP19)

下、中二叠统马尔争组变碎屑岩组合($P_{1-2}m^d$)

40. 灰绿色粉砂质板岩夹灰绿色中薄层状变质细粒岩屑长石杂砂岩	>70m
39. 灰绿色中厚层状变质岩屑细砂岩、岩屑粉砂岩夹深灰色粉砂质板岩，局部夹宽 3m 的含砾粗砂岩，砾石成分主要为板岩砾	558.9m
38. 掩盖	770.1m
37. 灰绿色变质细粒岩屑长石杂砂岩及少量深灰色板岩，粉砂质板岩	479.7m
36. 灰紫色薄层长石石英中砂岩	14.9m
35. 灰绿色中—薄层中—细粒岩屑砂岩	446.9m
34. 灰色薄—中厚层中细粒岩屑砂岩	350.2m
33. 灰绿色薄—中厚层中—细粒岩屑砂岩夹灰绿色板岩	276.9m
32. 灰色薄—中厚层变粉、细砂岩	213.6m
31. 灰绿色薄—中厚层中、细粒岩屑砂岩与灰绿色板岩互层	245.1m
30. 灰绿色厚—中厚层—薄层中细粒岩屑砂岩与灰绿色板岩互层	148.4m
═══ 断　　层 ═══	
29. 紫灰色中—薄层中—细粒岩屑砂岩夹板岩	74.7m

(三)时代依据

马尔争组变碎屑岩组合上部产二叠纪的孢粉：*Alisporites*，*Pteruchipollenites*，*Klaeusipollenites*，*Limitisporites*，*Sulcatisporites*，*Protohaploxypinus*，*Striatopocarpites*，*Lueckisporites*，*Taeniaesporites*，*Stritoabieits*，*Hamiapollenites*，*Vittatina*，*Cycadopites* 等(图版 5、图版 6)。根据孢粉，其地层时代应为早、中二叠世。

马尔争组变碎屑岩组合下部同时也产䗴(1∶20 万布伦台幅、库赛湖幅，1992)*Neoschwagerina*，*Shengella* cf. *elliptica*；腕足类 *Athyris* sp.；苔藓虫 *Stenodiscusdeling hensis* 等。从上述化石组合面貌看，其时代应为早、中二叠世。

(四)岩性组合

马尔争组变碎屑岩二分性明显,可划分为下、上部。

上部:板岩夹砂岩。以变细碎屑岩系为主,主要岩性为粉砂质绢云母板岩、千枚状板岩夹岩屑杂砂岩、硅质岩。

下部:砂岩夹板岩。为灰绿色岩屑杂砂岩、含砾变砂岩夹板岩,发育向北变新的递变层理。厚度大于3580m。

(五)横向上变化特征

马尔争组变碎屑岩横向上岩性变化不大,下部、上部岩性特征十分稳定分布,碎屑流、浊流沉积序列到处可见。

(六)环境相

马尔争组变碎屑岩下部发育两种沉积类型。一种为灰绿色岩屑杂砂岩、含砾变砂岩,尤其是不等粒岩屑杂砂岩较多,内部不发育递变层理,分选性较差,应为碎屑流沉积。另一种为中、细粒岩屑杂砂岩,内部发育递变层理。递变层理厚90cm,下部为80cm中、细粒岩屑杂砂岩,上部为10cm细、粉砂岩。为近源浊流。因而,马尔争组下段是位于大陆斜坡之下的沉积类型。

马尔争组变碎屑岩上部粉砂质绢云母板岩、千枚状板岩互层,镜下可见微细纹层,为一种大陆斜坡之下陆隆的沉积类型。

从大陆斜坡之下碎屑流至陆隆沉积,反映了马尔争组变碎屑岩沉积时期,水体逐步加深。为一种非扇大陆斜坡沉积类型,以远源浊积岩、等深岩、半远洋沉积为特征。

第三节 三叠系

测区的三叠系分布广泛,分布在巴颜喀拉构造带和西金乌兰构造带2个不同的构造单元上,其中,巴颜喀拉山群分布最为广泛,地层体绝大部分出露较好,地层出露比较连续,而且成层有序,具有原生构造,因而地层保存完好、接触关系比较清楚、各种地层信息具有较完整被保存的特征。分布在西金乌兰构造带的三叠系巴塘群则具有构造地层单位的特征,各组之间都是构造边界或为断裂带、或为片理化带,地层结构具有不连续、残破不全的特点,表现为地层总体无序。

一、巴颜喀拉山群(TB)

(一)概述

北京地质学院(1961)创名巴颜喀拉山群,时代归属到石炭纪。1970年以后,青海省区测队等单位将它提升为三叠系,内部划分为3个亚群。1997年青海省岩石地层清理将巴颜喀拉山群定义为"分布于可可西里—巴颜喀拉山地区的一套厚度巨大几乎全由砂岩、板岩组成的地层,难见顶、底,偶见不整合于二叠系布青山群之上"。化石稀少,属种单调,主要有双壳类、腕足类和头足类等,时代定为三叠纪。多年来对该群争论的主要是亚群内部的划分。由于该群多由浅变质的细碎屑岩系砂岩、板岩组成,内部岩性变化不大,尤其是劈理化强烈的变粉砂岩与板岩野外难以区分,人为性很大,再加上该群褶皱变形较强,给建立正确层序、内部划分带来较大难度。

为了对测区广泛分布的巴颜喀拉山群地层进行进一步划分和对比,我们遵循构造-地层法的基本填图思路，即从典型剖面的构造解析入手，恢复剖面构造格架，特别是主期褶皱构造格架，根据基本岩性组合在褶皱构造中的相对层位初步建立相对地层层序，以此为基础，将划分出的基本地层单元向两侧区域进行延展，不断修正，最后建立全区的基本岩性地层单元，并进行时代归属。按照这一思路，我们将测区巴颜喀拉山群划分为上、下两个亚群。下亚群为早三叠世，主要分布在东昆南构造带，局限于测区的东北部，进一步划分出3个组级地层单位；上亚群为中晚三叠世，分布于巴颜喀拉构造带，进一步划分为5个组级地层单位。

（二）下巴颜喀拉山亚群（T_1By）

1. 剖面介绍

测区没有合适的地层剖面。下巴颜喀拉山亚群第一、二组以邻区野牛沟剖面为代表。

（1）下巴颜喀拉山亚群第一组（T_1By1），厚度大于1126.93m，下部未见底，上部与下巴颜喀拉山亚群第二组为整合接触关系。岩性组合为灰色中厚层含岩屑、钙质不等粒变砂岩与灰色炭质板岩互层，顶部夹灰色厚层含砾变细砂岩，内部发育递变层理。递变层理由A、B序列组成，以砂岩与板岩互层为特征。

（2）下巴颜喀拉山亚群第二组（T_1By2），厚度大于335.91m，底与下巴颜喀拉山亚群第一组整合接触，上未见顶。岩性组合为灰紫色中厚层砾质不等粒变砂岩夹灰色板岩，砾石成分为泥质砾、绢云母板岩砾、钾长石砾、斜长石砾、安山岩砾等，磨圆度为次棱角状—次圆状，产孢粉 *Limatulasporites*，*Lundbladispora*，*Kraeuselisporites* 等（图版6）；灰色中厚层含钙、泥质变粉、细砂岩，内部未见递变层理，但底模十分发育。以砂岩夹板岩为特征。

（3）下巴颜喀拉山亚群第三组（T_1By3），分布于测区西端野牛沟源头一带，由于交通条件和露头状况不佳，实测剖面难以控制，这里引用1∶20万库赛湖幅区域地质调查库赛湖西红石沟实测剖面资料（BP21）。剖面分层描述如下（图2-4）。

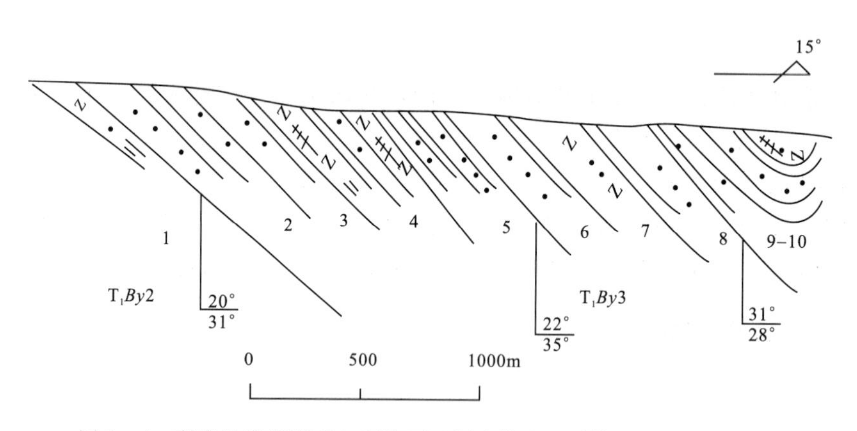

图2-4　青海省库赛湖西红石沟下巴颜喀拉山亚群第三组实测剖面图

（引自青海省地质矿产局第二区调队，1992）

下巴颜喀拉山亚群第三组（T_1By3）　　（未见顶）	**>1986m**
9—10. 深灰色粉砂质板岩与灰—灰绿色中—薄层变含粉砂质岩屑长石杂砂岩	178.25m
8. 灰黑色绢云母千枚岩与灰—灰绿色中—薄层变中、细粒长石石英砂岩互层	173.04m
7. 灰色中—薄层变中、细粒长石石英砂岩夹深灰色粉砂质板岩	222.98m
6. 深灰色粉砂质板岩夹灰色变中、细粒长石石英砂岩	170.55m
5. 深灰—灰黑色粉砂质板岩夹灰色变中、细粒长石石英砂岩	228.50m
4. 深灰色粉砂质板岩与灰色片理化变粉砂质岩屑长石杂砂岩互层	340.95m

3.深灰色粉砂质板岩夹灰色变中、细粒钙质岩屑长石砂岩　176.04m

2.深灰色粉砂质板岩夹灰色中—薄层片理化变含粉砂质岩屑长石杂砂岩　279.58m

——————　整　合　——————

下伏地层：下巴颜喀拉山亚群第二组(T_1By2)

1.灰色中—薄层中、细粒岩屑长石砂岩

2. 时代依据

下巴颜喀拉山亚群产早三叠世孢粉：*Lumatulasporites*，*Discisporites*，*Cingulizonates*，*Simeonospora*，*Lundladispora*，*Kraeuselisporites*，*Alisporites*，*Klausipollenites*，*Podocarpidite*，*Cyclogranisposporites*，*Verrucosisporites*，*Gyanulatisporites*，*Converrucosisporites*，*Osmundacidites*，*Taeniasporites* 等(图版6)。而上巴颜喀拉山亚群几乎无孢粉。结合上巴颜喀拉山亚群产双壳类，这些孢粉的发现无疑肯定了下、上巴颜喀拉山亚群的不同。

3. 岩性组合

下巴颜喀拉山亚群根据岩性组合不同，结合标志层，可划分为3个组。

(1)砂、板岩互层组(T_1By1)

下、中部为砂、板岩互层组，岩性为灰色中—薄层含岩屑、钙质不等粒变砂岩、变粉砂岩与板岩互层夹变粉砂岩和含砾变细砂岩及薄层微晶灰岩。内部发育递变层理和水平层理等，厚度大于1126m。横向上夹层砂岩增多。

(2)砂岩夹板岩组(T_1By2)

岩性为灰色、灰紫色中厚层砾质不等粒变砂岩，含钙、泥质变细、粉砂岩夹灰色板岩。底模十分发育。砾石成分为泥质、板岩、安山岩、长石等，属于近源堆积的产物。厚度大于340m。

(3)板岩夹砂岩组(T_1By3)

以灰绿色砂质板岩与灰色板岩互层夹变细、粉砂岩。砂质板岩内部发育水平层理。厚度大于600m。

4. 源区分析

下巴颜喀拉山亚群第二组属于近源堆积的产物，砾石物质组分主要为石英、安山岩、绢云母板岩、片岩、长石等，碎屑物质组分为石英、长石、绢云母板岩等。砾石物质组分明显来自抬升的基底，碎屑物质呈混生、分选差的特点，属于近源、快速沉积的产物(表2-3)。需要指出，下巴颜喀拉山亚群第二组早、晚期以低石英含量，含较多长石，其中早期还含有较多的砾石组分为特征。中期以石英含量较高、不含或含少量长石为特征，反映了早、晚期以近源堆积为特征，中期以相对远源为沉积特点，碎屑物质组分相对简单，分选性、成熟度进一步增强。

5. 环境相

下巴颜喀拉山亚群第一组下、中部为砂岩、板岩互层组，可见递变层理。上部含砾变细砂岩，内部发育递变层理和水平层理等，沉积环境由下、中部外扇到上部中扇沉积(图2-5)。第二组岩性为灰色、灰紫色中厚层砾质不等粒变砂岩，含钙、泥质变细、粉砂岩夹灰色板岩。底模十分发育。早、晚期砾石成分为泥质、板岩、安山岩、长石等，属于近源堆积的产物，为大陆坡之下以浊积中扇为主的沉积(图2-6)中期为远源堆积，以成分较单一为特点，进入外扇沉积。

表 2-3　下巴颜喀拉山亚群物质组分表(%)

样品号		砾石组分	碎屑组分					胶结构		
		砂质、绢板、石英、安山岩、片岩	石英	砂	正长石	斜长石	绢板	绢云母	细粉砂	泥钙质
T_1By2	BP5-2-1	50	34	6		4		8		
	BP5-5-2	55	30	1	2	2		2	3	5
	BP5-9-1		89			1		8	2	
	BP5-10-3	30(包括炭质)	55		2	3	5	5		
	BP5-11-2		75							25
	BP5-14-4		6		4		3	60	27	

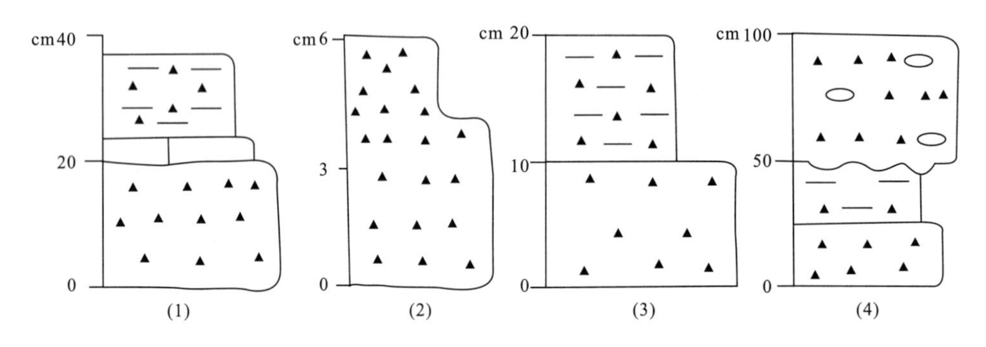

图 2-5　下巴颜喀拉山亚群第一组沉积类型

第三组为板岩夹砂岩组，以灰绿色砂质板岩与灰色板岩互层夹变细、粉砂岩。砂质板岩内部发育水平层理，为大陆坡之下的以等深流为主的沉积。因而下巴颜喀拉山亚群组成了一个不完整的水退、水进的浊积扇体。

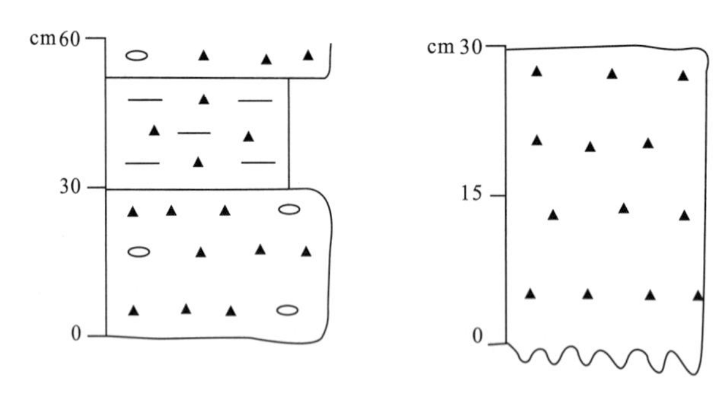

图 2-6　下巴颜喀拉山亚群第二组沉积类型

6. 地球化学的特征

下巴颜喀拉山亚群从常量元素看，介于活动陆缘和大陆岛弧带之间；稀土元素各种含量与大陆岛弧带一模一样(表 2-4、表 2-5)。因而下巴颜喀拉山亚群构造环境下、中部为活动类型，上部则为相对缓和，反映了大陆斜坡之下的深水沉积经常是恐怖期和宁静期相互交错。

表 2-4 下巴颜喀拉山亚群第一组砂岩的化学成分表

成分 \ 大地构造背景	大洋岛弧 $\bar{x}$	大陆岛弧型 $\bar{x}$	活动陆缘型 $\bar{x}$	被动陆缘型 $\bar{x}$	测区	
					$T_1By1-6-2$ $\bar{x}$	$T_1By1-8-1$ $\bar{x}$
SiO_2(%)	58.83	70.69	73.86	81.95	70.30	68.44
TiO_2(%)	1.00	0.64	0.46	0.49	0.63	0.7
Al_2O_3(%)	17.11	14.04	12.89	8.41	12.63	14.07
Fe_2O_3(%)	1.95	1.43	1.30	1.32	0.80	0.44
MgO(%)	3.65	1.97	1.23	1.39	1.67	1.69
CaO(%)	5.83	2.68	2.48	1.89	1.65	1.04
Na_2O(%)	4.10	3.12	2.77	1.07	2.95	2.19
K_2O(%)	1.60	1.89	2.90	1.71	1.72	2.35
Fe_2O_3+MgO(%)	11.73	6.79	4.63	2.89	0.48	2.26
Al_2O_3/SiO_2	0.29	0.20	0.18	0.10	0.18	0.26
K_2O/Na_2O	0.39	0.61	0.99	1.60	0.58	0.96
$Al_2O_3/(CaO+Na_2O)$	1.72	2.42	2.56	4.15	2.74	4.15

注:表中前四栏数据据 Bhatia(1983)。

表 2-5 下巴颜喀拉山亚群第一组稀土元素化学成分对比表

成分 \ 大地构造背景	大洋岛弧*	大陆岛弧型*	活动陆缘型*	被动陆缘型*	测区	
					$T_1By1-6-2$	$T_1By1-8-1$
La($\times10^{-6}$)	8±1.7	27±4.5	37	39	25.32	26.93
Ce($\times10^{-6}$)	19±3.7	59±8.8	78	85	45.50	50.63
Nd($\times10^{-6}$)	11.36±1.6	20.8±1.6	25.4±3.4	29±5.03	24.23	26.61
ΣREE($\times10^{-6}$)	58±10	146±20	180	210	124.17	134.6
La/Yb	4.2±1.3	11±3.6	12.5	15.9	10.09	9.83
La/Y	0.48±0.12	1.02±0.07	1.33±0.09	1.31±0.26	1.09	1.13
$(La/Yb)_N$	2.8±0.9	7.5±2.5	8.5	10.8	6.80	6.63
LREE/HREE	3.8±0.9	7.7±1.7	9.1	8.5	6.51	6.85
δEu	1.04±0.11	0.79±0.13	0.60	0.56	0.76	0.71

(三)上巴颜喀拉山亚群($T_{2-3}By$)

1. 剖面介绍

第一组在测区由于露头较差,剖面难以选择,因此引用 1∶20 万库赛湖幅区域地质调查报告 P7 剖面。第五组分布局限,限于测区东端多尔吉巴尔登北侧,不易进行实测剖面控制,岩性组合主要根据路线调查资料进行概括。

库赛湖幅园头山东南上巴颜喀拉山群第一组($T_{2-3}By1$)实测剖面(引自 1∶20 万布伦台幅、库赛湖幅联测图幅区域地质调查报告 P7 剖面)(图 2-7)。

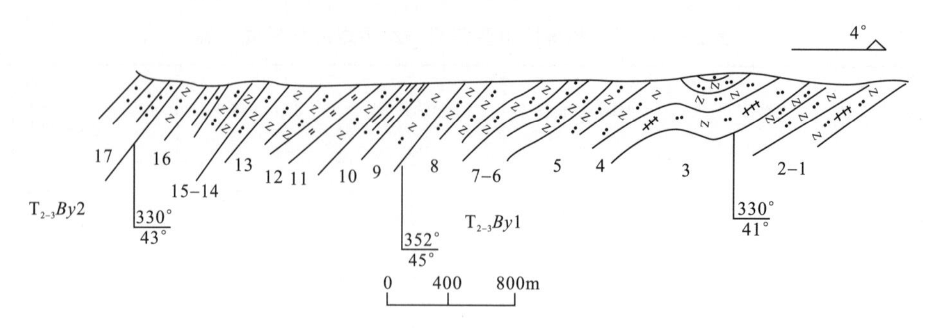

图 2－7 青海省库赛湖上巴颜喀拉山亚群第一组剖面图

（引自青海省地矿局第二区调队，1992）

上覆地层：上巴颜喀拉山亚群第二组（$T_{2-3}By2$） 灰色中—薄层片理化变中、细粒长石石英砂岩

——————— 整 合 ———————

上巴颜喀拉山亚群第一组（$T_{2-3}By1$）	**＞2310m**
16. 灰色中—薄层片理化变中、细粒长石石英砂岩	383.33m
15. 灰黑—深灰色粉砂质板岩夹长石石英砂岩	21.7m
14. 灰绿色片理化中、细粒长石石英砂岩	56.66m
13. 灰—灰绿色中—薄层变中、细粒长石石英砂岩夹粉砂质板岩	204.66m
12. 深灰色绢云母板岩局部夹长石石英砂岩	76.01m
11. 灰色片理化不等粒长石石英砂岩	105.41m
10. 深灰—黑灰色粉砂、炭质板岩	51.40m
9. 灰色压碎片理化不等粒长石石英砂岩	235.64m
8. 灰色片理化中、细粒长石石英砂岩	356.56m
7. 深灰色千枚状粉砂质板岩	41.52m
6. 灰—灰绿色片状不等粒长石石英砂岩	64.64m
5. 灰绿色片理化细粒长石石英砂岩夹深灰色粉砂质板岩	223.21m
4. 灰色片理化不等粒长石石英砂岩	127.54m
3. 灰—灰绿色片理化中、细粒长石石英砂岩夹岩屑砂岩	246.26m
2. 灰色变泥质长石石英粉砂岩	18.11m
1. 灰色中—薄层变细粒长石石英杂砂岩	

（未见底）

上巴颜喀拉山亚群第二组 KP22 在测区园头山东南湖边山出露较好，描述如下（图 2－8）。

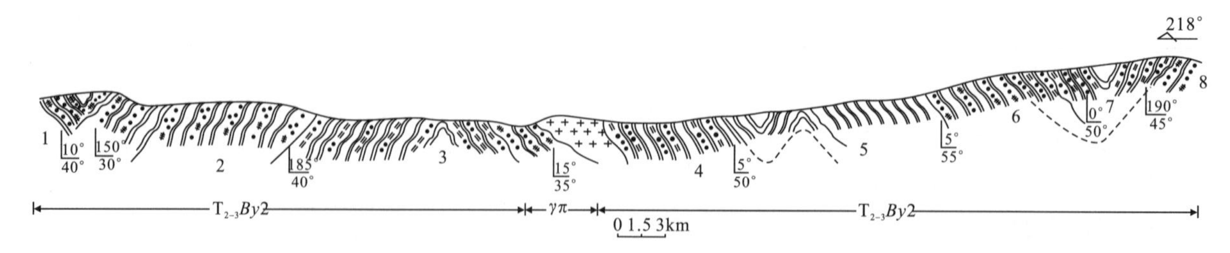

图 2－8 青海省库赛湖园头山东南湖边山上巴颜喀拉山亚群第二组实测剖面图（KP22）

上巴颜喀拉山亚群第二组（$T_{2-3}By2$）	**＞767.74m**
8. 灰色薄层含细砂、粉砂质板岩，内部未见任何沉积构造	103.34m
7. 灰色薄层绢云母变粉砂岩与板岩互层，二者互层性较好	79.55m
6. 灰色薄层变细粒岩屑砂岩与板岩互层	148.98m

5. 灰黑色板岩	149.68m
4. 灰黑色板岩夹中—薄层含钙中、细粒变岩屑砂岩，未见递变层理	28.5m
3. 灰色中—薄层绢云母中、细砂变细、粉砂岩与板岩互层	128.26m
2. 绿灰色薄层变细粒杂砂岩与板岩互层，内部未见递变层理和任何沉积构造	63.29m
1. 灰色微薄层中细砂质细粉砂绢云母板岩夹灰黑色板岩，内部未见任何纹理	66.14m

上巴颜喀拉山亚群第三组、第四组以邻幅不冻泉剖面为代表。

上巴颜喀拉山亚群第三组（$T_{2-3}By3$），顶、底均为整合接触关系，厚 1293.74m，岩性组合：灰色薄—中厚层变钙质、泥钙质细、粉砂岩夹板岩，内部发育沙纹层理，平行层理的细、粉砂岩与不具纹理的变粉砂岩组成旋回，平行层理宽度 1～2cm；灰色、灰白色粉砂质板岩与灰色板岩互层，粉砂质板岩中水平层理极为发育；灰色中—薄层含钙质细砂质、泥质粉砂岩，内部发育平行层理；灰色薄—中厚层含细砂、含钙泥质细、粉砂岩，含绢云母变细砂岩，内部缺乏纹理，具砂岩、板岩互层的特点，产丰富的遗迹化石。

上巴颜喀拉山亚群第四组（$T_{2-3}By4$），厚度大于 94.71m，底为整合接触关系，上未见顶，岩性组合：深灰色板岩夹灰色薄层变泥质粉砂岩；变粉砂岩内部发育沙纹层理，递变层理，产大量的遗迹化石。

2. 时代依据

上巴颜喀拉山亚群第四组采获双壳类 *Holobia* sp.，前人（1：20 万不冻泉幅，1988）在上巴颜喀拉山亚群第二组采获双壳类 *Schafhaeatlia* aff. *Astartiformis*。植物：*Cladophlebis* sp.，*Podozamites lanceclatus*，*Neocalamites* sp.，*Holobia* sp.，中、晚三叠世均可存在。本区大古化石具有中、晚三叠世混生特点，因而把上巴颜喀拉山亚群归为中、晚三叠世比较合适。

首次在本区从上巴颜喀拉山亚群第三组发现大量遗迹化石，是本区造山带地层学的一大特色，这些遗迹化石不但具有环境相的指示意义，而且对于化石稀少的造山带尤为珍贵，可以弥补其化石稀少、岩性差别不大、区域难于对比的不足。

上巴颜喀拉山亚群第三组系统发现 11 个属：*Bergaueria*，*Monocraterion*，*Helminthoidichnites*，*Helminthopsis*，*Helminthoida*，*Gordia*，*Phycosiphon*，*Cosmorhaphe*，*Paleophycus*，*Circulichnis*，*Paleodictyon*。

遗迹化石的形态多样。上巴颜喀拉山亚群第三组遗迹化石共 11 个属，分属 5 种类型。

第 1 类简单垂直管状的居住迹潜穴。此类痕迹为居住潜穴，潜穴与层面基本垂直。单个痕迹形态呈直管状，但不出现分枝潜穴。这种类型有 *Bergaueria*，*Monocraterion*。*Bergaueria*（乳形迹），近垂直，柱状潜穴，呈群分布（图版 2－1）。*Monocraterion*（单板迹），乳头状，垂直于底层面产出柱形潜穴，隐约可见中心管，$d=3～5$mm，潜穴可见深度 3mm（图版 2－2）。此种类型多见于水动力强度较高的沉积环境，常作为滨岸带、湖岸带及河道的沉积标志。

第 2 类蛇曲形。这类痕迹的轨道往往呈蛇曲形，弯曲呈 180°大回转，形态变化包括规则、较规则和不规则状的蛇曲形，以及波状弯曲形，此类型占大多数，有 *Helminthoidichnites*，*Helminthopsis*，*Helminthoida*，*Gordia*，*Phycosiphon*，*Cosmorhaphe*。*Helminthoidichnites*（次蠕形迹），平行层面分布，不分叉，不同个体常互相交切，单个体不自相交切，$d=0.5～1.0$mm，无衬壁（图版2－3）。*Helminthopsis*（拟蠕形迹），弯曲规则，未见有相互紧密平行排列。*Helminthoida*（蠕形迹），平行层面规则弯曲，潜穴，不分叉，不相互交切，常呈密集并列或叠置状，$d=1$mm（图版 3－1）。*Gordia*（线形迹），平行底层面分面，不分叉，无衬壁，呈喇叭状，交切 *Helminthoidichnites*（图版3－3）。*Phycosiphon*（藻管迹），平行层面或与层面呈低角度斜交的弯曲，分叉潜穴系统，常呈蛇曲弯曲，具进食构造。*Cosmorhaphe*(线丽迹),平行层面二级规则蛇曲,潜穴光滑、不分叉,d=1.5mm(图版 2-5)。此种类型出现在较深水或较低能的沉积环境。

第3类弯曲形。这种痕迹的轨道往往呈平直—微弯曲—任意弯曲。产于本组上部的*Paleophycus*(古藻迹),大型水平、近水平,不分叉,偶见分叉的柱状潜穴,具衬壁,潜穴充填与围岩一致,d=5mm(图版 3-4)。此类型的多见于水体较宁静或低能的沉积环境。

第4类环曲形。以轨道呈圆环状或似圆环状为其特征,其代表为*Circulichnis*(单环迹),平行层面的圆形或扁圆形,不分叉,无衬壁,d=1mm±(图版 2-4)。该类型多见于深水沉积环境。

第5类网格状。潜穴结成网状,如本组中部的*Paleodictyon*(图版 3-2、图版 3-5)(古网迹),平行底面分布的规则网状潜穴系统,网状呈略为软变形的六边形,网状直径 25mm,网脊直径 2.5mm,潜穴系统保存不完整。此种类型仅出现于深水环境或浊流沉积中(Seilather,1977)。

自上而下可分为5个遗迹化石组合带:

(5)*Bergaueria - Helminthoidichnites*;

(4)*Helminthoidichnite - Circulichnis*;

(3)*Monocraterion - Helminthoida*;

(2)*Palaeophycus - Paleodictyon*;

(1)*Helminthoidichnite - Phycosiphon*。

第(1)、(2)组合带出现在鲍马序列的CD序列的外扇沉积环境,第(3)组合带与第(4)、(5)组合带出现在鲍马序列的BCD序列的中—外扇沉积环境,因此,第(3)、(5)组合带具有简单与复杂相混生,高能与低能相伴生的特点,第(1)、(2)、(4)组合带均具有复杂形态的组合特点。

3. 岩性组合

上巴颜喀拉山亚群根据岩性组合不同,结合标志层和生物、遗迹化石,可分为5个组。

组	岩性	厚度
砂岩夹板岩组($T_{2-3}By5$)	灰色变粉砂岩夹板岩,板劈理发育,内部缺乏递变层理和任何纹理	＞700m
板岩夹砂岩组($T_{2-3}By4$)	深灰色绢云母板岩夹变岩屑杂砂岩,有时含砾,内部发育沙纹层理	＞535m
砂、板岩互层组($T_{2-3}By3$)	自上而下为灰色中—薄—厚—巨厚层变细、粉砂岩与板岩互层夹板岩。横向上厚—巨厚层变细、粉砂岩变薄。内部发育变形层理,平行层理,沙纹层理,水平层理,鲍马 BCD、CD 序列十分发育。产大量遗迹化石	＞2300m
板岩夹砂岩组($T_{2-3}By2$)	深灰色砂质板岩与灰色板岩互层夹变细、粉砂岩。砂质板岩发育密集的水平层理。横向上砂、板岩互层增多	＞767m
砂岩夹板岩组($T_{2-3}By1$)	灰色薄层变细、粉砂岩夹深灰色板岩,板劈理发育,内部发育沙纹层理,层面上可见流水波痕	＞500m

4. 源区分析

上巴颜喀拉山亚群以较高石英、泥质含量,低长石含量为特征,物源成分比较单一。以具远源沉积为特征(表 2-6),各组之间表现出很大的不同。第三组砂岩、板岩互层组沉积环境以中、外扇沉积为特征,碎屑组分以高石英含量和低石英含量、长石交互旋回为特征。第四组板岩夹砂岩组碎屑组分以不含长石为特征。

其中,在第三组含有泥砾,反映了大量斜坡之下的外扇沉积环境并不是风平浪静的,而是正常沉积与非正常沉积、宁静与恐怖交互的场所。

表 2-6 上巴颜喀拉山亚群物质组分表(%)

样品号 \ 组分		砾石组分	碎屑组分						胶结构			
		泥砾	石英	长石	云母	泥质	绢云母板岩	岩质	细粉砂	泥质	钙质	绢云母
$T_{2-3}By4$	BP12-7-8				1	5		5				89
	BP12-7-6		50		1	7	30			3		4
$T_{2-3}By3$	BP12-8-2		80～85							15～20		
	BP12-10-4		70							15		15
	BP12-11-2	4	18	5	1	50	2			7		3
	BP12-12-5		65		1	24				7		3
	BP12-12-2		10	3	1	70		6		4		6
$T_{2-3}By2$	BP10—15—2		75	3	1	16						5

5. 环境相

上巴颜喀拉山亚群第一组砂岩夹板岩组，为灰色薄层变细、粉砂岩夹深灰色板岩。板劈理发育，内部发育沙纹层理，层面上可见流水波痕，为大陆坡之下的浊积中、外扇沉积。

第二组板岩夹砂岩组，为深灰色砂质板岩与灰色板岩互层夹变细、粉砂岩。砂质板岩发育密集的水平层理。横向上砂、板互层增多，为大陆坡之下的等深流沉积(图 2-9)。

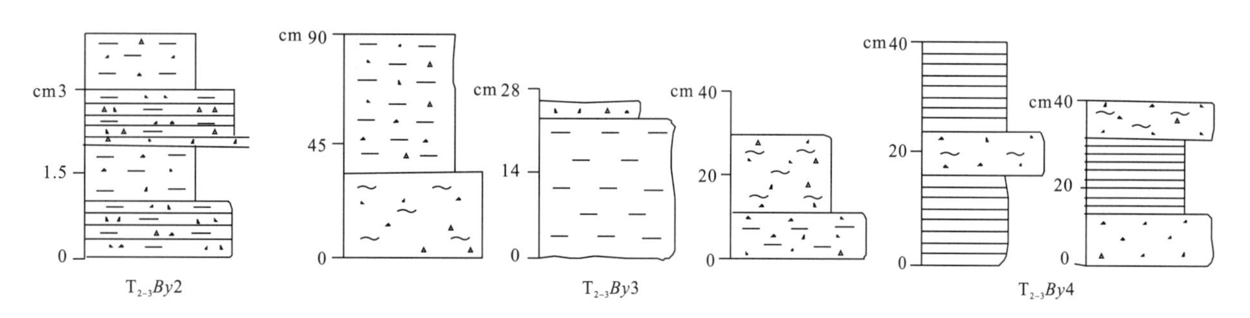

图 2-9 上巴颜喀拉山亚群沉积类型

第三组砂、板岩互层组夹灰色中—薄—厚—巨厚层变细、粉砂岩与板岩互层。横向上夹厚层—巨厚层变绢云母板岩夹变岩屑杂砂岩，有时含砾，内部发育沙纹层理，为大陆坡之下的浊积外扇(图 2-10)。砂、板岩互层内部发育变形层理、平行层理、沙纹层理、水平层理，鲍马 BCD、CD 序列十分发育(图 2-9)。为大陆坡之下的浊积中、外扇沉积。

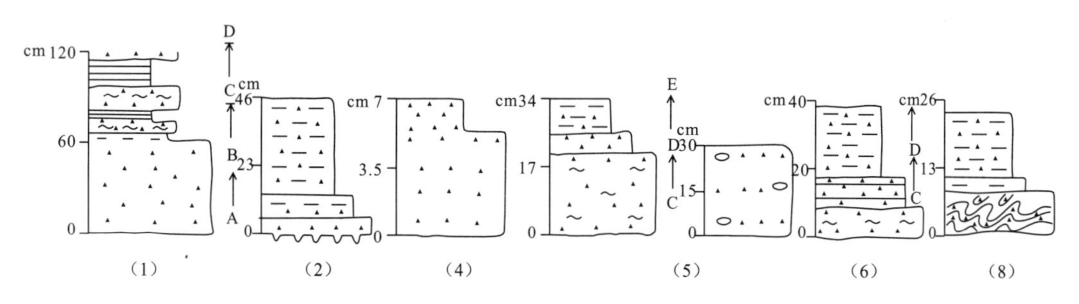

图 2-10 上巴颜喀拉山亚群第三组沉积类型

第四组板岩夹砂岩组，为深灰色沉积。内部发育递变层理、沙纹层理，具浊流远源的沉积特征（图2-9）。

第五组砂岩夹板岩组，为灰色变粉砂岩夹板岩。板劈理发育，内部缺乏递变层理和任何纹理，为大陆坡之下的碎屑流沉积。

因而上巴颜喀拉山亚群也是两个极不完整由水进、水退的浊积扇体并与大陆坡之下的等深流交互沉积。

6. 沉积地球化学的特征

上巴颜喀拉山亚群从常量元素看，与构造环境关系并不显著，但与稀土元素则紧密相关（表2-7）。从稀土元素看，各种稀土元素含量与大陆岛弧型相同。

表2-7 上巴颜喀拉山亚群第二组砂岩的化学成分表

大地构造背景 / 成分	大洋岛弧 $\bar{x}$	大陆岛弧型 $\bar{x}$	活动陆缘型 $\bar{x}$	被动陆缘型 $\bar{x}$	测区	
					$T_{2-3}By2-7-1$ $\bar{x}$	$T_{2-3}By2-15-1$ $\bar{x}$
SiO_2(%)	58.83	70.69	73.86	81.95	70.59	68.44
TiO_2(%)	1.00	0.64	0.46	0.49	0.61	0.44
Al_2O_3(%)	17.11	14.04	12.89	8.41	13.19	10.74
Fe_2O_3(%)	1.95	1.43	1.30	1.32	0.75	1.66
MgO(%)	3.65	1.97	1.23	1.39	1.55	1.16
CaO(%)	5.83	2.68	2.48	1.89	1.65	2.51
Na_2O(%)	4.10	3.12	2.77	1.07	1.98	2.43
K_2O(%)	1.60	1.89	2.90	1.71	2.19	1.52
Fe_2O_3+MgO(%)	11.73	6.79	4.63	2.89	0.48	1.48
Al_2O_3/SiO_2	0.29	0.20	0.18	0.10	0.186	0.15
K_2O/Na_2O	0.39	0.61	0.99	1.60	1.11	0.63
$Al_2O_3/(CaO+Na_2O)$	1.72	2.42	2.56	4.15	3.63	2.17
La($\times10^{-6}$)	8±1.7	27±4.5	37	39	31.75	22.4
Ce($\times10^{-6}$)	19±3.7	59±8.8	78	85	50.06	40.69
Nd($\times10^{-6}$)	11.36±1.6	20.8±1.6	25.4±3.4	29±5.03	27.83	26.78
∑REE($\times10^{-6}$)	58±10	146±20	180	210	124.18	108.35
La/Yb	4.2±1.3	11±3.6	12.5	15.9	12.65	11.85
La/Y	0.48±0.12	1.02±0.07	1.33±0.09	1.31±0.26	1.48	1.21
$(La/Yb)_N$	2.8±0.9	7.5±2.5	8.5	10.8	6.53	7.99
LREE/HREE	3.8±0.9	7.7±1.7	9.1	8.5	7.88	6.51
δEu	1.04±0.11	0.79±0.13	0.60	0.56	0.66	0.76

注：表中前四栏数据据 Bhatia(1985)。

7. 遗迹化石与岩性、水流的关系

含遗迹化石的地层分布于上巴颜喀拉山亚群的 $T_{2-3}By4$（总厚度＞535.78m）和 $T_{2-3}By3$（总厚度＞2366.62m）。主要层位如下。

8. 灰色中—薄层变泥质粉砂岩与板岩互层，内部发育变形层理、平行层理，为鲍马BC序列。产直管状潜穴，*Bergaueria*（乳形迹），蛇曲形 *Helminthoidichnites*（次蠕形迹），*Helminthioa*（蠕形迹）　157.33m

7. 深灰色板岩夹灰色薄层变细、粉砂岩，内部缺乏任何沉积构造　79.59m

6. 灰色薄层夹泥质纹带绢云母变粉砂岩与深灰色板岩互层，内部发育变形层理、沙纹层理、水平层理，鲍马CD序列十分发育，产蛇曲形 *Helminthoidichnites*（次蠕形迹），环曲形 *Circulichnis*（单环迹）　665.12m

5. 灰色中厚层细—中粒变岩屑砂岩与含砾变岩屑中砂岩　18.48m

4. 灰色中厚层细、中粒变岩屑砂岩与绿灰色板岩互层，发育平行层理、沙纹层理、水平层理，为鲍马BCD序列。产蛇曲形 *Helminthoidichnites*（次蠕形迹），环曲形 *Circulichnis*（单环迹），垂直直管状 *Monocraterion*（单杯迹），*Phycosiphon*（藻管迹），*Helmithopsis*（拟蠕形迹），*Helminthoida*（蠕形迹）　673.31m

3. 深灰色板岩夹中—薄层变细砂岩，内部缺乏沉积构造　142.21m

2. 灰色中—薄层变细砂岩与灰色板岩互层，内部发育沙纹层理，层面上可见分叉波痕为鲍马CD序列。产蛇曲形的 *Phycosiphon*（藻管迹），网格状的 *Paleodictyon*（古网迹），*Paleophycus*（古藻迹）　529.89m

1. 灰色巨厚—中厚层含变泥质粉砂岩与色板岩，内部发育平行层理、沙纹层理。板岩内部发育水平层理，产蛇曲形的 *Helminthoidichnites*，*Phycosiphon*（藻管迹）　>100.69m

（背斜核）

遗迹化石与岩性、水流活动的关系十分密切。Seilacher（1967）认为，遗迹化石主要受水深带和环境的控制，并依水深分带由陆向海划分了 Scoyenia 相（非海相），Skolithos、Glossifungites 相滨海，Cruziana 相浅海，Zoophycos 相（半深海）及 Nereites 相（深海），一直盛传至今，人们往往把遗迹化石作为指相意义。实践证明，这种相带划分是很不全面的，许多遗迹化石具有穿相性（龚一鸣等，1993），如巴颜喀拉山群自下而上8个组之间出现相似的环境，即下巴颜喀拉山亚群第一组与上巴颜喀拉山亚群第三组，同样是中—外扇环境，前者几乎没有遗迹化石出现，而后者则大量出现。因此，遗迹化石往往受多种环境因素的控制。

从上巴颜喀拉山亚群第三组遗迹化石分布特征来看，与岩性的关系十分密切（图2-11）。尤其是砂岩、板岩互层岩系，无一例外产不同类型大量的遗迹化石。尤其是中—薄层变细、粉砂岩与板岩互层，遗迹化石保存极为丰富，虽然它们分异度较低，但丰度非常高。以板岩为主的岩系，几乎不产遗迹化石，而以砂岩为主的岩系，几乎也不产遗迹化石。但砂岩不管多厚，只要与板岩互层，几乎可以含不同类型大量的遗迹化石。因而砂岩、板岩互层的岩系，是大陆斜坡之下遗迹化石活动必不可少的前提。

与水流活动活跃密切相关。上巴颜喀拉山亚群第五组大量遗迹化石不但与岩性密切相关，而且与平行层理、沙纹层理、水平层理等水流活动紧密相关。也就是说，与鲍马序列的BCD密切相关。众所周知，鲍马以B为底的序列，以递变层理、平行层理发育为特色，一般为浊积中扇分流河道堆积的产物。平行层理往往代表高流态形成的产物。CD序列普遍被认为是浊积岩末梢相堆积的产物。C序列，当今大都认为是浊流衰减并向牵引流转化过程中形成的。浊流在搬运过程中因重力作用，粒度较细、密度较小的颗粒主要集中在浊流的表层和尾部。由于浊流的表层和尾部与水体之间的稀释作用，使其密度进一步降低，流速也相对减慢，从而形成具有牵引流性的被载运导。当浊流形成AB序列后，披载运层中携带的细粒物质开始发生沉积作用，并对其底部床砂进行改造。D序列是浊流缓慢流动体制，也就是低流态形成的产物。当浊流的流速继续降低，由于拖曳作用形成水平层理的D段，因而鲍马BCD序列不但岩性分异显著，由砂岩变为粉砂岩再变为泥岩（板岩），而且自始至终水流活动甚为发育，由平行层理变为沙纹层理再变为水平层理。上巴颜喀拉山群第五组第6层和第10层发育鲍马BC序列，在平行层理高流态状态下，产简单垂直管状的居住迹 *Monocraterion*，*Bergaueria*，由平行层理向沙纹层理转变，水动力由强变弱产复杂形态的蛇曲形、弯曲形、环曲形、网格状。由沙纹层理向水平层理转变，遗迹化石很少被保存。这是因为水平层理往

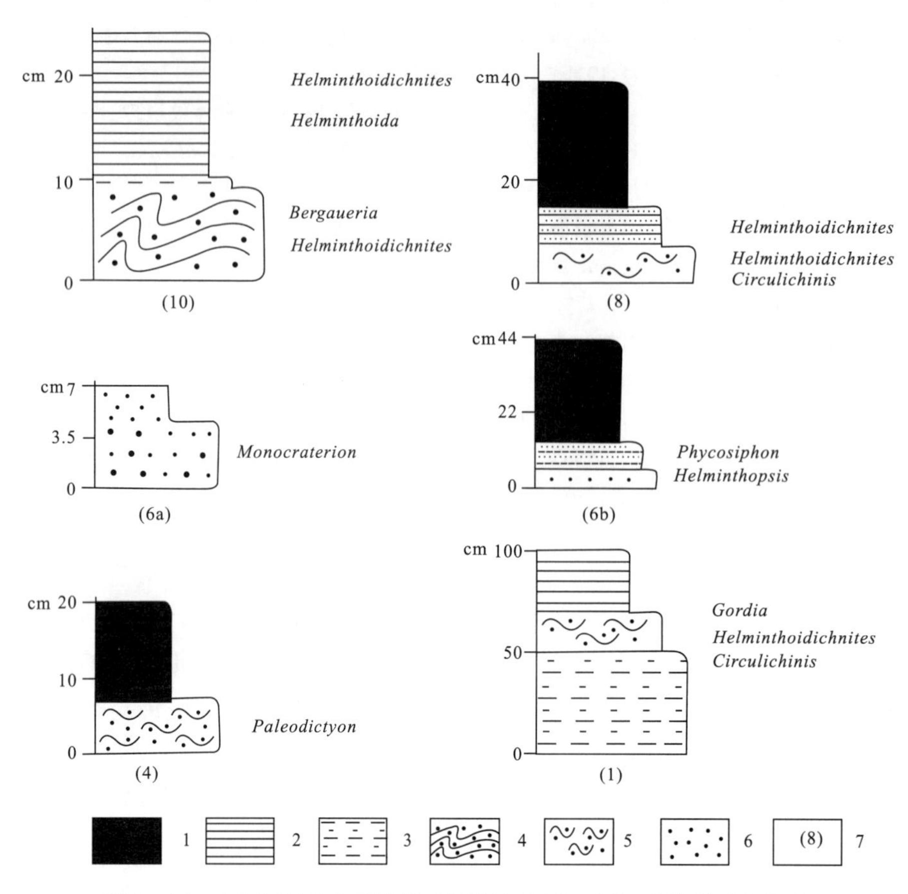

图 2-11　上巴颜喀拉山亚群第三组遗迹化石与岩性、水流活动的关系

1.板岩；2.水平层理；3.平行层理；4.变形层理；5.沙纹层理；6.变细、粉砂岩；7.层位

往代表贫氧的环境。

由于上巴颜喀拉山亚群第三组具有上述岩性与水流活动的特征，使不同类型的大量遗迹化石得以保存。众所周知，大陆斜坡之下往往是宁静、黑暗、贫氧的环境。上巴颜喀拉山亚群第三组的各组合带的简单垂直管状的居住迹是富氧的代表，而复杂形态的蛇曲形、弯曲形、环曲形、网格状以低分异度、高密度为特征，则往往是贫氧环境的产物。

水流活动甚为频繁，往往给大陆斜坡之下宁静、黑暗、贫氧的环境不断注入了大量的氧气。给生物活动不断注入了活力，如递变层理、平行层理、沙纹层理大量发育，就便于氧气渗透，助长砂、板岩界面上生物的掘穴活动。因而，大陆斜坡之下浊流环境中岩性差异显著的和水流活动非常发育的地段，是本区遗迹化石得以大量保存的主控因素。据迄今不完全统计，浊流的遗迹化石可多达100余属297种(胡斌等，1997)，它们与岩性和水流活动密切相关。

这种相关性，较好地解释了巴颜喀拉山群中、下部几乎无遗迹化石的产出，虽然同为浊积扇体系，但由于岩性差异，水流活动不甚发育，处于缺氧环境，往往抑制了生物的活动。因而在深水浊流中，环境并不是唯一的控制因素，岩性、水流活动往往是遗迹化石活动至关重要的控制因素。

通过本项研究，对上巴颜喀拉山亚群第三组遗迹化石有如下几点认识。

认识之一：*Skolithos* 痕迹相是 Seilacher(1963，1964)最先建立的 4 个痕迹之一，这种简单垂直管状的居住迹，常用以代表水动力较强的近岸标志。本区巴颜喀拉山群上部 *Skolithos* 痕迹相代表分子 *Bergaueri*a，*Monocraterion* 产在浊流的中—外扇环境，岩性为变细砂岩，与平行层理共生。平行层理是浊流、急流流动体制的产物，往往代表高流态形成的标志。它不同于以 A 为底的鲍马序列。一是浊流强度略低于A序列；二是沉积部位稍远于A序列。表明在大陆斜坡之一的水道环境也可以具备滨岸、滨湖的水动力条件，因而 *Skolithos* 痕迹相不仅代表滨、湖岸的环境，而且可以代表水下甚至半深海、深海中水动力较强的环境，如海底峡谷、水道等。

认识之二：遗迹化石长时期以来一直被认为是良好的指相化石(Seilacher A，1967)，而对地层的划分与对比的作用比较泛泛。上巴颜喀拉山亚群中、上部大量遗迹化石的出现，对于化石稀少的巴颜喀拉山群地层尤为珍贵。巴颜喀拉山群中，下部极少产有遗迹化石，大量遗迹化石出现，反映巴颜喀拉山群上部确实存在一个含有不同类型的遗迹化石的砂岩、板岩互层夹砂岩组的地层单位。

这种不但便于划分，而且内部具有不同类型的遗迹化石的组合带和砂岩、板岩互层的标志，尚可以进行长距离的盆内对比。中国地质大学(2003)在东昆仑中段划分的巴颜喀拉山群上部为砂岩、板岩互层夹砂岩组。遗迹化石的大量出现，佐证我们的划分并无错误之处。而且这套含不同类型的遗迹化石的砂岩、板岩可以广泛在横向上进行对比。尤其是含有不同类型的遗迹化石，犹如特有的标志，可以不受后期改造作用的影响，广泛在盆内追踪和对比。因此，遗迹化石在造山带化石稀少的地层可以大有作为，极大地提高地层划分与对比的分辨率。

认识之三：造山带浅变质细碎屑岩应从成因上划分。

造山带浅变质细碎屑岩系与沉积岩不同，一是岩性细，常为变细砂岩、变粉砂岩和板岩；二是经过改造。至今为止，对这套砂岩、板岩系划分，还使用传统的砂泥比例划分方案。这一传统用法，使得我国大多数浅变质岩系学工作始终处于剪不断、理还乱的混乱状态，如砂岩夹板岩、板岩夹砂岩、砂岩与板岩互层，均按传统的砂泥比进行，往往缺乏有效的标志，难于进行长距离的对比。尤其在造山带的浅变质细碎屑岩系既缺乏化石又常常被后期改造，大大增强了地层划分与对比的困难。

对造山带浅变质细碎屑岩必须摒弃传统做法，需要按理性的做法。所谓理性的做法，即按一个岩系的自然成因单元结构进行。如一套薄层变细、粉砂岩与板岩互层，内部产鲍马CDE序列，纵向上频繁出现，这样一种自然内部具有联系成因单元，就可以建立组一级岩石地层单位。如再出现一套厚层变细，粉砂岩与板岩互层，纵向上频繁出现，可以另外再建组一级岩石地层单位。如果按照砂泥比来划分，很可能把中、厚、巨厚层变细、粉砂岩与板岩互层，作为砂夹板岩组处理。这种划分常常增强人为性，也不利于区域对比。

造山带地区浅变质细碎屑岩系分布广泛，在我国各时代广泛存在。按成因地层单元划分更具客观性和操作性，在这种地层成因结构框架内，更易于区内对比，不至于被后期的构造改造作用干扰。此外在这种地层成因结构框架内，给造山带地区地层、环境、构造和区域分析等带来的好处是不言而喻的。

二、三叠系巴音莽鄂阿(T_3bm)构造混杂岩

(一)概述

青海省区测队(1970)依据玉树县巴塘乡出露较好的一套晚三叠世地层创名巴塘群(巴音莽鄂阿上三叠统构造混杂岩)，原始定义：出露于西金乌兰湖—玉树巴塘一带，呈北西-南东向分布，北与通天河—金沙江出露的下二叠统火山岩夹碎屑岩组及巴颜喀拉山群呈断层接触，南与结扎群呈断层接触，由下部碎屑岩、上部火山岩及碳酸盐岩2个岩组组成，产双壳类和腕足类等。学者们长期围绕着巴塘群内部三分还是四分争论不休。青海省岩石地层清理(1997)明确将其定义为分布于西金乌兰湖—玉树地区的一套碎屑岩、火山岩和碳酸盐岩等组成的地层，未见底，难见顶，局部见与上覆风火山群等不整合接触，含双壳类、头足类和腕足类化石。

巴音莽鄂阿构造混杂岩分布在本区南侧，出露不全，呈零星状。

(二)剖面介绍

以巴音莽鄂阿上三叠统构造混杂岩实测剖面为代表,剖面位于错仁德加分幅(1∶10万)巴音莽鄂阿,地层出露良好,层序清楚,为一倾向南西的单斜层,控制了碎屑性组合,玄武岩性组合,未见底,与上覆地层呈断层接触(图2-12)。

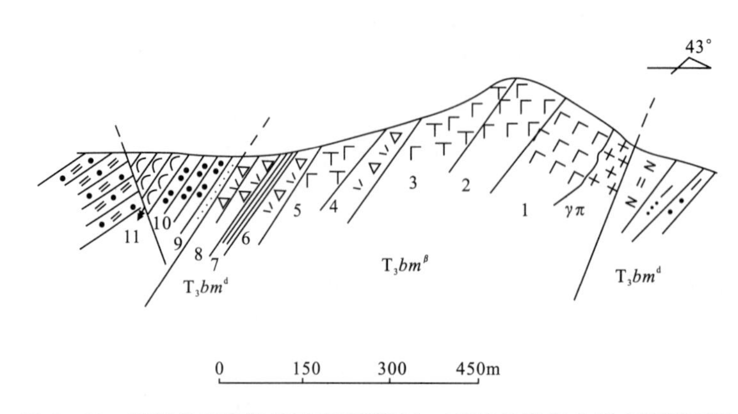

图2-12　青海省库赛湖幅巴音莽鄂阿上三叠统构造混杂岩实测剖面图

上覆地层:灰褐色中薄层中粗粒岩屑石英砂岩

═══════ 断　　层 ═══════

碎屑岩性组合(T_3bm^d)

11.灰黑色中厚层千枚状钙质滑石片岩	90.9m
10.变钙质石英砂岩	72.8m
9.深灰色纹层状凝灰质粉砂岩	8.1m

═══════ 断　　层 ═══════

玄武岩性组合($T_3bm^β$)(图版8-5、图版8-6)

8.灰白色厚层状角砾岩	53.0m
7.浅灰白色中厚层纹层状放射虫硅质岩。放射虫:*Archaeospongoprunum* sp.,*Acanthosphaera* sp.,*Tripocyclia* sp.,*Staurodoras* sp.,*Pentactinocarpus* sp.	14.1m
6.灰绿色块状玄武质火山角砾岩	27.3m
5.灰绿色块状碱性变玄武岩	67.7m
4.灰绿色块状玄武质火山角砾岩	36.9m
3.深灰色块状蚀变杏仁状碱性玄武岩	89.8m
2.灰绿色角砾状杏仁辉石玄武岩	78.1m
1.灰绿色蚀变杏仁状、球状辉石玄武岩(斜长花岗斑岩顺层侵入)	

═══════ 断　　层 ═══════

(三)岩性组合

巴音莽鄂阿上三叠统构造混杂岩在测区二分性十分显著。根据岩性特征可以分为碎屑岩组合(T_3bm^d):千枚状钙质滑石片岩、变钙质石英砂岩、凝灰质粉砂岩。玄武岩性组合($T_3bm^β$):灰白色厚层状角砾岩、块状碱性变玄武岩、角砾状杏仁辉石玄武岩等。

(四)时代依据

前人(青海省区测队,1970)在巴塘群(巴音莽鄂阿上三叠统构造混杂岩)碎屑岩和碳酸盐岩地层中分别采获菊石和双壳类分子。菊石有 *Ptychitidae*，*Discotropites* sp.；双壳类分子：*Halobia* sp.，*Daonella* sp.，*Posidonia* cf. *wengensis* 等。本区采到动植物化石，双壳类为 *Vnionites* cf. *Letticus*；*Palaeolima* sp.，它们多产于晚三叠世。植物 *Neocalamites* sp. 产在昆东南八宝山组。放射虫：*Archaeospongoprunum* sp.，*Acanthosphaera* sp.，*Tripocyclia* sp.，*Staurodoras* sp.，*Pentactinocarpus* sp.。该放射虫带见于美国、欧洲、日本等地上三叠统中期。因而测区巴塘群(巴音莽鄂阿上三叠统构造混杂岩)时代为晚三叠世。

(五)构造古地理的恢复

巴音莽鄂阿上三叠统构造混杂岩出露不全。从两个混杂岩片看，玄武岩含放射虫硅质岩组合，含放射虫硅质岩是深海沉积，玄武岩则为海底喷发。碎屑岩性组合，在测区剖面南侧采到动植物化石，具有海陆交互相沉积特征。因而构造古地理的演化由洋岛(海山)→大陆斜坡→浅海→海陆交互相逐步萎缩。根据该构造带缺失侏罗系、白垩系，表明其最后可能受印支运动晚期幕的影响，晚三叠世末期碰撞关闭。

三、西金乌兰构造带三叠系

西金乌兰构造带出露上三叠统苟鲁山克措组(T_3g)，基本特征如下。

(一)概述

该组在本测区分布局限，出露于测区西部苟鲁山克措一带，地层不连续，未见顶、底。与西金乌兰构造带巴塘群关系密切，参考青海省岩石地层单位清理的要求(青海省地质矿产局，1997)和青海省地质图及板块构造图编图的中期成果(青海省地质矿产局、科技厅、国土资源厅，2005)，引用该成果。

该组分布在本区南西角。

(二)剖面介绍

以测区西部苟鲁山克措地区剖面 KP16 为代表，描述如下(图 2-13)。

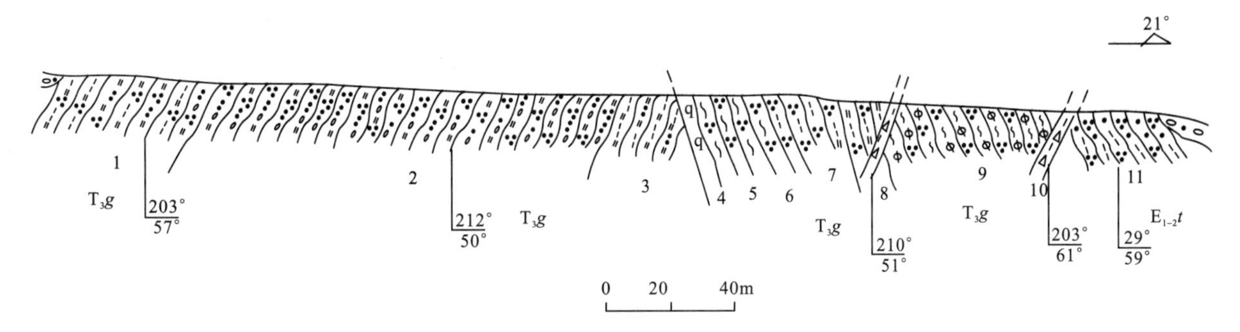

图 2-13　苟鲁山克措组实测剖面图(KP16)

上三叠统苟鲁山克措组(T_3g)　　**(未见顶)**　　**>342.4m**

3. 灰黑色薄层状微细粒二云母石英片岩　>90m

2. 灰黑色微细粒含铁二云母石英片岩　224.0m

1. 灰黑色二云母石英片岩夹二云母片岩　28.4m

（三）时代依据

苟鲁山克措组产植物（《青海省岩石地层》，1997）：*Neocalamites*。邻幅可可西里湖幅（2004），采获大量双壳类化石：*Halobia* cf. *Parellela*，*Kobayashi Daonella* sp.。邻幅乌兰乌拉湖在该套岩系也采获大量植物：*Clathropteris* sp.，*Pterophyllum* cf. *jaegeri*，*Neocamites* sp.。与测区相似，这些化石时代应为晚三叠世。

（四）岩性组合

苟鲁山克措组岩性为灰黑色二云母石英片岩、含砾二云母石英片岩等，厚度大于342m。

（五）环境相

本区苟鲁山克措组根据邻区含煤岩系和灰岩，应为海陆交互相沉积。

四、测区洋岛地层序列发育特点和特征

测区和邻区构造混杂岩，真正的洋壳残留体比较少见，多以洋岛地层序列出现，它们具有几个相同的特征。

一是分布不广、非常局限，地层出露不连续，为残留的混杂岩。二是缺乏洋壳的残留体。除通天河混杂岩内部发育较全，可见洋壳的残留体外，其余大多数为洋岛（海山）地层结构。三是大多数洋岛（海山）地层结构具有不连续、残破不全的特点。四是缺乏微体古生物，牙形刺、孢粉、放射虫等难以发现。五是变质作用较强，重结晶显著，但在南部变质作用相对较弱，受后期改造程度远不如北部大。

测区构造混杂岩由于具有上述几个共同的特点，使盆内记录往往扑朔迷离，给认识和识别带来相当大的困难。

如果我们“将今论古”。可以发现现代大洋众多的洋岛和海山往往具有双层式结构，其下基座为玄武岩系列，其上盖层则为远洋多种类型的泥和碳酸盐岩。也就是说，基座和盖层在时代上应为先后关系，空间上应为紧密的依存关系。

恢复洋岛型混杂岩系地层序列首先必须从时代上下工夫。洋岛型混杂岩系地层序列，也就是，基座和盖层在时代上应为新老关系。在构造古地理上，基座玄武岩往往喷发成古洋盆的高地，其上的盖层常常会处于浅水的环境。这种浅水的环境与近岸环境的浅水环境不能同日而语，二者在沉积上、生物上存在极大的差异。以碳酸盐岩为例，前者无陆源细碎屑岩组分，后者含有不同程度的陆源碎屑岩组分；生物上，前者单调，以低分异度和高丰度为特征，后者具生物多样性。因而洋岛型碳酸盐岩具有孤立的碳酸盐岩清水沉积的特征。本区巴音莽鄂阿上三叠统巴塘群和邻幅的中元古代万宝沟岩群地层序列就具有这种双壳结构和远洋沉积特征。它们在区域上各不相连，地层结构具有不连续、残破不全的特点，但在时代上、空间上则具紧密的依存关系。

对测区恢复古板块构造格局，积极寻找古洋壳始终是造山带的核心问题。测区洋岛（海山）地层结构发育，蛇绿岩缺乏。很可能是蛇绿岩的上覆岩系，由于洋岛（海山）是海底的正地形，当洋盆收缩时，容易被仰冲上来，真正的蛇绿岩由于俯冲而消亡殆尽了，只保留了岛在俯冲带附近。真正具有典型的蛇绿岩套，往往出露较窄。这可能就是测区只出露洋岛玄武岩和碳酸盐岩系的原因。从另一方面来说，洋岛玄武岩与蛇绿岩具有同样的构造意义。

五、测区有扇与非扇大陆斜坡的沉积类型

测区造山带深水沉积内容十分丰富，沉积作用常常由退积、进积、侧向和垂向加积等作用组成。

侧向加积作用在大陆斜坡表现最为显著。由横向上浊积岩可以变为碎屑流低位扇和正常垂向加积的静水低位楔沉积，低位楔与低位扇常常交互在一起。这在测区巴颜喀拉山群表现尤为明显。常常由砂岩夹板岩侧向上渐变为砂岩、板岩互层；砂岩、板岩互层侧向上渐变为板岩夹砂岩或砂岩夹板岩等。因而大陆斜坡也是一个多种沉积作用集中堆积的场所，也是岩性、岩相多变、甚为不稳定的地区。

大陆斜坡沉积类型多样，是正常沉积与非正常沉积、宁静与恐怖交互的场所。非正常沉积也不是单一的浊积岩，而是在重力作用下具有一系列演化的谱系。浊积岩、碎屑流、颗粒流、液化流等，它们是重力流不同演化阶段的产物（表 2-8）。正常沉积有垂向加积呈悬浮物的“毛毛雨”沉积，还有在进积作用下的低位楔沉积，以及大陆斜坡之下的等深流沉积等。如本区下、上巴颜喀拉山亚群就具有这种大陆斜坡之下的多种沉积作用。

表 2-8　大陆斜坡各种沉积类型的异同点

参数 \ 类型	碎屑流	等深流	半远洋	浊流
粒度	砂级	砂和粉砂	泥和粉砂	泥级→砂级
曲线	概率曲线 1～2 个总体	正态曲线 2～3 个总体	正态曲线	1 个总体，斜率小
分选	差	中等一好	差	差一中等
水平层理	无	条带状发育	毫米级	仅见上部
沉积构造	无	发育	中等	递变层理
厚度	往往巨厚层以上	1～10cm	1～10cm	5～100cm
接触关系	顶、底均突变	渐变或突变	无	主要为底突变
沉积机制	塑性	洋流	牵引流	流体

大陆斜坡沉积类型并不等同海底扇体，换句话说，大陆斜坡环境并不是处处都发育海底扇体。判断海底浊积扇体存在与否的重要标志之一，就是有无厚层粗粒的块体流沉积物的存在，因为只有在海底扇的水道区内，才会有砾岩、含砾粗砂岩等近端相产出。因而本区大陆斜坡可以划分出有扇与无扇这两种类型的大陆斜坡。

有扇大陆斜坡在本区不发育，但在邻幅十分发育，以东昆南三叠系中、下统，洪水川组，希里可特组下、上海底扇体为代表，沉积特征十分显著。非扇大陆斜坡以本区的马尔争组变碎屑岩组合和邻幅的下古生界赛什腾组和上古生界浩特洛哇组上段为代表，以远源浊积岩、等深岩、半远洋沉积为特征。但是本区的巴颜喀拉山群并不是经典的有扇大陆斜坡，而是二者的过渡类型，既有不太典型的海底扇沉积的存在，也有大陆斜坡之下的等深流沉积，甚至还有半远洋沉积。

六、测区海平面变化特点

当区域构造事件小于全球海平面变化作用的强度，区域海平面变化特征受全球绝对海平面变化的控制，与全球海进、海退同步，其沉积特征与全球相一致，局部的地质场可以放到全球地质统一场中认识问题。如邻幅的树维门科组造礁时期，造礁时间、造礁生物、造礁生态系统与全球大致同步，造礁层序、造礁方式几乎一致。这种一致性在本区仅占极少数部分。

当一个区域构造事件大于全球海平面变化的强度，其相对海平面变化与全球绝对海平面变化极不协调，其海平面变化特征往往与全球海平面变化特征相反或者其变化幅度远远大于全球性的海平面变化幅度。如邻幅东昆仑地区三叠纪。这种跳跃式表现在下伏和上覆地层，岩性、沉积构造、沉积方式存在根本差异。

测区绝大部分的海平面变化自始至终表现为大起大落，常常呈跳跃式的发展（表 2－9），而且沉积环境存在突变。测区的下、上巴颜喀拉山亚群砂岩与板岩组，内部多次出现中、外扇旋回沉积，海平面始终表现为剧烈地跳动，岩性、岩相始终呈现突变。

表 2－9　测区不同时代的海平面变化特征

岩石地层单位	岩性组合	环境相	海平面变化	控制因素	构造背景
希里可特组	砾质岩屑砂岩、粉砂岩	中扇	跳跃式	构造	剧烈下降
	厚—巨厚层砾岩	外扇			
	藻类碳酸盐岩常见核形石、藻团粒等	内扇			
闹仓坚沟组	砂岩、板岩 砂砾岩	潮下、潮间、潮上	跳跃式	构造	上升
洪水川组 上段	细、粉砂岩发育鲍马浊流序列	中、外扇	跳跃式	构造	剧烈下降
洪水川组 下段	含海百合茎的碳酸盐岩	水道			
浩特洛哇组 上段	底部砂砾岩和细、粉砂岩产 *Helminthoidichnites*	大陆斜坡	跳跃式	构造	剧烈下降
浩特洛哇组 下段	钙质砂砾岩产核形石、海百合茎	浅海	跳跃式		
赛什腾组 上段顶部		较深水	跳跃式	构造	剧烈下降

马尔争组变碎屑岩下部为重力流的鲍马序列沉积，上部为粉砂质绢云母板岩、千枚状板岩互层，镜下可见微细纹层，为一种大陆斜坡之下陆隆的沉积类型。岩性、岩相始终也表现为突变。

再如邻幅上古生界浩特洛哇组下段与上段岩性分明。下段以含海百合茎的碳酸盐岩沉积为主，具浅水沉积特征，上段发育具鲍马浊流 BD 序列夹碳酸盐岩浊流沉积（图 2－14），下段与上段的岩性、岩相截然不同，反映海平面变化也是剧烈跳动。在下段海平面变化也不是完全渐进式的。其地层序列为底部产深水 *Helminthoidichnites* 的细砂、粉砂岩与砂砾岩突变接触（图 2－14），然后与大套的碳酸盐岩接触。在总体海平面渐进式中也不乏跳跃式突变。

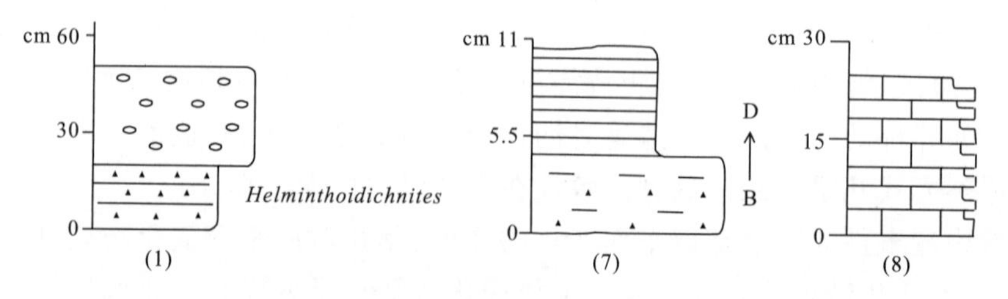

图 2－14　浩特洛哇组下段、上段岩性突变

这种突变具有以下的特点：①岩性上存在巨大差异；②沉积方式上各异；③相序上往往呈跳跃式，其间缺失多个连续相。反映了各自具有特定的构造背景及造山带构造活动环境始终十分剧烈和持续的特点。

造山带海平面常常与全球海平面不同步，甚至相反。因而本区各时期的海平面变化与全球海平面变化极不一致，有其深刻的内在背景和主导因素。造山带盆地容积的消长是造成海平面大起大落的主要原因，这是由于地幔对流可使海底扩展、消减，产生大陆离合等剧烈变化。

七、测区印支运动表现特征和发展阶段

测区三叠系分布广泛并跨越3个不同的构造单元，可分为邻幅的东昆南三叠系，本区的西金乌兰构造带三叠系及分布广泛的巴颜喀拉构造带三叠系。其中，东昆仑三叠系、巴颜喀拉三叠系出露较好，各剖面十分连续，沉积类型多样，年代地层也比较清晰，沉积特征醒目，它们的纵向演化与横向上相互响应，深刻记录了印支运动在当地表现的特征和发展阶段。

昆仑地区印支运动的存在是一个不容置疑的事实。首先它改造了东昆仑地区前印支期的构造格局，此外导致了其南侧的巴颜喀拉构造带的关闭。

东昆仑三叠纪印支运动表现的特征十分显著。早三叠世洪水川组第一段强烈下降，接受碎屑流的水道沉积，第二段自下而上普遍发育浊积岩。由下部AB序列演化到上部BCE和CD序列，浊积岩由近源向远源演化，自下而上为内扇→中扇→外扇的演化，以强烈持续下降为特色。早、中三叠世闹仓坚沟组急剧快速上升，由深水沉积迅速演变为滨岸沉积。早三叠世和早、中三叠世东昆仑以强烈下降和强烈上升为标志，海平面大起大落。这是印支运动在东昆仑进入三叠纪早期表现的特征。

中三叠世希里可特组由滨岸环境又强烈下降，接受大陆斜坡重力流鲍马AB和天然堤CE序列，中、晚期发育CDE、DE序列，末期为BC序列，为一套动荡的浊积水道→外扇→浊积中扇的环境演化。晚三叠世八宝山组，以强烈上升为特征，接受了以辫状河沉积类型为主的粗碎屑岩系的磨拉石堆积，与其下伏为角度不整合接触关系。海平面也是大起大落，也是以强烈下降和强烈回返、上升为标志，昆仑海域关闭。这是印支运动在东昆仑中段表现的特征（表2-10）。

表2-10 印支运动在测区不同构造单元的表现特征

时代	构造分区	岩性组合	岩相特征	纵向演化特征	构造背景	关闭时间	印支运动划分（期）
T_1 | T_{1-2}	东昆南 巴颜喀拉	粗、细碎屑岩系，碳酸盐岩 中、细碎屑岩系，含砾杂砂岩	水道→中扇→外扇 中、外扇→外扇	强烈的下降和 强烈的上升 下降	强烈 较强烈		Ⅰ
T_2 | T_3	东昆南 巴颜喀拉	粗、细碎屑岩系 中、细碎屑岩系，含砾杂砂岩	内扇→外扇→中扇、辫状河道 中、外扇→外扇	强烈的下降和 更强烈的上升 下降和上升	强烈 较强烈	T_3早期	Ⅱ
T_3末	东昆南 巴颜喀拉 西金乌兰	火山岩系 细碎屑岩系 玄武岩、碎屑岩，碳酸盐岩 洋壳、玄武岩、碎屑岩、碳酸盐岩	海陆交互相 洋盆→洋岛	强烈上升 强烈上升	板内活动 强烈 强烈	T_3末 T_3末	Ⅲ

与此同时相隔甚远的西金乌兰洋盆开始打开，海底玄武岩喷发。距此不远的巴颜喀拉构造带也遥相呼应。虽然巴颜喀拉构造带与东昆仑从岩性和岩相上、生物群上、古纬度上等方面表现特征不尽相同(表2-10)，充填序列也不如东昆仑显著，其稀土元素反映的构造背景也大致相同，但在大套中、细碎屑岩系上也打下了印支运动发展阶段的烙印。早三叠世下巴颜喀拉山亚群也出现水退、水进式浊积扇体，以上升和下降为特征，出现了与构造背景息息相关的近源含砾杂砂岩。中、晚三叠世上巴颜喀拉山亚群，也是以多次上升和下降为特征，出现了两套近源含砾杂砂岩。在其中部出现了一大套含大量遗迹化石、纵向上频繁交互的砂岩、板岩，反映了其构造背景活动也是比较强烈和频繁的。

众所周知，重力流的发生往往需要4个条件。①坡度，必须具有足够的坡度角，才能造成沉积物不稳定、易受触发而作为块体运动的客观必要条件。②充沛的物源，为重力流提供物质基础。河流源源不断地向盆地搬运，海、湖盆浅水岩系不断形成和加积等，都为沉积物重力流堆积提供了物质基础。所以，巨厚层重力流沉积物需要有充沛的物源。③足够的水深，一般为深水条件。④构造条件，其客观作用是使沉积物置于一个坡度角较大、一触即发的不稳定环境，可因地壳升降运动引起水进、水退。因而重力流的发生往往与构造背景活动性密切相关。

晚三叠世末期，测区邻幅采获晚三叠世最高层位诺利阶的化石(1∶25万可可西里湖幅，2004)。因而巴颜喀拉残留洋盆最早关闭时间应是晚三叠世末期。与此同时测区的西南角西金乌兰三叠纪残留洋盆也同时关闭(表2-10)。

根据测区不同构造分区三叠纪盆内沉积物性质、沉积环境演化和盆地先后关闭的时间，印支运动进入本区三叠纪以来，持续时间之长、造成的物质记录之广和深刻，呈现的强度和规模越来越大。晚三叠世末期之后，测区脱离海相沉积，代之广而分布以可可西里盆地为主的陆相沉积。

根据对盆内充填物质的系统研究，结合接触关系，中三叠统与上三叠统角度不整合，上三叠统与古近系角度不整合接触关系及它们构造线展布方向不同，可把印支运动划分为早、中、晚3期幕，它们在时间上呈先后，空间上呈南北呼应。早期幕以早三叠世至早中三叠世，以强烈下降和上升为特点，引起沉积相、沉积环境和构造古地理突变，这在测区不同构造分区尤为明显。中期幕以中三叠世至晚三叠世，也是以强烈的下降和强烈的上升为标志，如特别是强烈的上升与早期幕不同，以昆仑海域关闭和西金乌兰洋盆打开为标志。如东昆仑中三叠世希里可特组由大陆斜坡半深海、深海沉积迅速转变为晚三叠世八宝山组陆相磨拉石沉积，昆仑海域关闭。而晚三叠世至早侏罗世，表现为继续抬升和剧烈活动，造成巴颜喀拉构造带、西金乌兰三叠纪盆地也同时关闭，使得测区侏罗系、白垩系广泛缺失，古近系往往角度不整合在三叠系之上。同时东昆仑板内火山活动也非常活跃。

第四节 古近系、新近系

测区陆相沉积盆地主要以古近系、新近系为主，分布范围仅次于巴颜喀拉山群，分布在测区的中、南部，是可可西里盆地重要的组成部分。另外，可可西里盆地是青藏高原腹地最大的沉积盆地，盆地中的各时代沉积物组合全面刻画了青藏高原隆升及其环境气候效应的过程。

区内古近系、新近系主要分布在可可西里盆地，纵向上出现3大套粗、细岩系的巨旋回。对该大套地层单位长期以来没有从陆相沉积自身特征出发，而一味仿效海相地层划分模式，使地层划分与对比一直处于十分混乱的状态。中国地质大学东昆仑队从2003年以来大规模开展了对可可西里盆地第三纪的详细调查，从盆缘至盆中心分别进行了剖面控制，从孢粉、植硅石、叠层石、遗迹化石等方面下手，在区内地层、沉积相、盆地演化和古气候变化特征等方面获得了一系列崭新的认识。

一、地层单位的厘定

在20世纪90年代以前，沱沱河组、雅西措组一直被认为是白垩系，划分为风火山群上部地层单位。

风火山群最早由张文佑等(1957)创名风火山群于格尔木市唐古拉山乡风火山二道沟，原始涵义为厚度巨大、岩性单一的红色碎屑岩系，时代为三叠纪。

1959年，经全国地层会议，厘定为白垩纪。1987年，青海省区域综合地质大队，曾将其划分为早白垩世，并划分为3个组，砂砾岩组、砂岩夹灰岩组、砂岩组。

1990年，中英青藏高原综合地质考察队依据该套地层所获轮藻、介形虫及孢粉等化石，将时代重新厘定为早第三纪(现称古近纪)。

1997年，《青海省岩石地层》对沱沱河组的涵义为，指不整合于结扎群之上(区域上不整合于巴塘群、巴颜喀拉山群之上)，整合于雅西措组之下，一套由砖红色、紫红色、黄褐色复成分砾岩，含砾砂岩，砂岩，粉砂岩，局部夹泥岩、灰岩组合成的地层序列。顶以雅西措组灰岩始现与其分界。产介形虫、轮藻、孢粉等化石。

雅西措组的涵义为分别整合于沱沱河组之上、五道梁组之下的一大套以碳酸盐岩为主，局部夹紫红色砂岩、灰质粘土岩及锌银矿组合而成的地层体。区域上多数地区未见顶。

五道梁组涵义也强调整合于雅西措组之上的一大套以碳酸盐岩为主的地层序列。

查保玛组由朱夏(1957)在唐古拉山、可可西里创建，指"上新世陆相喷发的中—中基性火山岩和碎屑岩"。1980年后改称查保玛群，1997年，《青海省岩石地层》清理降群为组。涵义为"分别不整合于沱沱河组或巴颜喀拉山群、结扎群、风火山群之上，曲果组或羌塘组之下的一套陆相中—中基性火山岩地层"。测区的查保玛组与青海省岩石地层清理的定义相一致，测区主要为一套紫灰色、灰黄色玄武安山岩，粗面安山岩，粗面岩，粗面英安岩，夹有次火山岩：深灰色玄武安山玢岩、粗面斑岩、壳源包体，为埃达克岩。厚度大于2000m，属于陆内火山喷发构造环境。查保玛组分布比较局限，集中分布在测区西部马鞍山以南。测年为18Ma。

除查保玛组外，这些岩石地层单位的涵义与可可西里盆地发育的地层特征相差甚远。根据可可西里盆地纵、横向变化特征和较多剖面控制，沱沱河组现厘定为，指不整合于基底之上，不整合于雅西措组之下的一大套粗、细碎屑岩系夹碳酸盐岩，产介形虫、大量遗迹化石的地层序列，代表古近纪早期的河湖相沉积。

雅西措组现涵义：不整合于沱沱河组之上，不整合于五道梁组之下的早期为一套河流相沉积的粗、细碎屑岩系；中期为一大套产温暖型的植硅体、遗迹化石的细碎屑岩系夹碳酸盐岩，内部发育浪成交错层理、平行层理、泥裂等沉积构造的湖相沉积；晚期为一套灰白色薄层状石膏与灰白色石膏互层、微—粉晶灰岩、紫红色薄层褐铁、泥钙质粉砂岩的沉积组合。与石膏互层发育水平层理，泥钙质粉砂岩发育浪成交错层理、泥裂等沉积构造，产大量炎热环境植硅体，为封闭湖相沉积。

五道梁组现涵义为不整合于雅西措组之上，区域上难于见顶的一大套以碳酸盐岩为主夹石膏的地层序列，早期为一套河流相沉积的杂色中厚层砾岩紫红色砂砾岩、铁质泥岩、灰黄色钙质泥岩及灰绿色铝质泥岩，产寒冷环境的植硅体。中、晚期灰白色假鲕藻团粒灰岩夹石膏，发育大量藻类和纹层状层理。

2000年之后，值得一提的是成都理工大学刘志飞等人对原风火山群地层进行了详细、系统地地层学、沉积学和磁性地层研究，认为风火山群下部的沱沱河组粗碎屑岩系年龄为32～5.60Ma，风火山群上部的细碎屑岩系夹石膏层的雅西措组年龄为32～30Ma，相当于古近纪的渐新世，且认为五道梁以南的雅西措组的地层是倒转的，石膏层不是在上部，而是在下部；并认为石膏层是寒冷、干旱的标志，是全球变冷事件在青藏高原的响应(刘志飞等，2000，2002)。

可可西里盆地古、新近系发育较好，出露比较完整。因而正确建立可可西里盆地地层序列和古气候的变化各种特征，确立青藏高原古气候变化特点、变化规律，特别是确立降温事件的时间、特征，对追踪青藏高原早期隆升的特点尤为重要。

二、剖面介绍

沱沱河组以库赛湖幅蛇山地区剖面 KP10 为代表，描述如下(图 2-15)。

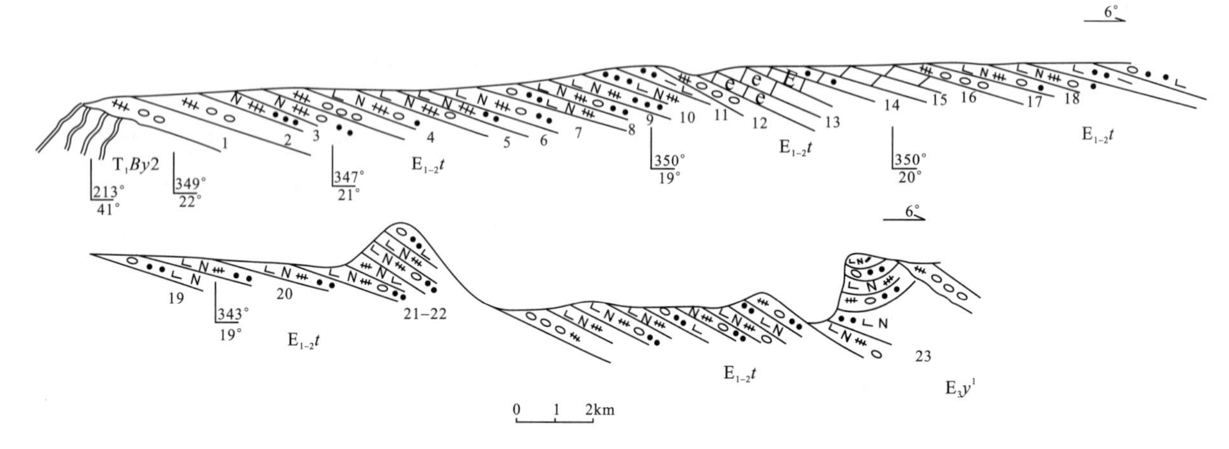

图 2-15　青海省库赛湖幅蛇山沱沱河组实测剖面图(KP10)

上覆地层：古近系渐新统雅西措组(E_3y^1)　浅灰绿色中厚层状中、细粒长石岩屑砂岩，灰色中厚层状中粗粒复成分砾岩

～～～～～～　角度不整合　～～～～～～

古近系古新统—始新统沱沱河组($E_{1-2}t$)	**1521.9m**
22. 灰色薄层状含砾不等粒岩屑砂岩，灰色薄层状中、细粒岩屑砂岩	202.11m
21. 浅灰色薄层状含细砾不等粒长石岩屑砂岩和浅灰色薄层状中细粒长石岩屑砂岩	141.54m
20. 黄灰色中厚层状砾质不等粒长石岩屑砂岩	106.63m
19. 黄灰色中厚层状不等粒复成分砂砾岩，薄层状钙质长石岩屑砂岩，薄层状钙质、泥质团粒粉砂岩	338.79m
18. 浅灰色中厚层状钙质、泥质团粒粉砂岩	14.5m
17. 灰绿色中厚层状复成分砾岩，中薄层状含砾钙质长石岩屑砂岩	51.56m
16. 灰绿色中厚层状团粒、假鲕灰岩，产介形虫	26.38m
15. 浅灰色纹层状团粒泥、微晶灰岩，产介形虫	
14. 浅灰色中厚层含砾屑微—粉晶灰岩，产介形虫	24.53m
13. 浅灰色纹层状泥晶灰岩，产介形虫	58.29m
12. 浅灰色中厚层状细粒复成分砾岩，浅灰色中厚层状中、细粒钙质长石岩屑砂岩	23.45m
11. 浅灰色薄层状钙质粗粉砂—细砂石英砂岩	29.29m
10. 浅灰色薄层状含砾不等粒钙质长石岩屑石英砂岩，浅灰色中、细粒钙质长石岩屑石英砂岩	33.12m
9. 浅灰色中厚层状复成分中砾岩，浅灰色薄层状细粒复成分砾岩，浅灰色薄层状含砾不等粒钙质长石、岩屑砂岩	55.06m
8. 黄灰色中厚层状复成分砾岩夹透镜状含砾不等粒钙质长石岩屑石英砂岩，含砾不等粒长石岩屑石英砂岩夹砾岩透镜体	25.86m
7. 浅灰色厚层状细粒复成分砾岩，黄色薄层状含细砾不等粒钙质长石岩屑石英砂岩、细粒钙质长石岩屑砂岩	37.16m
6. 黄灰色中厚层不等粒钙质长石岩屑砂岩、细粒钙质长石岩屑砂岩	31.77m

5.紫灰色中薄层状含细砾不等粒钙质长石岩屑砂岩，粉砂—细砂钙质长石岩屑砂岩	30.85m
4.紫灰色中薄层状含铁结核复成分砂砾岩，含砾不等粒长石岩屑砂岩，不等粒钙质长石岩屑砂岩	94.08m
3.紫灰色中厚层状复成分砾岩，薄层状细粒复成分砂砾岩，紫灰色薄层状含砾不等粒钙质长石岩屑砂岩	93.30m
2.紫红色中厚层状中、粗粒复成分砾岩，紫红色薄层状含砾岩屑砂岩	9.77m
1.灰色厚层状不等粒复成分砾岩，灰色薄层状含砾中粗粒长石岩屑砂岩	50.53m

～～～～～～ 角度不整合 ～～～～～～

下伏地层：下巴颜喀拉山亚群2组($T_1 By2$)　黄绿色粉砂质板岩

雅西措组第一、二段以邻幅五道梁墩陇仁地区的剖面为代表。

古近系渐新统雅西措组第二段($E_3 y^2$)：厚度大于472.09m；顶为向斜核部，底与雅西措组第一段($E_3 y^1$)为整合接触关系。岩性自上而下为：紫红色中—薄层粉砂岩，发育平行层理，产遗迹化石*Scoyemia*；灰紫色中厚层细砂岩与灰紫色中—薄层钙质中、细砂岩，内部发育浪成交错层理，层面上可见舌状波痕，产遗迹化石*Thalassinoides*；底部灰白色中—薄层石英岩屑砂岩，往上紫灰色薄—中厚层含砾岩屑中、细砂岩，内部发育平行层理等。具中、细碎屑岩系旋回特征。

雅西措组第一段($E_3 y^1$)：厚940.24m；顶、底均为整合接触关系。岩性自上而下为：紫灰色中厚层细砾岩与紫灰色中—薄层细、粗粒岩屑砂岩，内部发育递变序列；紫灰色中—薄层细—粗粒岩屑砂岩，内部发育正粒序的旋回序列；灰白色薄—中厚层复成分岩屑砂岩、紫灰色钙质不等粒岩屑砂岩与砂质、钙质粉砂岩互层，内部发育板状交错层理，具正、反递变粒序；灰白色厚—中厚层含钙不等粒岩屑砂岩与黄紫色中薄层复成分岩屑粗砂岩互层夹钙质胶结复成分岩屑砂砾岩，内部发育板状交错层理；灰紫色中厚层钙质胶结复成分岩屑砂砾岩与灰紫色中厚层钙质粗粒岩屑砂岩互层，内部发育平行层理；紫灰色巨厚层—厚层钙质胶结复成分岩屑砂砾岩，砾石成分主要为变砂质，次为石英质，内部发育板状交错层理等，以粗、细碎屑岩系为特征，具频繁的粗、细碎屑岩系旋回特征。内部发育具河流相沉积的大量沉积构造。

雅西措组第二段、第三段以五道梁76道班剖面KP23为代表，描述如下(图2-16)。

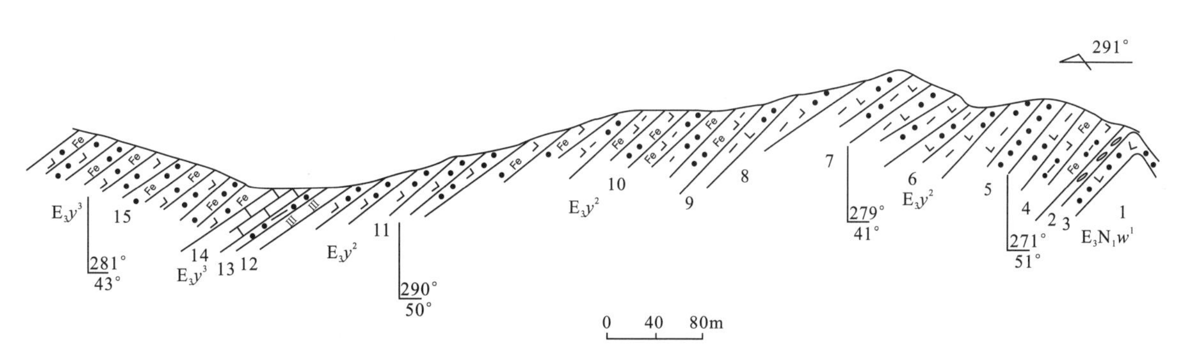

图2-16　青海省库赛湖幅雅西措组第二段、第三段实测剖面图(KP23)

雅西措组($E_3 y^3$)	**>208m**
15.紫红色薄层褐铁、泥钙质粉砂岩与粉砂质泥岩互层，内部发育浪成交错层理。层面上可见泥裂。产植硅石方型、平滑棒型、网脊块状型	161.5m
14.灰色中—薄层含泥粉砂微—粉晶灰岩，内部发育平行层理	26.68m
13.底为灰白色结核状石膏，中、上部浅灰色粉砂质泥岩与灰白色石膏互层，产植硅石方型、长方型、扇型、短鞍型、平滑棒型、网脊块状型，硅藻	14.82m

———— 整　合 ————

雅西措组($E_3 y^2$)　**>500m**

12.紫红色中—厚层泥质粉砂岩夹灰白色薄层状石膏，泥质粉砂风化后呈球状，产植硅石方型、

长方型、石屑型　5.93m

11. 紫红色中—薄层含钙粉砂岩，内部发育浪成交错层理　71.09m

10. 紫红色中—薄层钙质褐铁泥质粉砂岩，长鞍型、平滑棒型、多石体型、三棱柱型、薄板型、突起棒型，石屑型、异管型、网脊块状型，硅藻　130.67m

9. 紫红色中—薄层含泥、钙质粉砂岩，内部发育浪成交错层理　18.62m

8. 紫红色中—薄层泥、钙质细、粉砂岩，内部发育平行层理，平滑棒型、突起棒型、薄板型、刺边棒型、长尖型、多面体型、石屑型、网脊块状型　20.1m

中新统五道梁组实测剖面为代表，描述如下(图 2－17)。

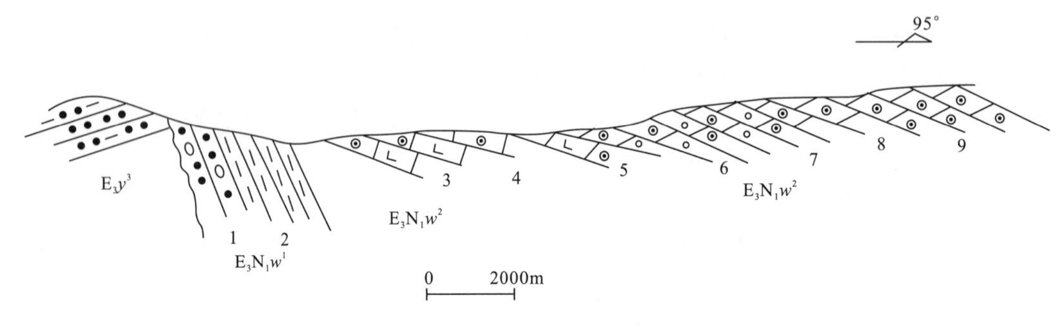

图 2－17　青海省中新统五道梁组实测剖面图

五道梁组上段(图版 9－8)　　**(未见顶)**　　**>89.79m**

9. 黄白、灰白色薄层状亮晶胶结粒屑灰岩、假鲕藻团粒泥晶灰岩　24.24m

8. 灰黄色厚层状藻斑点、藻粒屑泥晶灰岩夹少量石膏，发育孔穴及斑点等层面构造　6.06m

7. 灰白色薄层状藻粒屑、藻丛及藻绿体泥晶灰岩，见生物碎屑　15.68m

6. 灰白、黄白色厚层状藻粒屑、藻团粒及藻丛泥晶灰岩，层理极为发育　20.55m

5. 棕褐色中薄层状钙质胶结藻团粒灰岩，发育溶蚀、浪蚀坑槽等层面构造　11.06m

4. 灰白色中薄层状钙质胶结藻团粒及藻凝块灰岩，发育叠层石构造　5.09m

3. 灰、灰白色中厚层钙质胶结藻凝块及假鲕灰岩，纹层发育　6.11m

———— 整　合 ————

五道梁组下段($E_3N_1w^1$)(图版 9－7、图版 17－3)　　**25.56m**

2. 杂色中厚层砾岩　4.26m

1. 紫红色砂砾岩、铁质泥岩、灰黄色钙质泥岩及灰绿色铝质泥岩产植硅石平滑棒型、突起棒型、薄板型、刺边棒型、长尖型、多面体型、石屑型、网脊块状型　21.30m

~~~~~~ 角度不整合 ~~~~~~

下伏地层：雅西措组上段(E_3y^3)　紫红色中薄层细、粉砂岩与中厚层粉砂质泥层互层

中新统查保玛组以库赛湖大帽山地区大帽山剖面 KP21 为代表，描述如下(图 2－18)。

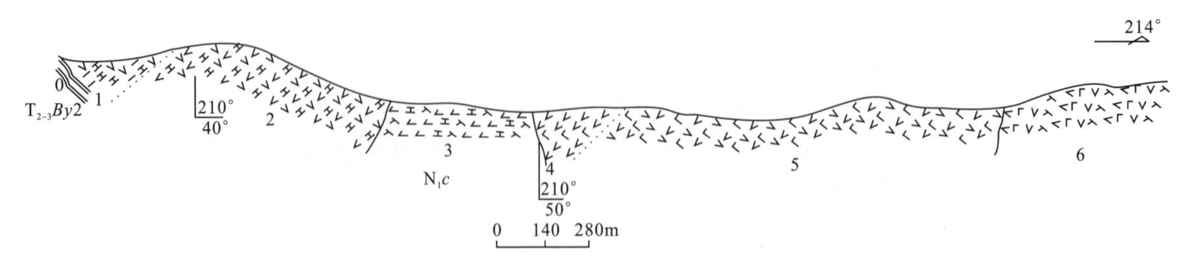

图 2－18　青海省中新统查保玛组实测剖面图(KP21)
~~~~~~

新近系中新统查保玛组(N_1c)　　（未见顶）　　>2016.11m

6. 紫灰色黑云角闪玄武安山岩或粗面安山岩　　>10m

5. 灰黑色黑云辉石角闪玄武安山玢岩、黑云角闪玄武安山玢岩　　358.99m

4. 灰色黑云角闪玄武安山岩(或粗面安山岩)、黑云辉石角闪玄武安山岩(或粗面安山岩)　　882.86m

3. 灰黑色角闪辉石粗面安山玢岩　　254.61m

2. 紫灰色黑云辉石角闪粗面安山岩、粗面岩、黑云角闪粗面安山岩　　309.12m

1. 紫灰色黑云角闪辉石粗面安山岩　　200.53m

═══════ 断　　层 ═══════

下伏地层：上巴颜喀拉山亚群第二组($T_{2-3}By2$)　灰黑色板岩

三、生物地层

（一）遗迹化石

1. 形态

沱沱河组产遗迹化石：*Skolithos*（石针迹），*Thalassinoides*（海生迹），*Scoyenia*（斯柯菌迹），*Palaeophycus*（古藻迹），*Lockeia*（洛克迹）等。

这些遗迹化石可划分为两种类型。一种以垂直管状居住迹发育为特征，产有 *Skolithos*（石针迹），*Thalassinoides*（海生迹）。*Skolithos*：垂直、近垂直层面的管状遗迹，成群分布，d=5mm±，充填物与围岩大体一致，产于沱沱河组下部的下、上层位（图版 4-1）。*Thalassinoides*：平行、斜交，垂直层面的管状分枝潜穴，d=9mm±，充填物较围岩色深，粒度更细，产于沱沱河组下部的底位（图版 4-6）。

另一类以觅食迹十分发育为特征，产有 *Scoyenia*（斯柯菌迹），*Palaeophycus*（古藻迹），*Lockeia*（洛克迹）。*Scoyenia*：平行、斜交或垂直层面的不分叉柱形潜穴，外壁具不规则状的振痕构造，d=8mm±，产于沱沱河组下部的下层位（图版 4-2、图版 4-4）。*Palaeophycus*：平行层面不分叉柱状潜穴，充填物与围岩一致，d=6mm，长 80mm，产于沱沱河组下部的上层位（图版 4-5）。*Lockeia*：平行层面，成群分布，单个遗迹呈长方形、纺锤形，长 5～8mm，产于沱沱河组下部的上层位（图版 4-3）。

2. 组合及特点

这些遗迹化石具几大特点，一是分异度低，每一层位仅 1～3 个属；二是个体异常丰富，沿层面上密布；三是生存时间短，纵向上不重复，仅 *Skolithos* 重复出现；四是遗迹化石属具有环境和古气候的专属性，往往产在水流构造与泥裂之间；五是含有陆相盆地的特有分子 *Scoyenia*。

3. 遗迹化石指相和对比作用

根据沱沱河组遗迹化石的组合与地层的关系，可划分 2 个组合带。上组合带为 *Skolithos*-*Palaeophycus*-*Lockeia*；下组合带为 *Thalassinoides*-*Skolithos*-*Scoyenia*。

关于陆相遗迹化石的研究远不及海相深入和系统。在当今国际上流行的 9 种遗迹相，陆相盆地仅建立 *Scoyenia* 遗迹相，其余 8 种均是海相或海陆交互相。陆相盆地遗迹化石除研究起步较晚外，尚与陆相盆地具有复杂的控制因素有密切关系。沱沱河组遗迹化石主要产在富含砂的流水构造与泥裂之间，也就是具有周期性的洪水浸漫和退却之后的暴露。这种环境容易造成遗迹化石的形态不同。当洪水暴发，往往产生高能的居住迹，以 *Skolithos*，*Thalassinoides* 为代表；洪水退却的间歇期，易产生大量觅食迹构造 *Lockeia*，*Scoyenia* 的遗迹化石（图 2－19）。因而陆相遗迹化石的控制因素中，水深并不是主控因素，古气候才是自始至终的主控因素。

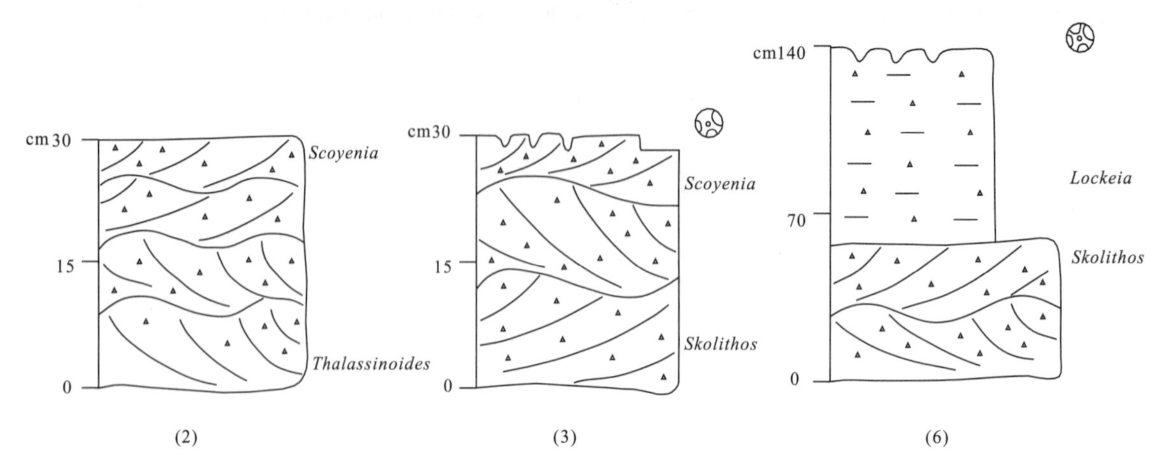

图 2－19　沱沱河组遗迹化石与岩性、古气候的关系

遗迹化石的发现，对化石缺乏的沱沱河组尤为珍贵。两个下、上组合带的划分，对沱沱河组内部序列的建立，地层划分与对比均具有重要作用。

两个组合带的建立，大大提高了地层划分与对比的分辨率，可以非常有效地划分其下的沱沱河组粗细碎屑岩系。其上粗细碎屑岩系的雅西措组下段，为典型的辫状河沉积类型，仅产单一以居住迹发育为特征的遗迹化石。只要发现沱沱河组上组合带就可以有效划分二者的地层单位。

尤其是含有不同类型的遗迹化石组合，犹如特有的标志，可以广泛在盆内追踪和对比。沱沱河组由于分布广泛，从盆缘长达几千千米，横向上岩性、岩相往往变化快，从盆缘的具有板状交错层理的中、细砾岩至盆缘中部的以水平层理为主的泥岩或泥质粉砂岩，岩性在横向上变化大。但只要发现该遗迹化石组合带的分子，就可以把横向上不同岩性相互隔离的地层联系起来，使研究成为可能。

（二）植硅体

首次在雅西措组中、上部和五道梁组的底部发现较为丰富的植硅体化石。这些植硅体化石不但丰富了陆相的生物地层学，而且隐藏了一系列古气候的信息，将深刻揭示全球变冷在青藏高原反映的时间、特点、作用及青藏高原开始隆升的确切时间。

雅西措组中、上部：植硅体形态较丰富，从植硅体出现的形态看主要来源于禾本科植物，少数为莎草科，另外还见蕨类、裸子植物和阔叶类植硅体，其中，草本类植硅体主要形态有方型、长方型、扇型、哑铃型、短鞍型、长鞍型、齿型、平滑棒型、刺边棒型、长尖型、突起棒型等；蕨类植物植硅体形态可见三棱柱型；裸子植物植硅体形态主要有石屑型；阔叶类植硅体主要有薄板型、球型、网脊块状型、导管型等。

五道梁组底部：木本植物中裸子植物含量增高，类型单一，以齿型、平滑棒型、突起棒型、扇型植硅体为主。

雅西措组植硅体以温暖类型为主，含丰富的蕨类、裸子植物和阔叶植物产植硅体，反映当时植被以森林为主，林下草本层较发育。

五道梁组的底部3个样品，几乎全是寒冷、干旱的标志，木本植物中裸子植物含量增高，类型单一，以齿型、平滑棒型、突起棒型、扇型、齿型、棒型植硅体为主(图版7)。

因而从雅西措组到五道梁组，也就是古近纪渐新世—新近纪中新世，本区出现了一次极端的炎热事件和极端的降温事件。

(三)叠层石

五道梁组内部现已发现大量叠层石及藻类化石。测区的叠层石主要为两种类型。一种呈层状，另一种为穹状，类型并不复杂，但具有良好的指示环境和古气候的标志。向北到柴达木盆地叠层石类型发育呈多样性，出现柱形、瘤状、结核状和层状。从镜下看，层状叠层石呈水平层状或波状。纹层状特征十分明显，由深色泥晶壳体层与浅色互层，穹状是向上突起生长。

(四)时代依据

根据磁性地层获得年代学的资料(刘志飞等，2002)，沱沱河组粗碎屑岩系年龄为32～5.60Ma，风火山群上部的细碎屑岩系夹石膏层的雅西措组年龄为32～30Ma，五道梁组23Ma。查保玛组依据SHRIMP U－Pb年龄为18.28±0.27Ma。

四、岩性组合

本区古、新近系类型多样，沱沱河组下、上部为中、粗碎屑岩系夹碳酸盐岩沉积。雅西措组下段仍为粗碎屑岩系，往上出现中、细碎屑岩系；中部以细碎屑岩系；上部为碎屑岩系夹石膏层沉积。五道梁组下段为粗碎屑岩系，上部为含大量叠层石和藻类的碳酸盐岩沉积。查保玛组火山岩保存并表现有2个喷发旋回：第一旋回由1、2组成，岩浆喷发形式表现为粗面安山岩→粗面岩；第二喷发旋回由4、5、6构成，岩浆喷发表现为玄武安山岩→粗面安山岩，次火山岩的形成时代与火山岩基本同时。上述岩石组合不见有碳酸盐岩、硅质岩海相和陆相等沉积物，显示了火山岩属典型的陆相喷发成因的火山岩。

五、沉积特征

沱沱河组分布比较局限，纵向上出现粗→细→粗的旋回。下部为紫灰色复成分中、细砾岩、含砾杂砂岩(图版8－7)。砾石成分为石英、泥质岩、板岩、灰岩、透闪石大理岩等，大小混杂，分选、磨圆度差，为辫状河道沉积。中部为泥灰岩、团粒、假鲕灰岩，产介形虫，水平层理发育，为湖相沉积。上部又为复成分中、细砾岩，含砾杂砂岩，砾石成分与下部差别不大，特征基本相同。是一种就地取材、近源快速堆积的产物。反映了可可西里盆地早期曾经出现过分布面积不大的河湖相沉积(图2－20)。

雅西措组是盆地扩展时期可可西里盆地分布最广泛的地层单位，从盆缘至中心稳定分布。

雅西措组自下而上由粗变细。早期为紫灰色中厚层中、细砾岩与黄色中厚层含砾岩屑中砂岩、岩屑砂岩互层。砾石成分为石英、泥质岩、砂岩、安山岩，大小混杂，分选、磨圆度差。内部发育递变层理、板状交错层理、平行层理，具正、反旋回序列，沉积类型比较多样(图版8－8、图版9－1～图版9－4)。既有牵引流与重力流交互，又有正、反旋回牵引流，为一种高山峡谷型的辫状河道沉积。反映了盆地开裂时期，地形高低悬殊，这就为粗碎屑岩系和重力流堆积提供了良好的堆积场所(图2－21)。

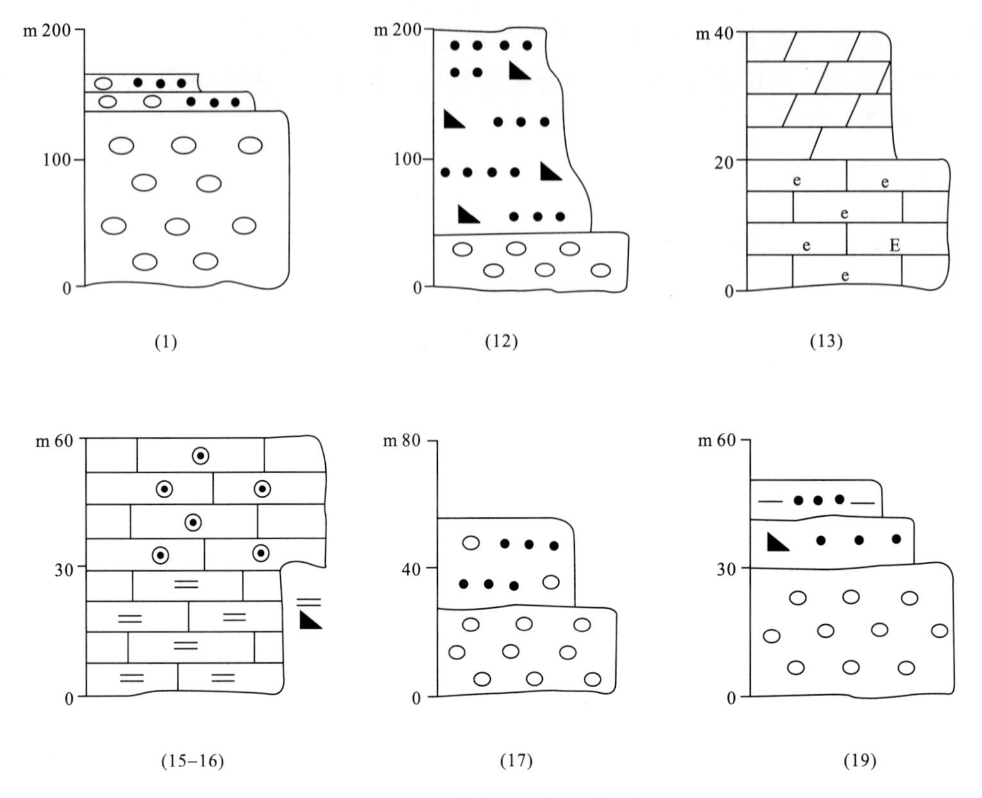

图 2-20　沱沱河组沉积序列

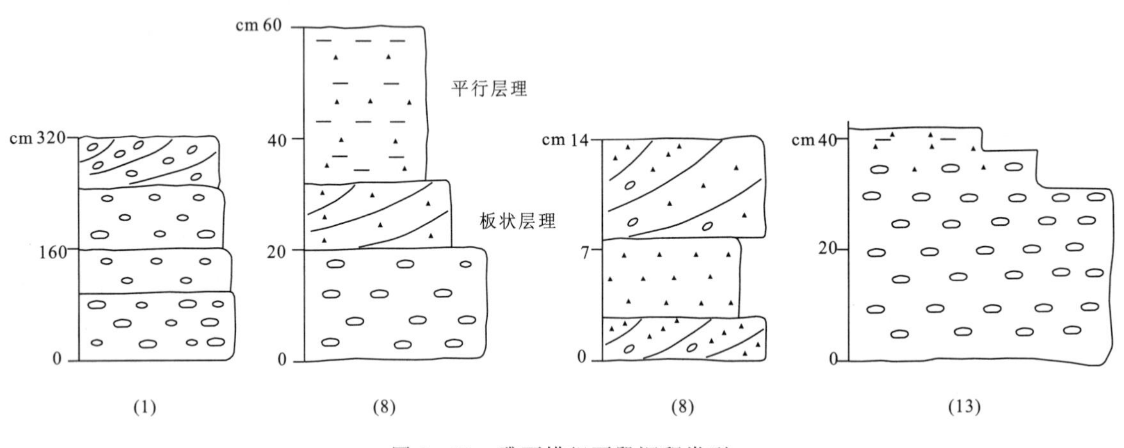

图 2-21　雅西措组下段沉积类型

中、晚期为湖相沉积，但沉积类型有很大不同。中期为敞开的湖相，晚期为封闭湖相的石膏盐亚相沉积（图版 9-5、图版 9-6）。

中期岩性为紫红色中、薄层含钙粉砂岩，内部发育浪成交错层理、平行层理、泥裂等。产大量遗迹化石和植硅石（图版 7-1～图版 7-4、图版 7-6）。雅西措组中部具高度旋回和纵向频繁旋回，旋回序列由粗变细，即由下部的细砂岩变为上部粉砂岩或粉砂质泥岩；沉积构造由下部的浪成交错层理和中、上部的波痕变为顶部的泥裂，沉积环境则由浅湖相变为滨湖相。这样一个正向频繁的多个自然单元，是最基本的层序（图 2-22）。

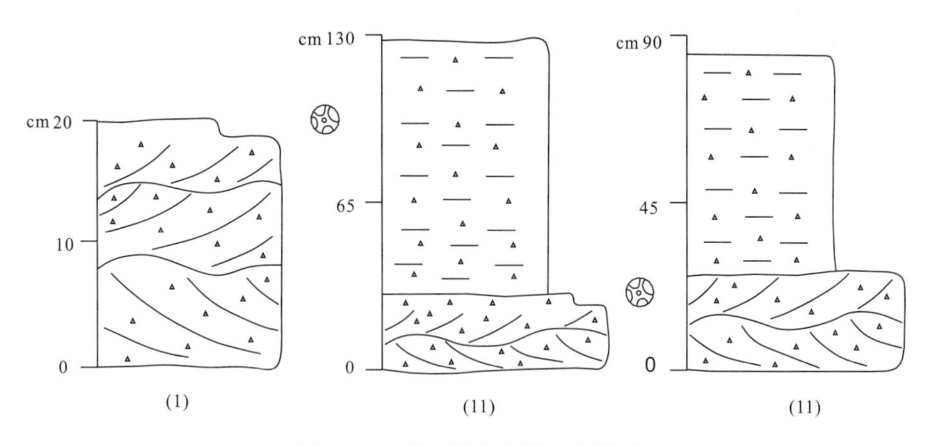

图 2-22 雅西措组中段沉积类型

晚期岩性自下而上为紫红色中—厚层泥质粉砂岩夹白色薄层状石膏、白色石膏互层，灰色中—薄层含泥粉砂微—粉晶灰岩、紫红色薄层褐铁、泥钙质粉砂岩与粉砂质泥岩互层(图 2-23)。下部与白色石膏互层，发育水平层理；上部发育浪成交错层理，层面上可见泥裂。产大量丰富炎热环境的植硅石。反映雅西措组晚期气候十分干燥，大气降水少于蒸发量，陆源碎屑供应进一步减少，引起湖盆的蒸发亚相石膏沉积。

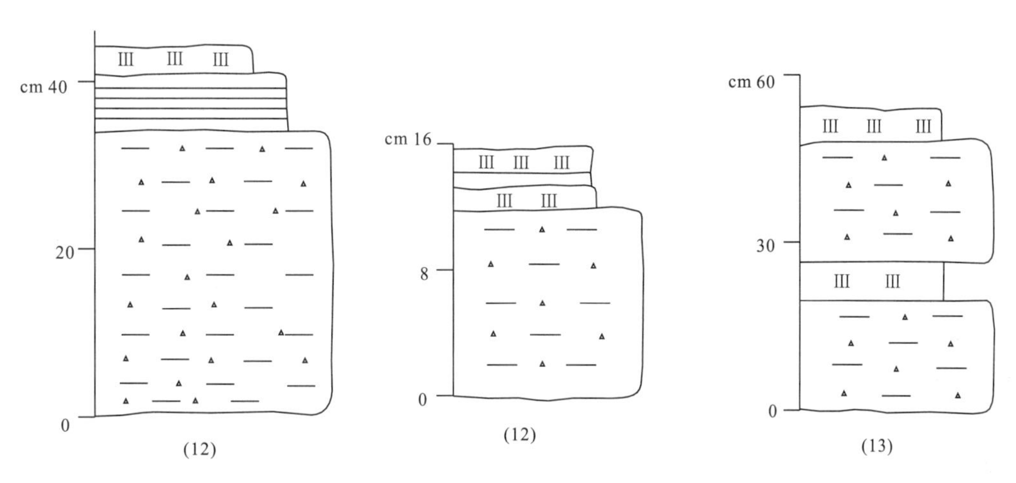

图 2-23 雅西措组上段沉积类型

五道梁组代表又一次构造旋回的产物。早期为粗碎屑岩系、铁质泥岩、灰黄色钙质泥岩及灰绿色铝质泥岩，为山涧洼地堆积。中、晚期地势夷平并进一步拗陷，堆积了以藻粒屑、藻团粒及假鲕碳酸盐岩沉积，纵向上组成了浅湖—滨湖—浅湖的沉积旋回。反映气候为温暖、潮湿的环境。

本区陆相盆地出现 3 次湖相沉积，反映其盆地形成并不是经历一次构造旋回而形成的简单盆地。第一次构造旋回由沱沱河组组成，纵向上出现粗→细→粗旋回，代表盆地初形、扩展、萎缩的标志。第二次由雅西措组组成，纵向上出现粗、细和石膏层旋回，也代表盆地初形、扩展、萎缩的标志。其中，雅西措组中部分布甚广，从盆缘至中心稳定分布。晚期石膏层的出现，是盆地开始萎缩的标志。第三次由五道梁组组成，纵向上也出现粗、细旋回，代表了盆地出现、扩展、萎缩的标志。第四次由查保玛组组成，为陆内火山喷发构造环境，代表高原早期隆升、地壳加厚的标志。因而可可西里盆地是一个经历多次构造旋回形成的复杂盆地。

根据沉积物演化特征(图 2-24)可以划分为：青藏高原早期隆升前，粗、细碎屑岩夹石膏层沉积

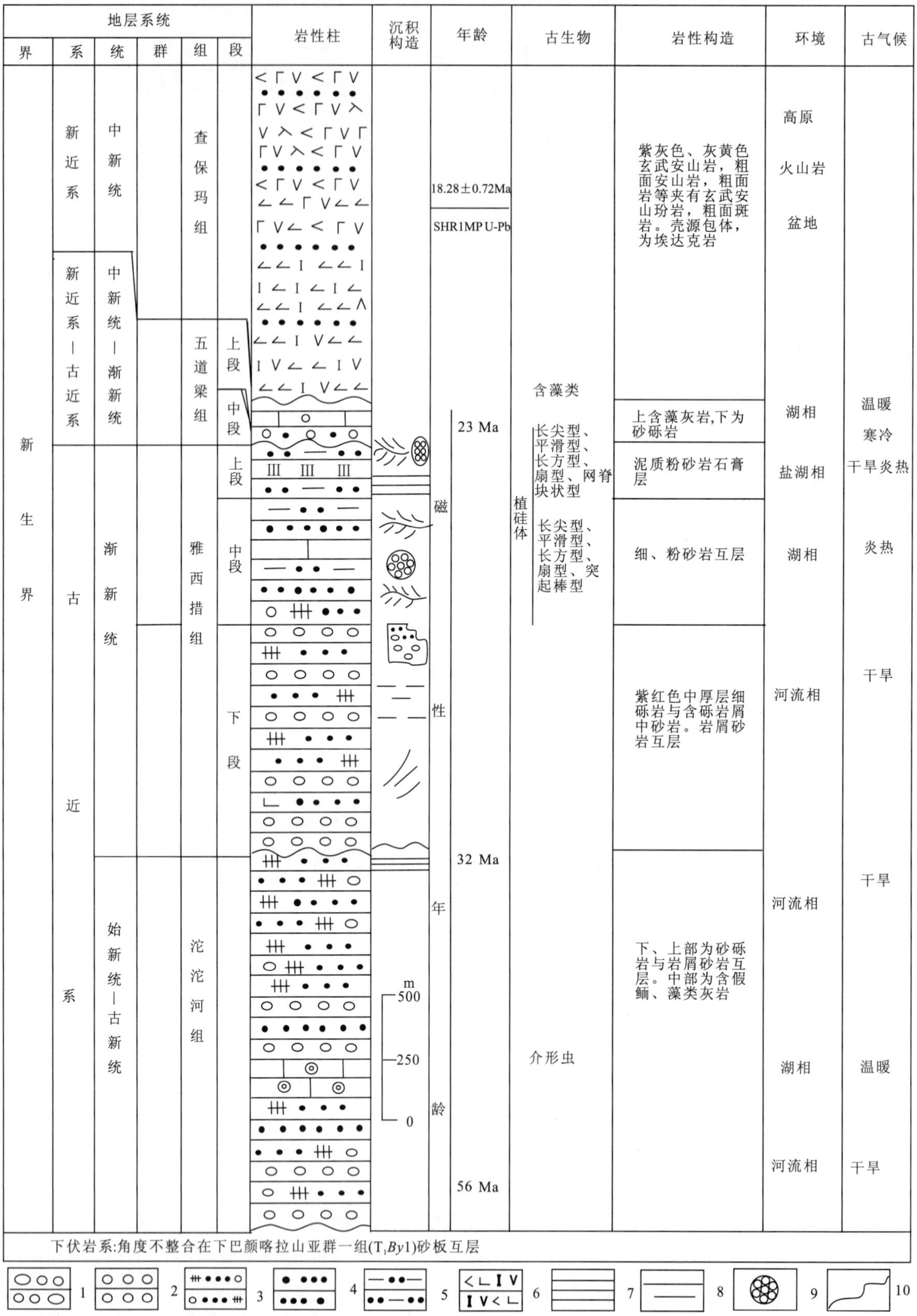

地层系统						岩性柱	沉积构造	年龄	古生物	岩性构造	环境	古气候
界	系	统	群	组	段							
新生界	新近系	中新统		查保玛组				18.28±0.72Ma SHR1MP U-Pb		紫灰色、灰黄色玄武安山岩，粗面安山岩，粗面岩等夹有玄武安山玢岩，粗面斑岩。壳源包体，为埃达克岩	高原 火山岩 盆地	
	新近系—古近系	中新统—渐新统		五道梁组	上段				含藻类			
					中段			23 Ma		上含藻灰岩,下为砂砾岩	湖相	温暖 寒冷
	古近系	渐新统		雅西措组	上段			磁性年龄	植硅体：长尖型、平滑型、长方型、扇型、网脊块状型	泥质粉砂岩石膏层	盐湖相	干旱炎热
					中段				植硅体：长尖型、平滑型、长方型、扇型、突起棒型	细、粉砂岩互层	湖相	炎热
					下段					紫红色中厚层细砾岩与含砾岩屑中砂岩。岩屑砂岩互层	河流相	干旱
		始新统—古新统		沱沱河组			m 500 250 0	32 Ma 56 Ma	介形虫	下、上部为砂砾岩与岩屑砂岩互层。中部为含假鲕、藻类灰岩	河流相 湖相 河流相	干旱 温暖 干旱
下伏岩系:角度不整合在下巴颜喀拉山亚群一组(T_1By1)砂板互层												

1　2　3　4　5　6　7　8　9　10

图 2-24　测区古近系—新近系早期沉积演化柱状图

1.中、细砾岩;2. 砾岩;3.含细砾砂岩;4.砂岩;5.粉砂质泥岩;6.玄武安山岩;7.水平层理;8.平行层理;9.龟裂;10.角度不整合类型，古气候以炎热、干旱为特征；隆升后以灰黄色钙质泥岩和寒冷的植物群为特征，以后转为青藏高原早期隆升后温暖的碳酸盐岩沉积和陆相埃达克火山岩喷发。

六、横向变化特征

古近系、新近系横向变化特征最为显著的是广泛分布的雅西措组第二、三段。雅西措组第二、三段，由盆缘边缘至盆地中心一直稳定地分布。第二段由东向西地层厚度由薄变厚，由几百米变为1500m，沉积序列由滨岸的内部发育浪成交错层理和泥裂组成的旋回序列变为广泛发育浪成交错层理的浅水沉积环境。第三段沉积厚度也是由东向西变厚，尤其是石膏层越向西越厚，从微薄层变为厚层。

七、源区分析

陆相盆地与源区存在着最直接的相关性，有什么样的母岩成分和风化剥蚀的方式，就会在盆内形成什么样类型的沉积物，母岩的风化剥蚀作用始终是盆内沉积源源不断的物质来源，尤其在盆地发展的早、晚期。因而根据陆源碎屑岩组合可以推断源区的母岩类型。陆相盆地粗碎屑岩系中的各种砾石成分与母岩区的岩石类型、风化作用方式息息相关，是判断母岩成分、基底抬升程度及遭受风化剥蚀程度和方式等的重要标志。

沱沱河组作为盆地发展的早期，其粗碎屑岩砾石组合为变砂岩、石英岩、花岗岩、绢云母板岩及凝灰岩、长石和灰岩等，表明其物质来源不仅来自于其下基岩的浅变质岩三叠纪的地层，而且相当部分来自于三叠纪以前的碳酸盐岩地层。从风化作用看，以物理风化作用为主，古气候以干旱、炎热为特点，一些碳酸盐岩碎屑的存在就是一个佐证。如果是化学风化作用为主，碳酸盐岩碎屑就会被迅速溶解掉。因而沱沱河组大量的粗碎屑岩砾石和碳酸盐岩砾石是就近取材、迅速被搬运的产物。从碎屑组分看，也有相当含量的透闪石大理岩、炭质、假鲕及灰岩。因此，可可西里盆地的发展早期，其物质来源是多时代和多源的，并含有活动类型的花岗岩组分（表2-11）。

表2-11　沱沱河组碎屑组分表(%)

样品号＼组分	砾石组分								碎屑组分												基质组分		
	长石	砂	石英	凝灰岩	花岗岩	绢云母板岩	灰岩	燧石	石英	凝灰岩	透闪石大理岩	砂	绢云母板岩	长石	泥质	燧石	灰岩	假鲕	泥屑	灰岩屑	泥质	钙质	绢云母
KP10-20-1	3	9	3				5		5	40			5		20							11	2
KP10-17-2		6	2				2		5			30	3	5	40						1	40	
KP10-16-1														5				40	35	15			
KP10-12-1		3							8	35		35		2			2						
KP10-10-1			2	1			2		50	10	5	10		10								10	
KP10-9-1		10	3				5	2	35	5	10	5		5			5					15	
KP10-7-3			3		1	1			72	5		10		3								5	
KP10-5-1									60	4	3		8	10									
KP10-4-1	5			2	10	6	2		55				5	5		5						5	
KP10-3-1		35	15	5			20		5			6			4						2	3	
KP10-2-2		10	3		10	7			30	8		10	5	7									

雅西措组第一段陆源粗、细碎屑岩系组分，与沱沱河组有很大差别。其碎屑成分组合、分选性远比沱沱河组好，反映了其碎屑组分具有一定的搬运。碎屑组分仍主要来自于其下母岩的上巴颜喀拉山亚群的组分，以低长石含量和高石英、砂、泥碎屑岩系为主体，少量凝灰岩、安山岩、石英片岩等(表 2-12)。自下而上石英含量越来越高，碎屑组分越来越单一，分选性越来越好。雅西措组第二段陆源组分大为变细，主要以石英和钙质含量高为特征，其物质组分显然经过了长距离的搬运，物质成分越来越单一，因而具有分选较好、成熟度较高的特点。

表 2-12 雅西措组碎屑组分表(%)

时代	组分/样品号	砾石组分						碎屑组分										基质组分			
		粉细砂	石英岩	泥砾	片状石英	凝灰岩	安山岩	石英	砂屑	泥屑	燧石	片状石英	长石	绢云母板岩	炭质	灰岩	凝灰质	钙质	细粉砂	泥质	绢云母
E_3y^1	BP13-1-1	40	10	5	5			10	12	8								10			
	BP13-3-1	25	30					5	1	2	1	1								12	3
	BP13-4-1	10	40			5		15	4	4	3							15			
	BP13-5-1	15	30				5	15		5	5	10		5				10			
	BP13-6-3	35	20			5		20	5		3			2				10			
	BP13-7-1	12	8					50	15	5		2						2	2	4	2
	BP13-8-1	15	40					40										5			
	BP13-9-1							65	4	10	5		1		5		15	15			
	BP13-11-1		7					50	8			2		23			7	3			
	BP13-13-1							55	19	4			2				10	3	7		7
E_3y^2	BP13-16-1							80					2	8				3	2	5	2
	BP13-17-2								80～85									10～15			

八、青藏高原早期隆升证据

(一)植硅石与降温事件

植硅石在第四纪应用广泛，而在第三纪应用较少。中国不同气候带表示植硅体类型及组合具有明确的气候指示意义，因此，可根据地层沉积物中草本植物植硅体类型的组合(示冷型、示暖型)来重建当时沉积环境的古植被和气候环境，如温暖指数、干旱指数(王永吉，1993；吕厚远，2002)。

利用示暖型(方型、长方型、扇型、哑铃型、短鞍型、长鞍型)、示冷型(齿型、平滑棒型、刺边棒型、长尖型)植硅体颗粒含量的多少来计算当时沉积环境草本地表植被所反映气候的温暖程度，即温暖指数=(示暖型植硅体总和)/(示暖型植硅体总和+示冷型植硅体总和)，从而反映温度变化(表 2-13)(王伟铭，2003)。

表 2-13　雅西措组、五道梁组底部植硅体组合特征

样品号	方型	长方型	扇型	哑铃型	短鞍型	长鞍型	齿型	平滑棒型	刺边棒型	长尖型	多面体型	三棱柱型	球型	薄板型	突起棒型	石屑型	导管型	网脊块状型	硅藻型	温暖指数
KP23-15-1	5							5										5		0.50
KP23-13-3	10										5			5				80		1.00
KP23-13-2	5	5	8		5			5										10	5	0.82
KP23-12-1	15	15														10				1.00
KP23-10-1	20	15	10	5		5		5			10	5		10	10	20	5	20	5	0.92
BP33-1-4	5	10	5				3	5	3			3	2	15		40		20		0.65
BP33-1-1		5						20		5	20	2		30	5	40		20		0.17
BP33-1-2		3							5	5	18									
BP33-1-3									5	6	16					35		24		

注:KP23-10-1 中硅藻为盘星藻、KP23-13-2 中硅藻为羽纹藻。

温暖指数研究表明,雅西措组中、上部及含石膏层温暖指数为 0.92～1.00,也就是形成时期气候极端温暖,为炎热环境,到雅西措组上部炎热环境达到了顶峰。雅西措组顶部出现一次降温过程,但尚未达到极端寒冷时期,植硅体尚未出现寒冷标志的形态,如尖型、刺型等。

五道梁组的植硅体指示了一次极端的降温事件,温暖指数仅为 0.17,反映气候相当寒冷。

(二)叠层石的证据

叠层石发育的主要控制因素是水体的温度,盐度和基底的性质。最佳温度 20～30℃,低于 12°停止生长,处于休眠状态,零度以下处于不死状态。盐度较高的湖水条件有利于叠层石的发育。五道梁组灰岩夹有少量石膏,表明沉积水体盐度高,有利于叠层石的生长。坚硬的基底。五道梁组下部的砾岩层和中部的藻灰岩,有利于藻类的发育。坚硬的基底有利于蓝细菌等微生物的稳定生长,而且相对突出的本区丘状叠层石表面更多地接受阳光等微生物的生长要素。五道梁组叠层石的生长要素可以与现在兰州的海拔高度温度和环境相类似。西北地区的兰州,海拔高度 1500m,全年温度 20℃以上占一半时间,因而五道梁组是青藏高原早期隆升的高原内陆湖泊相沉积。

(三)埃达克质火山岩的证据

新近系中新统查保玛组火岩具典型特征的埃达克岩石地球化学性质,以高 SiO_2、Al_2O_3、Sr,低 Y、HREE 和 NG、Ta 的负异常为特点(第四章),说明它们是陆壳岩石在特定条件下部分熔融产生的壳泥中、酸性岩石系列,暗示了火山岩的壳泥岩浆应源于陆壳物质,反映了查保玛组火山岩是高原早期隆升之后的火山岩盆地,是青藏高原隆升后地壳加厚的结果。因而可可西里古近系、新近系可划分为青藏高原隆升前沉积和隆升后沉积。

(四)降温事件的时间、特点、作用

植硅体的研究报告,揭示青藏高原较早的古气候由热变冷事件是发生在雅西措组和五道梁组之间。该剖面比较连续,岩性十分截然,下部为雅西措组的紫红色细碎屑岩系和石膏层,往上为砂

砾岩和灰黄色钙质粘土，再往上为五道梁组藻类和鲕粒的湖相碳酸盐岩。沉积环境由干盐湖变为淡水湖泊；植物上由以温暖森林为主变为寒冷、干旱的裸子植物；古气候表现为炎热—寒冷—温暖、潮湿的特点。出现了雅西措组极端变热事件，沉积物上以石膏层多次出现为标志，生物上以植硅体温暖、炎热类型为主。雅西措组的植硅石产于石膏层与非石膏层地层，二者具有较大不同。产于石膏层下部地层，植硅石表现为开阔的浅湖，出现硅藻，温暖指数达到 0.82～0.92；而产于石膏层的植硅石表现为植被以森林为主，林下草皮层十分发育，温暖指数均达到 1.00，古气候指示为极端炎热的干旱环境（图 2-25）。五道梁组灰黄色钙质粘土植硅石表现为极端的寒冷事件。因而古近纪渐新世一新近纪中新世之间测区无论在有机界，还是无机界、古气候、沉积环境等方面均存在一系列突变。

与此同时，该时期的干旱、炎热气候在我国西北和绝大多数地区普遍得到响应。从可可西里盆地，向北至柴达木盆地、塔里木盆地，向东至西宁、民和、二连浩特等盆地，向南至四川和江汉盆地，无不在该时期沉积了大量的石膏层，岩性、岩相也出现了惊人的相似性，反映了古近纪渐新世时期各地地形较为平坦，植物群、环境、古气候等方面大致相同，青藏高原尚未出现真正开始隆升的迹象（顾延生等，2000；王萍等，1996）。中新世后青藏高原广泛发育以五道梁组为主的叠层石碳酸盐岩沉积，向北一直延伸到柴达木盆地。柴达木盆地与可可西里盆地连为一片，生物群、沉积特征出现惊人的一致，昆仑山脉还未抬升，很可能呈水下隆起。昆仑山脉真正开始隆升是以昆仑砾石层出现为标志。中新世查保玛组火山活动十分活跃，分布在卓乃湖、大帽山、大坎顶一带。

再从雅西措组石膏层基本序列来看，石膏层无不产在湖退的顶部，也就是说，产在湖退序列顶部的泥裂之上。泥裂作为炎热和持续的标志是众所周知的。石膏层的大量产生，只能是环境的进一步封闭，气候持续炎热和干旱才能形成。雅西措组泥裂与石膏层旋回序列紧密相连，表明石膏层绝非寒冷—干旱的标志，也不是全球变冷事件在青藏高原真正反映的标志。

极端变冷事件，处于古近纪渐新世一新近纪中新世之间，由于本区出现一次较快速的抬升，高原海拔高程抬升到一定高度，盆山之间的相对高差加大，导致了植物群面貌巨变。以森林为主，林下草皮层十分发育转变为以裸子植物类型为主，沉积物上以石膏层转变为钙质粘土和砾岩，温暖指数由 1.00 迅速下降为 0.17，是一次极端的降温事件（图 2-25）。

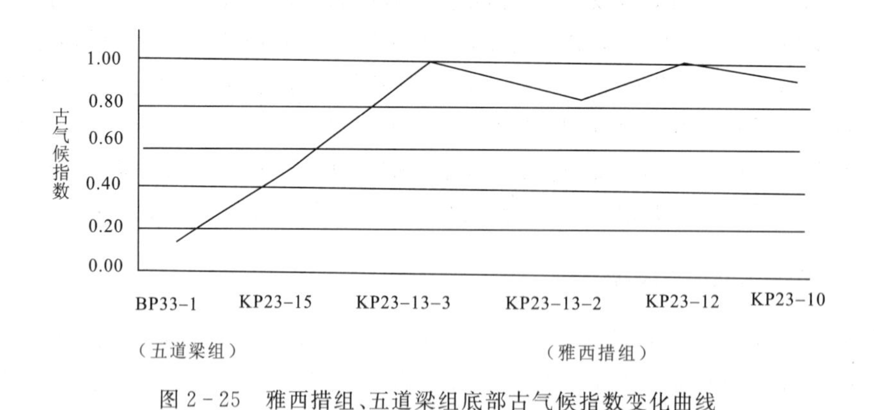

图 2-25　雅西措组、五道梁组底部古气候指数变化曲线

这种大起大落的古气候剧变，无不与青藏高原开始大规模隆升相关。因而，古近纪全球变冷事件在青藏高原响应的时间绝非 32Ma，而是远远小于 32Ma，也就是处于早渐新世至中新世之间，这次事件在青藏高原沉积物上、生物界上均有深刻记录，是研究青藏高原隆升过程及环境变迁的见证。

变冷事件的时间远远小于 32Ma，从构造古地理和脊椎动物群也可以佐证。从构造古地理看，青藏高原南缘 34～33Ma，才结束海相沉积，由海变陆。印度板块与欧亚板块碰撞的开始时期，青藏高原广大地区并未发生显著的隆升，古气候皆为干旱、炎热。从脊椎动物群尤其是哺乳动物群也可佐证。在古新世—始新世基本属于一个动物地理区系，全国大同，地形一片平坦，至中新世哺乳动物群发生明显的分化，我国大西北地区出现了草原型动物（邱铸鼎，李传夔，1994）。因而中新世初期发生青藏高原重大的环境变化，环境格局与以前相比有很大的不同。

综上所述，全球变冷事件在青藏高原的时间远远小于 32Ma，于渐新世至中新世之间，也就是 32～18Ma。沉积物上绝非石膏层，而是钙质泥岩，植物上以寒冷型的裸子植物为主。变冷事件之后，青藏高原内部沉积物堆积仍然很广泛，可见以叠层石碳酸盐岩为主的五道梁组和查保玛组的沉积，是青藏高原早期隆升阶段后的内陆湖泊相和火山岩盆地沉积。因而渐新世至中新世之间的寒冷事件很可能是青藏高原真正开始隆升的标志。

第五节　第四系

测区第四纪地层较为发育，出露了中更新世至全新世地层，成因类型较为复杂，有冰碛、冰水堆积、冲积、洪积、冲洪积、湖积、湖沼堆积、风积等，主要沿山前台地、河流、湖泊分布，根据地层剖面研究及测年，测区第四纪地层序列及成因类型见表 2-14。测区第四系叙述如下。

表 2-14　测区第四纪地层单元划分表

地质年代	年代地层	代号	成因类型	主要岩性组合	地形地貌特征	地层分布
全新世	全新统	Qh^{2eol}	风积	黄色中细砂、粉砂	移动新月型沙丘	楚玛尔河南岸
		Qh^{al}	冲积	灰色、黄褐色砾石层，泥质粉砂层	河床、河漫滩	楚玛尔河、红水河及支流
		Qh^{pl}	洪积	黄褐色砾石层、砂砾层	小洪积扇	测区各沟口
		Qh^{pal}	冲洪积	黄褐色砾石层、砂砾层	冲洪积扇	测区各沟口
		Qh^{1eol}	风积	褐色中细砂、粉砂、粘土	发育植物沙丘	楚玛尔河南岸
		Qh^{fl}	沼泽堆积	灰、灰黑色粉砂层，粘土腐泥	堰塞湖泊	贡冒日玛一带
		Qh^{l}	湖积	灰黄色、灰色砾石层，砂土层，粘土层	现代湖泊	库赛湖等
		Qh^{gl}	冰碛	褐色冰碛泥砾层	侧碛垅、终碛堤	昆仑山脊两侧
晚更新世	上更新统	Qp_3^{al}	冲积	褐色砾石层、泥质粉砂层	T_2-T_5 级阶地	红水河
		Qp_3^{pal}	冲洪积	灰褐色砾石层、砂砾层	冲洪积扇	库赛湖等地
		Qp_3^{pl}	洪积	灰褐色砾石层、砂砾层	洪积扇	库赛湖、楚玛尔河
		Qp_3^{2pl}	洪积	灰褐色砾石层、砂砾层	洪积扇	库赛湖至卓乃湖
		Qp_3^{1pl}	洪积	灰褐色砾石层、砂砾层	洪积扇	库赛湖至卓乃湖
		Qp_3^{gfl}	冰水堆积	褐色含冰碛泥砾团块的砾石层	冰水扇、垅丘	卓乃湖北侧
		Qp_3^{gl}	冰碛	灰褐色冰碛泥砾层	终碛、侧碛	错达日玛南西
		Qp_3^{l}	湖积	黄色砾石层、灰色泥质粉砂层	高原面上平原	贡冒日玛南西
中更新世	中更新统	Qp_2^{gl}	冰碛	黄褐色冰碛泥砂砾石层	终碛垅	红水河南岸

一、中更新统(Qp_2)

测区内中更新统所见为晚期冰碛,在红水河南岸有出露,前人称为纳赤台冰期,主要为黄色泥砂砾石层,砾石或者漂砾约占40%,砾石成分主要由大小不等的花岗岩组成,有少量变砂岩,无分选,大小混杂,小者数厘米,大者1~2m,无磨圆,多呈棱角状、次棱角状,难见冰川擦痕,砾石暴露地表常被球形风化,地表常见浑圆状、棱角状的砾石或漂砾。无层理,由杂基支撑,杂基主要是砂和粘土,堆积厚度20~100m,地表为终碛垄地貌。

昆黄运动后期,测区上升到一定高度,气候又一次变冷,发生了纳赤台冰期,此次冰碛物的分布未受昆黄运动影响,冰碛砾石成分均为各自沟中的基岩侵入岩体,未发现来自各支沟的砾石混合的冰碛层,说明冰碛物源区较近,为近源的冰碛垄。

测区邻区热释光年龄(崔之久等)测定为104±11.53ka BP,我们获得的ESR年龄为147ka BP,表明该冰碛物形成中更新世晚期。

二、上更新统(Qp_3)

测区内上更新统普遍发育,沉积类型较多,有冰碛、冰水堆积、洪积、冲积、湖积等。

(一)湖积物(Qp_3^l)

测区晚更新世湖积物主要分布在贡冒日玛一带(图2-26),地处高原平面上的平缓谷之中,为堰塞湖。

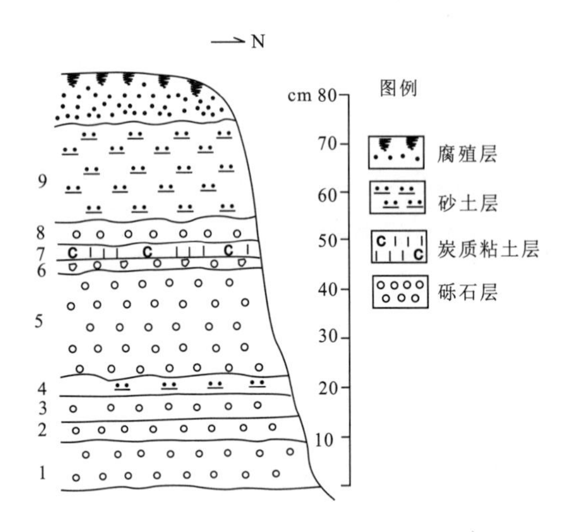

图2-26　青海省玛多县马鞍山上更新统湖积(Qp_3^l)实测剖面图(KP11)

上覆地层:全新统残积(Qh^{esl})

9.浅灰绿色粘土质砂层	20cm
8.浅灰绿色细砾层,砾径4mm左右	5cm
7.浅灰绿色含砾砂层	3cm
6.灰褐色炭质粘土层	2cm
5.灰绿色细砾层,砾径3~5mm	22cm
4.黄色粘土质砂层	4cm
3.灰绿色细砾层,砾径2~4mm	5cm

2.黄色细砾层,砾径 3mm 左右 4cm

1.灰绿色细砾层,砾径 3mm 左右 10cm

地表所见湖积物明显为湖泊堰塞相产物,以砾石层为主,湖积物表面发育热融塌陷坑。最大塌陷深度 2.2m,中心形成积水洼地,坑间形成"小岛",小岛上保留原生草地。发育冻融褶皱,褶皱轴与坡向平行。水平方向呈均匀连续分布,形态为对称波浪状。对其褐灰色炭质粘土层进行 OSL 分析,结果为 120.92±22.91ka BP,为晚更新世早期产物。

（二）冰碛(Qp_3^{gl})

测区 1∶10 万错达日玛幅西南角小湖四周有冰碛构成的冰岗丘。呈东西向冰碛垄,冰碛源头位于北侧山坡,冰碛砾石为变砂岩、砂岩、玄武岩,砾石大小不一,尖棱角状,其漂砾可达 1m。厚度大于 10m,砾石间充填砂土。

（三）冰水堆积(Qp_3^{gfl})

冰水堆积(Qp_3^{gfl})在测区分布较广,主要分布在雪月山南侧,一般为冰水扇堆积,冰水堆积的岗地呈近南北走向分布,表面常见漂砾,起伏不平。其与冰碛的区别是具有层理,分选较好,有一定磨圆,与洪积物的区别是常见冰碛泥砾团块。

冰水堆积物一般由灰色、灰褐色薄层至中厚层的复成分砾石层、砂砾层、砂层、砂土层组成,砾石成分为变砂岩、板岩、脉石岩、花岗岩等,次圆、次棱角状,分选中等,砾石层中充填较多砂和粘土,见有冰碛泥砾、冰融褶皱及冰水扰动层理。

冰水沉积物源区一般有冰川活动留下的冰蚀地貌特征,在 4800~5000m 之间留下了冰斗、刀脊、角峰。或被破坏了的冰斗或冰窖,其下发育冰蚀"U"形谷,谷口残留有少量冰碛,然后是该期大面积分布的冰水沉积物。冰水沉积物一般覆盖在冰碛物之上,冰水堆积与洪积物一样,在山前谷地形成巨大的冰水扇或冰水堆积平原。其上常见高度不等岗丘,冰水为浑浊的流水,常有规模较小的冰碛泥砾团块,冰水堆积砾石层中泥砂比例高,偶见冰川漂砾,常与洪冲积物混合分布。

中更新世冰期和晚更新世冰期最大区别点是冰川侵蚀地形,中更新世冰蚀地貌一般已不存在,或被严重破坏。晚更新世冰碛、冰水堆积物成片大规模分布,其上方均有冰蚀"U"形谷、冰斗及冰窖。测区冰水沉积物其形成年代应为晚更新世。

（四）洪积(Qp_3^{pl})

洪积是测区第四系出露面积最大的地层,主要分布于红水河、楚玛尔河两岸、库赛湖至卓乃湖一带。地貌上形成巨大的洪积扇或复合洪积扇,构成山前或山谷的平原或台地。洪积扇明显见有相应晚期洪积物(Qp_3^{2pl})覆盖在早期洪积物(Qp_3^{1pl})之上,覆盖关系不明的均为未分的洪积物(Qp_3^{pl}),主要为砾石层。夹透镜状砂体,砾石成分与物源区岩性相关。局部为卵石层,分选性较差,以次棱角状—次圆状为主,厚度大约 10m。主要分为三个沉积区。

1. 楚玛尔河洪积区

楚玛尔河洪积区分布在楚玛尔河两岸,为两岸山脉南坡和北坡,最大宽度约 100km。洪积物沿坡面广泛分布,形成巨大的复合洪积扇。扇根为山脊南北坡众多的沟口,洪水出沟口形成广泛的分散水流,分散水流相互交错。特别是昆仑山山脉的南坡坡麓分布有松散的冰水堆积,这样造成洪积物沿坡面广泛分布,扇缘直达楚玛尔河。并有多次洪积物叠加,扇缘海拔高度仅 1m 左右。

洪积扇虽然巨大,但以砾石层为主,砾石层由扇根至扇缘逐渐减薄,而且出现透镜状砂层。砾石磨圆度也由棱角状、次棱角状到次圆状变化,分选也越来越好。砾石成分以变砂岩为主,其次有脉石英,少量灰岩、紫红色砂岩,厚度大于10m。

2. 库赛湖至卓乃湖洪积区

该沉积区为高山—约巴山脉和平顶山—湖东山山脉之间的谷地,沿东西向延伸,长约150km,宽10km。东起库赛湖,西至卓乃湖,由南北山脉中众多支沟洪水汇聚谷地,物源来自南北山脉中基岩,主要为灰褐色砾石层。砾石成分为南北山脉的巴颜喀拉山群变砂岩、板岩及脉石英,以次棱角状为主。洪积物形成规模大小不等的一系列洪积扇。扇根在南北山麓,扇缘位于谷地中部。砾石具良好分带性,扇根为粗大不等砾的砾石层,至扇缘出现分选较好的砾石层。该沉积区厚度不大。在洪积物中常出现五道梁组的残积砾石堆。大小2～3m²。在高山一带早期洪积物(Qp_3^{1pl})地势高被侵蚀再形成洪积物(Qp_3^{2pl}),处在相对较底位置。在库赛湖一带,早期洪积物处在较底位置,晚期洪积物形成洪积扇覆盖在早期洪积扇之上。

3. 红水河洪积区

该沉积区分布于昆仑山山脉和湖边山至雪月山山脉间,呈北西-南东展布于谷地之中,图内长约100km,向西边伸至图外,宽度3～4km,为一狭长谷地,形成一系列规模较大的洪积扇(图2-27)。扇根主要分布于昆仑山山麓,扇缘延伸至红水河,扇面坡度大,形成锥形洪积扇,扇根厚度大于10m,扇缘被红水河改变成多级阶地。主要由砾石层组成,砾石成分复杂,有变砂岩、板岩,也有砂岩、脉石英,少量岩浆岩,多为棱角、次棱角状,分选不好。

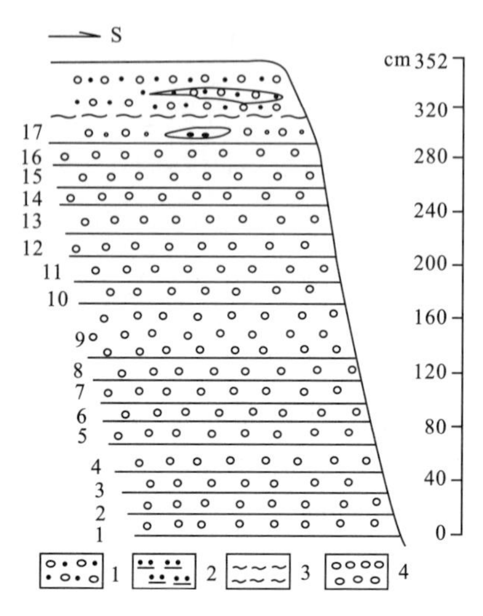

图2-27　青海省格尔木市库赛湖上更新统洪积(Qp_3^{pl})实测剖面

1. 砂砾层;2. 砂土层;3. 平行不整合;4. 砾石层

上覆地层:冲积(Qp_3^{al})　砂砾层夹砾石层透镜体

………………　平行不整合　………………

洪积(Qp_3^{pl})

17. 褐黄色中厚层状不等砾砾石层,砾石成分主要为砂岩,少量板岩、脉石英,棱角状,粒径1～3cm,混合了砂、土,常见砂土层透镜体	0.2cm
以下砾石层特征基本相同	
16. 褐色中薄层状等砾砾石层	0.15m
15. 黄色中薄层状砾石层	0.17m
14. 褐色中薄层状砾石层	0.18m
13. 黄色中薄层状砾石层	0.19m
12. 褐色中薄层状砾石层	0.16m
11. 黄色中薄层状砾石层	0.18m
10. 褐色中薄层状砾石层	0.19m
9. 黄色中薄层状砾石层	0.40m
8. 褐色中薄层状砾石层	0.17m
7. 黄色中薄层状砾石层	0.15m
6. 褐色中薄层状砾石层	0.18m
5. 黄色中薄层状砾石层	0.15m
4. 褐色中薄层状砾石层	0.19m

3. 黄色中薄层状砾石层　0.18m

2. 褐色中薄层状砾石层　0.17m

1. 褐色中薄层状砾石层　0.16m

（未见底）

从该剖面可以看出，洪积物沉积时，气候比较温湿。铁质较高，同时气候出现旋回性变化，由温湿到半干旱、半湿润，所以洪积物的颜色相对从褐色变为黄色。

该期洪积物覆盖于中更新世冰碛之上，又被晚更新世河流冲积层覆盖，全新世河流冲积物被侵蚀。日化山南坡洪积 ESR 测年为 55ka BP，为晚更新世洪积物。

（五）冲洪积（Qp_3^{pal}）

冲洪积主要分布在红水河，主要由洪水注入河流，洪积物与冲积物相互混合而形成，砾石成分相对比较复杂，除近源基岩砾石之外，还有河流带来的远源砾石，有磨圆分选好的砾石，也有棱角状、次棱角状分选差的砾石，厚度因地而异，一般大小 5m。

该期冲洪积物一般处在晚更新世洪积扇的扇缘，与晚更新世洪积物为一个整体，时代定为晚更新世。

（六）冲积（Qp_3^{al}）

冲积（Qp_3^{al}）主要分布在红水河河谷阶地上，为晚更新世以来高原隆升的产物，其沉积特征与形成年代见剖面描述。

青海省格尔木市红水河河谷上更新统冲洪积（Qp_3^{pal}）实测剖面（KP20）。

全新统冲积（Qh^{al}）　由河床砾石层和河漫滩砂砾层、砂土层组成

T_1：一级阶地，为基座阶地，河拔高程 2.8m，阶地面宽 110m，为灰黑色中细砾砾石层，砾石成分为灰绿色砂岩占 70%，板岩占 20%，脉石英占 10%，次圆、次棱角状，分选中等，砾径 1～3cm。砾石具叠瓦状构造，与下部基座为侵蚀接触，接触面凹凸不平　0.8m

上更新统冲积（Qp_3^{al}）

T_2：二级阶地，为基座阶地，河拔高程 6m，阶地面宽 100m，为灰黄色中细砾砾石层，砾石成分为灰绿色砂岩占 60%，板岩占 30%，脉石英占 10%，次棱角至次圆状磨圆，砾径 1～3cm，分选好。顶部有 0.15m 灰黄色砂土层，构成二元结构，与基座呈现侵蚀接触，接触面凹凸不平　1.8m

T_3：三级阶地，为基座阶地，阶面河拔高程 19m，阶面宽 90m，由上至下可分为以下 3 层。

1. 灰黑色中薄层状中细砾砾石层与灰黄色薄层状含亚砂土层组成二元结构。砾石层砾石成分为灰绿色砂岩占 65%，灰黄色砂岩占 5%，板岩占 25%，脉石英占 5%，磨圆为次棱角状，分选中等，砾径 1～3cm。砾石具叠瓦状构造，扁平面产状为 255°∠28°　6.75m
2. 灰黑色中层状中细砾砾石层夹灰黄色含细砾砂土层。砾石层砾石成分为变砂岩占 70%，板岩占 25%，脉石英占 5%，次棱角状至次圆状磨圆，分选中等，砾径 1～3cm。砾石具叠瓦状排列，扁平面产状 255°∠18°　11.6m
3. 灰黑色薄层状中细砾砾石层，薄层状粗砂层组合。砾石层砾石成分为灰绿色砂岩占 70%，板岩占 25%，脉石英占 5%，次棱角状至次圆状磨圆，分选好，具粒序层理。砾石由下至上从 5～20cm 变至 1cm，砾石层单层厚 2～5cm，砂层发育斜层理。砾石具叠瓦状构造，扁平面产状 70°∠17°。与基座侵蚀接触，接触面凹凸不平　0.65m

T_4：四级阶地，为基座阶地，阶面河拔高程 64m，阶面宽 720m，由上至下可分为以下 5 层。

1. 灰黄色中薄层状亚粘土层，单层厚 1～15cm，发育水平层理　0.4m
2. 灰黑色中厚层状细砾砾石层，砾石成分为变砂岩占 75%，脉石英占 15%，少量板岩、花岗岩，磨圆为次棱角状，分选好，砾径为 0.5～1.5cm，砾石占 85%，砂占 15%。砾石具叠瓦状构造　0.2m
3. 灰黑色中薄层状亚粘土层，单层厚 2～5cm，发育水平层理　0.55m
4. 灰黄色中薄层状亚砂土层，灰黑色薄层状细砾砾石层组合，亚砂土为中粗砂，单层厚 1～5cm，砾石层砾石成分

为红色、绿色变砂岩占75%，脉石英占15%，少量板岩、花岗岩，磨圆为次棱角状、次圆状，砾径0.5～2m。具叠瓦状构造，扁平面产状250°∠25°　　0.20m

5. 灰黑色中薄层状砾石层，单层厚10～20cm，砾石层砾石成分为绿色变砂岩占75%，脉石英占15%，少量板岩、花岗石，磨圆为次棱角状，砾径5～20mm。砾石为叠瓦状排列，扁平面产状225°∠35°　　0.20m

三、全新统(Qh)

全新统成因类型复杂，有冰碛、湖积、沼泽堆积、风积、洪冲积、洪积、冲积、残坡积等。

(一)冰碛(Qh^{gl})

测区冰碛物分布于海拔5000m上下的现代冰川冰谷的前端，构成终碛垄岗地貌景观，规模均较小，冰碛物由大小不等的砾石、岩块及少量泥砂组成，为不毛之地。砾石均来自附近的地层或侵入岩，不具层理，不具磨圆，为乱石堆，最大堆积厚度可达90m。

(二)湖积(Qh^{l})

测区库赛湖、卓乃湖、错仁德加、错达日玛等湖泊，由于湖水向湖心退却，在湖的边缘均出现了湖积物，其中错仁德加湖四周出现了广泛的湖积物。

由于我们仅见湖泊沉积的边缘相，在湖泊四周所见均为褐色厚度不等的砾石层或砂砾层。砾石层和砂砾层中砾石成分与湖四周的洪积物密切相关。砾石磨圆度为圆或次圆，是湖水反复运动造成的。分选也较好。砾径为1～3cm，砾石由岸边向湖心逐渐减小。在湖的边缘局部形成由砾石组成的沿岸堤，堤高0.5m。由于湖水较深，湖心沉积物性质不明。

(三)沼泽堆积(Qh^{fl})

沼泽堆积出露较少，分布在贡冒目玛一带，主要为褐色淤泥组成，厚度不详。

(四)冲积(Qh^{al})

冲积分布在楚玛尔河、红水河及支流的河床、河漫滩及一级阶地之上，明显可分为两期，早期为以上主干河、红水河沉积，其特征是除河床、河漫滩沉积外，均发育一级阶地；晚期为主干河的支流，仅有河床、河漫滩沉积。

早期冲积为常年流水的主河道，河谷宽度200m以上，河床弯曲而窄，且有分支，河漫滩宽，具有辫状河的特点，主要由砾石和砂两部分组成，砾石成分复杂，因地而异，大小悬殊，分选不好，磨圆为圆或次圆，局部河漫滩或一级阶地具二元结构，下部砾石层上部泥质粉砂层，厚度1～2.5m。

晚期冲积为支流河沉积，主要发育在晚期更新世洪积、冰水沉积之上，局部地区发育常年流水，多为季节性流水，河床、河漫滩不易区分。因为发育在松散沉积物之上，河道一般极宽，宽者达500m，主要由砾石层组成，砾石成分为侵蚀改造洪积物、冰水沉积物，其分选一般，磨圆度稍好，厚度1m左右。

(五)冲洪积(Qh^{pal})

冲洪积主要分布在晚更新世洪积扇的扇缘下方，为洪水冲蚀晚更新世洪积物、冰水堆积而形成的，灰黄色砾石层、砂砾层，分选磨圆较晚期更新世洪积物、冰水沉积稍好，区别是全新世洪冲积物之上无植物生长，比较新鲜，厚度不详。

(六)洪积物(Qh^{pl})

洪积物主要在支流沟口，为小型洪积扇，灰黄色砾石层、砂砾层，分选磨圆稍好，与晚更新世洪积物的区别是洪积扇上无植物生长，显得比较新鲜，厚度不详。

（七）风积（Qh^{eol}）

测区风积物分布极广，几乎所有第四系沉积物之上均有多少不等风成砂的混入，特别是沿楚玛尔河流域分布较多，新月型砂丘显示为西风、西北风的产物。成片出现的风成砂主要分布在楚玛尔河两岸。明显可分为两期，早期风成砂（Qh^{1eol}）一般为褐色、褐黄色细砂、粉砂，分选好、磨圆差，具大型斜层理。一般发育植物根系，原始沙丘形态不明显，厚度 3～4m。晚期风成砂（Qh^{2eol}）一般为黄色细砂、粉砂，分选好，磨圆差。一般形成新月型沙丘，弧朝西，两燕尾向东，指示由西风形成，沙丘形态明显。一般无植物生长，厚度达 20m。

第三章 岩浆岩

东昆仑地区经历了多次洋-陆转换、多期变质变形作用和多个构造-岩浆旋回(殷鸿福,1997;郭正府,1998;王国灿,1999;朱云海,1999),因而形成了一系列不同时代、产于不同构造背景下的侵入岩、火山岩和脉岩。

第一节 侵入岩

本节将讨论测区侵入岩的时空分布、侵入岩的岩石地球化学特征,以及侵入岩形成的动力学背景。

一、侵入岩的时空分布与划分方案

(一)侵入岩的时代分布

本次区调工作过程中,对测区侵入岩进行了大量的年代学测试工作,所测试的岩体涵盖了前人认为的海西期、印支期、燕山期和喜马拉雅期各时期的侵入岩。在进行岩体的年代学测试时,我们选择了目前比较精准的锆石 U-Pb 测年法。测区 6 件侵入岩的锆石 U-Pb 年龄值及其所采用的测年方法见表 3-1 及图 3-1 所示。

表 3-1 测区侵入岩的锆石 U-Pb 年龄值一览表

序号	样品号	产 地	岩石类型	时 代	方 法	年 龄 值
1	KP6-3-3	君日玛塔玛	黑云母辉石正长斑岩	E_3	SHRIMP U-Pb	26.72±0.44Ma
2	1595-1	大雪峰北侧	糜棱岩化二长花岗岩	T_3	LA-ICP-MS U-Pb	206±14Ma
3	1568-1	大雪峰东侧	二长花岗岩	T_3	LA-ICP-MS U-Pb	208±5.7Ma
4	6558-5	雪月山	黑云母二长花岗岩	T_3	LA-ICP-MS U-Pb	207.6±5.7Ma
5	6586-6	约巴	黑云母花岗闪长岩	T_3	LA-ICP-MS U-Pb	208.2±2Ma
6	7615-1	大坎顶	黑云母二长花岗岩	T_3	LA-ICP-MS U-Pb	217.3±2.9Ma

其中,TIMS U-Pb 法测年在国土资源部天津地质矿产研究所进行,SHRIMP U-Pb 法测年在中国地质科学院地质研究所北京离子探针中心完成,LA-ICP-MS U-Pb 法测年在西北大学教育部大陆动力学重点实验室完成。

6 件侵入岩的年代学的测试结果(表 3-1)表明测区侵入岩的形成时代集中在两个时期,即 206~217.3Ma 和 26.7Ma(图 3-1),分别相当于印支晚期—燕山早期和喜马拉雅期。也就是说测区只发育印支晚期—燕山早期(T_3—J_1)和喜马拉雅期(E_3)的侵入岩,而前人认为的海西期侵入体在本测区并不存在，即东昆仑地区的海西运动在本测区的表现不明显。

（二）侵入岩的空间分布

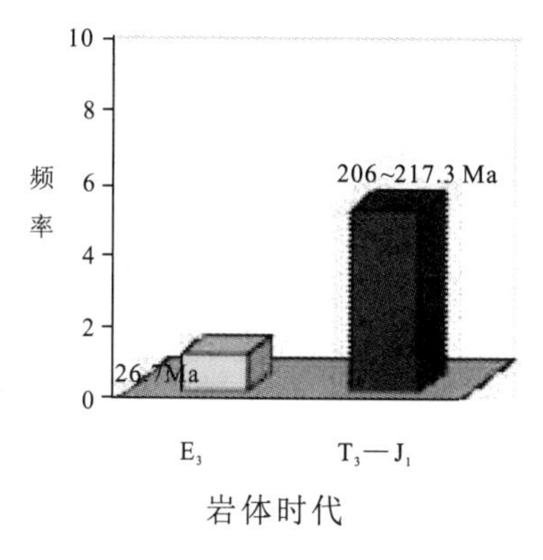

图 3－1　测区 6 件侵入岩的年龄值频率分布图

通过测区扫面后研究发现，本测区不同时期的侵入岩其空间分布是有明显差别的。

印支晚期—燕山早期（T_3—J_1）侵入岩主要分布在巴颜喀拉构造带（Ⅱ）内，侵入岩以广泛分布、高度分散、孤立岩株状产出，其围岩地层以巴颜喀拉山群的砂板岩（图版 10－2）为主，围岩所遭受的角岩化非常微弱，这与该带内侵入岩的规模较小有密切的内在关系。

印支晚期—燕山早期（T_3—J_1）侵入岩的岩石类型丰富多样，其岩石类型包括了二长花岗岩、花岗闪长岩、斜长花岗岩、花岗斑岩和石英闪长岩，但以二长花岗岩为主。喜马拉雅期（E_3）侵入岩在本测区的分布非常有限，仅局限在测区南部的可可西里第三纪盆地（KB）中贡冒日玛山西南的君日玛塔玛附近，出露面积仅 0.3km^2，为一孤立的超小型岩株（图版 10－3、图版 10－4）。围岩地层为古近系渐新统的雅西措组中段（E_3y^2）的紫红色砂岩、泥岩。围岩受岩体的热效应极其微弱。喜马拉雅期（E_3）侵入岩的岩性单一，其岩石类型为正长斑岩，但喜马拉雅期（E_3）侵入岩的一个显著特征是岩体中含有丰富的壳源包体。

（三）侵入岩的划分方案

根据测区侵入岩的形成时代、侵入岩的岩石类型和形成的构造背景，本测区侵入岩划分为 2 个构造-岩浆旋回、4 个侵入岩填图单元（表 3－2）。

根据侵入岩的划分方案（表 3－2），测区侵入岩分属 2 个构造-岩浆旋回的产物，即分属印支晚期—燕山早期运动和喜马拉雅运动的岩浆产物，各时期侵入岩的岩石类型及所形成的大地构造背景存在着显著的差别。下面分 2 个构造-岩浆旋回期来讨论本测区侵入岩的岩石类型、岩石地球化学特征和所形成的动力学背景，以便为测区大地构造的演化和认识提供相关的岩浆活动的信息。

表 3－2　侵入岩填图单元划分方案

地质年代	岩浆旋回	岩石类型	代号	动力学背景	同位素年龄
E_3	喜马拉雅期	正长斑岩（含丰富的壳源包体）	$\xi\pi_{WP}^{E_3}$	大陆板内环境。因地壳加厚引发下部地壳部分熔融所致	26.72±0.44 Ma / SHRIMP U－Pb
T_3	燕山早期｜印支晚期	二长花岗岩	$\eta\gamma_{SC}^{T_3}$	碰撞挤压背景下引起不同层位地壳物质部分熔融所致。主体与陆-陆碰撞俯冲引发地壳物质部分熔融有关	206±14～217.3±2.9 Ma / LA－ICP－MS U－Pb
		花岗闪长岩	$\gamma\delta_{SC}^{T_3}$		208.2±2 Ma / LA－ICP－MS U－Pb
		石英闪长岩	$\delta o_{SC}^{T_3}$		

注：代号以岩性符号为主体，右下标字母代表岩体形成的构造环境，右上标代表岩体的形成时代；SC. 同碰撞环境，WP. 板内环境；同位素测年的对象均为锆石。

二、印支晚期—燕山早期侵入岩

印支晚期—燕山早期是测区又一次强大的构造运动时期，形成了测区分布广泛的印支晚期—燕山早期侵入岩。该期侵入岩在空间上展布在巴颜喀拉构造带（Ⅱ）内，多呈广泛分布、高度分散的孤立状岩株产出(图版 10-1),围岩为巴颜喀拉山群的砂板岩(图版 10-2)。

(一)锆石 U-Pb 年代学

此次工作对测区不同地点的该期侵入岩做了 5 件单颗粒锆石的 U-Pb 同位素定年,采用的方法为 LA-ICP-MS。锆石的 LA-ICP-MS U-Pb 法测年是在西北大学教育部大陆动力学重点实验室完成的。结果表明,该期侵入岩的 4 件二长花岗岩的锆石 U-Pb 年龄变化在 206±14～217.3±2.9Ma 之间(图 3-2),而 1 件花岗闪长岩的锆石 U-Pb 年龄为 208.2±2Ma(图 3-3)。因此,该期侵入岩形成时间的跨度为 206～217.3Ma,即相当于印支晚期—燕山早期(T_3-J_1)形成的侵入岩。

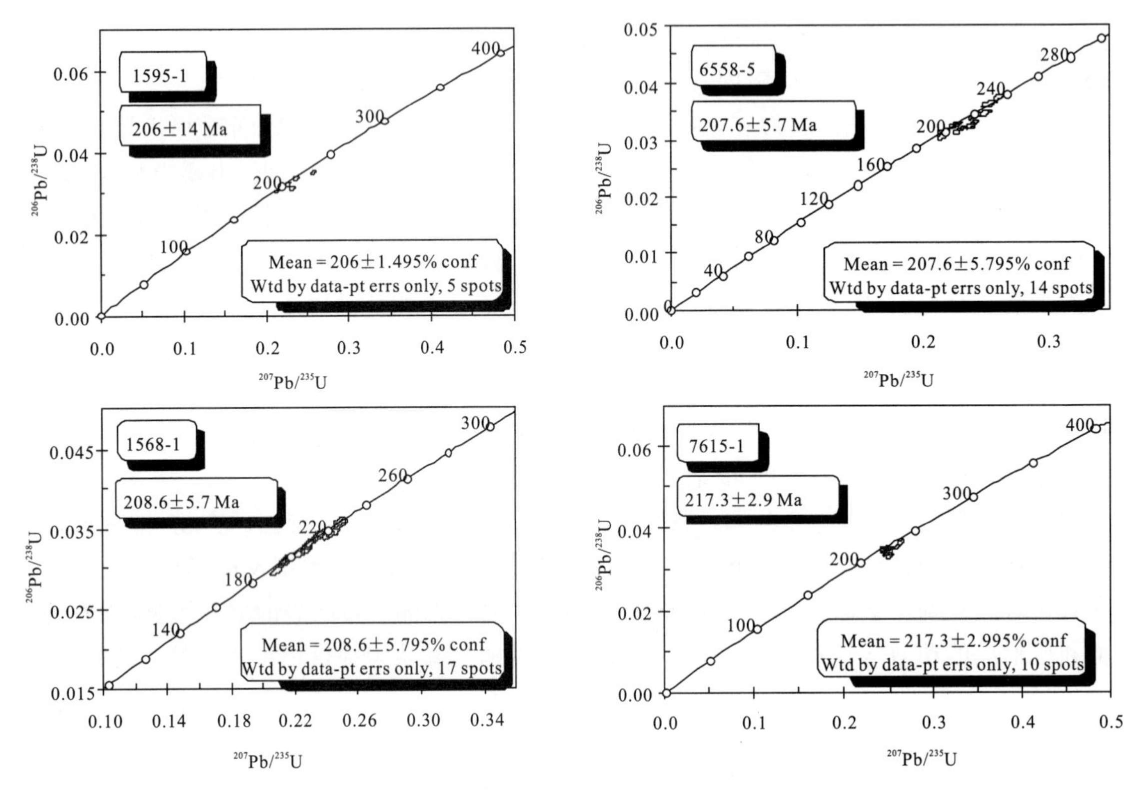

图 3-2　印支晚期—燕山早期二长花岗岩体锆石的 LA-ICP-MS U-Pb 年龄谐和图

(样品 1595-1、1568-1、6558-5、7615-1 分别采自大雪峰北侧、大雪峰东侧、雪月山和大坎顶)

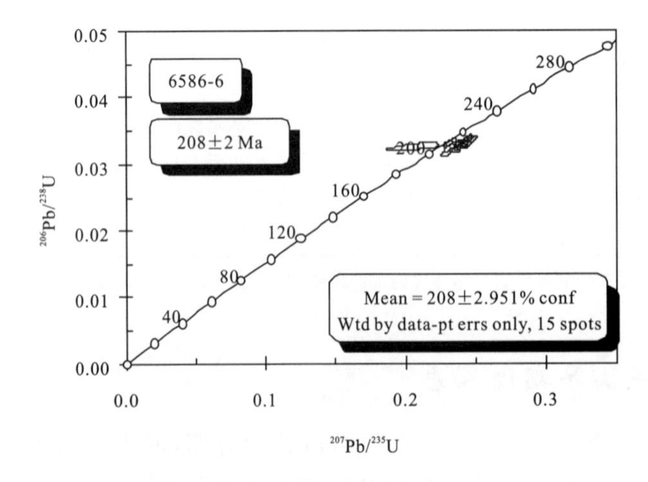

图 3-3　印支晚期—燕山早期花岗闪长岩体(约巴)锆石 LA-ICP-MS U-Pb 年龄谐和图

(二)地质学与岩石学

印支晚期—燕山早期侵入岩的岩石类型丰富多样,但从岩性上来看均为中酸性侵入岩。侵入岩在测区呈高度分散状分布在三叠系巴颜喀拉山群(图版 10-2)的砂板岩中,围岩地层角岩化微弱。印支晚期—燕山早期中酸性侵入岩的岩石类型有二长花岗岩(图版 12-1、图版 12-3)、花岗闪长岩(图版 12-2)、石英闪长岩,但以二长花岗岩为主。印支晚期—燕山早期侵入岩体的规模及分布见表 3-3。

表 3-3 测区印支晚期—燕山早期侵入岩体一览表

序号	产 地	岩石类型	矿物组合	形态、大小	围岩及接触变质带
1	大雪峰	二长花岗岩	Pl+Kf+Q+Bi	近圆状,出露面积 20km²	围岩为 $T_{2-3}By2$ 的红柱石角岩化变砂板岩,角岩化带宽 500~1000m
2	雪月山	二长花岗岩	Pl+Kf+Q+Bi	近圆状,出露面积 10km²	围岩为 $T_{2-3}By2$ 的红柱石角岩化变砂板岩,角岩化带宽 500~1000m
3	卓乃湖南	二长花岗岩	Pl+Kf+Q+Bi	纺锤状,由卓乃湖南和大坎顶 2 个小型岩体组成,总出露面积 6km²	围岩为 $T_{2-3}By2$ 的变砂板岩,围岩角岩化微弱
4	约巴	花岗闪长岩	Pl+Kf+Q+Bi	近椭圆状,出露面积 40km²	围岩为 $T_{2-3}By1$ 的红柱石角岩化变砂板岩,角岩化带宽 500~1000m
5	黑石山	花岗闪长岩	Pl+Kf+Q+Bi	近纺锤状,出露面积约 4km²	围岩为 $T_{2-3}By2$ 的红柱石角岩化变砂板岩,角岩化带宽 200~500m
6	石头山	石英闪长岩	Pl+Kf+Hb+Q	不规则状,出露面积约 4km²	围岩为 $T_{2-3}By2$ 的红柱石角岩化变砂板岩,角岩化带宽 200~500m

注:Pl. 斜长石;Kf. 钾长石;Q. 石英;Hb. 角闪石;Bi. 黑云母。

二长花岗岩:灰白色,中细粒花岗结构(图版 12-1、图版 12-3)。岩石由石英、斜长石、微斜长石、微斜条纹长石、黑云母及少量的磷灰石、磁铁矿、榍石、蚀变矿物组成。石英呈不规则粒状,粒度多小于 0.9mm,含量为 25%~30%。石英颗粒往往呈团块状出现,因而显得较大。斜长石呈半自形板状,粒度不等,较大者可达 1.8mm×4.0mm,含量为 40%~50%。斜长石发育聚片双晶,遭受了轻—中度的绢云母化、黝帘石化、绿帘石化和白云母化。微斜长石、微斜条纹长石呈不规则粒状,见有聚片双晶,含少量条纹,含量为 25%~30%。微斜长石、微斜条纹长石发生了轻度的高岭石化。黑云母呈褐色、半自形片状,粒度不等,较大者可达 0.8mm×1.8mm,含量 5%~10%。少数黑云母的边部有轻度的绿泥石化。磷灰石、磁铁矿、榍石含量很少,其总含量小于 1%。

花岗闪长岩:灰白色,中细粒花岗结构(图版 12-2)。岩石由石英、斜长石、钾长石、黑云母、普通角闪石及少量磷灰石、磁铁矿等组成。石英呈不规则粒状,粒度多小于 1.0mm,含量为 15%~20%。斜长石呈半自形板状,粒度不等,细粒居多,较大者可达 1.5mm×2.7mm,含量为 40%~50%。斜长石常见聚片双晶和环带结构,有轻度的绢云母化、帘石化和碳酸盐化。钾长石多为不规则状,极少发育双晶,隐约可见条纹,含量为 25%~30%。钾长石遭受了轻—中度的高岭石化。黑云母呈褐色,较自形片状,粒度不等,较大者可达 1.3mm,含量 10%~15%。少数黑云母有轻度的绿泥石化。普通角闪石呈淡绿色,长柱状,较自形,较大者可达 1.6mm×5.4mm,含量为 13%~15%。磷灰石、磁铁矿含量很少,总含量小于 1%。

石英闪长岩：灰白色，半自形粒状结构。岩石由石英、斜长石、普通角闪石、透辉石、黑云母等组成。石英呈不规则粒状，粒度多小于0.9mm，含量为10%～15%。斜长石呈半自形板状，粒度不等，细粒居多，一般为0.5mm×0.9mm～1.2mm×2.0mm，含量为50%～60%。斜长石常见环带结构，有轻度的绢云母化、帘石化和碳酸盐化。普通角闪石呈淡绿色，长柱状，较自形，较大者可达1.6mm×4.3mm，含量为10%～15%。辉石呈板状，含量一般小于5%。黑云母呈褐色，自形片状，含量5%～10%。少数黑云母有轻度的绿泥石化。

（三）岩石地球化学特征

测区印支晚期—燕山早期侵入岩的主量-稀土-微量元素的配套分析结果分别见表3-4、表3-5和表3-6。其岩体的主量元素、稀土元素和微量元素地球化学特征如下。

表3-4 印支晚期—燕山早期（T_3—J_1）侵入岩主量元素成分（%）

样品号	SiO_2	TiO_2	Al_2O_3	Fe_2O_3	FeO	MnO	MgO	CaO	Na_2O	K_2O	P_2O_5	H_2O^+	CO_2	Total	CaO/Na_2O	Al_2O_3/TiO_2
6558-2	70.93	0.32	14.54	0.62	2.10	0.05	0.77	2.95	2.82	3.69	0.09	0.83	0.11	99.82	0.81	40
6558-6	70.77	0.37	14.64	0.63	2.43	0.06	0.88	2.22	2.75	3.87	0.10	1.03	0.05	99.80	1.07	42
1568-1	71.34	0.34	14.30	0.33	2.53	0.05	0.72	2.95	2.76	3.51	0.09	0.72	0.15	99.79	0.22	130
1595-1	72.33	0.12	15.65	0.57	0.22	0.04	0.23	0.80	3.60	4.54	0.32	1.10	0.30	99.82	2.71	23
6586-2	58.30	0.75	17.24	1.40	5.12	0.14	3.12	6.46	2.38	3.02	0.34	1.40	0.12	99.79	2.44	24
6586-6	60.35	0.70	16.91	1.30	4.62	0.12	2.62	5.78	2.37	3.24	0.28	1.42	0.09	99.80	0.05	369
7615-1	70.40	0.38	14.04	0.55	2.22	0.06	0.80	2.78	2.77	4.18	0.14	0.96	0.60	99.88	1.00	37
2570-1	73.49	0.17	14.08	0.30	1.07	0.03	0.35	1.43	2.65	4.97	0.04	1.00	0.15	99.73	0.54	83

注：样品6586-2、6586-6为花岗闪长岩，其他为二长花岗岩；样品6558-2、6558-6采自雪月山，1568-1采自大雪峰东侧，1595-1采自大雪峰北侧，6586-2、6586-6采自约巴，7615-1采自大坎顶，2570-1采自卓乃湖的南侧。

1. 主量元素

从表3-4中可以看出，印支晚期—燕山早期侵入岩的SiO_2含量变化范围大，为58.30%～73.49%；ALK（Na_2O+K_2O）含量高且变化范围也大，为5.40%～8.14%。所有岩体均表现出K_2O含量高于Na_2O含量的岩石地球化学特征，充分显示了岩体为壳源岩浆成因的特点。

侵入岩的Al_2O_3含量多数变化在14.04%～15.65%之间，少数变化在16.91%～17.24%之间。FeO^*、MgO、CaO含量普遍偏低，其变化范围分别为0.73%～3.00%（少数为5.79%～6.38%）、0.23%～0.88%（少数较高，为2.62%～3.12%）和0.80%～2.95%（少数较高，为5.78%～6.46%）。在SiO_2-其他氧化物含量的Harker图解（图3-4）中，花岗闪长岩侵入体的SiO_2与CaO、Na_2O成负相关，而与TiO_2、MnO、FeO^*、Al_2O_3、MgO、P_2O_5、K_2O及K_2O/Na_2O成正相关。二长花岗岩侵入体的SiO_2与TiO_2、CaO、Na_2O、MnO、FeO^*、Al_2O_3、MgO、P_2O_5成负相关，而与K_2O、K_2O/Na_2O成正相关。暗示这两种岩石类型在源区物质和成因上存在一定的差异。

在AR-SiO_2岩石系列划分图解（图3-5）上，岩体明显以钙碱性系列为主，部分属碱性系列。在SiO_2-K_2O图解（图3-6）中，印支晚期—燕山早期中酸性岩体均表现为高钾钙碱性系列的岩石。CIPW计算表明，印支晚期—燕山早期侵入岩绝大部分具有刚玉标准矿物分子（0.19%～4.10%）（表3-7），少数侵入岩没有刚玉标准矿物分子，显示了岩体主要属铝过饱和的花岗岩，少数为正常类型的侵入岩。

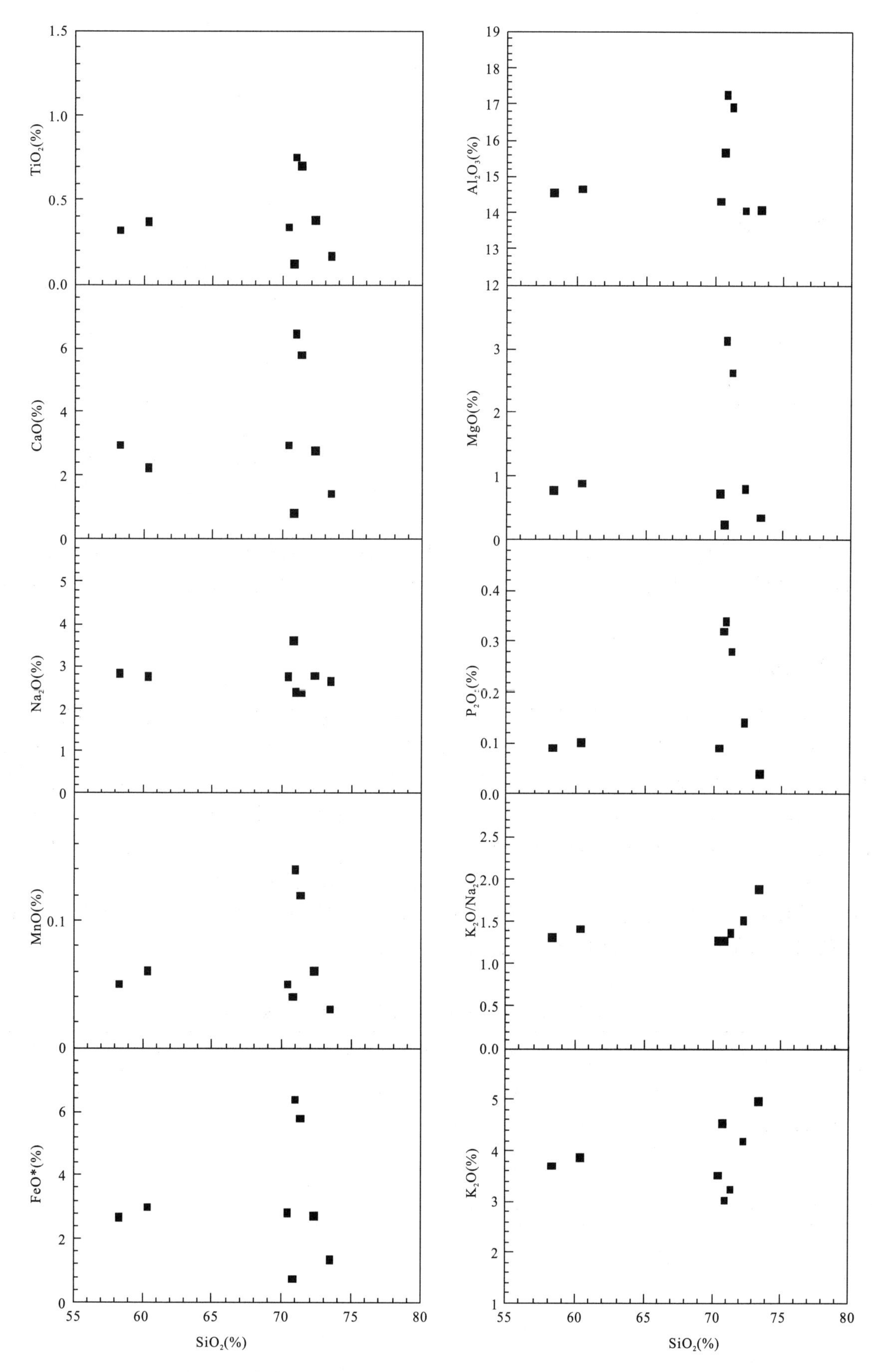

图 3-4 印支晚期—燕山早期侵入岩 SiO_2-其他氧化物 Harker 图解

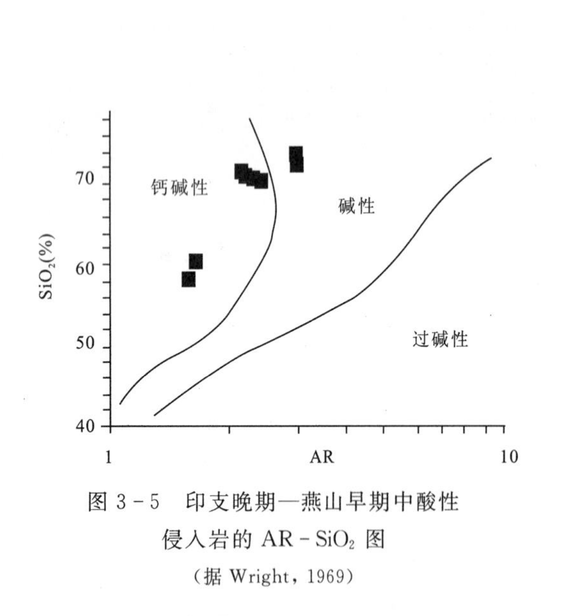

图 3-5　印支晚期—燕山早期中酸性侵入岩的 AR-SiO_2 图

（据 Wright，1969）

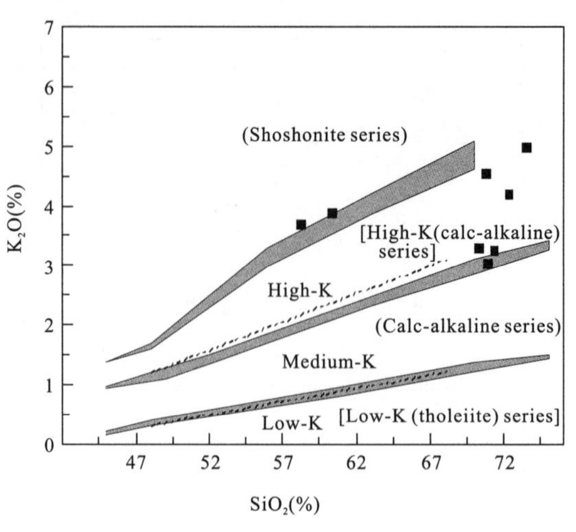

图 3-6　印支晚期—燕山早期中酸性侵入岩的 SiO_2-K_2O 图

（断线边界据 Le Maitre et al，1989；阴影边界据 Rickwood，1989；Rickwood 的系列划分标在括号中）

因此，主量元素成分表明，印支晚期—燕山早期中酸性岩体表现为高 Si、ALK、K 和低 Fe、Mg、Ca 的特点，岩石系列以钙碱性为主，部分为碱性系列。由此可以认为印支晚期—燕山早期中酸性侵入岩源于壳源成因的岩浆。

2. 稀土元素

在稀土元素方面（表 3-5），印支晚期—燕山早期中酸性侵入岩的稀土总量变化范围非常大，其 $\sum$REE=93.18×10^{-6}～170.56×10^{-6}（个别为 36.51×10^{-6}）。稀土元素均有不同程度的分馏，经球粒陨石标准化的印支晚期—燕山早期中酸性侵入岩的稀土元素配分模式呈现轻稀土强烈富集的右倾斜型（图 3-7），其 $(La/Yb)_N$ 值变化在 6.01～48.46 之间，基本无铈异常（Ce/Ce^*=0.92～0.98），但大多数岩体具有显著的负铕异常（Eu/Eu^*=0.45～0.70），只有少部分岩体的负铕异常不明显（Eu/Eu^*=0.87～1.02）。因此，负铕异常的存在及 HREE 的亏损，依然说明印支晚期—燕山早期中酸性侵入岩的源区有斜长石和石榴子石的残留。印支晚期—燕山早期中酸性侵入岩具有几乎一致的稀土元素配分模式，说明它们在成因上具有相关性。

表 3-5　印支晚期—燕山早期（T_3—J_1）侵入岩稀土元素成分（×10^{-6}）

样品号	La	Ce	Pr	Nd	Sm	Eu	Gd	Tb	Dy	Ho	Er	Tm	Yb	Lu	Y	$\sum$REE	$(La/Yb)_N$	Ce/Ce^*	Eu/Eu^*
6558-2	25.04	49.5	6.10	22.93	4.48	0.98	3.85	0.55	2.64	0.46	1.09	0.16	0.97	0.14	10.64	129.53	18.52	0.95	0.70
6558-6	31.62	60.93	7.57	28.09	5.28	1.04	4.17	0.57	2.82	0.50	1.19	0.17	1.11	0.17	11.49	156.72	20.43	0.93	0.65
1568-1	28.83	57.59	7.45	24.75	5.25	1.03	4.24	0.61	3.25	0.64	1.61	0.24	1.49	0.21	14.94	152.12	13.87	0.94	0.64
1595-1	6.42	12.28	1.48	5.71	1.70	0.24	1.59	0.21	1.14	0.19	0.42	0.06	0.35	0.05	4.68	36.51	13.35	0.94	0.45
6586-2	29.15	60.91	7.71	29.57	5.89	1.64	4.93	0.69	3.81	0.73	1.91	0.29	1.82	0.28	17.64	166.97	11.49	0.98	0.91
6586-6	29.82	60.18	7.65	29.51	5.91	1.57	4.86	0.73	4.03	0.79	2.09	0.33	2.07	0.32	19.32	169.18	10.33	0.95	0.87
7615-1	27.24	54.26	6.97	26.22	5.66	0.91	5.59	0.96	5.84	1.16	3.21	0.53	3.25	0.49	28.27	170.56	6.01	0.94	0.49
2570-1	19.39	36.92	4.73	18.02	3.54	1.03	2.42	0.30	1.12	0.19	0.41	0.05	0.29	0.04	4.74	93.18	48.46	0.92	1.02

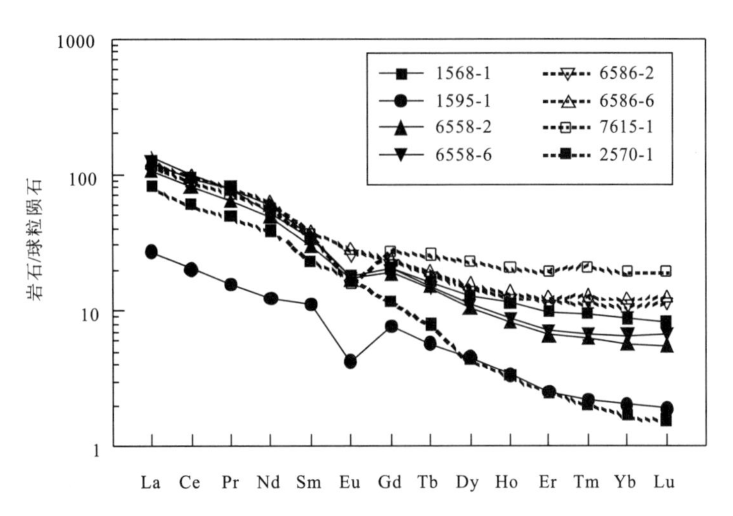

图 3-7　印支晚期—燕山早期中酸性侵入岩的稀土元素配分模式图

3. 微量元素

微量元素见表 3-6。印支晚期—燕山早期中酸性侵入岩的大离子亲石元素（LIL）中 Rb、Sr、Ba 的含量高且分别为 $124\times10^{-6}\sim298\times10^{-6}$、$74.2\times10^{-6}\sim416\times10^{-6}$ 和 $120\times10^{-6}\sim759\times10^{-6}$。放射性生热元素（RPH）中 U、Th 的含量较高，分别为 $1.2\times10^{-6}\sim4.92\times10^{-6}$ 和 $3.74\times10^{-6}\sim14.6\times10^{-6}$。高场强元素（HFS）中 Nb、Ta、Zr、Hf 的含量分别为 $9.1\times10^{-6}\sim18.5\times10^{-6}$、$0.69\times10^{-6}\sim2.96\times10^{-6}$、$121\times10^{-6}\sim229\times10^{-6}$（个别岩石的 Zr 特别低，为 45.2×10^{-6} 和 $1.7\times10^{-6}\sim6.3\times10^{-6}$。在经原始地幔值标准化的微量元素蛛网图（图 3-8）上，印支晚期—燕山早期中酸性侵入岩也普遍表现出明显的 Ba、Nb、Ta、Sr、P 和 Ti 元素的亏损。Ba、Sr 的亏损与岩浆源区有斜长石的残留有关。P、Ti 的亏损与磷灰石和钛铁矿的结晶分异作用有关。Nb、Ta 的亏损与岩体的源区性质有关，主量元素地球化学表明，岩体来源于壳源岩浆，而陆壳具有低含量的 Nb、Ta 特点。因此，印支晚期—燕山早期中酸性侵入岩的源区物质应为大陆地壳物质，是陆壳物质部分熔融的岩浆产物。

表 3-6　印支晚期—燕山早期（T_3-J_1）侵入岩微量元素成分（$\times10^{-6}$）

样品号	Rb	Sr	Ba	U	Th	Nb	Ta	Zr	Hf	Sc	V	Cr	Co	Ni	Cu	Zn
6558-2	142	147	448	1.6	9.9	9.2	0.94	142	4.7	7.5	20	25	6.2	10	9	61
6558-6	144	168	532	1.7	13	11	0.85	131	4.3	8.4	24	29	7.1	11	8.3	66
1568-1	144	149	402	3.57	14.6	12.0	1.35	132	4.5	8.12	22.9	16.8	6.04	1.60	4.30	59.6
1595-1	298	74.2	120	4.92	3.74	18.5	2.96	45.2	1.7	2.04	9.60	9.40	0.82	1.63	1.25	27.9
6586-2	124	416	487	1.7	6.8	9.1	0.69	229	6.3	14	84	53	17	23	27	88
6586-6	133	367	447	1.2	5.6	9.2	0.85	175	5	17	73	43	15	18	11	74
7615-1	174	123	423	1.9	8.8	9.9	1.5	178	5.6	11	30	23	6.8	9.3	29	61
2570-1	170	199	759	2.06	11.7	14.6	0.96	121	4.0	2.71	8.30	8.00	1.47	3.42	0.03	78.9

表 3-7　印支晚期—燕山早期(T_3—J_1)侵入岩 CIPW 标准矿物(%)

样品号	q	or	ab	an	lc	ne	c	ac	ns	wo	en	fs	en′	fs′	fo	fa	mt	he	il	ap
6558-2	32.22	22.07	24.10	14.28	0.00	0.00	0.73	0.00	0.00	0.00	0.00	0.00	1.95	2.94	0.00	0.00	0.91	0.00	0.61	0.20
6558-6	33.02	23.19	23.54	10.57	0.00	0.00	2.12	0.00	0.00	0.00	0.00	0.00	2.23	3.48	0.00	0.00	0.93	0.00	0.71	0.22
1568-1	33.29	20.99	23.58	14.27	0.00	0.00	0.78	0.00	0.00	0.00	0.00	0.00	1.82	3.94	0.00	0.00	0.48	0.00	0.65	0.20
1595-1	33.32	27.28	30.91	2.13	0.00	0.00	4.10	0.00	0.00	0.00	0.00	0.00	0.58	0.00	0.00	0.00	0.50	0.23	0.23	0.71
6586-2	12.76	18.18	20.47	27.87	0.00	0.00	0.00	0.00	0.00	1.14	0.58	0.54	7.36	6.85	0.00	0.00	2.07	0.00	1.45	0.76
6586-6	16.16	19.50	20.38	26.33	0.00	0.00	0.00	0.00	0.00	0.50	0.24	0.24	6.42	6.34	0.00	0.00	1.92	0.00	1.35	0.62
7615-1	30.61	25.15	23.81	13.20	0.00	0.00	0.19	0.00	0.00	0.00	0.00	0.00	2.03	3.15	0.00	0.00	0.81	0.00	0.73	0.31
2570-1	35.41	29.82	22.72	6.96	0.00	0.00	1.83	0.00	0.00	0.00	0.00	0.00	0.89	1.51	0.00	0.00	0.44	0.00	0.33	0.09

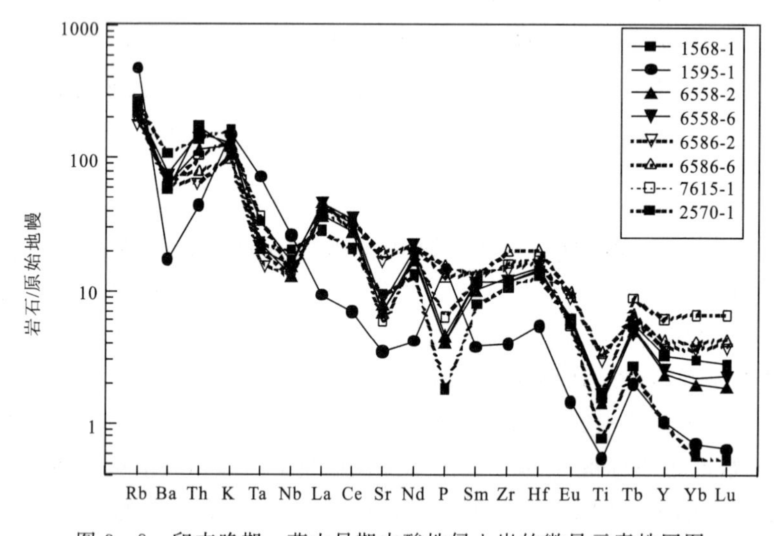

图 3-8　印支晚期—燕山早期中酸性侵入岩的微量元素蛛网图

(四)动力学背景

1. 源区物质

花岗岩类的源区性质及其地球动力学背景研究是一个相当复杂、一时难以得到具有普遍意义解释模式的论题。源区的性质往往反映它们形成时的构造环境。因此,只要知道了源区性质,便能判断它们形成的构造环境。目前,人们广泛接受的共识是花岗质熔体的生成及其地球化学特征主要取决于它们的源区性质(包括源岩组成、源岩中含水矿物的种类及其相对比例,以及源岩部分熔融的温压条件等)(Rapp, 1995),而非取决于花岗质岩石形成的大地构造环境(Hess, 1989;Williamson et al, 1992;Pitcher, 1997;Morris et al, 2000)。当然,大地构造环境可能在诱发源区部分熔融方面提供必要的动力机制和热能,因而呈现出构造事件与花岗质岩浆之间的时空耦合关系。

Sylvester(1998)对铝过饱和质花岗岩进行了详细的研究,认为 CaO/Na_2O 比值是判断源区成分的一个极其重要的指标。CaO/Na_2O 比值的变化除了受温度、压力、H_2O 活动性和源岩成分的影响外,主要受源区长石/粘土的比率所决定。由泥质岩(贫斜长石、富粘土)产生的熔体 CaO/Na_2O 比值低(<0.3),由砂质岩(富斜长石、贫粘土)产生的熔体 CaO/Na_2O 比值高(>0.3)。本测区印支晚期—燕山早期花岗质岩石的 CaO/Na_2O 比值绝大部分大于 0.3(0.54~2.71),而且几乎均大于 0.7(0.81~2.71)。显然测区印支晚期—燕山早期花岗质岩石的源区主要是由砂质岩(富斜长石、贫粘土)组成的。

花岗质岩石的源区物质、形成温度与其 SiO_2 和 $FeO^* + MgO + TiO_2$ 成分之间也存在着一定的内在关系。在 SiO_2 与 $FeO^* + MgO + TiO_2$ 图解(图 3-9)中,测区印支晚期—燕山早期中酸性侵入岩的成分点基本上都落在黑云母片麻岩(Biotite Gneiss)的熔融线附近,且实验温度基本上超过了 900°C,说明测区印支晚期—燕山早期的中酸性侵入岩是地壳沉积物经过变质作用再经过熔融作用的产物。

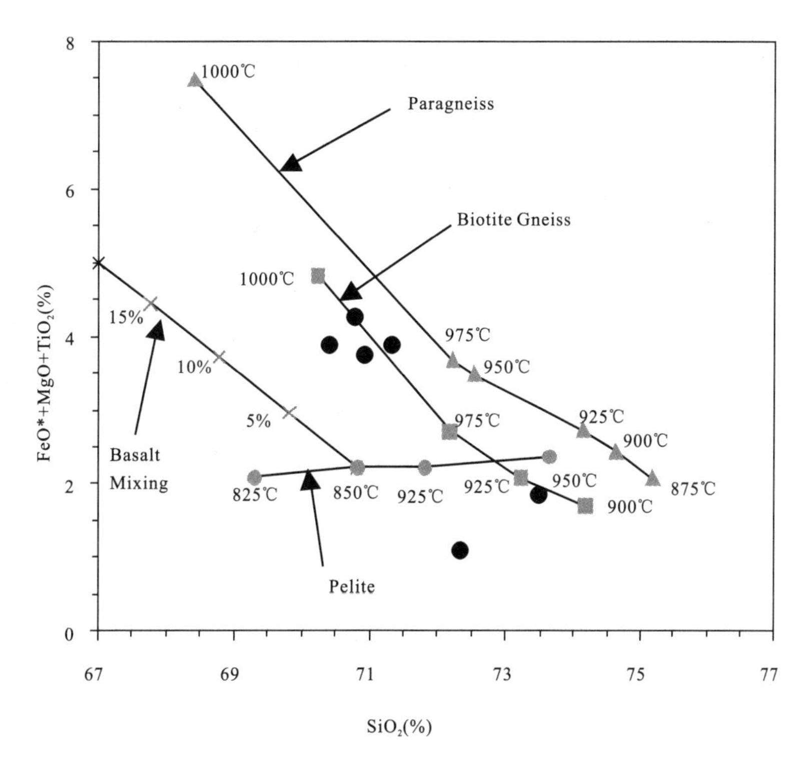

图 3-9　印支晚期—燕山早期的中酸性侵入岩的 SiO_2 - $FeO^* + MgO + TiO_2$ 图
(据 Sylvester, 1998)

与利用 CaO/Na_2O 比值来反映花岗质岩石的源区成分一样,Rb-Sr-Ba 的变化也与其源岩中的泥质岩及砂屑岩的源区有关。在 Rb/Sr-Rb/Ba 图解(图 3-10)中,测区印支晚期—燕山早期中酸性侵入岩的 Rb/Sr 随 Rb/Ba 的增长而增长,且其成分投影点大部分都落在贫粘土源区(Clay-poor Source),基本上位于由估算的砂屑岩(Calculated pelite-derived melt)产生的熔融的岩浆附近,同样表明测区印支晚期—燕山早期中酸性侵入岩的物质源区来源于变质的砂屑岩夹少量泥质岩的源区。

2. 温压条件估算

将测区印支晚期—燕山早期的中酸性侵入岩计算成标准矿物后,投影于 Q-Ab-Or-H_2O 图(图 3-11)上,可以看出,测区印支晚期—燕山早期的中酸性侵入岩的形成压力较低,一般小于 0.3GPa,岩浆形成的温度主要集中在为 700~850℃,少数花岗岩的形成温度接近 900℃,与壳源物质熔融的温压条件相当。

Sylvester(1998)认为,Al_2O_3/TiO_2 比值与源岩成分无关,主要是温度的函数,随温度的升高而减小。一般而言,Al_2O_3/TiO_2 比值大于 100 的花岗质岩石,对应的熔融温度在 875℃以下,属于“低温”类型;而小于 100 的花岗质岩石,对应的熔融温度在 875℃以上,属于“高温”类型。其中,造山带

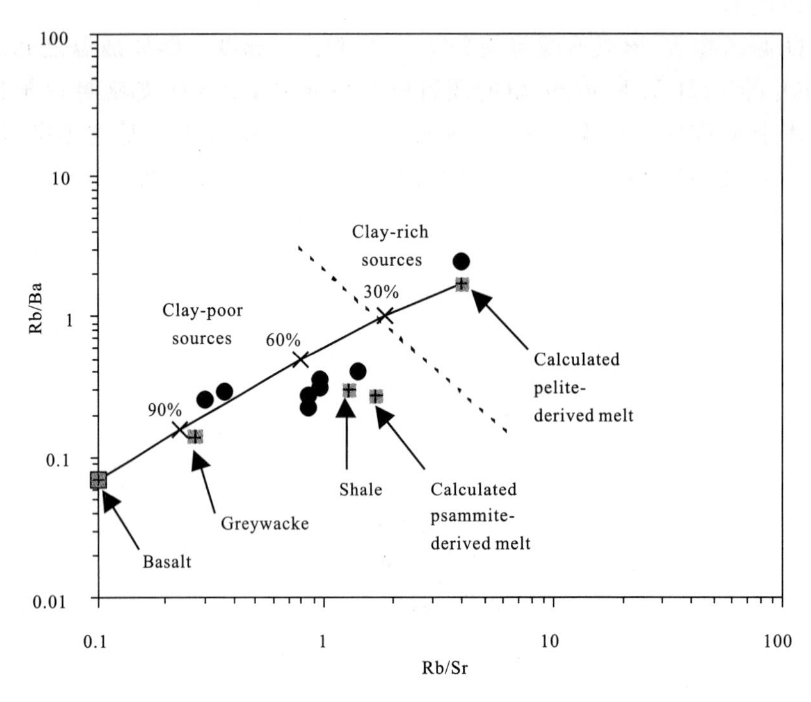

图 3-10　印支晚期—燕山早期的中酸性侵入岩的 Rb/Sr-Rb/Ba 图

（据 Sylvester，1998）

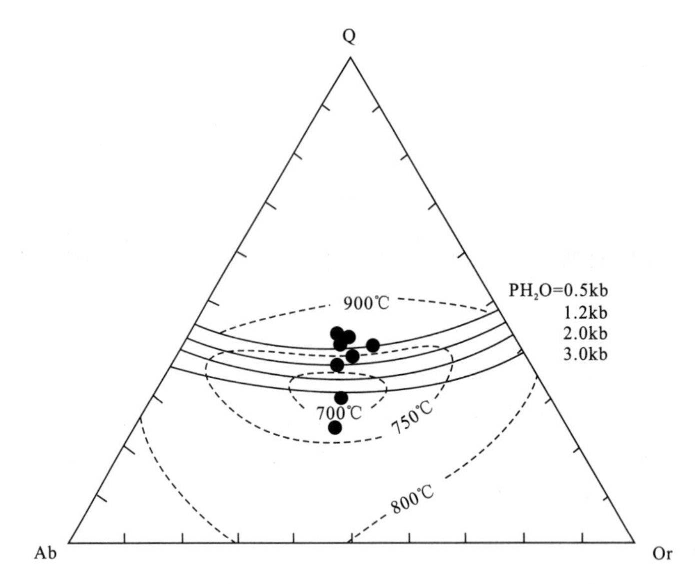

图 3-11　印支晚期—燕山早期的中酸性侵入岩的 Q-Ab-Or-H_2O 图

（据 Tuttle，Bowen，1958）

地壳增厚导致的放射性生热元素衰变热能的聚集是形成“低温”类型花岗质岩浆的主要热源，而来自软流圈地幔的平流热传递贡献对形成造山带“高温”类型的花岗质岩浆起着重要的作用。测区印支晚期—燕山早期的中酸性侵入岩的 Al_2O_3/TiO_2 比值绝大部分小于 50(23～45)，平均值才 35。很显然其熔融温度应该大于 875℃，这与东昆仑造山带印支晚期—燕山早期的中酸性侵入岩具有壳-幔岩浆混合作用的地质现象(刘成东等，2004)完全吻合。同时在 SiO_2-FeO^*+MgO+TiO_2 图解(图 3-9)中，测区印支晚期—燕山早期的中酸性侵入岩发生的熔融温度基本上都超过了 900°C。因此，我们推测本测区印支晚期—燕山早期的中酸性侵入岩的源区发生部分熔融的温度在 900°C

左右。

Watson 和 Harrison(1983)发现壳源花岗岩中的锆石饱和度与熔体的温度和成分有关。如果花岗岩中的锆石达到饱和(表现为有未熔的残留锆石核或继承锆石),那么可以根据花岗岩的成分及 Zr 含量计算出熔体的“锆石饱和温度”。岩相学与锆石的 U-Pb 年龄测定结果表明,测区印支晚期—燕山早期的中酸性侵入岩含有残留和继承锆石。M-Zr 图解(图 3-12)为测区印支晚期—燕山早期的中酸性侵入岩在不同温度下花岗岩浆中的饱和 Zr 浓度。

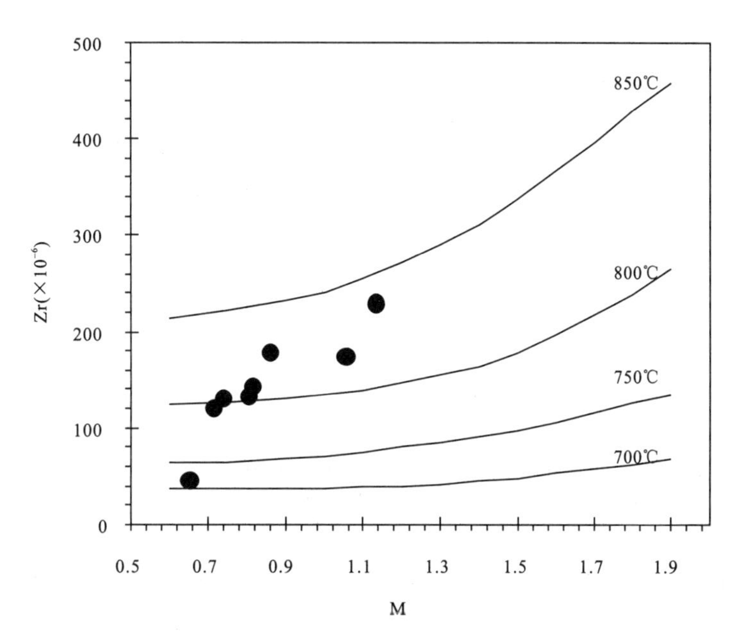

图 3-12 印支晚期—燕山早期的中酸性侵入岩的 M-Zr 图
(据 Watson, Harrison, 1983)

M-Zr 图解(图 3-12)中可以看出,本测区印支晚期—燕山早期的中酸性侵入岩熔体的“锆石饱和温度”基本都在 800～850℃,与测区印支晚期—燕山早期的中酸性侵入岩具有较低的 Al_2O_3/TiO_2 比值(小于 50)所对应的较高的岩浆温度是相一致的。

因此,从上面的分析可以得出测区印支晚期—燕山早期的中酸性侵入岩是经过麻粒岩相变质的沉积岩在 30～60km 发生部分熔融的产物,岩浆温度较高,超过了 850°C,压力较大,在 0.7GPa 左右。中酸性侵入岩的结晶温度和压力较低,温度在 700～800℃,压力小于 0.3 GPa。

3. 构造环境讨论

花岗岩所形成的构造环境多种多样,众多地质学家也提出了许多判别花岗岩形成环境的图解(Pearce et al, 1984, 1996; Batchelor et al, 1985; Harris et al, 1986; Maniar, Piccoli, 1989; Barbarin, 1996, 1999;等)。实际上,这些判别图解各有千秋。对于花岗岩形成的构造环境,应结合实际地质资料来使用这些判别图解。测区印支晚期—燕山早期的中酸性侵入岩的野外地质、岩相学、岩石地球化学特征表明,这些侵入岩大多属过铝质花岗岩,与澳大利亚 Lachlan Fold Belt 花岗岩有许多相似之处。

测区印支晚期—燕山早期的中酸性侵入岩在花岗岩的 R_1-R_2 图解(图 3-13)上,其成分投影点绝大部分落在同碰撞花岗岩区(6 区)或同碰撞花岗岩区附近,少数落在碰撞前花岗岩区(2 区),暗示测区印支晚期—燕山早期中酸性侵入岩在东昆仑印支造山过程之前就已开始形成了,但其主要形成于同碰撞时期,即测区印支晚期—燕山早期中酸性侵入岩主要形成于同碰撞构造背景之下,为在同碰撞动力学机制下引发下地壳物质发生部分熔融所形成的同造山花岗岩。

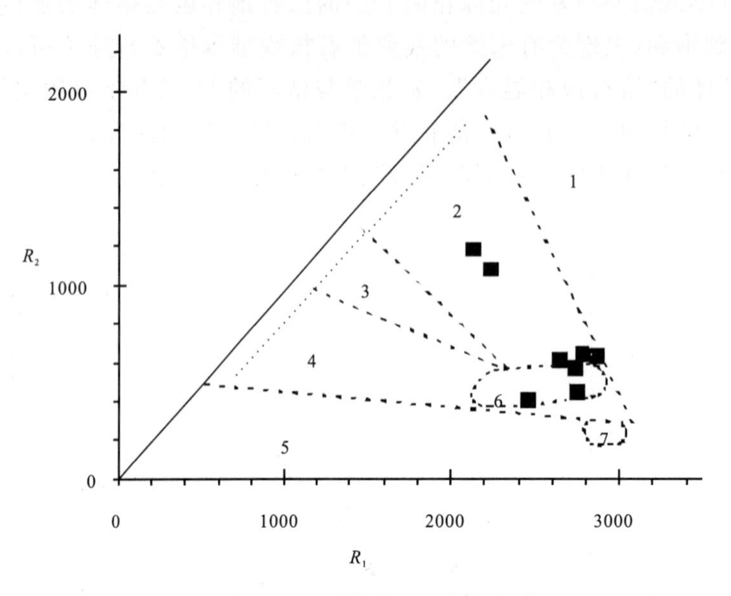

图 3-13　印支晚期—燕山早期中酸性侵入岩的 R_1-R_2 图解

(据 Batchelor, Bowden, 1985)

1. 地幔分异花岗岩；2. 碰撞前花岗岩；3. 碰撞后隆起花岗岩；
4. 造山晚期花岗岩；5. 非造山花岗岩；6. 同碰撞花岗岩；7. 造山后花岗岩

印支晚期—燕山早期的中酸性侵入岩在花岗岩的 Y-Nb 构造环境判别图解（图 3-14）、Yb-Ta图解（图 3-15）、(Y+Nb)-Rb 图解（图 3-16）和(Yb+Ta)-Rb 图解（图 3-17）中，其成分投影点均落在同碰撞花岗岩区（syn-COLG）与火山弧花岗岩区（VAG）的重叠区，与花岗岩的 R_1-

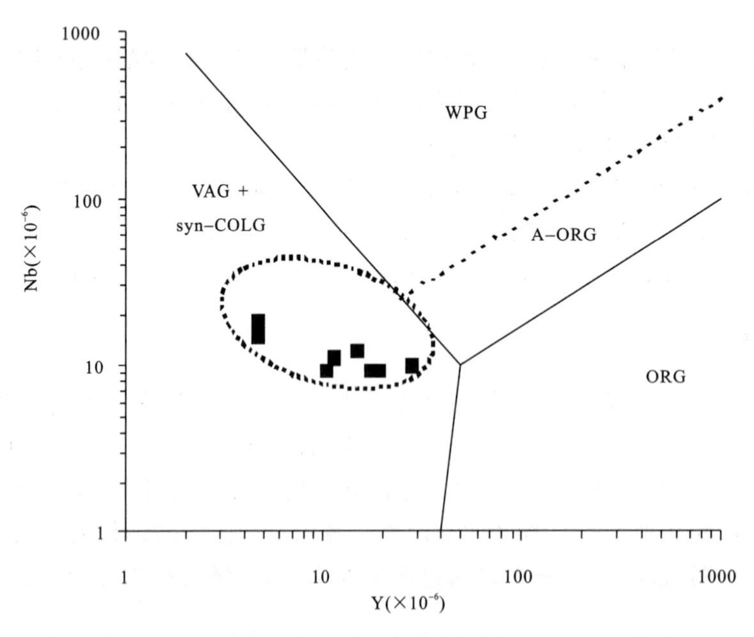

图 3-14　印支晚期—燕山早期中酸性侵入岩的 Y-Nb 图解

(据 Pearce et al, 1984; Pearce, 1996)

syn-COLG. 同碰撞花岗岩；VAG. 火山弧花岗岩；ORG. 造山花岗岩；A-ORG. 非造山花岗岩；WPG. 板内花岗岩

R_2 图解(图 3-13)所指示测区侵入岩形成的构造背景相一致,即测区印支晚期—燕山早期中酸性侵入岩形成于挤压、同碰撞的构造环境下,是在挤压、同碰撞的动力学机制之下引发了地壳物质发生部分熔融所形成的。这种成因机制也与测区印支晚期—燕山早期中酸性侵入岩温压条件相吻合。

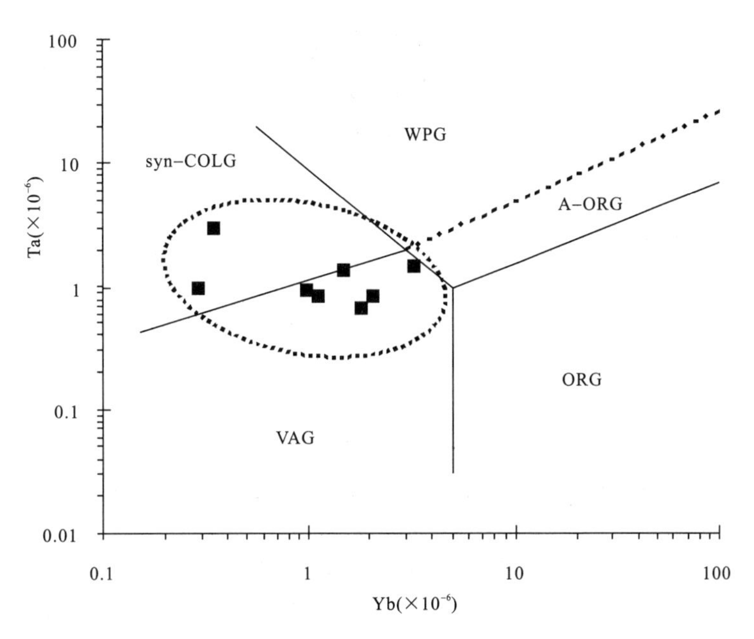

图 3-15　印支晚期—燕山早期中酸性侵入岩的 Yb-Ta 图解

(据 Pearce et al,1984; Pearce, 1996)

syn-COLG. 同碰撞花岗岩;VAG. 火山弧花岗岩;ORG. 造山花岗岩;A-ORG. 非造山花岗岩;WPG. 板内花岗岩

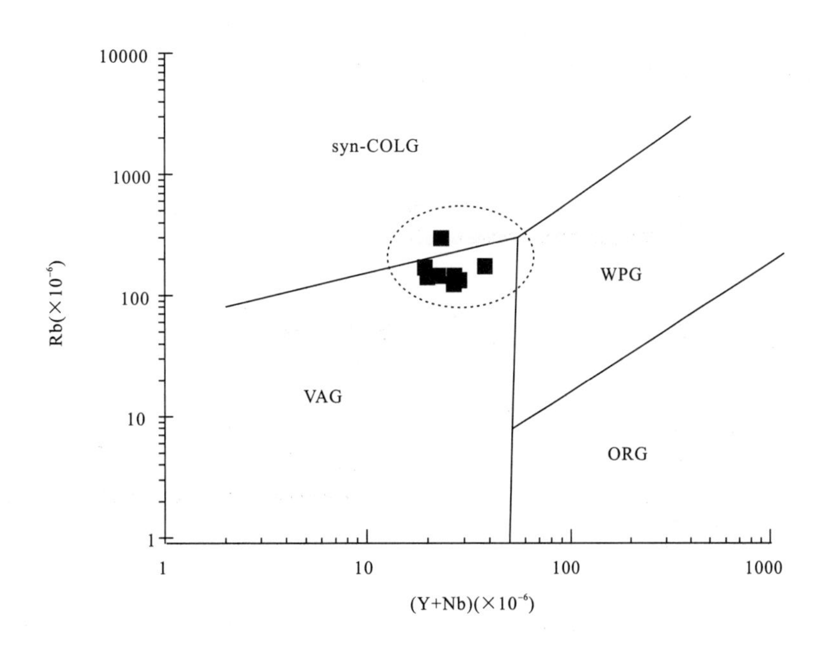

图 3-16　印支晚期—燕山早期中酸性侵入岩的(Y+Nb)-Rb 图解

(据 Pearce et al, 1984; Pearce, 1996)

syn-COLG. 同碰撞花岗岩;VAG. 火山弧花岗岩;ORG. 造山花岗岩;WPG. 板内花岗岩

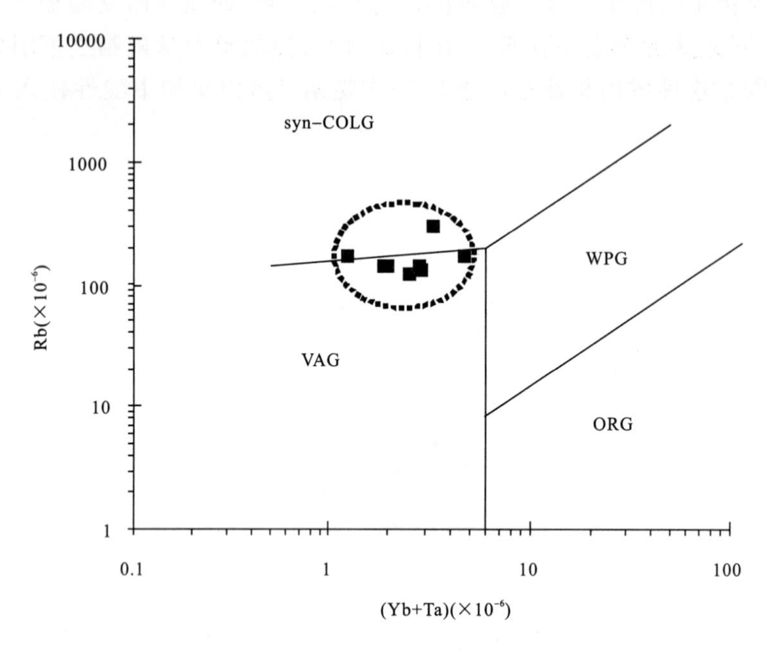

图 3-17　印支晚期—燕山早期中酸性侵入岩的(Yb+Ta)-Rb 图解

(据 Pearce et al，1984；Pearce，1996)

syn-COLG. 同碰撞花岗岩；VAG. 火山弧花岗岩；ORG. 造山花岗岩；WPG. 板内花岗岩

三、喜马拉雅期侵入岩

(一)锆石的 U-Pb 年代学

对喜马拉雅期侵入岩锆石 SHRIMP U-Pb 同位素测年，获得 26.7Ma 的年龄值(图 3-18)。即测区喜马拉雅期侵入岩的形成时代为古近纪渐新世(E_3)。

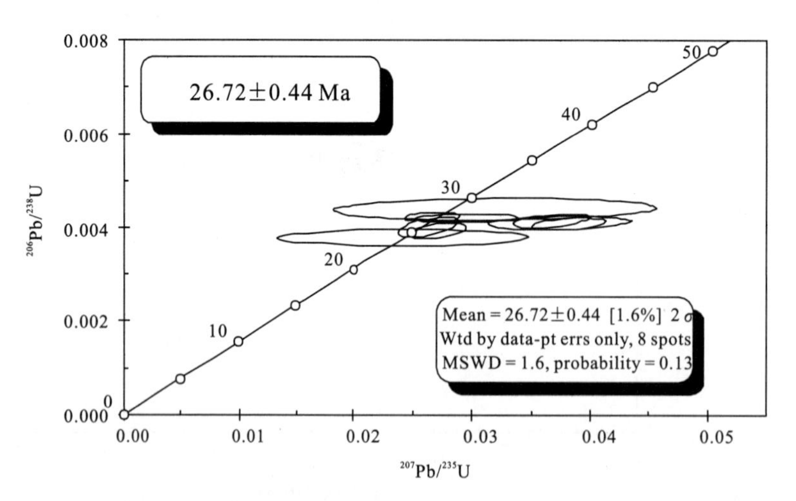

图 3-18　贡冒日玛喜马拉雅期正长斑岩($\xi\pi^{E_3}$)的锆石 SHRIMP U-Pb 年龄谐和图

(二)地质学与岩石学

喜马拉雅期侵入岩在本测区的分布非常有限，仅局限在测区南部的可可西里第三纪盆地中贡冒日玛山西南的君日玛塔玛附近，出露面积仅 0.6km^2，为一孤立的超小型岩株（图版 10－3、图版 10－4）。围岩地层为古近系渐新统的雅西措组中段（E_3y^2）的紫红色砂岩、泥岩，围岩受岩体的热效应极其微弱。喜马拉雅期（E_3）侵入岩的岩性单一，其岩石类型为正长斑岩（图 3－19）。喜马拉雅期侵入岩一个显著特征是岩体中含有丰富的壳源包体（图版 10－5、图版 10－6）。

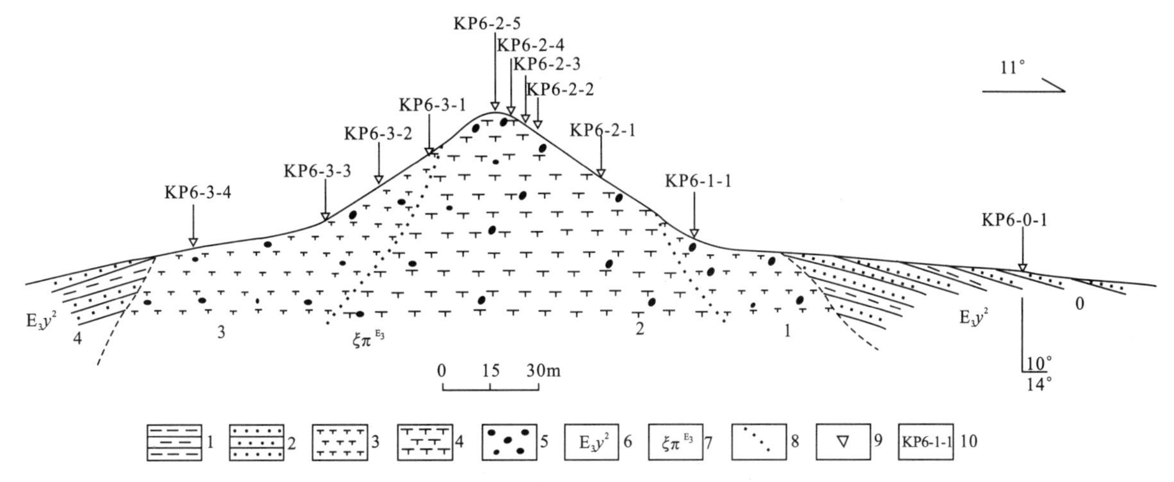

图 3－19　青海省格尔木市贡冒日玛古近纪渐新世正长斑岩体（$\xi\pi^{E_3}$）实测剖面图

1. 泥岩；2. 砂岩；3. 细粒正长斑岩；4. 中—粗粒正长斑岩；5. 镁铁质深源包体；
6. 古近系雅西措组第二段；7. 古近纪渐新世正长斑岩；8. 岩相界线；9. 采样位置；10. 样品编号

黑云母辉石正长斑岩：灰色、浅灰色，斑状结构。斑晶为正长石、普通辉石和黑云母。正长石斑晶呈较自形板状，较大者粒度可达 1.4mm×2.5mm～2.9mm×3.6mm，含量为 5%～20%。正长石发育卡氏双晶、格子双晶。普通辉石斑晶淡绿色、较自形柱状，粒度较大者达 0.4mm×0.9mm～1.3mm×4.3mm，含量为 3%～5%。该普通辉石属透辉石质普通辉石。黑云母斑晶呈褐色、较自形片状，较大者粒度为 0.5mm×1.9mm～0.8mm×2.4mm，含量为 3%～5%。黑云母斑晶发育不明显的暗化边，暗示岩石属浅成岩。基质为细晶—微晶结构，由正长石、斜长石、普通辉石、黑云母及少量磁铁矿、榍石等组成。其中，正长石为半自形板条状，粒度一般为 0.07mm×0.22mm～0.1mm×0.3mm，含量为 50%～60%。正长石发育简单双晶（卡氏双晶），可见条纹结构。斜长石可见聚片双晶，含量为 5%～10%。黑云母、普通辉石微晶粒度稍大，其含量分别为 2%～10%和 8%～10%。所有基质矿物都比较新鲜，反映岩石的时代较新。

壳源包体：野外观察及岩相学研究表明，测区喜马拉雅期侵入岩（正长斑岩）中发育丰富的镁铁质壳源包体，其岩石种类复杂多样，主要有石榴透辉角闪黑云母斜长片麻岩、石榴黑云母斜长片麻岩（图版 13－3）、透辉黑云母二长片麻岩（图版 12－5）、透辉黑云斜长片麻岩、黑云透辉正长片麻岩、石榴斜长黑云母片岩、细粒斜长角闪岩、黑云母斜长角闪岩（图版 13－1）、黑云母角闪岩（图版 13－2）以及石榴透辉角闪黑云斜长麻粒岩（图版 12－4）、黑云透辉麻粒岩（图版 12－6）。特别是单辉麻粒岩包体的存在，暗示测区喜马拉雅期侵入岩岩浆应属下地壳物质部分熔融的产物，同时也说明喜马拉雅期侵入岩岩浆应形成于较大压力条件下，反映测区在古近纪渐新世时期的地壳有可能发生了加厚作用。

（三）岩石地球化学特征

测区喜马拉雅期侵入岩主量-稀土-微量元素的分析结果分别见表 3－8、表 3－9 和表 3－10，其岩体的主量元素、稀土元素和微量元素地球化学特征及其指示意义如下。

表 3-8　喜马拉雅期(E_3)侵入岩主量元素成分(%)

样品号	产地	SiO_2	TiO_2	Al_2O_3	Fe_2O_3	FeO	MnO	MgO	CaO	Na_2O	K_2O	P_2O_5	H_2O^+	CO_2	Total	$Mg^{\#}$
KP6-1-1	贡冒日玛	58.88	0.86	12.06	2.14	3.02	0.07	4.56	6.20	2.24	7.35	0.85	0.66	0.29	99.18	72.90
KP6-2-5	贡冒日玛	60.98	0.72	13.08	1.42	1.85	0.08	3.86	7.59	5.72	2.72	0.72	0.52	0.20	99.46	78.80
KP6-3-1	贡冒日玛	59.78	0.78	12.36	1.80	2.55	0.08	4.36	6.30	2.61	6.77	0.74	0.68	0.44	99.25	75.29
KP6-3-3	贡冒日玛	58.62	0.84	12.15	2.04	2.88	0.08	4.61	6.52	2.33	7.01	0.91	0.75	0.44	99.18	74.04
KP6-3-4	贡冒日玛	60.27	0.78	12.60	1.66	2.35	0.08	4.60	7.59	6.49	1.22	0.84	0.60	0.53	99.61	77.72
B6122-1	贡冒日玛	60.50	0.77	12.56	1.36	2.18	0.07	4.16	6.05	2.23	7.75	0.73	0.66	0.26	99.28	77.27
B6122-6	贡冒日玛	61.86	0.68	13.01	1.69	2.32	0.06	3.09	4.83	2.61	7.48	0.63	0.65	0.26	99.17	72.90

注:喜马拉雅期(E_3)侵入岩的岩石类型为正长斑岩。

表 3-9　喜马拉雅期(E_3)侵入岩稀土元素成分($\times10^{-6}$)

样品号	La	Ce	Pr	Nd	Sm	Eu	Gd	Tb	Dy	Ho	Er	Tm	Yb	Lu	Y	ΣREE	$(La/Yb)_N$	Ce/Ce*	Eu/Eu*
KP6-1-1	66.18	136.5	17.25	65.54	11.12	2.81	7.50	0.96	4.26	0.74	1.77	0.26	1.49	0.22	18.24	316.60	31.86	0.97	0.89
KP6-2-5	78.67	162.3	20.07	75.5	13.33	3.10	7.45	1.02	4.96	0.92	2.13	0.29	1.67	0.24	21.53	371.65	33.79	0.98	0.87
KP6-3-1	60.53	130.3	16.71	64.92	11.10	2.69	7.00	0.98	4.52	0.79	1.81	0.27	1.59	0.23	17.43	303.44	27.31	0.99	0.87
KP6-3-3	60.99	134.6	17.68	69.01	11.55	2.83	6.73	0.89	4.45	0.78	1.81	0.26	1.50	0.23	18.84	313.31	29.17	0.99	0.90
KP6-3-4	76.46	152.1	18.71	67.53	11.74	2.92	7.20	0.90	4.20	0.76	1.92	0.27	1.62	0.25	19.74	346.58	33.85	0.96	0.90
B6122-1	59.81	131.6	17.02	63.90	11.19	2.70	6.85	0.89	4.22	0.77	1.75	0.25	1.46	0.23	17.73	302.64	29.38	1.00	0.87
B6122-6	44.39	117.4	15.57	57.47	10.31	2.62	6.40	0.79	3.83	0.70	1.68	0.23	1.30	0.19	17.45	262.88	24.49	1.09	0.92

表 3-10　喜马拉雅期(E_3)侵入岩微量元素成分($\times10^{-6}$)

样品号	Rb	Sr	Ba	U	Th	Nb	Ta	Zr	Hf	Sc	V	Cr	Co	Ni	Cu	Zn
KP6-1-1	172	1949	4312	4.3	12	12	0.49	293	9.3	18	119	141	19	139	21	65
KP6-2-5	77	1031	2457	4.2	12	13	0.75	321	10	25	93	113	11	64	19	50
KP6-3-1	150	1442	4133	4	11	11	0.54	284	9.2	20	100	123	17	118	17	62
KP6-3-3	157	1609	4528	4.1	11	11	0.49	281	9	21	117	142	20	144	18	54
KP6-3-4	67	675	1201	4.3	13	12	0.65	315	10	25	110	157	16	124	12	48
B6122-1	201	999	4459	3.8	14	11	0.65	294	9.3	22	101	114	18	118	8.8	47
B6122-6	182	1499	4931	7.2	17	11	0.54	316	9.9	24	102	77	19	93	24	61

1. 主量元素

从表 3-8 中可以看出,喜马拉雅期侵入岩的 SiO_2 含量为 58.62%～61.86%,ALK(Na_2O+K_2O)含量非常高,为 7.71%～10.09%。大部分侵入岩样品中 K_2O 比 Na_2O 含量高,但样品 KP6-2-5和 KP6-3-4 中 Na_2O 明显比 K_2O 含量高,Na_2O 含量为 5.72%～6.49%,K_2O 为 1.22%～2.72%。此外,MgO 含量和 $Mg^{\#}$ 值分别为 3.09%～4.61%(平均 4.18%)和 72.90%～78.80%(平均 75.56%),与正常的中酸性火成岩相比较,测区喜马拉雅期侵入岩的 MgO 含量和 $Mg^{\#}$ 值明显偏高。

在 AR-SiO_2 图(图 3-20)上,喜马拉雅期侵入岩主要属碱性系列,少量为钙碱性。在 SiO_2-K_2O 图解(图 3-21)上,绝大部分岩石还属钾玄岩系列(Shoshonite series),只有 2 个样品分别为中 K(KP6-3-4)和高 K(KP6-2-5)系列的岩石。

因此，喜马拉雅期侵入岩在主量元素地球化学上表现出富硅、富碱、高镁的特征，显示喜马拉雅期侵入岩属壳源岩浆成因，并受到了一定程度的幔源熔体的混染。

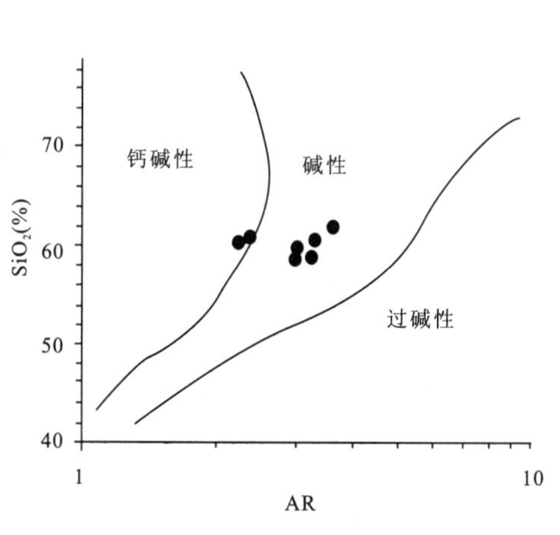

图 3-20 喜马拉雅期侵入岩的 AR-SiO_2 图

（据 Wright，1969）

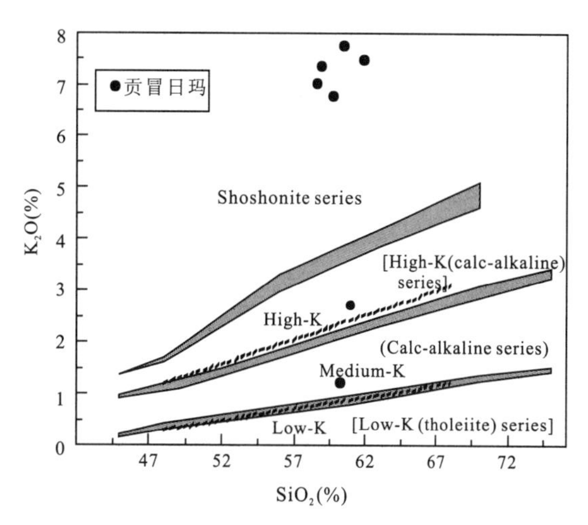

图 3-21 喜马拉雅期侵入岩的 SiO_2-K_2O 图

（断线边界据 Le Maitre et al，1989；阴影边界据 Rickwood，1989；Rickwood 的系列划分标在括号中）

2. 稀土元素

从表 3-9 中可以看出，喜马拉雅期侵入岩的稀土总量（∑REE）非常高，为 262.88×10^{-6}～371.65×10^{-6}，且轻稀土（LREE）含量（247.76×10^{-6}～352.92×10^{-6}）大大高于重稀土（HREE）含量（15.12×10^{-6}～18.68×10^{-6}）。因此，喜马拉雅期侵入岩的稀土元素分馏强烈，轻稀土强烈富集，重稀土相对明显亏损。喜马拉雅期侵入岩的稀土元素配分模式表现为轻稀土（LREE）强烈富集的右倾斜型（图 3-22），其 $(La/Yb)_N$ 值为 24.49～33.85，铈异常不明显（$Ce/Ce^*=0.96$～1.09），负铕异常也很微弱（$Eu/Eu^*=0.87$～0.92）。喜马拉雅期侵入岩的强烈富集轻稀土、明显亏损重稀土、不明显的负铕异常的稀土元素地球化学特征不仅再次显示岩体源于壳源岩浆，而且还暗示岩体的源区物质在部分熔融时有石榴石的稳定存在和斜长石矿物相的熔融分解（张旗等，2003；赖绍聪，2003）。

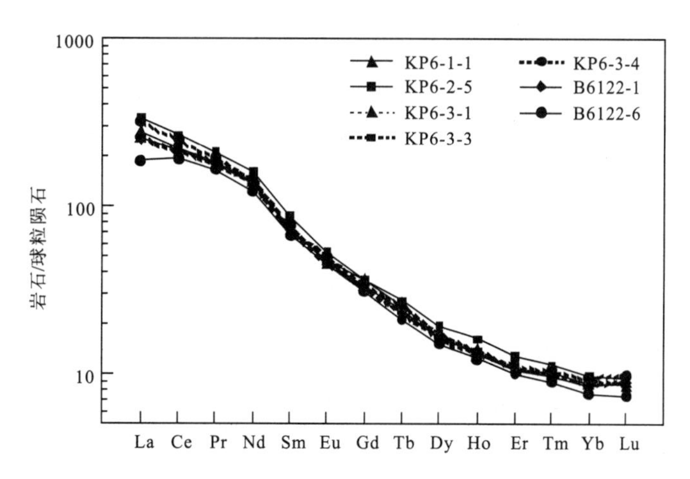

图 3-22 喜马拉雅期侵入岩的稀土元素配分模式图

（球粒陨石标准化值据 Sun 和 McDonough，1989）

3. 微量元素

喜马拉雅期侵入岩的大离子亲石元素(LIL)中Rb、Sr、Ba的含量非常高(表3-10),分别为$67\times10^{-6}\sim201\times10^{-6}$、$675\times10^{-6}\sim1949\times10^{-6}$和$1201\times10^{-6}\sim4931\times10^{-6}$。放射性生热元素(RPH)中U、Th的含量也很高,分别为$3.80\times10^{-6}\sim7.20\times10^{-6}$和$11.0\times10^{-6}\sim17.0\times10^{-6}$。高场强元素(HFS)中Nb、Ta、Zr、Hf、Y的含量分别为$11.0\times10^{-6}\sim13.0\times10^{-6}$、$0.49\times10^{-6}\sim0.75\times10^{-6}$、$281\times10^{-6}\sim321\times10^{-6}$、$9.0\times10^{-6}\sim10.0\times10^{-6}$和$17.4\times10^{-6}\sim21.5\times10^{-6}$。在经原始地幔标准化的微量元素蛛网图(图3-23)上,喜马拉雅期侵入岩强烈地表现出Nb、Ta、P、Sm、Ti、Y的负异常。Nb、Ta的负异常暗示喜马拉雅期侵入岩的壳源岩浆应源于陆壳物质,高Sr显示喜马拉雅期侵入岩的源区物质在部分熔融时有斜长石矿物相的熔融分解(张旗等,2003;赖绍聪,2003)。

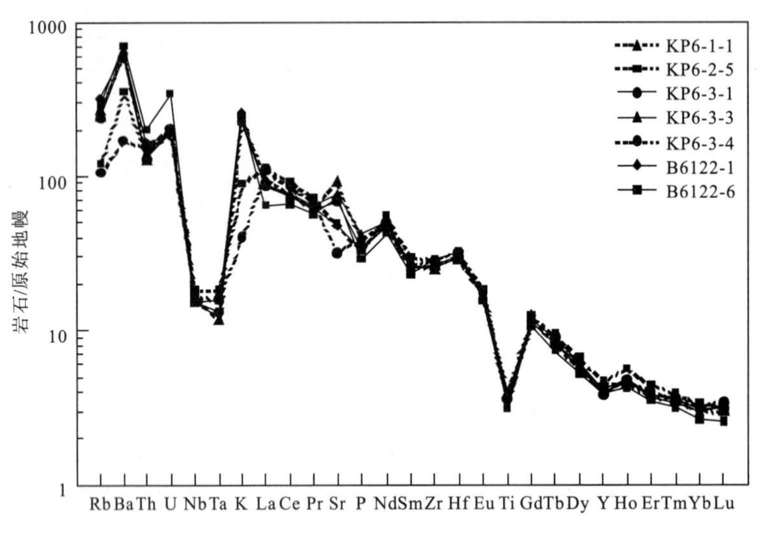

图3-23　喜马拉雅期侵入岩的微量元素蛛网图

(原始地幔标准化值据Sun和McDonough,1989)

(四)动力学背景

1. 喜马拉雅期埃达克侵入岩的厘定

埃达克岩(Adakite)是新近厘定的一种火成岩系列,最先由Defant(1993)等在研究阿留申群岛火山岩时提出,原指由年轻的洋壳俯冲到一定深度下发生部分熔融(板片熔融)而形成的一套中酸性火山岩和侵入岩。

近年来的研究表明,埃达克岩不仅可以由俯冲的板片熔融形成,也可以因地壳加厚而引起下部地壳部分熔融所致。

根据埃达克岩的形成机制和环境,国内已有学者(张旗等,2001a,2001b,2002)提出了O型埃达克岩(与俯冲板片有关)和C型埃达克岩(与加厚陆壳下部的局部熔融有关)之分。O型埃达克岩的岩浆来源深度为70~90km,C型埃达克岩的起源深度至少在40km以上(张旗等,2003)。

大陆板内岩浆活动十分活跃,板内造山带的地壳加厚及其相关的下地壳巨量增厚伴随下地壳热软化物质的流动,是重要的岩浆源区。青藏高原是现今全球最大的地壳加厚区,青藏高原内部晚新生代埃达克岩呈面状分布,冈底斯26~10Ma的埃达克质花岗岩与65~40 Ma的印度板块与欧亚板块碰撞作用无关,其成因与地壳增厚和下地壳岩石部分熔融有关,并控制了板内斑岩型铜多金属矿床的形成。因此，认识C型埃达克岩的成因具有重要的理论意义和实际意义。

测区喜马拉雅期侵入岩的岩石地球化学特征显示，其与正常的中酸性侵入岩相比具有特殊的岩石地球化学特征。Na－K－Ca图解（图3－24）通常用于区分埃达克岩和正常岛弧火山岩系。从Na－K－Ca图（图3－24）中可以看到，喜马拉雅期侵入岩的投影点中有两个明显落在典型的埃达克岩区，其他侵入岩的成分投影点则由于K含量偏高，因而既不落在典型埃达克岩区，也不位于正常岛弧火山岩区，显示了喜马拉雅期侵入岩受到了青藏高原广泛发育的幔源钾质和超钾质岩浆物质的影响。因此，喜马拉雅期侵入岩在一定程度上显示了埃达克岩的地球化学特征，但K含量较典型埃达克岩偏高。

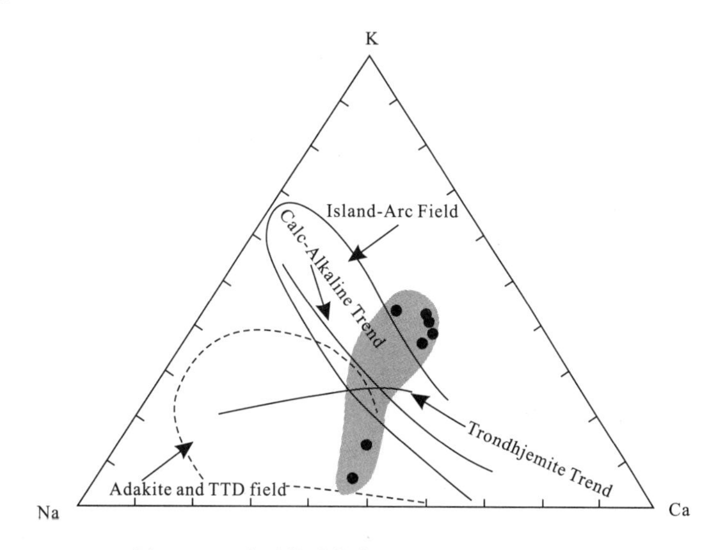

图3－24 喜马拉雅期侵入岩的Na－K－Ca图

（Calc－alkaline trend 据 Nockholds et al，1953；Trondhjemitie trend 据 Barker et al，1981；Island arc field，Adakite and TTD field 据 Defant et al，1993）

图3－25显示了埃达克岩中MgO与SiO_2之间的相互关系。从图中可以看出，喜马拉雅期侵入岩的投影点几乎均位于典型的埃达克岩区内，反映了其MgO较正常弧火山岩明显偏高的岩石地球化学特征。实验岩石学的研究表明，在1～4GPa的条件下，玄武质岩石局部熔融形成的埃达克岩熔体，若受到幔源熔体的混染，其MgO和$Mg^{\#}$值将迅速升高，从而造成部分埃达克岩的高MgO特征。因此，喜马拉雅期侵入岩的高MgO特征，可能与青藏高原新生代广泛发育的幔源钾质和超钾质岩浆活动有关。

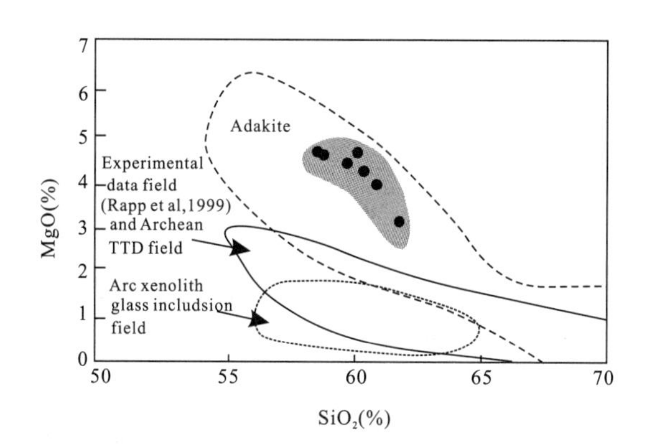

图3－25 喜马拉雅期侵入岩的SiO_2－MgO图解

（据 Defant et al，2002）

在 Sr/Y－Y 图解(图 3－26)中,贡冒日玛-大帽山-大坎顶新生代火山岩的投影点绝大部分位于埃达克岩区(Adakites),基本与来自 Cook Island,N－AVZ 和 Aleutians 的埃达克岩及高 Mg 安山岩的微量元素地球化学特征类似(Yogodninski et al, 1995; Stern et al, 1996),只是 Y 含量稍为偏高,暗示源区物质在发生部分熔融时其深度较大。

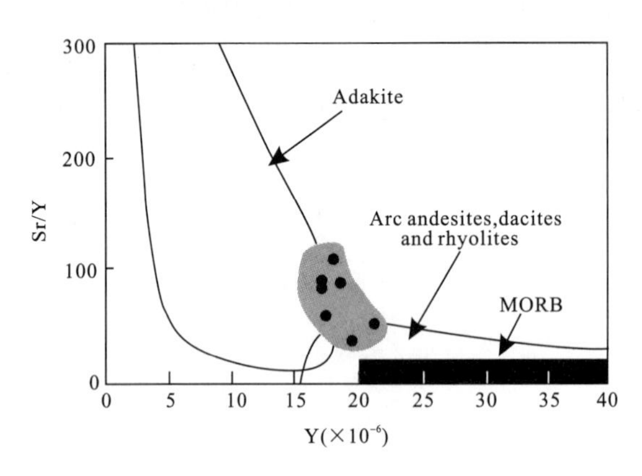

图 3－26　喜马拉雅期侵入岩的 Sr/Y－Y 图解

(据 Defant et al, 2002)

综上所述,喜马拉雅期侵入岩为典型的 C 型埃达克岩(表 3－11)。

表 3－11　喜马拉雅期侵入岩($\xi\pi_{WP}^{E_3}$)与典型埃达克岩对比

地 区	典型埃达克岩	喜马拉雅期侵入岩($\xi\pi_{WP}^{E_3}$)
岩石组合	安山岩、英安岩、流纹岩	正长斑岩
岩石系列	钙碱性	高钾碱性、钙碱性
SiO_2(%)	≥56	58.62～61.86 (60.13)
Al_2O_3(%)	≥15	12.06～13.08 (12.55)
Na_2O (%)	4 ±	2.23～6.49 (3.46)
K_2O (%)	1～2	1.22～7.75 (5.76)
$Mg^{\#}$ (%)	>47	70.35～78.80 (75.20)
Sr($\times10^{-6}$)	>400	675～1949 (1315)
Yb($\times10^{-6}$)	≤1.9	1.30～1.67 (1.52)
Y($\times10^{-6}$)	≤18	17.43～21.53 (18.71)
Sr/Y	>20～40	38.73～90.52(69.25)
La/Yb	>20	34.15～47.20 (41.79)

2. 埃达克岩的成因及其大陆动力学意义

喜马拉雅期侵入岩具有特征的 C 型埃达克岩的地球化学性质。其 SiO_2>58.62%,LREE 强烈富集(>247.76×10^{-6}),高 Sr(>675×10^{-6}),高 Sr/Y(>38.73),低 Y(17.43×10^{-6}～21.53×10^{-6},平均 18.71×10^{-6}),低 HREE(Yb<1.67×10^{-6}),与正常弧火山岩有显著区别。火山岩高 SiO_2(>58.62%),说明它们不是地幔橄榄岩部分熔融的幔源岩浆系列,而是陆壳岩石在特定条件下部分熔融产生的壳源中酸性岩石系列。低 Y 和低 HREE,是因为石榴石有优先富集 Y 和 HREE 的特点,暗示火山岩的源区物质在部分熔融时有石榴石矿物相的稳定存在。高 Sr 则表明源区物质在部分熔融时有斜长石的熔融分解，因为斜长石的熔融分解会使熔体中大量富集 Sr（张旗等，2003；赖绍聪，2003）。

因此，喜马拉雅期侵入岩特殊的地球化学特征表明，侵入岩应源自石榴子石稳定的、相当于榴辉岩相的源区。随着青藏高原北部新生代板内地壳增厚，处于高温流动状态的下地壳发生部分熔融和岩石相变，由角闪岩相转变为石榴石辉石相，这时斜长石将分解，并向熔体中释放大量的 Sr 和 Eu。在青藏高原板内构造隆升环境下，青藏高原北部的地壳加厚导致下部地壳部分熔融，产生壳源中酸性岩浆，从而出现具有独特地球化学特征的埃达克岩。

大陆地壳可以部分熔融产生岩浆，壳源岩浆的成分及其多样性，与熔融压力、含水流体相的存在和参与程度，以及源区岩石的化学成分有关。大陆造山带普遍存在地壳加厚，地壳加厚强烈地影响到下地壳的热状态（Butler et al，1997；Patino et al，1998）。通常情况下，处于异常温压状态的下地壳显示韧性和黏塑性特征（李德威，1995，2004；梁斌，2004），易于流体活动和部分熔融，因而大陆造山带下地壳是壳源岩浆发育的最有利部位，从而为源自下地壳的中酸性岩浆岩的起源提供了十分有利的大陆动力学背景（李德威，1995，2004；梁斌，2004）。青藏高原北部本测区喜马拉雅期埃达克侵入岩正是在这种特定的大陆板内构造背景下所形成的。

喜马拉雅期埃达克侵入岩形成于青藏高原新生代板内构造隆升和地壳加厚环境，叠加在古特提斯洋-陆转换带之上。

四、小结

对侵入岩的锆石 U－Pb 年代学进行了详细的工作表明，测区侵入岩只发育印支晚期—燕山早期侵入岩（T_3-J_1）和喜马拉雅期（E_3）侵入岩。前人认为的海西期侵入岩经过单颗粒锆石的 U－Pb 定年后实际上属印支晚期—燕山早期侵入岩（T_3-J_1）。因此，前人认为的东昆仑地区的海西运动在本测区表现不明显。根据侵入岩的时代、岩性及所形成的构造背景，测区侵入岩可划分为 2 个构造-岩浆旋回，即印支晚期—燕山早期（T_3-J_1）构造-岩浆旋回和喜马拉雅期（E_3）构造-岩浆旋回，以及 4 个侵入岩填图单位。

印支晚期—燕山早期酸性侵入岩是测区一次较强烈的构造-岩浆活动的产物，其形成的时间为 217.3±2.9Ma～206±14Ma（T_3-J_1），在空间上主要分布在巴颜喀拉构造带（Ⅱ）内，侵入岩以广泛分布、高度分散、孤立岩株状产出为特点，围岩地层为巴颜喀拉山群的砂板岩，围岩遭受微弱的角岩化。印支晚期—燕山早期（T_3-J_1）侵入岩的岩石类型丰富多样，主要有二长花岗岩、花岗闪长岩、斜长花岗岩、花岗斑岩和石英闪长岩，但以二长花岗岩为主。

在岩石地球化学成分上，印支晚期—燕山早期侵入岩（T_3-J_1）具有高 Si、ALK、K 和低 Fe、Mg、Ca 的特点，岩石系列主要为高钾钙碱性系列，属铝过饱和质花岗岩（0.19%～4.10%）。稀土总量变化非常大（$\sum REE=93.18\times10^{-6}\sim170.56\times10^{-6}$），稀土元素配分模式均呈强烈富集轻稀土的右倾斜型，其$(La/Yb)_N=6.01\sim48.46$。大多数岩体具有显著的负铕异常（$Eu/Eu^*=0.45\sim0.70$）。大离子亲石元素（LIL）中 Rb、Sr、Ba 含量变化大，Nb、Ta、Zr、Hf 含量低。在经原始地幔值标准化的微量元素蛛网图表现出明显的 Ba、Nb、Ta、Sr、P 和 Ti 元素的亏损，暗示侵入岩的形成与大陆地壳有密切的关系。

印支晚期—燕山早期酸性侵入岩的源区物质主要为砂质岩（富斜长石、贫粘土），是地壳沉积物经过麻粒岩相变质作用再经过部分熔融作用的岩浆产物。岩浆形成的温度超过了 850°C，压力较大，为 0.7GPa 左右。岩浆结晶的温度和压力分别为 700～800℃和小于 0.3 GPa。形成于挤压、同碰撞的构造环境之下。

喜马拉雅期（E_3）侵入岩是测区一次较弱的构造-岩浆活动的岩浆产物，其形成的时间为 26.7Ma（E_3）。喜马拉雅期（E_3）侵入岩在测区的分布非常局限，仅出露在测区南部的可可西里第三纪盆地中贡帽日玛山西南的君日玛塔玛附近，呈一面积约 0.3km² 的孤立超小型岩株出现。围岩地层为古近系渐新统的雅西措组中段(E_3y^2)的紫红色砂岩、泥岩。喜马拉雅期(E_3)侵入岩的岩性为单一的正长斑岩，岩体中含有丰富的壳源包体。壳源包体的岩石种类复杂多样，主要为石榴透辉角闪黑云母斜长片麻岩、石榴黑云母斜长片麻岩、透辉黑云母二长片麻岩、透辉黑云斜长片麻岩、黑云透辉正长片麻岩、石榴斜长黑云母片岩、细粒斜长角闪岩、黑云母斜长角闪岩、黑云母角闪岩，以及石榴透辉角闪黑云斜长麻粒岩、黑云透辉麻粒岩。

喜马拉雅期(E_3)侵入岩在岩石地球化学成分上表现出富 Si、高 ALK(Na_2O+K_2O)和高 Mg 的特征。岩石系列以碱性系列为主，少量为钙碱性系列。绝大部分岩石还属钾玄岩系列(Shoshonite series)。稀土总量非常高($\sum REE=262.88\times10^{-6}\sim371.65\times10^{-6}$)，稀土元素配分模式具有一致的强烈富集轻稀土的右倾斜型，其$(La/Yb)_N$ 值为 24.49～33.85。负铕异常很微弱($Eu/Eu^*=0.87\sim0.92$)，重稀土相对明显亏损。大离子亲石元素(LIL)中 Rb、Sr、Ba 的含量非常高，而 Y 含量低。在经原始地幔值标准化的微量元素蛛网图上强烈地表现出 Nb、Ta、P、Sm、Ti、Y 的负异常。

喜马拉雅期(E_3)侵入岩具有特征的 C 型埃达克岩的地球化学性质。其 $SiO_2>58.62\%$，LREE 强烈富集($>247.76\times10^{-6}$)，高 Sr($>675\times10^{-6}$)，高 Sr/Y(>38.73)，低 Y($17.43\times10^{-6}\sim21.53\times10^{-6}$，平均 18.71×10^{-6})，低 HREE($Yb<1.67\times10^{-6}$)。侵入岩应源自石榴石稳定的、相当于榴辉岩相的源区，是青藏高原地壳加厚导致下部地壳发生部分熔融的壳源岩浆的产物。

第二节　火山岩

一、概述

测区内火山活动频繁，从晚古生代至新生代各时期均有不同程度的火山活动，但主要集中在晚古生代石炭纪—二叠纪、中生代晚三叠世和新生代新近纪时期。

测区火山岩在空间展布上，晚古生代石炭纪—二叠纪火山岩与中生代晚三叠世火山岩均分布在测区西南角的西金乌兰构造带(III)，但晚古生代石炭纪—二叠纪火山岩展布在乌石峰晚古生代蛇绿构造混杂岩亚带(Ⅲ-1)，而中生代晚三叠世火山岩则出露在巴音莽鄂阿晚三叠世构造混杂岩亚带(Ⅲ-2)；新生代新近纪中新世火山岩分布在测区西北部中部巴颜喀拉构造带(Ⅱ)。测区各时期火山岩的基本特征归纳于表 3-12 中。

表 3-12　测区火山岩基本特征一览表

活动时代	构造单元	赋存层位	岩石类型	分布位置	岩相	年龄	构造环境
N_1	巴颜喀拉构造带(Ⅱ)	查保玛组(N_1c)	玄武安山岩-粗安岩-粗面岩-玄武安山玢岩-粗面斑岩	卓乃湖大帽山、大坎顶一带	陆相溢流-爆发相	13.09～18.28 Ma / SHRIMP U-Pb	陆内地壳加厚
T_3	巴音莽鄂阿晚三叠世构造混杂岩亚带(Ⅲ-2)	巴音莽鄂阿构造混杂岩中火山岩段(T_3bm^{β})	玄武岩。构造混杂岩的组成部分	巴音莽鄂阿一带	海相溢流相	221 Ma / SHRIMP U-Pb	洋盆-洋岛
C—P	乌石峰晚古生代蛇绿构造混杂岩亚带(Ⅲ-1)	乌石峰蛇绿构造混杂岩中火山岩段(CPw^{β})	玄武岩。蛇绿构造混杂岩的组成部分	乌石峰一带	海相溢流相	在火山岩的沉积夹层硅质岩中获得了 *P.* 的放射虫：*Pseudoalbaillella scalprata rhombothoracata* Ishiga，*Pseudoalbaillella scalprata* Holdsworth and Jones	洋盆-洋中脊

由于晚古生代石炭纪—二叠纪火山岩与测区内蛇绿构造混杂岩带有关,因而对它们的探讨将在第四节蛇绿混杂岩部分进行。本节只讨论中生代晚三叠世时期及新生代新近纪时期的火山岩。

二、中生代火山岩

测区中生代火山岩以三叠系上统巴音莽鄂阿构造混杂岩中的火山岩(T_3bm^{β})为代表。该火山岩分布在巴音莽鄂阿晚三叠世构造混杂岩亚带(Ⅲ-2)内,出露在测区西南部的巴音莽鄂阿山一带,是三叠系上统巴音莽鄂阿构造混杂岩这一构造混杂岩的组成部分。

(一)火山岩地质

三叠系上统巴音莽鄂阿构造混杂岩中火山岩的岩性主要为一套基性火山岩,岩石类型以变质玄武岩为主,还伴生有少量的变质碧玄岩、变质碱玄岩、变质粗面安山岩。

与火山岩伴生的沉积岩的岩石类型主要为变质石英砂岩、变质细粒石英杂砂岩、变质中细粒岩屑杂砂岩等。

巴音莽鄂阿构造混杂岩(T_3bm)的岩石变质强烈、片理化极其发育,火山岩段中发育多个断层破碎带,致使巴音莽鄂阿构造混杂岩以多个构造岩片的形式产出。在空间上,巴音莽鄂阿构造混杂岩带明显呈东西向展布,并以断层构造与其南北两侧的古近系古—始新统沱沱河组($E_{1-2}t$)的紫红色砂岩及古近系渐新统雅西措组(E_3y)的紫红色砂岩相应接触。

(二)火山岩时代

由于巴音莽鄂阿构造混杂岩中火山岩的变质变形强烈、构造混杂现象严重,致使对其年代学的研究收获甚微。但根据火山岩的岩石组合、岩石的变质变形程度与特征,结合区域上岩石的对比,该套火山岩与区域上的三叠系上统巴音莽鄂阿构造混杂岩中的火山岩相当。故本次工作将这套火山岩暂定为三叠系上统巴音莽鄂阿构造混杂岩中的火山岩,并以代号 T_3bm^{β}加以表示。

(三)火山岩岩石地球化学特征

三叠系上统巴音莽鄂阿构造混杂岩中火山岩的 6 件主量元素化学成分及 1 件稀土元素分析结果均引自 1∶20 万措仁德加幅、五道梁幅区域地质调查报告(青海省地质矿产局,1990),目的是为了分析三叠系上统巴音莽鄂阿构造混杂岩中火山岩的岩石地球化学特征,并据此探讨其形成的大地构造背景。

1. 主量元素

三叠系上统巴音莽鄂阿构造混杂岩中火山岩的 6 件主量元素化学成分列于表 3-13。

表 3-13 三叠系上统巴音莽鄂阿构造混杂岩中火山岩(T_3bm^{β})的主量元素成分(%)

样品号	岩石名称	SiO_2	TiO_2	Al_2O_3	Fe_2O_3	FeO	MnO	MgO	CaO	Na_2O	K_2O	P_2O_5	H_2O^+	Los	Total
P13-14	玄武岩	48.55	2.74	7.23	3.54	6.33	0.23	6.70	13.81	3.25	0.40	0.29	0.22	6.28	99.57
P 13-12	碧玄岩	41.15	2.98	8.78	4.61	7.56	0.20	8.61	14.09	1.30	2.33	0.43	0.30	7.28	99.62
P 13-16	粗面安山岩	54.10	2.16	15.61	3.41	4.25	0.12	3.32	3.08	4.60	4.70	0.54	0.38	2.73	99.00
P803	碧玄岩	37.53	2.76	11.71	8.31	1.03	0.25	3.38	15.91	3.35	2.34	0.39	0.56	12.56	100.08
74-1	碱玄岩	47.70	3.04	13.35	8.49	2.97	0.17	4.84	7.08	2.30	6.00	0.36	0.24	3.33	99.87
038-1	玄武岩	48.34	3.10	9.91	3.88	7.25	0.12	11.13	8.97	3.16	0.47	0.57	0.84	3.39	101.13

注:引自青海省地质矿产局 1∶20 措仁德加幅、五道梁幅区域地质调查报告(1990)。

从表3-13中可以看出，绝大部分火山岩的成分分析中烧失量(Los)过高，这表明火山岩蚀变很强烈，同时也暗示要使用这些火山岩的分析结果，需要对这些分析结果进行调整，才能合理使用这些成分来探讨火山岩的岩石地球化学特征及其所形成的大地构造背景。表3-14所列的成分即是6件三叠系上统巴音莽鄂阿构造混杂岩中火山岩调整后的主量元素成分。

从表3-14中可以看出，T_3bm^β 火山岩的 SiO_2 含量变化范围为43.16%～56.42%，ALK(Na_2O+K_2O)含量为3.75%～9.70%。在TAS图(图3-27)上，T_3bm^β 火山岩多数表现为碱性系列(A)，少部分为亚碱性系列(S)。在AFM图(图3-28)上，亚碱性系列火山岩均属拉斑系列(TH)。因此，在火山岩的岩石系列上，T_3bm^β 火山岩主要表现为碱性系列，并有一定量的拉斑系列火山岩伴生。

表3-14　三叠系上统巴音莽鄂阿构造混杂岩中火山岩(T_3bm^β)调整后的主量元素成分(%)

样品号	岩石名称	SiO_2	TiO_2	Al_2O_3	Fe_2O_3	FeO	MnO	MgO	CaO	Na_2O	K_2O	P_2O_5	Total
P13-14	玄武岩	52.17	2.94	7.77	3.80	6.80	0.25	7.20	14.84	3.49	0.43	0.31	100.00
P13-12	碧玄岩	44.71	3.24	9.54	5.01	8.21	0.22	9.35	15.31	1.41	2.53	0.47	100.00
P13-16	粗面安山岩	56.42	2.25	16.28	3.56	4.43	0.13	3.46	3.21	4.80	4.90	0.56	100.00
P803	碧玄岩	43.16	3.17	13.47	9.56	1.18	0.29	3.89	18.30	3.85	2.69	0.45	100.00
74-1	碱玄岩	49.53	3.16	13.86	8.82	3.08	0.18	5.03	7.35	2.39	6.23	0.37	100.00
038-1	玄武岩	49.89	3.20	10.23	4.00	7.48	0.12	11.49	9.26	3.26	0.49	0.59	100.00

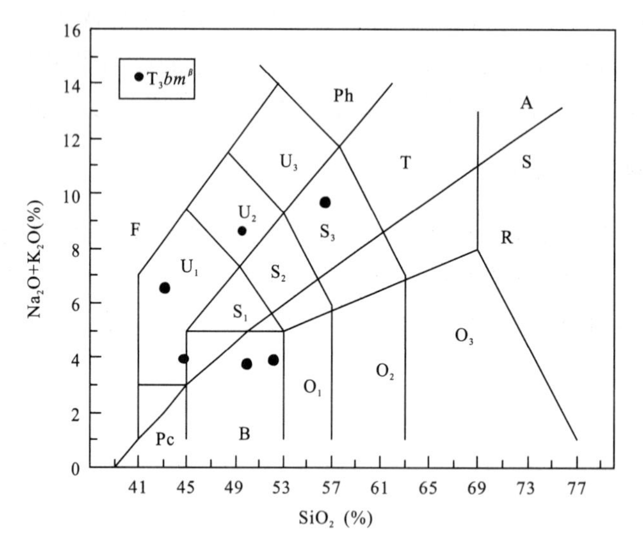

图3-27　三叠系上统巴音莽鄂阿构造混杂岩中火山岩(T_3bm^β)TAS图

(据Le Bas et al，1986)

F.副长石岩；Pc.苦橄玄武岩；B.玄武岩；O_1.玄武安山岩；O_2.安山岩；O_3.英安岩；R.流纹岩；S_1.粗面玄武岩；S_2.玄武质粗安岩；S_3.粗面安山岩；T.粗面岩；U_1.碧玄岩(碱玄岩)；U_2.响岩质碱玄岩；U_3.碱玄质响岩；Ph.响岩；岩石系列划分据Irvine，Baragar，1971；A.碱性系列；S.亚碱性系列

在 SiO_2-K_2O 图解(图3-29)中，火山岩主要属钾玄岩系列火山岩，少量为低钾火山岩。因此，T_3bm^β 火山岩在主量元素地球化学成分上，表现为低 SiO_2 和高碱，并以碱性系列和拉斑系列共存为特征。火山岩中还显示出一定的低钾拉斑火山岩的岩石地球化学特点。

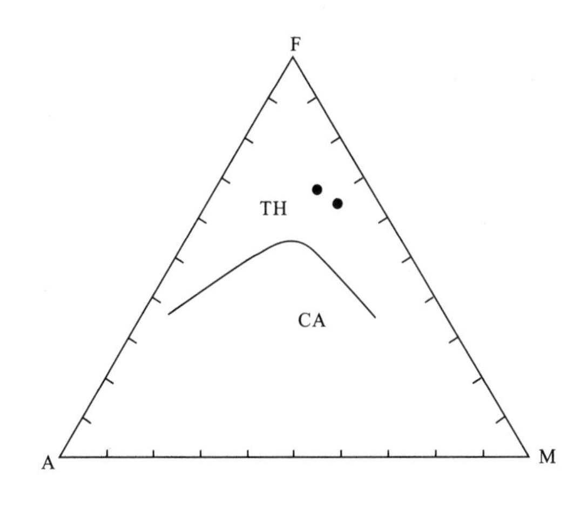

图 3-28 T_3bm^{β} 火山岩 AFM 图
(据 Irvine, Baragar, 1971)

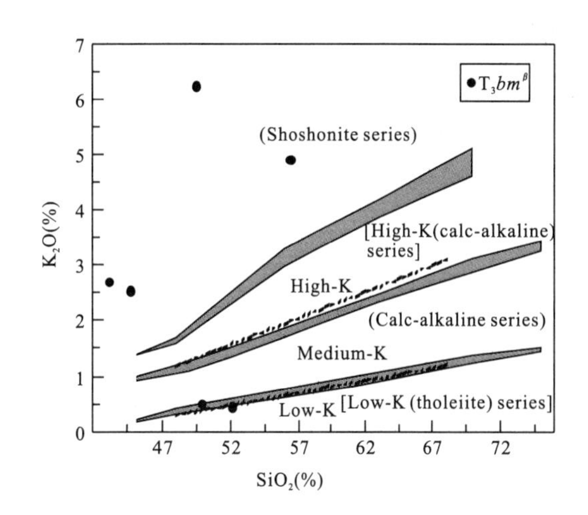

图 3-29 T_3bm^{β} 火山岩 SiO_2-K_2O 图
(断线边界据 Le Maitre et al, 1989;阴影边界据 Rickwood, 1989;Rickwood 的系列划分标在括号中)

2. 稀土元素

1 件三叠系上统巴音莽鄂阿构造混杂岩中火山岩样品的稀土元素成分见表 3-15。

表 3-15 三叠系上统巴音莽鄂阿构造混杂岩中火山岩(T_3bm^{β})的稀土元素成分($\times 10^{-6}$)

样品号	La	Ce	Pr	Nd	Sm	Eu	Gd	Tb	Dy	Ho	Er	Tm	Yb	Lu	Y	∑REE	$(La/Yb)_N$	Ce/Ce*	Eu/Eu*
P13-14	48	90	10	56	9.1	2.4	7.4	1.1	7	0.92	2.3	0.35	1.8	0.5	22	258.87	19.13	0.96	0.87

注:引自青海省地质矿产局 1∶20 措仁德加幅、五道梁幅区域地质调查报告,1990。

从表 3-15 中可以看出,T_3bm^{β} 火山岩的稀土总量非常高(∑REE= 258.87$\times 10^{-6}$),其中轻稀土强烈地富集(LREE=215.5$\times 10^{-6}$),重稀土相对较亏损(HREE=43.37$\times 10^{-6}$)。因此,T_3bm^{β} 火山岩的稀土元素分馏强烈,经球粒陨石标准化的稀土元素配分模式为轻稀土强烈富集的右倾斜型(图 3-30),其$(La/Yb)_N$ 值为 19.13,基本无铈异常(Ce/Ce* = 0.96),负铕异常也极其微弱(Eu/Eu* =0.87)。T_3bm^{β} 火山岩的这种稀土元素配分特点与板内火山岩的特征很相似(Pearce,1982)。

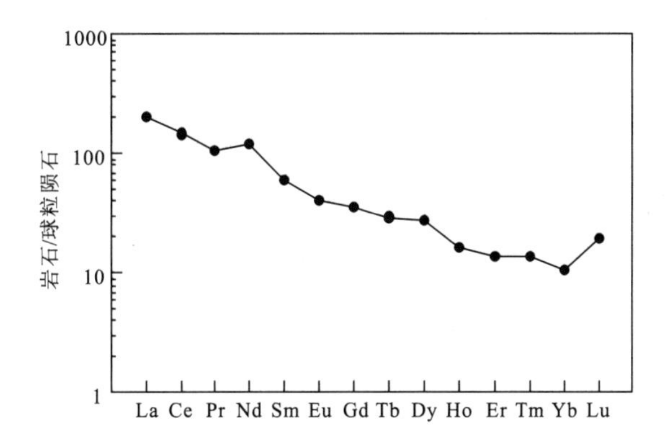

图 3-30 T_3bm^{β} 火山岩稀土元素配分模式图
(球粒陨石标准化值据 Sun 和 McDonough,1989)

(四)三叠系上统巴音莽鄂阿构造混杂岩火山岩大地构造背景分析

玄武岩的岩石地球化学成分与其形成的构造背景之间存在着密切的关系。在 lgτ - lgσ 构造判别图解(图 3 - 31)中,T_3bm^β 火山岩的成分投影点绝大部分落在板内稳定区(A 区),极少数成分投影点位于靠近板内稳定区(A 区)的消减带火山岩区(C 区)。因此,三叠系上统巴音莽鄂阿构造混杂岩火山岩(T_3bm^β)的化学成分指示其形成环境为板内构造环境及消减带环境的复合环境。在 TiO_2 - FeO^* /MgO 构造环境判别图(图 3 - 32)中,T_3bm^β 火山岩的成分投影点均落在洋岛玄武岩区(OIB)。

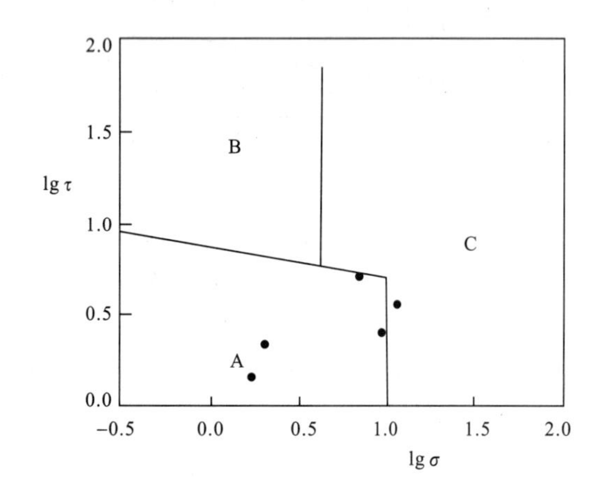

图 3 - 31 T_3bm^β 火山岩的 lgτ - lgσ 图

(据 Rittmann, 1971)

A. 板内火山岩;B. 消减带火山岩;C. A 区与 B 区演化的火山岩,K 质与消减带有关,Na 质与板内有关

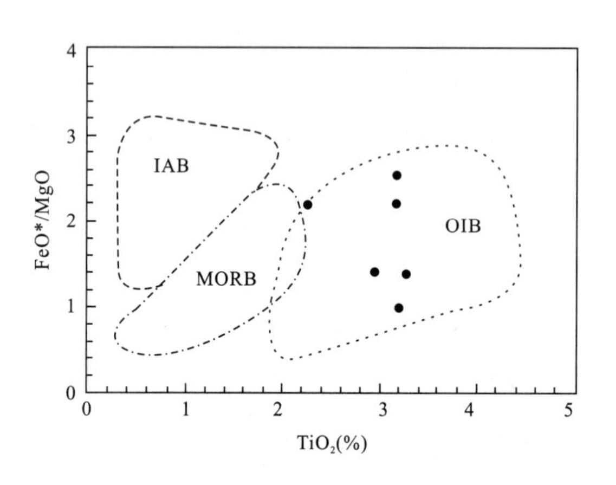

图 3 - 32 T_3bm^β 火山岩的 TiO_2 - FeO^* /MgO 图

(据 Glassily, 1974)

IAB. 岛弧玄武岩;MORB. 洋中脊玄武岩;OIB. 洋岛玄武岩

这说明三叠系上统巴音莽鄂阿构造混杂岩中火山岩(T_3bm^β)形成于大洋板内的洋岛环境。在 MnO - TiO_2 - P_2O_5 构造环境判别图(图 3 - 33)中,T_3bm^β 火山岩的成分投影点则主要位于洋岛碱性玄武岩区(OIA),但也有部分落在洋岛拉斑玄武岩区(OIT)。因此,T_3bm^β 火山岩的形成环境为大洋板内的洋岛环境,且火山岩以洋岛碱性玄武岩(OIA)为主,部分为洋岛拉斑玄武岩(OIT)。

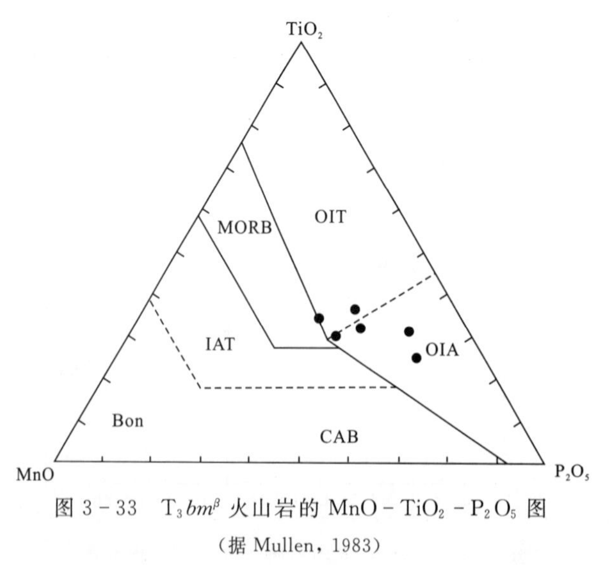

图 3 - 33 T_3bm^β 火山岩的 MnO - TiO_2 - P_2O_5 图

(据 Mullen, 1983)

OIT. 洋岛拉斑玄武岩;OIA. 洋岛碱性玄武岩;MORB. 洋中脊玄武岩;IAT. 岛弧拉斑玄武岩;CAB. 岛弧钙碱性玄武岩;Bon. 玻镁安山岩

因此，综合上述野外地质、岩石学、岩石地球化学及各种构造环境判别图解，可以推测 T_3bm^{β} 火山岩的形成背景为大洋板内洋岛环境，且火山岩以洋岛碱性玄武岩(OIA)为主，部分为洋岛拉斑玄武岩(OIT)。

三、新生代火山岩

测区新生代新近纪中新世火山岩以新近系中新统查保玛组(N_1c)火山岩为代表，分布在测区西部巴颜喀拉构造带(Ⅱ)内。

(一)火山岩地质与时代

新近系中新统查保玛组火山岩仅出露在测区卓乃湖的东西两侧，分布于大帽山和大坎顶一带(图 3-34)。在地理位置上，大帽山 N_1c 火山岩分布在卓乃湖的东侧，在平面上呈长轴为南北向的梨状(图 3-34)，出露面积约 $120km^2$，围岩地层为三叠系上巴颜喀拉山亚群($T_{2-3}By1$、$T_{2-3}By2$)的砂板岩。大帽山 N_1c 火山岩与 $T_{2-3}By1$、$T_{2-3}By2$ 地层之间为角度不整合接触，部分角度不整合面已被后期断层所改造。

大坎顶 N_1c 火山岩分布在卓乃湖的西侧，在平面上呈长轴为北西向的板条状(图 3-34)，并向西延伸出了图幅。在测区内，大坎顶 N_1c 火山岩的出露面积约 $130km^2$，围岩地层主要为三叠系上巴颜喀拉山亚群($T_{2-3}By2$、$T_{2-3}By3$)的砂板岩和少量的五道梁组上段($E_3N_1w^2$)的白云质灰岩。大坎顶 N_1c 火山岩与下覆的 $T_{2-3}By2$、$T_{2-3}By3$、$E_3N_1w^2$ 地层之间均为角度不整合接触，该角度不整合面部分已被后期断层所改造，且被第四系沉积物覆盖较多。

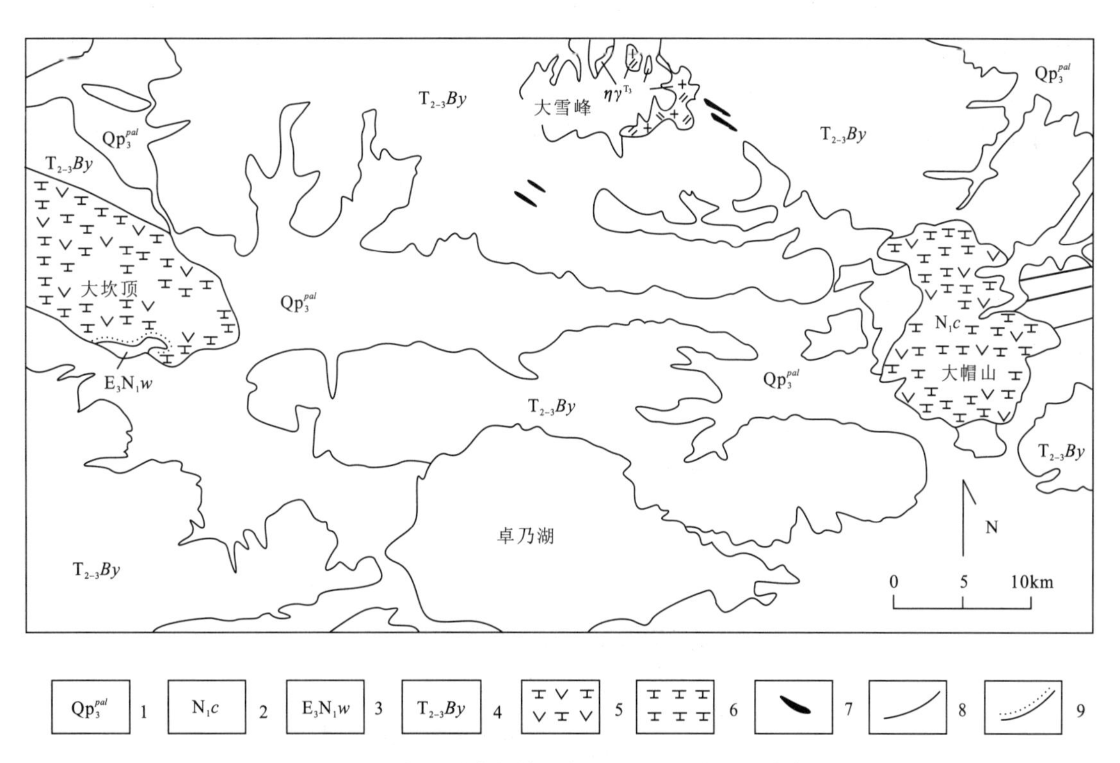

图 3-34 新近系中新统查保玛组(N_1c)火山岩分布图

1. 上更新统洪冲积物；2. 新近系中新统查保玛组；3. 古—新近系渐—中新统五道梁组；4. 三叠系上巴颜喀拉山亚群；5. 黑云辉石角闪粗面安山岩；6. 粗面安山岩；7. 脉体；8. 断层；9. 蚀变矿化带

对大帽山 N_1c 火山岩和大坎顶 N_1c 火山岩分别进行了剖面 KP21(图 3-35)和 KP18 的重点研

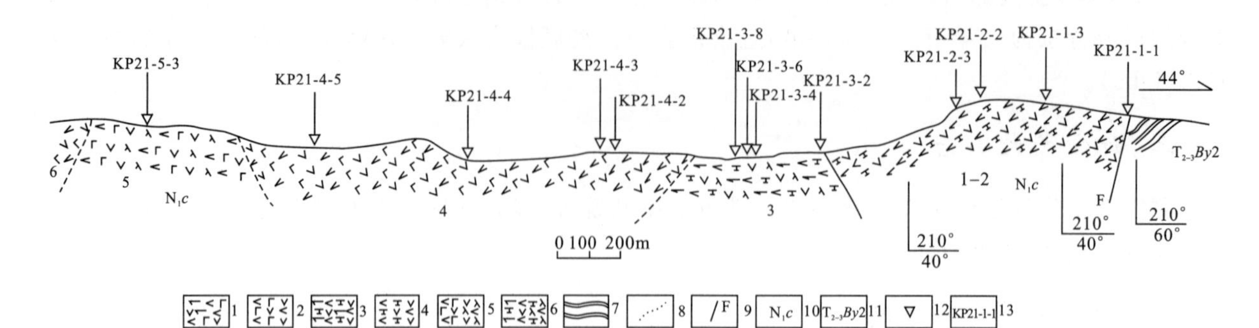

图 3-35　青海省格尔木市大帽山新近系查保玛组(N_1c)火山岩实测剖面图

1. 辉石角闪玄武安山岩;2. 角闪辉石玄武安山岩;3. 辉石角闪粗面安山岩;4. 角闪粗面安山岩;5. 角闪玄武安山玢岩;6. 辉石角闪粗面安山玢岩;7. 板岩;8. 岩相分界线;9. 断层;10. 新近系中新统查保玛组;11. 三叠系上巴颜喀拉山亚群第二组;12. 采样位置;13. 样品编号

究工作。

N_1c 火山岩的岩石类型较多,其岩石种类包括粗面玄武岩(图版 14-5、图版 14-6)、玄武安山岩(图版 14-4)、粗面安山岩(图版 10-7、图版 13-6、图版 14-3)、粗面岩(图版 10-8、图版 13-4),但以粗面安山岩和粗面岩居多,且粗面岩中往往发育两组近于垂直的节理(图版 10-8)。

火山岩具典型的斑状结构,气孔、杏仁状构造(图版 11-3、图版 11-4)。在 N_1c 火山岩中,还发育许多在平面上呈圆筒状产出的次火山岩,次火山岩的岩石类型为玄武安山玢岩(图版 11-1、图版 11-2、图版 14-1、图版 14-2)和粗面玢岩(图版 13-5)。次火山岩呈特征的灰黑色,斑状结构,在次火山岩中发育大量的中—下地壳包体(图版 11-5、图版 11-6),以石榴石片岩、片麻岩为主。

本次工作对 N_1c 火山岩及次火山岩进行了锆石的 U-Pb 年龄测试。锆石的 SHRIMP U-Pb 法测年在中国地质科学院离子探针中心完成,锆石的 LA-ICP-MS U-Pb 法测年在西北大学大陆动力学重点实验室完成。我们获得了大帽山 N_1c 火山岩的 SHRIMP U-Pb 年龄值为 18.28±0.72Ma(图 3-36),大帽山 N_1c 次火山岩的 LA-ICP-MS U-Pb 年龄值为 17.67±0.38Ma(图 3-37),大坎顶 N_1c 火山岩的 SHRIMP U-Pb 年龄值为 13.09±0.56Ma(图 3-38)。

因此,测区新近纪中新世查保玛组(N_1c)火山岩及次火山岩均为东昆仑地区新近纪中新世时期岩浆活动的产物。

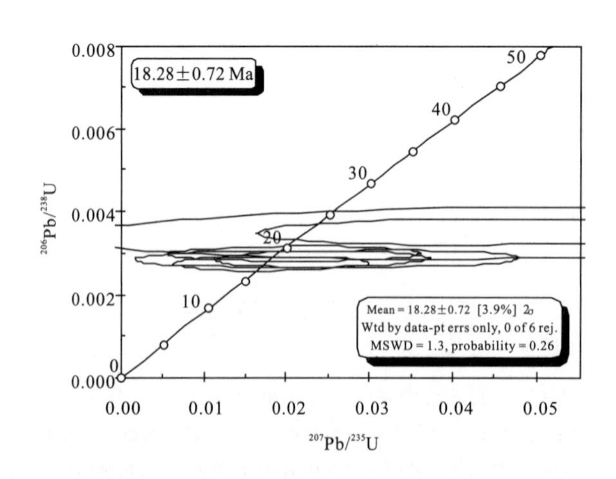

图 3-36　大帽山 N_1c 火山岩的锆石 SHRIMP U-Pb 年龄谐和图

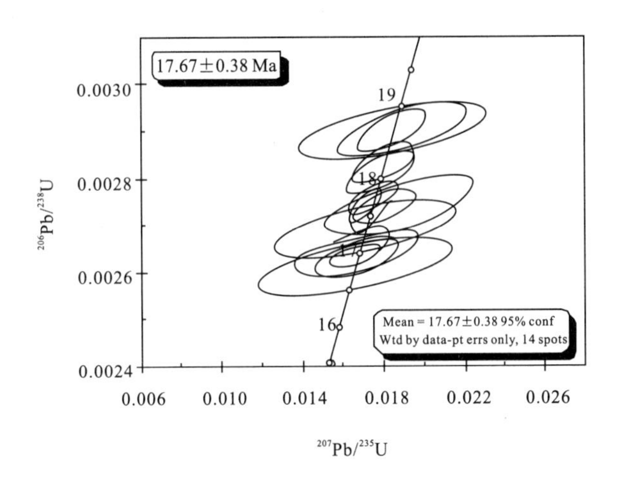

图 3-37　大帽山 N_1c 次火山岩的锆石 LA-ICP-MS U-Pb 年龄谐和图

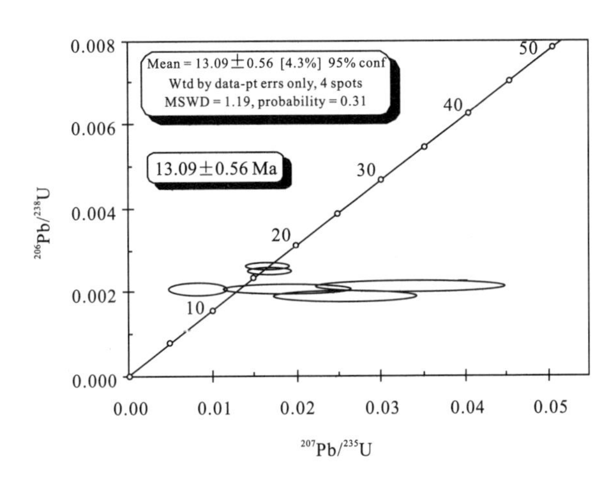

图 3-38　大坎顶 N_1c 火山岩的锆石 SHRIMP U-Pb 年龄谐和图

在 N_1c 火山岩中没有碳酸盐岩、硅质岩等海相沉积地层，且岩石往往呈特征的紫灰、灰色，显示了 N_1c 火山岩属典型的陆相喷发成因的火山岩。年代学工作表明，N_1c 火山岩与发育于其内部的次火山岩基本同时形成。剖面工作表明，N_1c 火山岩是在陆相环境下由多次岩浆喷发于地表所形成，次火山岩则是同时期的岩浆因未能喷发于地表而赋存于火山颈内所致，次火山岩体在平面上表现为一个个圆状、椭圆状的形态（图版 11-2），其圆或椭圆的中心所在的位置应为火山颈。

（二）岩石地球化学特征

本次工作对查保玛组火山岩进行了 18 件主量-稀土-微量元素的配套分析，其分析结果分别见表 3-16、表 3-17 和表 3-18。

1. 主量元素

从表 3-16 中可以看出，查保玛组火山岩的 SiO_2 含量为 59.48%～64.63%。ALK(Na_2O+K_2O)含量非常高，其值为 7.52%～8.30%。所有火山岩的 K_2O 含量普遍比 Na_2O 含量高，分别为 4.21%～4.62%和 3.22%～3.69%。火山岩的 MgO 含量和 $Mg^{\#}$ 值与正常的中酸性火山岩(Defant et al, 1990)相比明显偏高，分别为 0.76%～2.48%（平均 1.82%）和 53.76%～80.61%（平均 63.96%）。

在 TAS 图（图 3-39）上，查保玛组火山岩显示为一套中酸性火山岩，且其岩石类型主要为粗面英安岩、粗面岩(T 区)和粗面安山岩(S_3 区)。图 3－39 还显示，查保玛组火山岩均属亚碱性系列(S)。

表 3－16　新近系中新统查保玛组(N_1c)火山岩的主量元素成分(%)

样品号	采样位置	岩石名称	SiO_2	TiO_2	Al_2O_3	Fe_2O_3	FeO	MnO	MgO	CaO	Na_2O	K_2O	P_2O_5	H_2O^+	CO_2	Total	$Mg^{\#}$
KP 21－1－1	大帽山	粗面英安岩	64.63	1.05	16.15	3.54	0.63	0.03	0.76	3.15	3.56	4.62	0.43	0.84	0.22	99.61	68.25
KP 21－1－3		粗面英安岩	64.38	1.03	15.69	3.72	0.98	0.03	1.06	3.27	3.63	4.48	0.48	0.77	0.07	99.59	65.84
KP 21－2－2		粗面安山岩	61.66	0.99	15.24	4.40	0.78	0.06	1.82	4.89	3.54	4.40	0.46	0.51	0.86	99.61	80.61
KP 21－2－3		粗面安山岩	61.76	1.02	15.18	4.17	1.13	0.06	1.96	4.77	3.54	4.42	0.47	0.67	0.50	99.65	75.55
KP 21－3－2		粗面岩	63.29	1.00	15.28	2.26	2.15	0.07	2.34	4.35	3.45	4.39	0.45	0.40	0.20	99.63	65.98
KP 21－3－4			62.79	1.06	15.56	3.87	1.33	0.04	1.80	3.89	3.58	4.32	0.48	0.68	0.05	99.45	70.69
KP 21－3－6			63.39	1.02	15.60	2.11	1.60	0.05	2.06	4.43	3.69	4.38	0.48	0.57	0.22	99.60	69.64
KP 21－3－8			63.44	1.00	15.44	2.21	1.72	0.05	2.06	4.37	3.58	4.42	0.43	0.66	0.23	99.61	68.09
KP 21－4－2			63.51	0.96	15.28	4.16	1.05	0.14	1.70	3.68	3.36	4.45	0.45	0.80	0.11	99.65	74.26
KP 21－4－3			63.07	0.97	15.23	3.94	1.17	0.09	1.84	3.95	3.50	4.45	0.46	0.74	0.22	99.63	73.70
KP 21－4－4		粗面英安岩	63.87	0.98	15.77	2.32	0.95	0.07	1.40	4.03	3.67	4.61	0.47	0.96	0.52	99.62	72.42
KP 21－4－5		粗面岩	63.57	0.98	15.40	3.62	0.68	0.03	1.16	3.84	3.69	4.61	0.50	1.06	0.35	99.49	75.24
KP 21－5－3		粗面英安岩	64.58	0.93	15.70	2.54	1.20	0.04	1.51	3.66	3.63	4.55	0.42	0.74	0.12	99.62	69.15
KP 18－2－1	大坎顶	粗面安山岩	60.49	1.54	14.97	3.18	2.95	0.09	2.14	4.76	3.35	4.44	0.87	0.61	0.06	99.45	56.38
KP 18－9－1			59.48	1.51	15.06	2.53	3.80	0.10	2.48	5.12	3.32	4.21	0.87	0.73	0.27	99.48	53.76
KP 18－15－1		粗面岩	62.17	1.36	14.83	3.75	2.13	0.06	1.82	4.28	3.34	4.62	0.68	0.34	0.11	99.49	60.35
KP 18－17－1		粗面安山岩	60.16	1.41	15.03	3.07	2.87	0.09	2.03	4.87	3.22	4.30	0.78	1.20	0.43	99.46	55.76
KP 18－21－1			61.25	1.32	14.97	3.81	2.00	0.06	1.42	5.03	3.30	4.46	0.78	0.47	0.60	99.47	55.85

注:分析单位为国土资源部武汉综合岩矿测试中心。

表 3-17 新近系中新统查保玛组(N_1c)火山岩的稀土元素成分($\times10^{-6}$)

样品号	La	Ce	Pr	Nd	Sm	Eu	Gd	Tb	Dy	Ho	Er	Tm	Yb	Lu	Y	ΣREE	$(La/Yb)_N$	Ce/Ce*	Eu/Eu*
KP 21-1-1	138.8	237.4	25.57	80.46	10.5	2.48	6.34	0.85	4.06	0.69	1.57	0.2	1.11	0.16	14.47	510.19	89.69	0.91	0.86
KP 21-1-3	147.8	251.2	26.82	86.12	10.91	2.46	6.9	0.89	4.31	0.76	1.73	0.24	1.3	0.19	15.93	541.63	81.55	0.91	0.81
KP 21-2-2	135.9	226.8	24.34	79.02	10.6	2.35	6.44	0.86	4.17	0.73	1.72	0.24	1.3	0.19	15.71	494.66	74.99	0.89	0.81
KP 21-2-3	131.5	220.7	24.17	78.03	9.78	2.29	6.46	0.86	4.21	0.74	1.72	0.25	1.35	0.2	15.49	482.26	69.87	0.89	0.83
KP 21-3-2	140	238.6	25.19	82.98	10.8	2.39	6.62	0.87	4.32	0.77	1.79	0.25	1.39	0.2	16.26	516.17	72.25	0.91	0.8
KP 21-3-4	139.1	232.5	25.21	82.52	11.09	2.42	6.92	0.94	4.43	0.77	1.72	0.25	1.3	0.19	15.13	509.36	76.75	0.89	0.79
KP 21-3-6	138.4	232.6	24.93	80.41	10.7	2.37	6.6	0.88	4.2	0.75	1.75	0.25	1.36	0.2	15.37	505.4	73	0.9	0.8
KP 21-3-8	139	234.4	24.98	81.16	10.93	2.41	6.7	0.9	4.4	0.76	1.75	0.25	1.4	0.2	16.5	509.24	71.22	0.9	0.8
KP 21-4-2	139.8	235.2	25.59	80.25	10.32	2.31	6.42	0.86	4.1	0.75	1.7	0.24	1.39	0.2	16.22	509.13	72.14	0.89	0.81
KP 21-4-3	135.8	230	24.57	77.26	9.84	2.22	6.18	0.82	3.98	0.71	1.61	0.22	1.29	0.19	14.29	494.69	75.51	0.9	0.81
KP 21-4-4	135	226.4	24.55	76.15	9.9	2.14	5.86	0.78	3.65	0.67	1.51	0.21	1.15	0.17	13.29	488.14	84.2	0.89	0.79
KP 21-4-5	150.8	255	27.31	87.71	11.18	2.48	6.71	0.89	4.21	0.71	1.63	0.23	1.18	0.17	13.92	550.21	91.67	0.9	0.81
KP 21-5-3	130.5	221.7	24.32	79.18	10.95	2.48	6.74	0.91	4.44	0.78	1.84	0.25	1.38	0.2	15.14	485.67	67.83	0.9	0.82
KP 18-2-1	133	248.1	28.96	97.35	13.6	2.85	9.2	1.14	4.89	0.83	1.95	0.25	1.52	0.22	18.95	543.85	62.68	0.94	0.74
KP 18-9-1	132.8	269	31.6	106.6	15.1	3.24	9.24	1.12	4.94	0.8	2.03	0.27	1.56	0.22	19.35	578.53	61.02	0.98	0.78
KP 18-15-1	130.9	250.6	28.76	95.89	13.73	2.87	8.43	1.06	4.69	0.79	1.9	0.26	1.51	0.22	17.93	541.61	62.1	0.96	0.76
KP 18-17-1	145.3	271.9	31.59	104.8	15	3.1	9.14	1.15	5.07	0.81	2.07	0.29	1.66	0.24	19.87	592.11	62.63	0.94	0.75
KP 18-21-1	139.6	261.8	30.39	102.1	14.35	3.05	8.99	1.12	4.92	0.83	1.95	0.25	1.48	0.21	19.02	571.03	67.75	0.94	0.76

注:分析单位为国土资源部武汉综合岩矿测试中心。

表 3-18 新近系中新统查保玛组(N_1c)火山岩的微量元素成分($\times10^{-6}$)

样品号	Rb	Sr	Ba	U	Th	Nb	Ta	Zr	Hf	Sc	V	Cr	Co	Ni	Cu	Zn
KP 21-1-1	181	1008	1614	3.4	32	25	1.5	497	11	17	95	49	13	29	30	99
KP 21-1-3	175	1118	1523	3.5	31	25	1.3	434	10	14	81	54	13	31	35	89
KP 21-2-2	172	1037	1454	3.5	27	25	1.3	434	10	12	65	54	15	34	30	86
KP 21-2-3	167	994	1346	3.6	23	25	1.3	436	10	12	63	59	13	30	29	78
KP 21-3-2	182	986	1339	4	27	25	1.3	424	10	13	73	71	13	29	44	74
KP 21-3-4	175	1029	1390	3.1	32	25	1.4	370	8.6	9.5	87	80	14	36	42	86
KP 21-3-6	167	1056	1516	3.6	32	25	1.4	457	10	17	79	56	14	26	29	80
KP 21-3-8	168	1008	1417	4.2	30	24	1.4	447	10	16	75	62	13	25	32	79
KP 21-4-2	177	954	1482	3.8	34	25	1.4	483	11	15	86	54	17	32	33	99
KP 21-4-3	178	949	1411	4	33	24	1.3	449	10	11	84	45	16	35	35	99
KP 21-4-4	187	1024	1491	4	37	25	1.4	513	12	11	69	41	12	24	32	80
KP 21-4-5	179	1497	2160	3.7	37	25	1.5	462	11	15	105	40	13	27	31	103
KP 21-5-3	175	1015	1596	4.2	35	24	1.4	470	11	14	83	39	11	25	32	94
KP 18-2-1	146	1120	1803	5.15	37.4	42.3	2.4	513	13.7	9.54	85.4	23.2	13.7	13.2	17.7	138
KP 18-9-1	137	1261	1695	4.83	34.5	39.2	2.18	489	13.1	9.57	82.1	25.1	14.5	14.1	21.2	107
KP 18-15-1	166	962	1417	6.7	40.1	41.7	2.54	449	12	9.27	75.3	22.6	16.1	16.8	18.6	106
KP 18-17-1	152	1127	1621	6.1	41.9	42.3	2.56	486	13.9	9.74	75.1	23.0	14.2	13.4	21.8	124
KP 18-21-1	159	1120	1553	5.96	41.2	44.5	2.51	487	12.5	9.33	71.6	24.1	12.5	13.4	25.9	105

注：分析单位为国土资源部武汉综合岩矿测试中心。

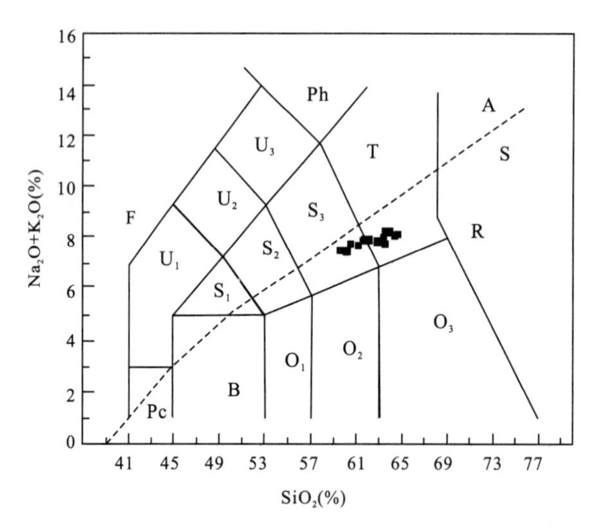

图 3-39 新近系中新统查保玛组(N_1c)火山岩 TAS 图

(据 Le Bas et al，1986；岩石系列划分据 Irvine 和 Baragar，1971)

F. 副长石岩；Pc. 苦橄玄武岩；B. 玄武岩；O_1. 玄武安山岩；O_2. 安山岩；

O_3. 英安岩；R. 流纹岩；S_1. 粗面玄武岩；S_2. 玄武质粗安岩；S_3. 粗面安山岩；

T. 粗面岩；U_1. 碧玄岩(碱玄岩)；U_2. 响岩质碱玄岩；U_3. 碱玄质响岩；Ph. 响岩；

A. 碱性系列；S. 亚碱性系列

AFM 图(图 3-40)表明，查保玛组亚碱性系列的火山岩又都为钙碱性系列(CA)。

SiO_2-K_2O 图(图 3-41)进一步表明，查保玛组火山岩甚至还均属钾玄岩系列(Shoshonite series)的岩石，显示查保玛组火山岩形成于造山带环境下，这与查保玛组火山岩产于东昆仑造山带的构造背景完全吻合。

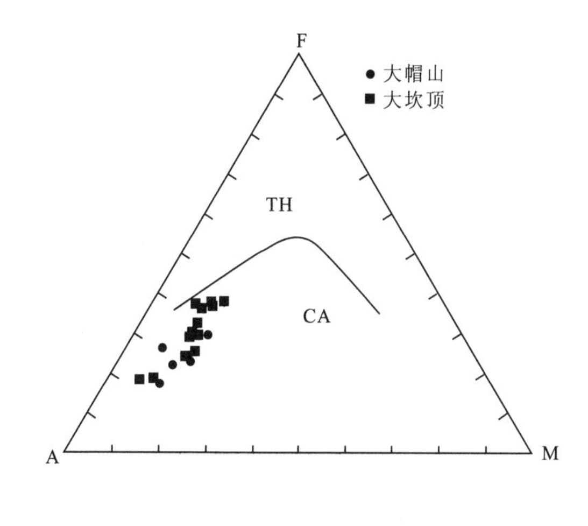

图 3-40　新近系中新统查保玛组（N_1c）火山岩 AFM 图

（据 Irvine et al，1971）

TH. 拉斑玄武岩系列；CA. 钙碱性系列

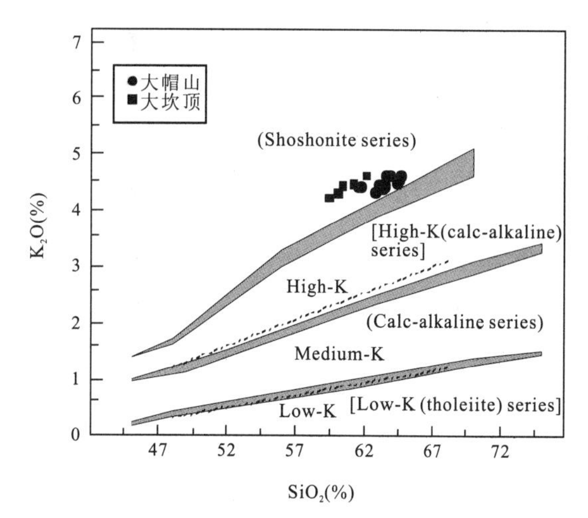

图 3-41　新近系中新统查保玛组（N_1c）火山岩 SiO_2-K_2O 图

（断线边界据 Le Maitre et al，1989；阴影边界据 Rickwood，1989；Rickwood 的系列划分标在括号中）

因此，查保玛组火山岩在主量元素化学成分上表现为富硅、高钾、高镁的岩石地球化学特征。火山岩高硅，一般来说其岩浆物质应来自壳源岩浆。

2. 稀土元素

从图 3-42 中可以看出，查保玛组火山岩的稀土总量（$\sum$REE）非常高，其$\sum$REE$=482.26\times10^{-6}\sim592.11\times10^{-6}$，且查保玛组火山岩的轻稀土（LREE）含量（$466.47\times10^{-6}\sim571.69\times10^{-6}$）大大高于重稀土（HREE）含量（$14.00\times10^{-6}\sim20.42\times10^{-6}$）。因此，查保玛组火山岩的稀土元素分馏强烈，轻稀土强烈富集，重稀土相对明显亏损。经球粒陨石标准化的查保玛组（N_1c）火山岩的稀土元素配分模式表现为 LREE 强烈富集的右倾斜型（图 3-42），其$(La/Yb)_N$ 值为 61.02～91.67，铈异常不明显（$Ce/Ce^*=0.89\sim0.98$），负铕异常亦极弱（$Eu/Eu^*=0.74\sim0.86$）。

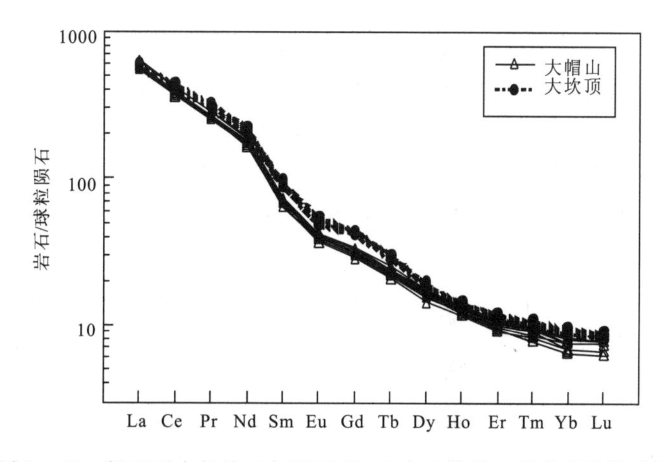

图 3-42　新近系中新统查保玛组（N_1c）火山岩稀土元素配分模式图

（球粒陨石标准化值据 Sun 和 McDonough，1989）

因此，查保玛组火山岩的稀土元素地球化学特征表现为轻稀土强烈富集、重稀土相对明显亏损、铕异常不明显。

3. 微量元素

表 3-18 表明，新生代新近纪中新世查保玛组火山岩的大离子亲石元素(LIL)中 Rb、Sr、Ba 的含量均非常的高，其值分别为 $137\times10^{-6}\sim187\times10^{-6}$、$949\times10^{-6}\sim1497\times10^{-6}$ 和 $1339\times10^{-6}\sim2160\times10^{-6}$。放射性生热元素(RPH)中 U、Th 的含量也很高，分别为 $3.10\times10^{-6}\sim6.70\times10^{-6}$ 和 $23.0\times10^{-6}\sim41.9\times10^{-6}$。高场强元素(HFS)中 Nb、Ta、Zr、Hf、Y 的含量较低，分别为 $24.0\times10^{-6}\sim44.5\times10^{-6}$、$1.30\times10^{-6}\sim2.56\times10^{-6}$、$370\times10^{-6}\sim513\times10^{-6}$、$8.6\times10^{-6}\sim13.9\times10^{-6}$ 和 $13.29\times10^{-6}\sim19.87\times10^{-6}$。在经原始地幔(Sun 和 McDonough, 1989)标准化的微量元素蛛网图(图 3-43)上，查保玛组火山岩强烈地表现出高 Sr 和 Nb、Ta、Ti、Y 亏损的岩石地球化学特征。

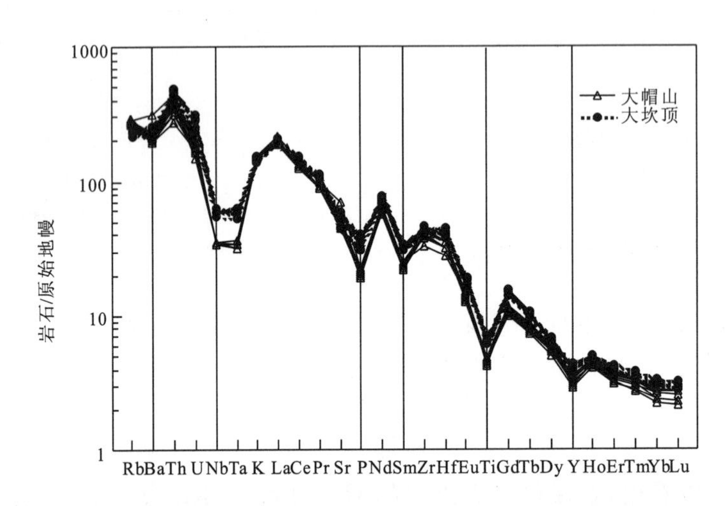

图 3-43 新近系中新统查保玛组(N_1c)火山岩微量元素蛛网图
(原始地幔标准化值据 Sun 和 McDonough, 1989)

(三)新生代新近纪中新世埃达克火山岩的厘定及其构造意义

1. 新近纪中新世埃达克火山岩的厘定

新近系中新统查保玛组火山岩具有特殊的岩石地球化学特征。在 Na-K-Ca 图解(图 3-44)(Defant et al, 2002)中，火山岩的投影点位于典型埃达克岩(Adakite)、TTD 和岛弧区(Island-Arc)之间，在一定程度上显示火山岩具有埃达克岩的地球化学特征，但 K 含量较典型埃达克岩偏高。

研究表明，在角闪-榴辉岩相转化带深度范围内，因局部熔融而产生埃达克熔体的过程中，埃达克熔体通常是相对富 Na 的，但也可以相对富集 K，这主要取决于熔体与固相线的相对位置(Rapp et al, 2001,2002)。

在 SiO_2-MgO 图(图 3-45)中，新近系中新统查保玛组火山岩的投影点位于典型的埃达克岩区内附近，显示查保玛组火山岩具有一定程度的埃达克岩的性质。此外，SiO_2-MgO 图(图 3-45)也反映了查保玛组火山岩的 MgO 较正常弧火山岩高得多的特点，这与青藏高原新生代广泛发育的幔源岩浆活动有关(赖绍聪，2003；Wei et al, 2004)。

在 Sr/Y-Y 图解(图 3-46)中，新近系中新统查保玛组火山岩的投影点基本位于埃达克岩区(Adakite)，与来自 Cook Island，N-AVZ 和 Aleutians 的埃达克岩及埃达克质高 Mg 安山岩的微量元素地球化学特征类似。因此，查保玛组火山岩属埃达克岩。与典型的埃达克岩相比较(表3-19)，测区新近系中新统查保玛组火山岩相当于一典型的 C 型埃达克岩(张旗等，2001a，2001b，2002)。

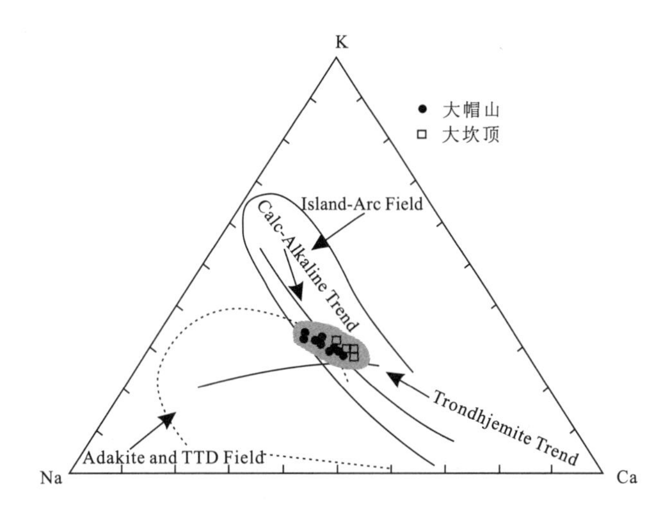

图 3-44　新生代新近系中新统查保玛组(N_1c)火山岩 Na-K-Ca 图

(Calc-Alkaline Trend 据 Nockholds et al，1953；Trondhjemite Trend 据 Barker et al，1981；Island-Arc Field、Adakite 和 TTD Field 据 Defant et al，1993)

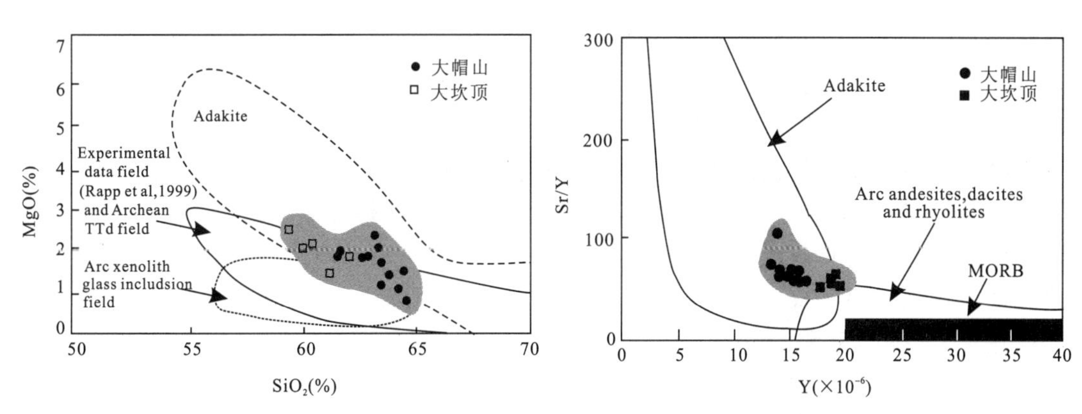

图 3-45　新生代新近系中新统查保玛组(N_1c)火山岩 SiO_2-MgO 图解（据 Defant et al，1990）

图 3-46　新生代新近系中新统查保玛组(N_1c)火山岩 Sr/Y-Y 图解（据 Defant et al，1990）

表 3-19　查保玛组(N_1c)火山岩与典型埃达克岩对比

地 区	典型埃达克岩	大帽山地区(N_1c)	大坎顶地区(N_1c)
岩石组合	安山岩、英安岩、流纹岩	粗面安山岩、粗面岩、粗面英安岩	粗面安山岩、粗面岩
岩石系列	钙碱性	高钾、钙碱性	高钾、钙碱性
SiO_2(%)	≥56	61.66～64.63 (63.38)	59.48～62.17 (60.71)
Al_2O_3(%)	≥15	15.18～16.15 (15.50)	14.83～15.06 (14.97)
Na_2O (%)	±4	3.36～3.69 (3.57)	3.22～3.35 (3.31)
K_2O (%)	1～2	4.32～4.62 (4.47)	4.21～4.62 (4.41)
$Mg^{\#}$	＞47	65.84～80.61 (71.49)	53.76～60.35 (56.42)
Sr($\times10^{-6}$)	＞400	949～1497 (1052)	962～1261 (1134)
Yb($\times10^{-6}$)	≤1.9	1.11～1.38 (1.30)	1.49～1.66 (1.55)
Y($\times10^{-6}$)	≤18	13.29～16.50 (15.21)	17.93～19.87 (19.02)
Sr/Y	＞20～40	65.10～90.73 (69.09)	53.66～65.14 (59.54)
La/Yb	＞20	94.57～127.80 (107.31)	85.07～94.45 (88.16)

2. 埃达克火山岩的成因及其大陆构造动力学意义

新近系中新统查保玛组火山岩具特殊的埃达克质岩石地球化学性质。其 SiO_2＞59.38％，LREE 强烈富集（＞466.47×10^{-6}），高 Sr（＞949×10^{-6}），高 Sr/Y（＞53.66），低 Y（13.29×10^{-6}～19.87×10^{-6}，平均 17.12×10^{-6}），低 HREE（Yb＜1.66×10^{-6}），Eu 异常不明显，以及显著的 Nb、Ta 的负异常，显示出与正常弧火山岩有显著区别。火山岩高 SiO_2 说明它们是陆壳岩石在特定条件下部分熔融产生的壳源中酸性岩石系列。火山岩低 Y 和 HREE，是由于石榴石有优选富集 Y 和 HREE 的特点，暗示火山岩的源区物质部分熔融时有石榴石残留矿物相的稳定存在。高 Sr 表明源区物质在部分熔融时无斜长石的残留（Rapp et al，1999，2002）。Nb、Ta 的负异常暗示了火山岩的壳源岩浆应源于陆壳物质。火山岩高 K_2O 可能与壳源物质的熔融深度有关。已有的研究表明，在角闪-榴辉岩相转化带深度范围内，局部熔融产生的熔体尽管通常是相对富 Na 的，但随着压力的增加，熔体中的钾钠比值会升高（Rapp et al，1999，2002；Xiao，Clemens，2006），因而其熔体在压力较高的条件下形成时也可以相对富集 K。特别是青藏高原这样一个巨量增厚的地壳加厚区，其大陆下地壳所处的压力明显较大，由青藏高原大陆下地壳物质部分熔融所形成的岩浆必然出现高钾的岩石化学特点。因此，查保玛组火山岩特殊的地球化学特征表明，火山岩应源自石榴石稳定的、相当于榴辉岩相的源区。这些特殊的岩石地球化学组成暗示查保玛组火山岩与常见的中酸性火山岩有明显区别，而与埃达克质火山岩的岩石地球化学成分相当（Defant，Drummond，1990；张旗等，2001，2002，2003；许继峰，王强，2003；赖绍聪，2003；Xiao，Clemens，2007）。

随着青藏高原北部新生代板内地壳增厚，处于高温流动状态的下地壳发生部分熔融和岩石相变，由角闪岩相转变为石榴石-辉石相，这时斜长石将分解，并向熔体中释放大量的 Sr 和 Eu，结果使得由该熔体形成的岩石具有高 Sr 和 Eu 异常不明显的特点。在青藏高原板内构造隆升环境下，青藏高原北部的地壳加厚导致下部地壳部分熔融，产生壳源中酸性岩浆，从而出现具有独特地球化学特征的埃达克岩（魏启荣等，2007）。

大陆地壳部分熔融产生的壳源岩浆的成分及其多样性与熔融压力、含水流体相的存在和参与程度及源区岩石的化学成分有关。大陆造山带普遍存在地壳加厚的现象，地壳加厚会强烈地影响下地壳的热状态（Butler et al，1997；Patino et al，1998），处于异常温压状态的下地壳显示韧性和粘塑性的特征（李德威，1995，2004；梁斌，2004），易于流体活动和部分熔融，因而大陆造山带下地壳是壳源岩浆发育的最有利部位，从而为源自下地壳的中酸性火山岩的起源提供了十分有利的大陆动力学背景。青藏高原北新生代新近纪中新世查保玛组埃达克火山岩正是在这种特定的大陆板内构造背景下形成的（魏启荣等，2007）。

晚新生代时期，青藏高原已进入板内作用阶段，洋壳俯冲等大规模的板块构造活动已不存在（李德威，1995，2004），岩浆起源是由高原地壳加厚作用引起下部地壳物质部分熔融所致。查保玛组埃达克质火山岩的钾玄岩系列的岩石地球化学特征即表明其形成于大陆板内构造环境（莫宣学等，2003）及地壳加厚背景之下（郭正府等，1998）。因此，查保玛组新生代钾质埃达克岩应属 C 型埃达克岩（张旗等，2001，2002）。而 Xiao 和 Clemens（2007）的研究证明，富钾的 C 型埃达克岩的形成深度可大于 60km。

利用查保玛组钾玄岩系列钾质 C 型埃达克岩的化学成分，依据 h（深度）＝18.2×K_{60}＋0.45（Condie，1982），可以估算出查保玛组火山岩形成时其陆壳厚度大致为 75～80km。因此，随着青藏高原北部新生代大陆板内地壳巨量增厚，处于高温流动状态的下地壳发生部分熔融和岩石相变，当由角闪岩相转变为石榴石岩相并发生部分熔融时，斜长石将分解并向熔体中释放大量的 Sr 和 Eu，而熔融出来的熔体因石榴石的残留致使熔体中的重稀土元素及 Y、Yb 等元素亏损。故查保玛组钾质 C 型埃达克岩应源自石榴石稳定的、相当于榴辉岩相的大陆下地壳，这与火山岩中发育镁铁质壳源包体的现象相吻合。

查保玛组钾质C型埃达克岩的形成年龄为13.09±0.56～18.28±0.72Ma，与青藏高原广泛出现的埃达克质岩的形成时代44～10Ma(谭富文等，2000；李光明，2000；Lai et al，2001)一致，这暗示了青藏高原北部在始新世时期其地壳已开始加厚，至中新世时，其地壳已加厚到75～80km。

青藏高原北新近系中新统查保玛组埃达克火山岩形成于新生代板内构造隆升和地壳加厚环境，叠加在古特提斯洋-陆转换带之上。

此外，测区新生代喜马拉雅期的埃达克正长斑岩($\xi\pi$)与新近系中新统查保玛组埃达克火山岩的形成年龄分别是26.72±0.44Ma(测区南部君日玛塔玛$\xi\pi$)、18.28±0.72Ma(测区北部卓乃湖东侧大帽山N_1c火山岩)和13.09±0.57Ma(测区北部卓乃湖西侧大坎顶N_1c火山岩)的现象说明：本测区在晚新生代存在不均匀的构造隆升和地壳加厚过程，暗示测区乃至青藏高原北部至少在26.72Ma时期其地壳已经加厚到了一定的程度(>40km)，且高原隆升到了一定高度，与之对应的火山活动在时空上存在着先由南(君日玛塔玛$\xi\pi$岩体26.72±0.44Ma)向北(大帽山—大坎顶N_1c火山岩18.28±0.72～13.09±0.57Ma)，之后由东(大帽山N_1c火山岩18.28±0.72Ma)往西(卓乃湖N_1c火山岩13.09±0.57Ma)迁移的火山活动规律，这也在一定程度上指示了测区地壳增厚与高原隆升的过程和方向(魏启荣等，2007)。

第三节 脉岩

测区脉岩主要发育在巴颜喀拉构造带(Ⅱ)内，一般呈近东西向展布。脉岩的岩石类型有花岗斑岩(图版11-8)、斜长花岗岩、二长岩、流纹斑岩、石英斑岩(图版11-7)、闪长岩、石英细晶岩、辉绿岩和石英脉等，但以酸性岩脉为主体。所有岩脉规模均不大，脉岩赋存的地层以巴颜喀拉山群的砂板岩为主。为了探讨测区脉岩的岩石地球化学特征及其指示意义，本次工作对6件代表性的脉岩进行了主量-稀土-微量元素地球化学的配套分析，其分析结果分别见表3-20、表3-21和表3-22。

表3-20 脉岩的主量元素成分(%)

样品号	产地	岩石名称	SiO_2	TiO_2	Al_2O_3	Fe_2O_3	FeO	MnO	MgO	CaO	Na_2O	K_2O	P_2O_5	H_2O^+	CO_2	Total
6568-1	人字岭	花岗斑岩	73.64	0.10	14.00	0.70	0.45	0.01	0.16	1.06	3.08	4.62	0.04	1.09	0.81	99.76
5555-1	大梁山	花岗斑岩	75.89	0.07	12.80	0.43	0.65	0.01	0.13	0.75	3.76	4.18	0.02	0.52	0.59	99.80
KP22-8-1	湖边山	花岗斑岩	72.25	0.21	13.28	0.23	1.77	0.03	0.38	1.91	3.01	4.38	0.06	0.96	1.30	99.77
4540-4	湖尖	花岗斑岩	73.63	0.19	13.77	0.56	1.17	0.02	0.26	1.00	2.97	4.19	0.05	1.14	0.81	99.76
4543-2	湖尖	花岗斑岩	72.98	0.22	13.51	0.31	1.67	0.03	0.38	1.63	2.88	4.19	0.06	1.10	0.81	99.77
4563-2	大雪峰南	花岗斑岩	74.36	0.08	13.50	0.39	0.62	0.01	0.11	1.21	2.67	4.90	0.03	0.92	0.97	99.77

在主量元素方面(表3-20)，脉岩普遍表现出高SiO_2的特点，其SiO_2含量变化于72.25%～75.89%。脉岩的碱含量也很高，其ALK(Na_2O+K_2O)含量的变化范围为7.07%～7.94%。但其Mg、Fe含量普遍很低。脉岩的MgO和FeO^*的含量分别为0.11%～0.38%和0.97%～1.98%。因此，测区脉岩在主量元素地球化学成分上表现为高Si、ALK和低Mg、Fe的特点。在AR-SiO_2图(图3-47)上，测区脉岩均属碱性系列，显示脉岩形成于特定的拉张环境。

在稀土元素(表 3-21)方面,脉岩的稀土含量变化非常的大,其∑REE 的变化范围为 48.47×10^{-6}～161.32×10^{-6}。经球粒陨石标准化的测区脉岩的稀土元素配分模式表现为轻稀土强烈富集右倾斜型(图 3-48),其$(La/Yb)_N$值变化在 27.73～203.85 之间。脉岩基本无铈异常(Ce/Ce^* =0.90～1.01),但有明显的负铕异常(Eu/Eu^* =0.36～0.78),显示出测区脉岩属岩浆结晶分异的产物。

表 3-21　脉岩的稀土元素成分(×10^{-6})

样品号	La	Ce	Pr	Nd	Sm	Eu	Gd	Tb	Dy	Ho	Er	Tm	Yb	Lu	Y	∑REE	$(La/Yb)_N$	Ce/Ce^*	Eu/Eu^*
6568-1	11.56	24.21	3.13	13.05	3.32	0.68	1.73	0.19	0.64	0.09	0.18	0.02	0.13	0.02	2.33	61.27	63.30	0.97	0.78
5555-1	8.45	17.82	2.35	9.45	2.74	0.53	1.65	0.20	0.66	0.09	0.14	0.02	0.08	0.01	4.28	48.47	73.03	0.96	0.71
KP 22-8-1	28.45	55.10	7.60	26.53	5.24	0.92	3.95	0.52	2.45	0.42	0.96	0.14	0.74	0.10	10.12	143.25	27.73	0.90	0.59
4540-4	34.16	71.48	8.19	31.40	6.24	0.93	3.44	0.34	1.03	0.15	0.27	0.03	0.15	0.02	3.51	161.32	163.35	1.01	0.55
4543-2	28.89	56.71	7.17	26.53	5.08	1.00	3.66	0.50	2.17	0.36	0.76	0.10	0.56	0.08	8.83	142.40	36.81	0.94	0.67
4563-2	17.62	34.17	4.76	18.21	4.71	0.49	3.31	0.33	1.08	0.12	0.16	0.01	0.06	0.01	3.11	88.15	203.85	0.90	0.36

表 3-22　脉岩的微量元素成分(×10^{-6})

样品号	Rb	Sr	Ba	U	Th	Nb	Ta	Zr	Hf	Sc	V	Cr	Co	Ni	Cu	Zn
6568-1	194	89.8	491	2.26	12.4	17.3	1.52	90.3	3.5	1.56	9.40	8.20	0.99	1.86	3.29	46.9
5555-1	146	101	293	0.95	10.1	14.9	1.49	72.8	2.7	1.75	9.70	9.30	1.35	0.37	1.03	23.0
KP 22-8-1	147	128	568	2.57	13.9	12.7	1.20	126	4.5	4.64	14.2	11.9	2.16	7.55	1.43	27.3
4540-4	161	158	538	2.52	17.9	14.2	1.15	159	5.1	3.37	10.2	11.7	2.46	1.76	4.05	70.6
4543-2	146	134	595	2.34	14.5	11.4	0.98	127	3.7	4.08	16.2	10.3	2.67	1.06	10.4	31.4
4563-2	257	78.1	425	11.6	16.2	20.3	2.70	87.3	3.2	1.63	5.50	9.50	0.60	1.15	2.34	45.2

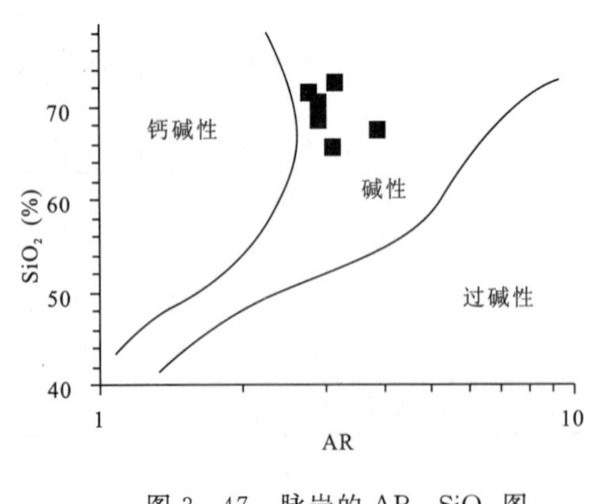

图 3-47　脉岩的 AR-SiO_2 图

(据 Wright, 1969)

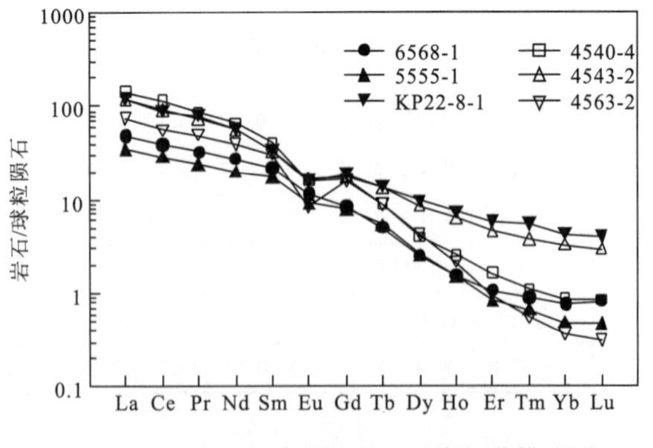

图 3-48　脉岩的稀土元素配分模式图

(球粒陨石标准化值据 Sun 和 McDonough, 1989)

在微量元素方面(表 3-22),脉岩的大离子亲石元素(LIL)中 Rb、Ba 的含量较高,分别为 146×10^{-6}～257×10^{-6}和 293×10^{-6}～595×10^{-6},但 Sr 的含量较低,为 78.1×10^{-6}～158×10^{-6},这与脉岩具负铕异常的特点是一致的,因为 Sr 和 Eu 的赋存矿物均为斜长石,而斜长石从岩浆中分离结晶出去后，残余熔体中就会亏损 Sr 和 Eu。放射性生热元素(RPH)中 U、Th 的含量变化非常大且含量非常高，分别为 $0.95\times10^{-6}\sim11.60\times10^{-6}$ 和 $10.1\times10^{-6}\sim17.90\times10^{-6}$。高场强元素(HFS)中 Nb、Ta、Zr、Hf 的含量分别为 $11.4\times10^{-6}\sim20.3\times10^{-6}$、$0.98\times10^{-6}\sim2.7\times10^{-6}$、$72.8\times10^{-6}\sim159\times10^{-6}$ 和 $2.7\times10^{-6}\sim5.1\times10^{-6}$。在经原始地幔(Sun，McDonough，1989)标准化的微量元素蛛网图(图 3-49)上，Ba、Nb、Sr、P、Ti 表现为明显的负异常。而 Nb 负异常的出现，则指示脉岩岩浆的源区物质为大陆地壳物质，脉岩是大陆地壳物质部分熔融产生的岩浆经一定程度的岩浆分异结晶后残余岩浆的产物。

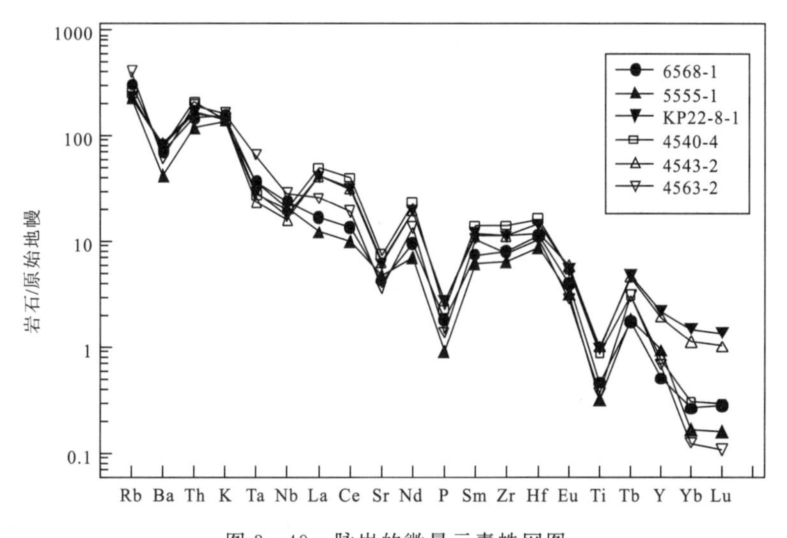

图 3-49 脉岩的微量元素蛛网图
(原始地幔标准化值据 Sun 和 McDonough，1989)

第四节 蛇绿(混杂)岩

测区经历了多期次区域构造作用，发生过多次洋-陆转换，构造-岩浆活动频繁，在不同时期的岩石圈裂解与聚合过程中形成了与之配套的蛇绿岩、侵入岩、火山岩。

蛇绿岩研究是造山带研究的重要内容之一。蛇绿岩实质上代表了不同构造环境的洋壳的残留体。因此，对蛇绿岩的深入研究，能提供反演、恢复测区古大地构造格局和演化的重要信息。

通过面上填图研究和剖面重点解剖，本测区存在一条蛇绿混杂岩带，即展布在乌石峰一带的晚古生代乌石峰蛇绿构造混杂岩(CP*w*)。

一、蛇绿混杂岩的岩石组合

乌石峰晚古生代蛇绿混杂岩分布于测区西南角的西金乌兰构造带(Ⅲ)的乌石峰晚古生代蛇绿构造混杂岩亚带(Ⅲ-1)内，蛇绿岩各单元呈岩片形成赋存在晚古生代的乌石峰蛇绿构造混杂岩中，其岩石糜棱岩化、千枚岩化及断层构造极其发育，并与围岩(沱沱河组 $E_{1-2}t$、雅西措组 E_3y)地层之间呈断层接触关系。乌石峰蛇绿构造混杂岩系以剖面 KP14、KP15 为代表。下面以剖面 KP14 为例分析乌石峰蛇绿构造混杂岩的岩石组成。

剖面 KP14 的乌石峰蛇绿构造混杂岩的岩石组成如表 3-23 所示。

表 3-23 乌石峰蛇绿构造混杂岩(CPw)的岩石组成

层号	岩石组成	厚度(m)
16	乳白色的细粒大理岩	557.41
15	断层破碎带。断层带内糜棱岩化极其强烈,并存在许多千枚岩化钙质石英粉砂细砂岩、辉绿岩、脉石英、细粒大理岩等团块	255.33
14	糜棱岩化、千枚岩化钙质石英粉砂细砂岩	401.85
13	千枚岩化钙质石英粉砂细砂岩	44.62
12	糜棱岩化、千枚岩化石英粉砂细砂岩	155.75
11	蛇纹石化、纤闪石化辉橄岩岩片,辉绿岩脉发育	107.39
10	方解石绢云母石英片岩夹绢云母石英片岩	111.52
9	炭质绢云母板岩	65.96
8	变辉长辉绿岩(脉)	5.29
7	炭质绢云母千枚片岩	72.02
6	变辉绿岩(脉)	5.17
5	炭质绢云母千枚片岩	86.34
4	变质玄武岩(钠长绿帘阳起石片岩)	160.99
3	变辉绿岩(脉)	5.46
2	变质玄武岩(钠长阳起绿帘石片岩)	173.43
1	强劈理化细粒大理岩	2.55
0	$E_{1-2}t$ 紫红色含砾砂岩,与上述 CPw 地层呈断层接触	

从表 3-23 中可以看出,CPw 构造混杂岩系的总厚度为 2211.08m,岩石组合为细粒大理岩(图版 15-6)-变质玄武岩(图版 15-2)-绢云千枚片岩(图版 15-7)-绢云板岩-绢云石英片岩-蛇纹石化纤闪石化辉橄岩一糜棱岩化千枚岩化(钙质)石英粉砂细砂岩(图版 15-8)。所有岩石均不同程度地发生了千枚岩化、糜棱岩化,并在上述地层中断层构造极其发育,辉长辉绿岩脉(图版 15-4、图版 15-5)穿插普遍,超基性岩片(图版 15-1)混杂出现。由此可见,CPw 构造混杂岩系实际上为一蛇绿混杂岩系,发育并保存蛇绿岩的"三位一体"。

(1)超基性岩单元:以多个蛇纹石化纤闪石化辉橄岩(图版 16-1、图版 16-5)岩片的形式产出在乌石峰蛇绿构造混杂岩中,超基性岩片的可见总厚度为 107.39m。

(2)玄武岩单元:以变质玄武岩(图版 16-2)或钠长绿帘阳起石片岩等的形式产出在乌石峰蛇绿构造混杂岩中,岩石发生了强烈的糜棱岩化、片理化作用,其变质变形十分明显。玄武岩片的可见总厚度为 334.42m。

(3)深水—半深水沉积物单元:岩性组合为细粒大理岩、绢云母板岩、绢云母千枚片岩(图版 16-4)、绢云母石英片岩、石英粉砂细砂岩等,厚 1753.35m。该单元的岩性除上述碳酸盐岩、碎屑岩外,在 CPw 蛇绿混杂岩的 KP15 剖面还产出有硅质岩层(KP15-7-1、KP15-10-1)。在该 CPw 蛇绿构造混杂岩系之西延部分,于地质点 6516 附近也发育有硅质岩层(图版 15-3、图版 16-3),其层厚约 5m。KP14 剖面中的硅质岩也产出放射虫化石,但重结晶作用非常强烈,致使无法确定其种属。尽管如此,这套硅质岩-碳酸盐岩-碎屑岩组合反映了一种深水—半深水的沉积环境。

在乌石峰蛇绿构造混杂岩系中,辉长辉绿岩墙(图版 15-4、图版 15-5、图版 16-6)也极其发育,至少见有 3 条辉长辉绿岩墙,与围岩呈侵入关系,穿插在变形变质围岩中。

因此，综上所述，CP*w* 构造混杂岩系为一典型的蛇绿混杂岩系，该蛇绿混杂岩系的各单元齐全，边界以断层接触，以构造岩片的形式产出。

二、蛇绿混杂岩的时代和岩相学

（一）蛇绿混杂岩的时代

在蛇绿混杂岩系的硅质岩单元，此次区调工作获得了少量放射虫（KP15－10－1），它们的种属为 *Udoalbaillella scalprata rhombothoracata* Ishiga，*Pseudoalbaillella scalprata* Holdsworth and Jones。这些虫组合属于 *Pseudoalbaillella scalprata rhombothoracata* 带，所指示的地质时代为早二叠世，相当于 Wolfcampian 顶部到 Leonardian 底部。

本次工作对该蛇绿混杂岩系中的玄武岩单元进行了单颗粒锆石的 LA－ICP－MS U－Pb 年龄测试，只获得了 221Ma 的年龄数据，反映的地质时代为晚古生代（T_3），这说明测区强烈的印支构造运动对其 U－Pb 有强烈的重置，即只反映了一次后期的构造-热事件。

综合蛇绿混杂岩系中硅质岩所含有的放射虫种属及玄武岩单元玄武岩的单颗粒锆石的 U－Pb 谐和年龄，我们认为乌石峰蛇绿混杂岩属晚古生代蛇绿混杂岩，且受到了后期构造-岩浆作用的强烈影响，特别是强大的印支运动对其的影响较大。

从蛇绿混杂岩地质时代和蛇绿混杂岩系的时空展布来看，乌石峰晚古生代蛇绿混杂岩系应是测区西南部的西金乌兰蛇绿混杂岩带在本测区的延伸。与测区西部邻幅的 1∶25 万可可西里湖幅的有关地层相比较，在岩石组合、变质变形程度、古生物组合上，本测区乌石峰晚古生代蛇绿混杂岩系相当于可可西里湖幅的通天河岩组（CP*T*）。

（二）蛇绿混杂岩的岩相学

1. 超基性岩单元

乌石峰晚古生代蛇绿混杂岩中的超基性岩单元由 3 个超基性岩片组成，其岩石种类主要为蛇纹石化纤闪石化辉橄岩、纤闪石化橄辉岩和变质（橄榄）辉石岩。

蛇纹石化纤闪石化辉橄岩：灰绿色，纤闪变晶结构。岩石由纤闪石（透闪石、阳起石）、蛇纹石及少量棕色角闪石、碳酸盐、绿泥石、磁铁矿等组成。纤闪石呈纤维状、针状、柱状，淡绿色，弱多色性，粒径一般为 0.5～1mm，含量 45%～55%。该纤闪石属透闪石、阳起石；蛇纹石呈纤维状，淡绿色，弱多色性，含量 35%～45%。部分蛇纹石与磁铁矿共生，显示该蛇纹石属橄榄石的蚀变矿物；碳酸盐矿物呈微粒状，集合体为不规则团块状，与纤闪石共生，含量一般小于 5%。该碳酸盐矿物应为原岩辉石的蚀变矿物。因此，由上述岩石的矿物组成可推测，该岩石的原岩应为细粒辉石橄榄岩。

纤闪石化辉橄岩：灰绿色，变余中粒结构、鳞片变晶结构、粒状鳞片变晶结构。岩石由变余辉石、纤闪石、绿泥石、黝帘石、蛇纹石及少量白钛矿所组成。变余辉石呈无色、不规则残晶状，较大残晶的粒径可达 1.8～2.0mm。辉石属普通辉石，边部多与纤闪石渐变过渡。含量 8%～12%；纤闪石多呈纤维状，往往与帘石类矿物共生，属辉石的蚀变产物，含量一般为 45%～55%；蛇纹石呈显微鳞片状，多与镁质绿泥石共生。集合体呈不规则粒状假象，是橄榄石的蚀变产物，含量一般为 10%～15%。此外，白钛矿是由原岩中的钛铁矿、磁铁矿蚀变而来。因此，由上述岩石的矿物组成可推测，该岩石的原岩应为辉石橄榄岩。

变质（橄榄）辉石岩：墨绿色，细粒结构。岩石主要由辉石组成，含少量棕闪石、褐云母、蚀变斜长石及蚀变矿物绿帘石、黝帘石、绿泥石、透闪石、滑石等。辉石呈无色，短柱状、不规则状，粒径多为 0.18mm×0.36mm ～0.45mm×0.79mm，含量 60%～70%。该辉石属透辉石；棕闪石呈褐色，深褐—浅黄褐多色性，多呈不规则状，往往交代、蚕食辉石，较大的棕闪石可达 2mm×3mm，含量 10%～15%；褐云母呈暗褐—淡褐色，不规则状，大者约 0.5mm，往往交代辉石和角闪岩，含量一般小于 5%；斜长石一般分布在辉石粒间，显示其最后结晶，多强烈黝帘石化、绿帘石化、绢云母化，少数可见聚片双晶，含量一般小于 10%；此外，显微纤状透闪石与绿泥石、滑石共生，其集合体外形近等轴状，这些矿物应为橄榄岩的蚀变矿物，含量为 12% ～16%。

2. 玄武岩单元

乌石峰晚古生代蛇绿混杂岩中的玄武岩单元由多个玄武岩岩片组成，岩石种类主要为变质玄武岩、气孔状玄武岩（多玻玄武岩）和变质粒玄岩。

变质玄武岩：灰绿色，变余粒玄结构、变余拉斑玄武结构。岩石由普通辉石、绿帘石、黝帘石及少量钛磁铁矿、变余斜长石、绿泥石、钠长石等组成。普通辉石无色，多呈不规则粒状，少量为半自形柱状，粒径一般为 0.04mm×0.09mm～0.12mm×0.20mm，含量为 25%～35%；绿帘石、黝帘石为斜长石的蚀变产物，少量隐约保留斜长石假象，多呈微粒状、雾迷状，其集合体间仍残留少量变余的斜长石，部分斜长石已绢云母化，含量为 40%～50%；变余斜长石呈针状，含量约 5%；绢云母为斜长石的蚀变产物，含量约 10%；绿泥石属辉石和斜长石的蚀变产物，含量约 5%；磁铁矿呈不规则粒状，半自形板状，粒径大者可达 0.10mm×0.25mm，含量约 5%。

气孔状玄武岩（多玻玄武岩）：灰绿色，斑状结构，基质为间隐结构、多玻结构，气孔状构造。斑晶由基性斜长石和普通辉石所组成。斑晶斜长石呈宽板状至长条状，较大者达 1.08 mm×1.80mm，聚片双晶发育，环带结构明显，含量约 2%。斑晶普通辉石呈淡绿色、短柱状，较大者达 0.5 mm×0.9mm。细小的辉石斑晶往往聚成团块而呈联斑结构，斑晶辉石的含量约 5%，偶见斑晶斜长石与斑晶辉石聚合在一起而呈聚斑结构。此外，斑晶矿物中还含大量的磁铁矿，含量约 10%。基质由斜长石微晶和火山玻璃组成。斜长石微晶呈长条状，粒径多小于 0.007mm×0.07mm，含量 35%～45%。在斜长石微晶架间往往充填褐色火山玻璃和钛磁铁矿微粒，火山玻璃的含量一般为 45%～55%，钛磁铁矿微粒的含量一般小于 5%。此外，岩石中气孔发育，气孔多呈椭圆形，孔径一般为 1mm，大者可达 3 mm×4mm。

变质粒玄岩：灰绿色，变余粒玄（煌绿）结构。原岩由斜长石、辉石和少量钛磁铁矿所组成，斜长石组成格架，辉石充填其间。斜长石呈板条状，粒径多为 0.09mm×0.65mm～0.22mm×1.44mm，极少数者达 0.79mm×1.62mm，多数斜长石蚀变较强，主要为绢云母化、帘石（黝帘石、绿帘石）化，含量 45%～55%。辉石多数受斜长石限制而呈不规则的形态，其粒径多为 0.45mm×1.26mm，含量一般大于 45%。该辉石属普通辉石、含钛普通辉石，且辉石也发生了蚀变，主要为钛角闪石化（1%～2%）、绿泥石化和蛇纹石化。少量的钛磁铁矿（约 3%）也多发生了白钛矿化。

此外，乌石峰晚古生代蛇绿混杂岩系中，还穿插发育多条辉长辉绿岩岩脉，且岩脉遭受了强烈的变质作用。其岩相学特征如下。

变辉绿岩：灰绿色，鳞片粒状变晶结构，局部可见变余细粒辉绿结构。岩石主要由斜（钠）长石、绿帘石、阳起石组成，绢云母、黑云母、白钛矿等含量较少。斜长石多已强烈蚀变而成为了钠长石，仅局部保留有原岩斜长石的假象。原岩斜长石的粒径一般为 0.14mm×0.7mm ～0.18mm×0.9mm，含量为 40%～55%。绿帘石属原岩辉石的蚀变产物，现为不规则状的集合体，含量为 20%～45%。阳起石亦属蚀变产物，含量 15%～40%。

变辉长岩：灰绿色，纤维粒状变晶结构、斑状变晶结构。岩石由斜（钠）长石、绿帘石、阳起石及少量白钛矿等组成。斜长石多已强烈蚀变为钠长石，形态不规则，且多与帘石共生，有的仍保留原岩斜长石的假象，假象粒径达 0.8mm×2.2mm，含量 25%～35%。绿帘石的粒径多小于 0.14mm，集合体呈斑块状，有的与钠长石一起隐约保留原岩斜长石假象，含量 35%～45%。阳起石多呈纤维状至不规则状，部分粒径较大，为 2mm×5mm，往往构成斑晶，含量一般为 45%～55%。据变质矿物组合及原岩粒度，可推测原岩为暗色辉长岩。

3. 深水—半深水沉积物单元

乌石峰晚古生代蛇绿混杂岩中的深水—半深水沉积物单元也由多个岩片组成，岩石组合为硅质岩-绢云母石英片岩-绢云母千枚片岩-绢云母板岩-石英粉砂细砂岩-细粒大理岩等，其中以硅质岩为代表。下面仅描述硅质岩的岩相学特征。

硅质岩：灰色、淡灰绿色，显微粒状变晶结构。岩石主要由石英组成，含少量方解石和铁质。石英呈显微粒状变晶，粒径均匀，多约为 0.01mm，含量一般大于 90%，为原生硅质矿物轻度变质重结晶而成；方解石呈等轴状，粒径为 0.01～0.02 mm，含量为 5%～7%，且多呈星点状分布在石英粒间，含粉尘铁质相对集中的区域，其方解石的分布也相对较多；粉尘铁质往往相对集中，且呈不规则的条带状出现，可能代表了变余层理构造，含量一般小于 5%。该硅质岩中含有少量的放射虫，尽管放射虫的重结晶较强，但是能指示其代表的时代为早二叠世。

因此，综合上述蛇绿混杂岩系中各单元的岩相学特点，测区乌石峰晚古生代蛇绿混杂岩系已遭受了强烈的变质变形作用。

三、蛇绿混杂岩的岩石地球化学特征

产出在不同环境下的蛇绿混杂岩，其各单元的岩石地球化学特征是不同的。表 3-24、表3-25、表 3-26 分别表示晚古生代乌石峰蛇绿构造混杂岩系中各单元的主量-稀土-微量元素组成。

（一）超基性岩

在主量元素成分（表 3-24）上，晚古生代乌石峰蛇绿构造混杂岩中超基性岩（CPw^{Σ}）的 SiO_2 含量为 40.36%～44.91%（平均为 42.36%）、TiO_2 含量为 0.53%～1.38%（平均为 0.86%）、Al_2O_3 含量为 6.44%～10.04%（平均为 8.02%）、Fe_2O_3 含量为 2.45%～6.05%（平均为 3.71%）、FeO 含量为 6.55%～8.43%（平均为 7.64%）、MnO 含量为 0.17%～0.19%（平均为 0.18%）、MgO 含量为 14.49%～24.04%（平均为 20.60%）、CaO 含量为 5.70%～12.04%（平均为 8.02%）、Na_2O 含量为 0.01%～1.03%（平均为 0.46%）、K_2O 含量为 0.07%～1.27%（平均为 0.56%）、P_2O_5 含量为 0.07%～0.11%（平均为 0.09%）。

表 3-24　晚古生代乌石峰蛇绿构造混杂岩（CP*w*）的主量元素成分（%）

样品号	岩石名称	SiO_2	TiO_2	Al_2O_3	Fe_2O_3	FeO	MnO	MgO	CaO	Na_2O	K_2O	P_2O_5	H_2O^+	CO_2	Total
KP15-7-1	硅质岩	98.73	0.01	0.01	0.12	0.52	0.01	0.10	0.03	0.08	0.03	0.01	0.14	0.06	99.85
KP15-10-1	硅质岩	96.96	0.02	0.31	0.52	0.33	0.39	0.14	0.23	0.08	0.13	0.07	0.35	0.32	99.85
6516-2	硅质岩	94.38	0.08	2.11	0.41	0.58	0.05	0.59	0.14	0.31	0.50	0.02	0.64	0.06	99.87
KP15-4-1	变质玄武岩	48.97	2.32	13.80	2.45	10.62	0.22	5.48	8.20	3.07	0.46	0.34	3.55	0.31	99.79
KP15-12-1	变质玄武岩	45.71	0.66	10.28	1.61	9.45	0.20	16.58	8.43	0.19	0.05	0.06	6.38	0.19	99.79
KP14-4-1	变质玄武岩	49.97	1.56	13.56	3.34	8.25	0.20	5.80	11.18	2.36	0.37	0.17	2.85	0.12	99.73
7559-1	变质玄武岩	49.27	1.18	14.06	3.86	7.12	0.17	7.20	11.14	2.32	0.16	0.15	3.07	0.12	99.82
KP15-6-1	变质辉石岩	44.91	1.38	10.04	2.45	7.95	0.19	14.49	12.04	1.03	1.27	0.11	3.59	0.34	99.79
KP15-16-2	变质橄辉岩	40.36	0.68	6.44	6.05	6.55	0.18	24.04	5.70	0.35	0.34	0.08	8.11	0.89	99.77
KP14-11-2	变质辉橄岩	41.82	0.53	7.59	2.62	8.43	0.17	23.28	6.31	0.01	0.07	0.07	7.61	1.26	99.77

注：分析测试单位为国土资源部武汉综合岩矿测试中心。

表 3-25　晚古生代乌石峰蛇绿构造混杂岩(CP*w*)的稀土元素成分($\times10^{-6}$)

样品号	La	Ce	Pr	Nd	Sm	Eu	Gd	Tb	Dy	Ho	Er	Tm	Yb	Lu	Y	ΣREE	$(La/Yb)_N$	Ce/Ce*	Eu/Eu*
KP15-7-1	0.32	0.39	0.07	0.25	0.08	0.01	0.05	0.01	0.05	0.01	0.03	0.01	0.04	0.01	2.95	4.28	0.80	0.59	0.77
KP15-10-1	3.15	5.14	0.68	3.04	0.66	0.13	0.69	0.12	0.66	0.14	0.39	0.06	0.36	0.06	4.05	19.32	0.84	0.77	0.85
6516-2	3.66	14.33	1.18	3.74	0.87	0.16	0.77	0.13	0.70	0.15	0.37	0.05	0.33	0.05	3.23	29.70	1.09	1.49	0.88
KP15-4-1	22.89	47.98	6.60	27.56	6.26	2.08	5.98	0.99	5.53	1.06	2.88	0.41	2.43	0.36	26.54	159.55	6.75	0.94	1.02
KP15-12-1	4.59	8.31	1.17	4.91	1.53	0.55	1.75	0.29	1.80	0.36	0.97	0.14	0.85	0.13	9.26	36.60	3.89	0.86	1.02
KP14-4-1	6.89	16.98	2.57	12.71	4.14	1.34	5.42	1.03	6.74	1.42	4.15	0.68	4.07	0.64	34.73	103.51	1.21	0.99	0.87
7559-1	10.58	22.78	3.34	13.96	3.71	1.21	4.11	0.70	4.12	0.80	2.10	0.31	1.76	0.26	18.77	88.52	4.31	0.93	0.95
KP15-6-1	8.43	15.91	2.25	9.93	2.88	1.04	3.44	0.58	3.50	0.65	1.66	0.22	1.25	0.17	16.09	67.99	4.85	0.88	1.01
KP15-16-2	3.13	6.91	1.04	4.77	1.64	0.59	2.11	0.40	2.68	0.56	1.61	0.25	1.52	0.23	15.11	42.54	1.48	0.93	0.97
KP14-11-2	2.26	5.44	0.84	3.62	1.27	0.44	1.65	0.30	1.90	0.40	1.07	0.17	1.02	0.16	10.10	30.64	1.59	0.97	0.93

注：计算稀土元素有关参数时，超基性岩、辉绿岩和玄武岩稀土元素标准化用球粒陨石(Sun，McDonough，1989)；硅质岩稀土元素标准化用北美页岩(Haskin et al，1968)；分析测试单位为国土资源部武汉综合岩矿测试中心。

表 3-26　晚古生代乌石峰蛇绿构造混杂岩(CP*w*)的微量元素成分($\times10^{-6}$)

样品号	Rb	Sr	Ba	U	Th	Nb	Ta	Zr	Hf	Sc	V	Cr	Co	Ni	Cu	Zn
KP15-7-1	3.20	5.90	34.8	0.23	0.09	2.21	0.13	6.10	0.4	0.02	8.40	12.8	0.88	1.69	6.19	2.91
KP15-10-1	6.8	12.0	52.0	0.42	0.52	2.73	0.15	9.60	0.2	0.50	23.3	20.3	2.66	19.9	13.3	31.4
6516-2	20.9	19.6	139	0.70	1.56	3.57	0.13	20.3	1.5	2.70	19.6	17.0	6.02	19.2	37.2	21.1
KP15-4-1	15.6	242.5	199.6	0.92	4.01	20.15	1.39	156.5	3.7	29.1	283.2	187.8	39.5	91.3	111.7	116.5
KP15-12-1	17.0	42.4	73.7	0.29	1.26	6.85	0.38	41.5	1.1	21.2	141.9	2395.9	86.7	880.2	70.3	87.3
KP14-4-1	9.1	194.7	189.7	2.10	2.28	6.89	0.42	112.2	3.1	42.7	299.1	266.8	64.7	217.4	613.1	124.2
7559-1	4.6	345.7	77.4	0.69	3.36	4.97	0.29	94.9	3.3	35.1	274.6	419.0	37.8	94.6	28.6	93.4
KP15-6-1	57.4	86.3	222.4	0.72	2.85	13.37	0.94	71.9	1.9	53.0	248.3	1310.6	55.1	382.5	94.4	78.3
KP15-16-2	4.9	34.7	41.0	1.30	1.56	2.41	0.09	39.9	1.2	29.7	198.1	1569.2	77.7	469.3	119.6	98.4
KP14-11-2	4.4	37.1	32.2	0.30	0.74	2.26	0.08	31.8	1.0	20.8	149.7	4785.7	82.5	995.9	60.5	83.3

由此可见，晚古生代乌石峰蛇绿构造混杂岩中超基性岩的 SiO_2 含量很低(平均 42.36%)，而 MgO 与 FeO^* 含量明显较高(平均值分别为 10.98%和 20.60%)，充分显示了超镁铁质岩的主量元素成分特征。

同时，该超基性岩的镁铁比值 m/f 为 1.08～1.65，进一步指示了测区晚古生代乌石峰蛇绿构造混杂岩中的超基性岩属富铁质超基性岩($m/f=0.5\sim2$)。因此，这种富铁质超基性岩与经典的蛇绿岩中的镁质超基性岩($m/f>6.5$)有较大差别。此外，这种富铁质超基性岩在成矿专属性上可能与 Fe、P 等矿产有关。

稀土元素方面(表 3-25)，晚古生代乌石峰蛇绿构造混杂岩中超基性岩的稀土总量较低，其 $\Sigma REE=30.64\times10^{-6}\sim67.99\times10^{-6}$。经球粒陨石标准化的稀土元素配分模式呈现轻稀土轻微富集的近平坦型(图 3-50)，其 $(La/Yb)_N$ 值变化在 1.48～4.85 之间，基本无铈、铕异常($Ce/Ce^*=0.88\sim0.97$，$Eu/Eu^*=0.93\sim1.01$)。晚古生代乌石峰蛇绿构造混杂岩中超基性岩的这种稀土元素配分特点与近原始—轻微富集的地幔岩特征相似(Pearce，1982)。特别是 KP15-16-2 样品几乎就是一种近原始地幔岩的特征。

微量元素方面(表 3-26)，晚古生代乌石峰蛇绿构造混杂岩中超基性岩的大离子亲石元素(LIL)中 Rb、Sr、Ba 的含量较高，分别为 $4.4\times10^{-6}\sim57.4\times10^{-6}$、$34.7\times10^{-6}\sim86.3\times10^{-6}$ 和 $32.2\times10^{-6}\sim222.4\times10^{-6}$，显示了超基性岩受到过明显的后期蚀变的改造。放射性生热元素(RPH)中

U、Th 的含量很高，分别为 0.30×10^{-6}～1.30×10^{-6} 和 0.74×10^{-6}～2.85×10^{-6}。高场强元素(HFS)中 Nb、Ta、Zr、Hf 的含量较低且变化范围较大，分别为 2.26×10^{-6}～13.37×10^{-6}、0.08×10^{-6}～0.94×10^{-6}、31.8×10^{-6}～71.9×10^{-6} 和 1.0×10^{-6}～1.9×10^{-6}。在经原始地幔(Sun，McDonough，1989)标准化的微量元素蛛网图(图 3-51)上，Rb、U 表现为正异常，而 Nb、Ta、K、Sr 则明显亏损，总体表现为近“平坦型”。显示了晚古生代乌石峰蛇绿构造混杂岩中的超基性岩代表了一种近原始到轻微富集的地幔岩的特征(Sun，McDonough，1989)。

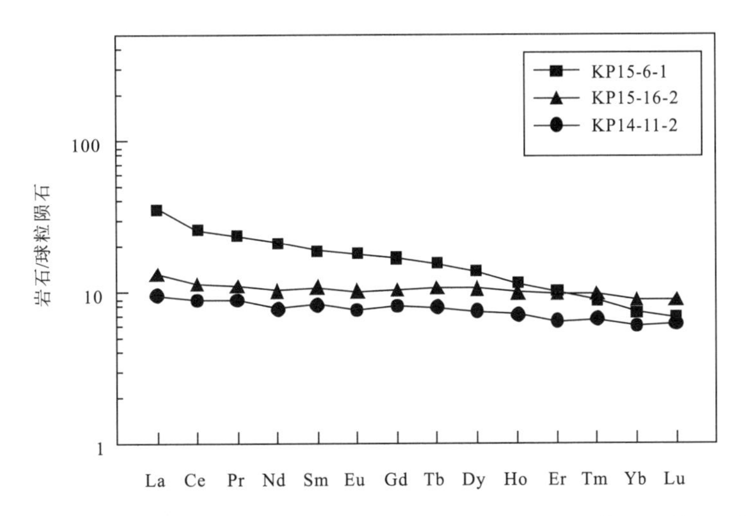

图 3-50　晚古生代乌石峰蛇绿构造混杂岩(CP*w*)中超基性岩的稀土元素配分模式图

(球粒陨石标准化值据 Sun 和 McDonough，1989)

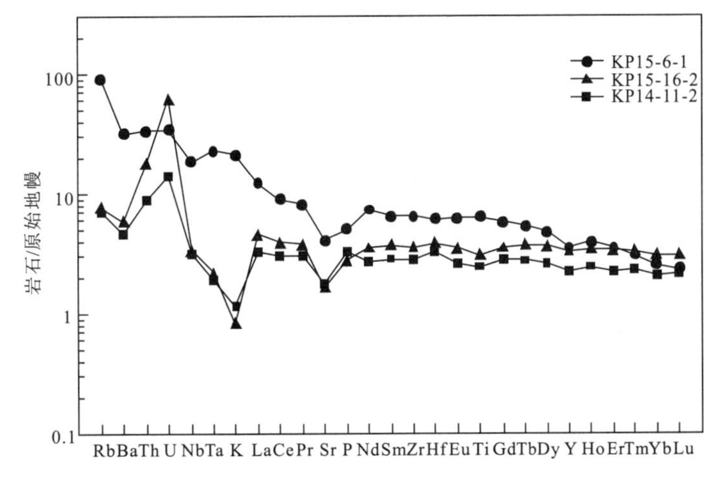

图 3-51　晚古生代乌石峰蛇绿构造混杂岩(CP*w*)中超基性岩的微量元素蛛网图

(原始地幔标准化值据 Sun 和 McDonough，1989)

(二)玄武岩

表 3-24 显示，晚古生代乌石峰蛇绿构造混杂岩中玄武岩(CPw^{β})的 SiO_2 含量为 45.71%～49.97%(平均为 48.48%)、TiO_2 含量为 0.66%～2.32%(平均为 1.43%)、Al_2O_3 含量为 10.28%～14.06%(平均为 12.93%)、Fe_2O_3 含量为 1.61%～3.86%(平均为 2.82%)、FeO 含量为 7.12%～10.62%(平均为 8.86%)、MnO 含量为 0.17%～0.22%(平均为 0.20%)、MgO 含量为 5.48%～16.58%(平均为 8.77%)、CaO 含量为 8.20%～11.18%(平均为 9.74%)、Na_2O 含量为

0.19%～3.07%(平均为 1.99%)、K_2O 含量为 0.05%～0.46%(平均为 0.26%)、P_2O_5 含量为 0.06%～0.34%(平均为 0.18%)。

由此可见，晚古生代乌石峰蛇绿构造混杂岩中玄武岩的 SiO_2 含量较低，但 ALK(Na_2O+K_2O)含量较高(0.24%～3.53%)，特别是 Na_2O 含量(0.19%～3.07%)普遍远高于 K_2O 含量(0.05%～0.46%)，暗示蛇绿混杂岩中的玄武岩与大洋地壳有关而与大陆地壳无亲缘关系。

在 TAS 图(图 3-52)上，晚古生代乌石峰蛇绿构造混杂岩中的火山岩均为玄武岩(B 区)，且玄武岩均属亚碱性系列(S)。在 AFM 图(图 3-53)上，亚碱性系列的玄武岩均表现为拉斑系列(TH)。在 SiO_2-K_2O 图(图 3-54)中，晚古生代乌石峰蛇绿构造混杂岩中的玄武岩均为低钾拉斑玄武岩系列。

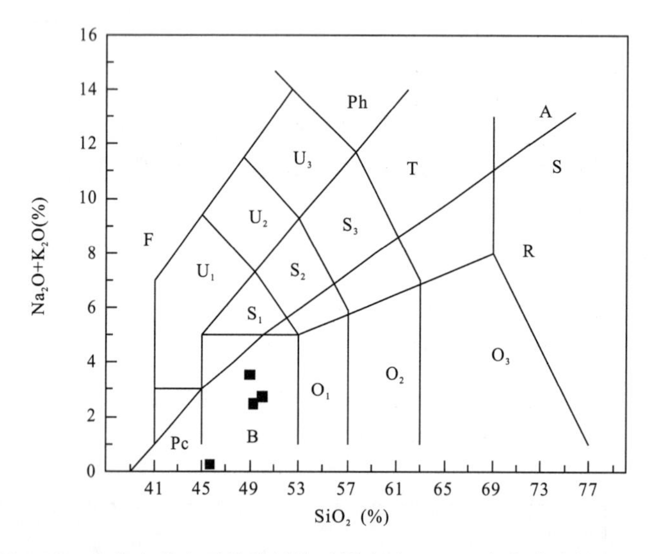

图 3-52　晚古生代乌石峰蛇绿构造混杂岩(CPw)中玄武岩的 TAS 图

(Le Bas et al，1986；岩石系列划分据 Irvine 和 Baragar，1971)

F. 副长石岩；Pc. 苦橄玄武岩；B. 玄武岩；O_1. 玄武安山岩；O_2. 安山岩；O_3. 英安岩；R. 流纹岩；S_1. 粗面玄武岩；S_2. 玄武质粗安岩；S_3. 粗面安山岩；T. 粗面岩；U_1. 碧玄岩(碱玄岩)；U_2. 响岩质碱玄岩；U_3. 碱玄质响岩；Ph. 响岩；A. 碱性系列；S. 亚碱性系列

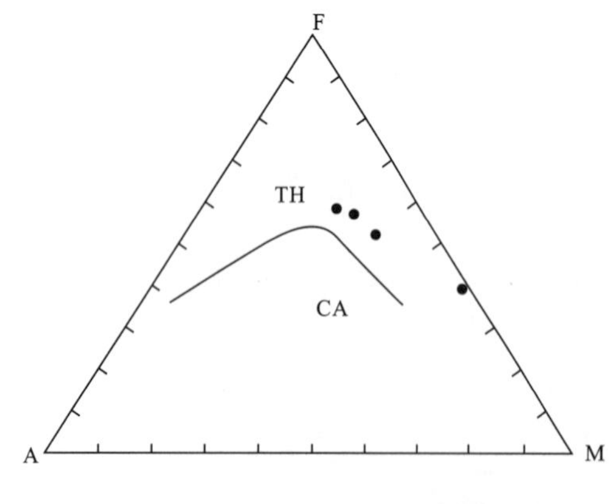

图 3-53　晚古生代乌石峰蛇绿构造混杂岩(CPw)中玄武岩的 AFM 图

(据 Irvine，Baragar，1971)

TH. 拉斑玄武岩系列；CA. 钙碱性系列

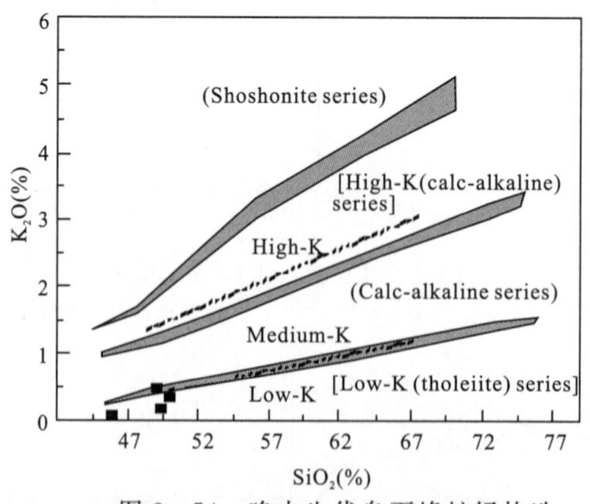

图 3-54　晚古生代乌石峰蛇绿构造混杂岩(CPw)中玄武岩的 SiO_2-K_2O 图

(断线边界据 Le Maitre et al，1989；阴影边界据 Rickwood，1989；Rickwood 的系列划分标在括号中)

因此，在主量元素地球化学成分上，晚古生代乌石峰蛇绿构造混杂岩中玄武岩表现为低 SiO_2、K_2O 和高 Na_2O。在岩石化学系列上，为亚碱性拉斑系列，特别是低钾拉斑玄武岩系列。晚古生代乌石峰蛇绿构造混杂岩中玄武岩的这种主量元素成分特征与大洋玄武岩十分相似，特别是其低 K_2O 的特征。

稀土元素方面（表 3－25），晚古生代乌石峰蛇绿构造混杂岩中玄武岩的稀土总量较高，其 $\sum REE=88.52\times10^{-6}\sim159.55\times10^{-6}$，但有一个样品（KP15－12－1）的 $\sum$REE 非常的低（36.60×10^{-6}）。玄武岩经球粒陨石标准化的稀土元素配分模式呈现轻稀土富集的右倾斜型（图 3－55），其 $(La/Yb)_N$ 值变化在 1.21～6.75 之间，基本无铈、铕异常（$Ce/Ce^*=0.86\sim0.99$，$Eu/Eu^*=0.87\sim1.02$）。晚古生代乌石峰蛇绿构造混杂岩中玄武岩的稀土元素配分特点与洋岛玄武岩的特征相似（Pearce，1982）。

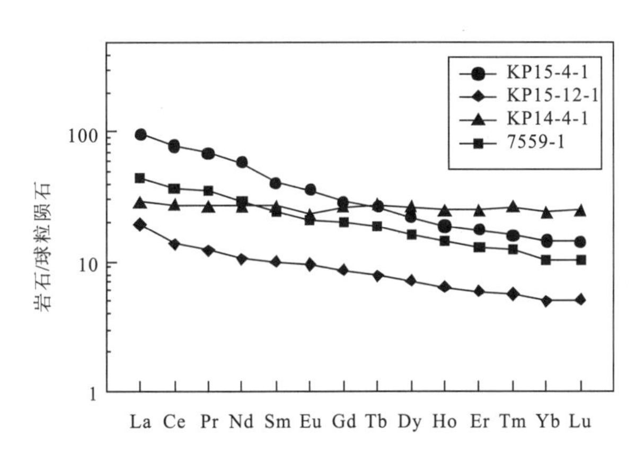

图 3－55　晚古生代乌石峰蛇绿构造混杂岩（CP*w*）中玄武岩的稀土元素配分模式图

（球粒陨石标准化值据 Sun 和 McDonough，1989）

（三）硅质岩

晚古生代乌石峰蛇绿构造混杂岩（CP*w*）中硅质岩（CPw^d）的 SiO_2 含量（表 3－24）为 94.38%～98.73%，与纯硅质岩的 SiO_2 含量（Murray et al，1992）几乎一致。Al_2O_3 含量为 0.01%～2.11%。其中样品 KP15－7－1 和 KP15－10－1 的 Si/Al 比值分别为 8703 和 276，与纯硅质岩的 Si/Al 比值（80～1400）（Murray et al，1992）也几乎一致。但样品 6516－2－1 的 Si/Al 比值为 39，远低于纯硅质岩的 Si/Al 比值（Murray et al，1992），这表明该样品含有较高比例的陆源泥质沉积物。

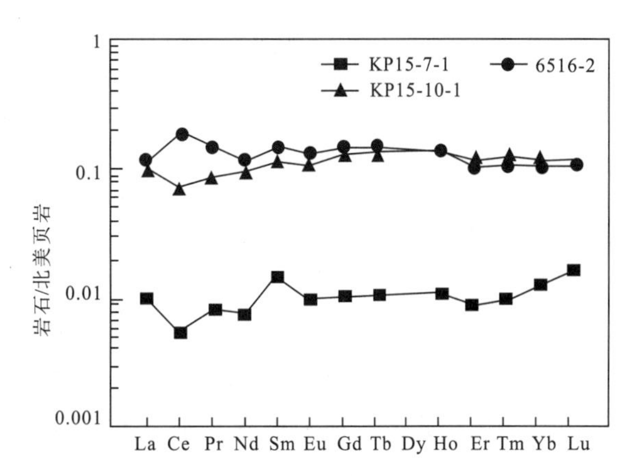

图 3－56　晚古生代乌石峰蛇绿构造混杂岩（CP*w*）中硅质岩的稀土元素配分模式图

（NASC 标准化值据 Haskin et al，1968）

稀土元素方面（表 3－25），晚古生代乌石峰蛇绿构造混杂岩中硅质岩的稀土总量较低，其 $\sum REE=4.28\times10^{-6}\sim29.70\times10^{-6}$。经北美页岩（NASC）标准化的稀土元素配分模式呈现近平坦型（图 3－56），其 $(La/Yb)_N$ 值变化在 0.80～1.09 之间，有轻微的负铕异常（$Eu/Eu^*=0.87\sim1.02$），但铈异常表现不一。样品 KP15－7－1 和 KP15－10－1 具有明显的负铈异常，其 Ce/Ce^* 分别为 0.59

和0.77。而样品6516-2-1则显示出明显的正铈异常，其Ce/Ce* 为1.49。这表明晚古生代乌石峰蛇绿构造混杂岩中硅质岩的形成环境比较复杂。

在微量元素方面(表3-26)，晚古生代乌石峰蛇绿构造混杂岩中硅质岩的V、Ti、Y含量分别为8.40×10^{-6}～23.3×10^{-6}、60×10^{-6}～480×10^{-6}和2.95×10^{-6}～4.05×10^{-6}。

四、蛇绿混杂岩形成的构造环境分析

蛇绿混杂岩中玄武岩的化学成分、硅质岩的化学成分及硅质岩中放射虫的生态组合能够指示蛇绿岩形成的大地构造背景。玄武岩的岩石地球化学成分与其形成的构造背景之间存在着密切的关系(Perace, 1982)。

(一)玄武岩对蛇绿混杂岩构造环境的指示

在玄武岩的Zr-Zr/Y判别图解(图3-57)中，晚古生代乌石峰蛇绿构造混杂岩中玄武岩的成分投影点落在板内玄武岩区(C区)、洋中脊玄武岩区(B区)和板内玄武岩与洋中脊玄武岩的重叠区(E区)，显示了玄武岩可能形成于大洋板内环境与洋中脊环境的复合构造环境下。在Zr/4-2Nb-Y判别图解(图3-58)中，玄武岩的成分点位于板内碱性玄武岩+板内拉斑玄武岩区(AII区)、板内拉斑玄武岩+火山弧玄武岩区(C区)及N-型洋中脊玄武岩+火山弧玄武岩区(D区)。因此，Zr/4-2Nb-Y判别图解说明玄武岩可能的形成环境为洋中脊、大洋板内及洋内弧。

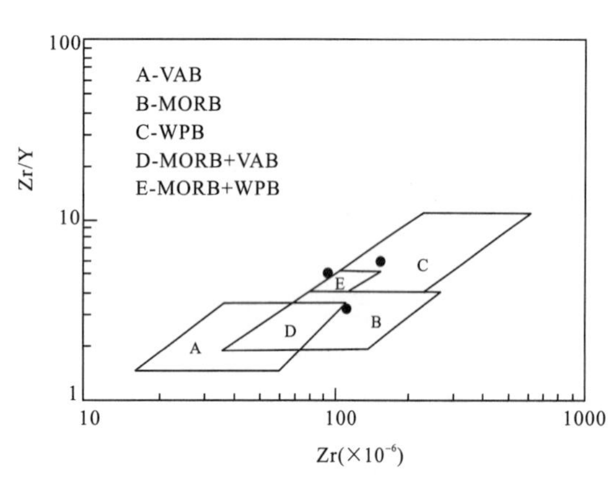

图3-57　晚古生代乌石峰蛇绿构造混杂岩(CPw)中玄武岩的Zr/Y-Zr图
(据Pearce, 1978)
A. 火山弧玄武岩；B. 洋中脊玄武岩；C. 板内玄武岩；D. 洋中脊玄武岩与火山弧玄武岩；E. 洋中脊玄武岩与板内玄武岩

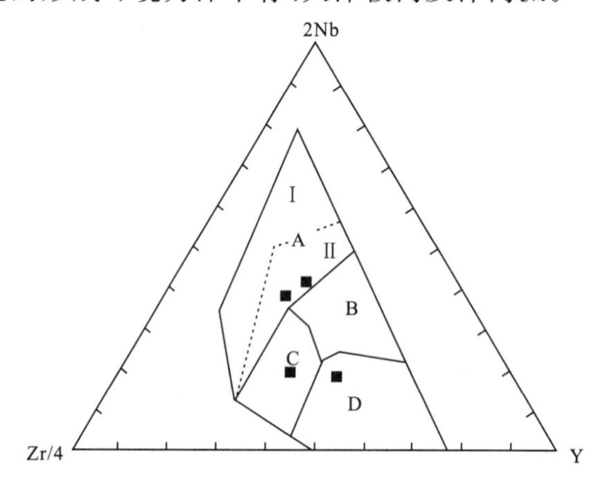

图3-58　晚古生代乌石峰蛇绿构造混杂岩(CPw)中玄武岩的Zr/4-2Nb-Y图
(据Meschede, 1986)
AI. 板内碱性玄武岩；AII. 板内碱性玄武岩与板内拉斑玄武岩；B. E型洋中脊玄武岩；C. 板内拉斑玄武岩与火山弧玄武岩；D. N型洋中脊玄武岩与火山弧玄武岩

而在TiO_2-FeO* /MgO构造环境判别图(图3-59)中，玄武岩的成分投影点均落在洋中脊玄武岩区(MORB区)，指示玄武岩与洋中脊环境有着密切的关系。在ATK构造环境判别图(图3-60)中，玄武岩的成分投影点亦落在洋中脊玄武岩区(Ⅰ区)及靠近洋中脊的板内玄武岩区(Ⅱ区)，进一步说明玄武岩可能形成于洋中脊环境。

因此，综合蛇绿混杂岩的岩石组合、主量元素、稀土元素和微量元素成分特征，以及玄武岩的各种构造环境判别图解，可以认为晚古生代乌石峰蛇绿构造混杂岩的环境为东昆仑地区在晚古生代时期的洋中脊与大洋板内构造环境。

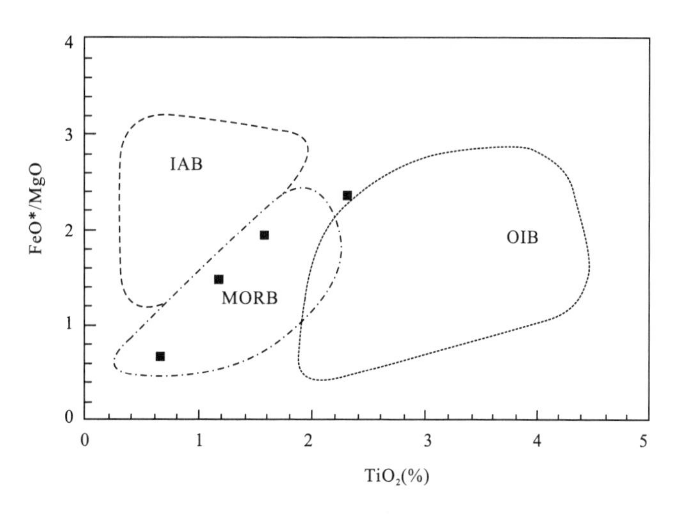

图 3-59 晚古生代乌石峰蛇绿构造混杂岩(CPw)中玄武岩的 TiO_2-FeO^*/MgO 图

(据 Glassily, 1974)

IAB. 岛弧玄武岩;MORB. 洋中脊玄武岩;OIB. 洋岛玄武岩

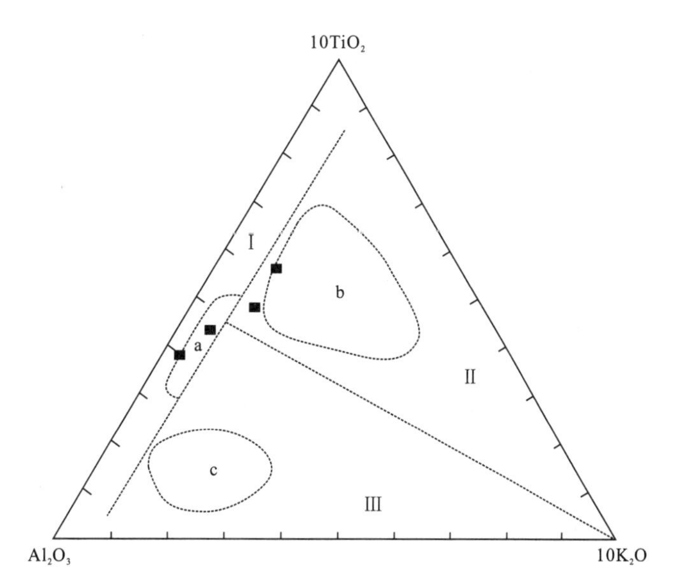

图 3-60 晚古生代乌石峰蛇绿构造混杂岩(CPw)中玄武岩的 ATK 图

(据赵崇贺, 1989)

Ⅰ. 大洋玄武岩区;Ⅱ. 大陆玄武岩、安山岩区;Ⅲ. 岛弧、造山带玄武岩、安山岩;

a. 印度洋底玄武岩;b. 中国东部新生代大陆裂谷玄武岩;c. 世界主要地区玻镁安山岩

(二)硅质岩对蛇绿混杂岩构造环境的指示

在探讨蛇绿混杂岩形成的构造背景时,与蛇绿岩中玄武岩共生的硅质岩的岩石地球化学成分也能有效地指示其形成的构造环境(Murray et al, 1992)。

研究结果表明,$Al_2O_3/(Al_2O_3+Fe_2O_3)$是判别硅质岩形成环境,特别是区分洋中脊和大陆边缘成因的一个良好标志(Murray et al,1991,1994)。测区晚古生代乌石峰蛇绿构造混杂岩的3个硅质岩中,KP15-7-1 和 KP15-10-1 的 $Al_2O_3/(Al_2O_3+Fe_2O_3)$比值分别为 0.08 和 0.37,明显低于大洋盆地硅质岩(0.4~0.7)和大陆边缘硅质岩(0.5~0.9)(Murray et al, 1994),而与洋中脊硅质岩相当(<0.4)(Murray et al, 1994)。但样品 6516-2-1 的 $Al_2O_3/(Al_2O_3+Fe_2O_3)$比值为

0.84，属典型的大陆边缘成因的硅质岩。

硅质岩的稀土元素，特别是 Ce/Ce^* 比值和 $(La/Ce)_N$ 比值，可用来有效地判别硅质岩的形成环境。从洋中脊、大洋盆地至大陆边缘等不同构造背景沉积的硅质岩，Ce/Ce^* 比值会从负异常变为无异常，甚至变为正异常(Murray et al，1991，1992，1994)。洋中脊附近的硅质岩 Ce/Ce^* 在0.22～0.38 之间变化，平均值为 0.30，而 $(La/Ce)_N$ 约为 3.5；大洋盆地硅质岩的 Ce/Ce^* 在 0.50～0.67 之间变化，平均值为 0.60，$(La/Ce)_N$ 为 1.0～2.5；大陆边缘盆地硅质岩的 Ce/Ce^* 在 0.67～1.35 之间变化，平均值为 1.09，$(La/Ce)_N$ 为 0.5～1.5(Murray et al，1991，1994)。测区晚古生代乌石峰蛇绿构造混杂岩的硅质岩的 Ce/Ce^* 比值变化在 0.59～1.49 之间，$(La/Ce)_N$ 比值变化在 0.58～1.83 之间。其中 KP15－7－1 和 KP15－10－1 的 Ce/Ce^* 比值分别为 0.59 和 0.77，$(La/Ce)_N$ 分别为 1.83 和 1.40，与大洋盆地硅质岩和洋中脊附近的硅质岩相当，而样品 6516－2－1 的 Ce/Ce^* 和 $(La/Ce)_N$ 分别为 1.49 和 0.58，则明显指示其形成环境为典型的大陆边缘盆地。

硅质岩的某些微量元素也是判别硅质岩成因的有效指标(Murray et al，1991)。研究表明，洋中脊和大洋盆地硅质岩的 V 含量明显高于大陆边缘的硅质岩，而 Y 含量则相反。因此，洋中脊和大洋盆地硅质岩的 V/Y 明显高于大陆边缘硅质岩。一般来说，洋中脊硅质岩的 V、V/Y 和 Ti/V 值分别为 42±$\times10^{-6}$、4.3±和 7±；大洋盆地硅质岩的 V、V/Y 和 Ti/V 值分别为 38±$\times10^{-6}$、5.8±和 25±；大陆边缘盆地硅质岩的 V、V/Y 和 Ti/V 值分别为 20±$\times10^{-6}$、2.0±和 40±。

测区晚古生代乌石峰蛇绿构造混杂岩的硅质岩的 V、V/Y 和 Ti/V 值分别变化在 8.4$\times10^{-6}$～23.3$\times10^{-6}$、2.8～6.1 和 5.1～24.5 范围内。其中 KP15－7－1 的 V、V/Y 和 Ti/V 值分别为8.4±$\times10^{-6}$、2.8 和 7.1，总体与洋中脊硅质岩相当；KP15－10－1 的 V、V/Y 和 Ti/V 值分别为 23.3±$\times10^{-6}$、5.8 和 5.1，与洋中脊和大洋盆地硅质岩相似；而 6516－2－1 的 V、V/Y 和 Ti/V 值分别为 19.6±$\times10^{-6}$、6.1 和 24.5，近似于在大洋盆地与大陆边缘重叠区形成的硅质岩。

在 Ti－V 图解(图 3－61)中，晚古生代乌石峰蛇绿构造混杂岩中的硅质岩接近洋中脊硅质岩和大陆边缘硅质岩。而在 Ti/V－V/Y 图解(图 3－62)中，晚古生代乌石峰蛇绿构造混杂岩中的硅质岩则明显与洋中脊硅质岩有关。硅质岩的这种沉积环境的特点暗示晚古生代乌石峰蛇绿构造混杂岩的形成环境可能为规模较大的古洋，因为在硅质岩沉积时其环境离周边陆块不远。因此，晚古生代乌石峰蛇绿构造混杂岩是规模较大的古特提斯洋在测区的表现。

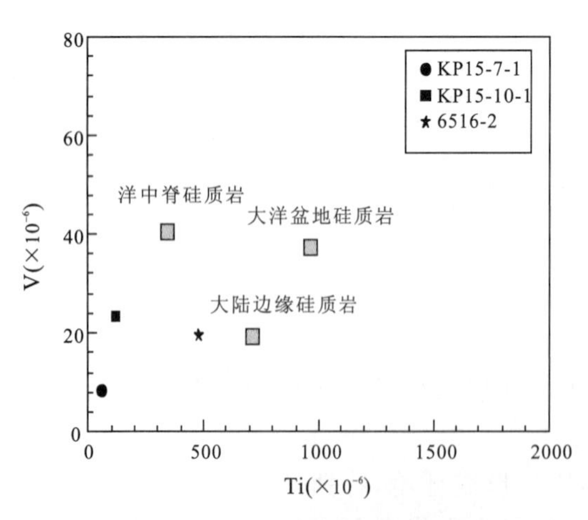

图 3－61　晚古生代乌石峰蛇绿构造混杂岩中硅质岩的 Ti－V 相关图

(据 Murray et al，1992)

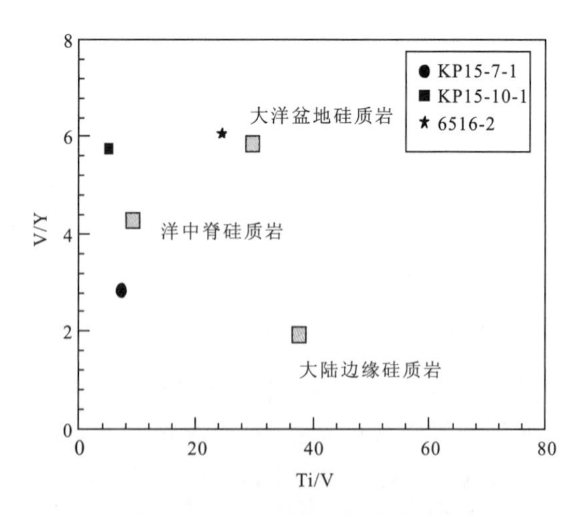

图 3－62　晚古生代乌石峰蛇绿构造混杂岩中硅质岩的 Ti/V－V/Y 相关图

(据 Murray et al，1992)

因此，综合考虑硅质岩的岩石地球化学成分对硅质岩形成环境的指示，KP15－7－1 和 KP15－10－1 硅质岩应属典型的洋中脊环境及其附近环境沉积的硅质岩，而 KP15－7－1 和 KP15－10－1 硅质岩恰恰是测区晚古生代乌石峰蛇绿构造混杂岩的组成单元，因而指示该蛇绿混杂岩的大地构造背景为洋中脊及其附近。

而 6516－2－1 硅质岩是测区西金乌兰构造带（Ⅲ）中晚三叠统巴音莽鄂阿（T_3bm）的组成部分，因而说明测区晚三叠统巴音莽鄂阿的形成环境应为大陆边缘盆地，明显不同于测区晚古生代乌石峰蛇绿构造混杂岩的洋中脊构造环境。

综上所述，晚古生代乌石峰蛇绿构造混杂岩的岩石组合、蛇绿混杂岩中玄武岩和硅质岩的岩石地球化学成分对构造环境的指示，可以认为晚古生代乌石峰蛇绿构造混杂岩形成于洋中脊构造环境，其组成代表了东昆仑晚古生代的残留洋壳。与三江地区及邻区相比较，测区晚古生代乌石峰蛇绿构造混杂岩系应是西金乌兰蛇绿混杂系在本测区西南角的延伸，该蛇绿混杂岩系代表一个已消失小洋盆的残留。因此，测区晚古生代乌石峰蛇绿构造混杂岩系所代表的古洋应属中国西部东特提斯洋的组成部分，其向南延伸可能与三江地区金沙江洋盆相连。

第四章　变质岩

测区主要发育三叠纪时代的变质岩，少量二叠纪时代的变质岩，以区域变质岩为主，其中，三叠系巴颜喀拉山群区域变质岩占据了图幅的大部分面积。变质作用类型以区域动热变质作用为主，局部叠加有接触变质作用和动力变质作用。图幅内变质岩相有极低级变质岩相—低级变质岩相，少数接触变质岩可达中级变质岩相。变质相系以低—中压变质相系为主，少数达高压变质相系。本章主要介绍区域变质岩、接触变质岩和动力变质岩。

第一节　区域动热变质岩与变质作用

区内区域低温动力变质岩分布广泛。变质地层有二叠系马尔争组，三叠系巴颜喀拉山群，三叠系混杂岩乌石峰和苟鲁山克措混杂岩，由不同时代、不同变质程度的变质岩组成。其中三叠系巴颜喀拉山群，三叠系混杂岩乌石峰和苟鲁山克措混杂岩主要分布在昆仑山以南；二叠系马尔争组主要分布在昆仑山脉附近。各时代的地层均受印支期区域低温动力变质作用，形成了区内低级变质岩石，变质程度为极低级—低级变质程度，具从葡萄石-绿纤石相—绿片岩相，最高可达高绿片岩相的特点。大多数原岩特征一般保留较好，多具有变余结构和变余构造。通过野外和室内工作，将库赛湖幅图区的区域变质岩分为3个单元、7个变质岩带（表4-1，图4-1），现分述如下。

表4-1　库赛湖幅区域变质岩分带

<table>
<tr><th colspan="2" rowspan="2">变质分带</th><th rowspan="2">变质相</th><th colspan="2">变质条件</th></tr>
<tr><th>温度</th><th>压力</th></tr>
<tr><td>阿尼玛卿单元</td><td>昆仑山脉马尔争组高级近变质岩带</td><td>绿片岩带</td><td>350～570℃</td><td>低—中压</td></tr>
<tr><td rowspan="4">巴颜喀拉单元</td><td>昆仑山脉巴颜喀拉山群
近变质—浅变质岩带</td><td>葡萄石-绿纤石相
绿纤石-阳起石相
低绿片岩相</td><td>200～400℃</td><td>低中压</td></tr>
<tr><td>库赛湖-约巴巴颜喀拉山群
浅变质岩带</td><td>低绿片岩相</td><td>350～400℃</td><td>低中压</td></tr>
<tr><td>楚玛尔河巴颜喀拉山群近变质岩带</td><td>葡萄石-绿纤石相
绿纤石-阳起石相</td><td>200～350℃</td><td>低中压</td></tr>
<tr><td>五道梁山脉巴颜喀拉山群浅变质岩带</td><td>低绿片岩相</td><td>350～400℃</td><td>低中压</td></tr>
<tr><td rowspan="2">西金乌兰单元</td><td>错达日玛阿尕日旧-乌石峰
低级变质岩带</td><td>高绿片岩相</td><td>400～500℃</td><td>高压</td></tr>
<tr><td>错达日玛阿尕日旧-苟鲁山克措组
低级变质岩带</td><td>高绿片岩相</td><td>500℃</td><td>低中压</td></tr>
</table>

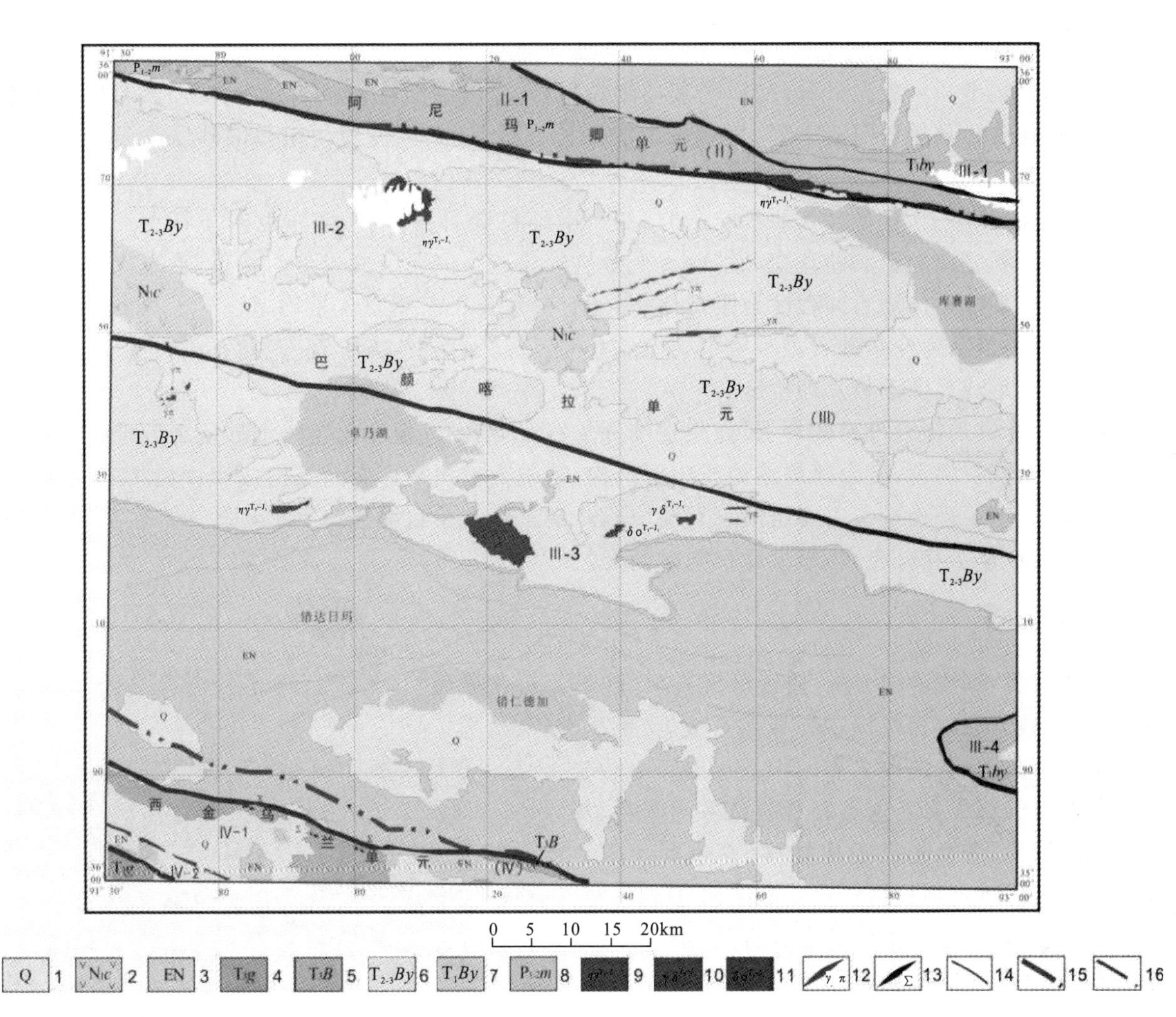

图 4-1　库赛湖幅变质带划分

1.第四系；2.中新世查保玛组板内厚壳熔融火山岩(埃达克质火山岩)；3.第三系陆相盆地堆积；4.上三叠统苟鲁山克措组陆缘碎屑复理石建造；5.上三叠统巴塘群蛇绿构造混杂岩系；6.中上三叠统上巴颜喀拉山亚群裂陷海盆碎屑复理石建造；7.下三叠统下巴颜喀拉山亚群裂陷海盆复理石建造；8.下中二叠统马尔争组陆缘碎屑复理石建造；9.晚三叠世早侏罗世同碰撞型二长花岗岩；10.晚三叠世早侏罗世同碰撞型花岗闪长岩；11.晚三叠世早侏罗世同碰撞型石英闪长岩；12.花岗斑岩；13.超镁铁岩洋壳残片；14.脆性断层；15.一级构造单元边界；16.推测二级构造单元边界。Ⅱ.阿尼玛卿单元：Ⅱ-1.昆仑山脉马尔争组高级近变质—低级变质岩带；Ⅲ.巴颜喀拉单元：Ⅲ-1.昆仑山脉巴颜喀拉山群近变质—浅变质岩带，Ⅲ-2.库赛湖巴颜喀拉山群浅变质带，Ⅲ-3.楚玛尔河巴颜喀拉山群近变质带，Ⅲ-4.五道梁山脉巴颜喀拉山群浅变质带；Ⅳ.西金乌兰单元：Ⅳ-1.错达日玛阿尕日旧-乌石峰低级变质岩带，Ⅳ-2.错达日玛阿尕日旧-苟鲁山克措组低级变质岩带

一、区域动热变质岩

(一)昆仑山脉马尔争组高级近变质岩带变质岩

该变质岩带主要分布于图幅的北部昆仑山脉的北侧，以西边出露面积大，昆仑山脉马尔争组下部为变质程度较低的砂岩夹板岩夹灰岩透镜体，上部为板岩夹变砂岩。马尔争组地层顶底均为断层接触。

该变质岩带出露的变质岩有极低级变质陆源碎屑岩、板岩，还有一套变质程度极浅的构造岩。

1. 极低级变质陆源碎屑岩

主要岩类：变质细粒杂砂岩，变质凝灰质细粒砂岩，变质中细粒岩屑杂砂岩，变质泥灰质石英细砂岩，板理化含砂屑绢云母粉砂岩，片理化含细砾长石石英砂岩，板理化粗—细砂质绢云母石英粉砂岩。

变质细粒杂砂岩、变质凝灰质细粒砂岩、变质中细粒岩屑杂砂岩、变质泥灰质石英细砂岩均为变余砂状结构，基质为粒状鳞片变晶结构。变余层理构造。主要组成成分为石英，形态次圆—棱角状，有的受后期应力作用不同程度地眼球体化，还有少量长石。基质含量均超过5%，有的达30%，按杂基含量可定名为变杂砂岩。基质主要组成有绢云母、绿泥石、方解石、变晶石英和铁质，片状矿物具定向性，形成显微千枚片理构造。

板理化含砂屑绢云母粉砂岩、板理化含细砾长石石英砂岩、板理化粗—细砂质绢云母石英粉砂岩，颜色多为淡灰绿色，变余碎屑结构或碎屑结构，基质为粒状鳞片变晶结构或鳞片粒状变晶结构。变余层理构造，板理构造。主要组成有石英、长石、绢云母及少量泥质，砂质含量70%左右，绢云母或均匀分布或呈带状分布，略显大面积同时消光。

2. 板岩类

主要岩类：细粉砂绢云母-白云母板岩，含砾绢云母粉砂质板岩，绢云母粉砂板岩，绢云母绿泥石板岩，千枚岩化绢云母绿帘石绿泥石板岩，钙质交代含砂屑绿泥石板岩，含晶屑岩屑的绢云母绿帘石板岩，含砂屑绿泥石绢云母板岩。这类岩石颜色多为灰色、灰绿色。变余泥质结构，变余粉砂泥质结构，变余凝灰质结构，局部构造强烈可以见到显微鳞片变晶结构(图4-2)。板状构造，变余层理构造。主要组成有石英、绢云母、绿泥石、绿帘石等，一般片状矿物都有定向排列。

图4-2　显微鳞片变晶结构(10×4正交)

3. 绢云母化白云母花岗斑岩

岩石灰白色，基质具微细鳞片变晶结构及微细粒状结构，斑状结构，块状构造，岩石含少量变余斑晶(15%)，基质(85%)。斑晶有斜长石，石英，白云母等；基质有石英(55%)，微晶绢云母(35%)。斜长石斑晶呈板状，含量6%，半自形粒状，粒径大者达0.7mm×1.1mm，较强烈绢云母化、绿帘石化，仍可见聚片双晶；石英斑晶呈浑圆粒状，含量6%，粒度比斜长石斑晶小，个别有熔融港湾状；片状白云母，粒径达0.6～2mm，含量3%。

(二)巴颜喀拉单元变质岩带变质岩

该带位于昆仑山脉与错达日玛—错仁德加之间，呈东西向展布，为巴颜喀拉山群，分布面积占测区面积的近一半。根据此次研究结果，该带可以分为4个带，即：昆仑山脉巴颜喀拉山群近变质—浅变质岩带、库赛湖-约巴巴颜喀拉山群浅变质带、楚玛尔河巴颜喀拉山群近变质带、五道梁山脉巴颜喀拉山群浅变质带。该带为一套变质砂岩和板岩的组合，属极低级—低级变质岩。

1. 昆仑山巴颜喀拉山群近变质—浅变质岩带变质岩

该带位于图幅的北东部昆仑山脉偏北一带，近东西向展布，为三叠系巴颜喀拉山群下部地层，由砂岩、板岩互层单元和砂岩夹板岩单元、板岩夹砂岩单元组成，与上下地层均为断层接触，属一套低级—极低级变质岩。

岩石学特征：该带主要岩石是一些具有板理化的砾岩、砂岩和板岩及具极低级变质的砂岩。

板理化砂、砾岩类：主要类型有片理化绢云母复成分砂砾岩、板理化粉砂—泥质含砾不等粒砂岩、板理化砾质不等粒砂岩、板理化泥质不等粒砂岩、板理化泥质绢云母不等粒砂岩、板理化含砂屑绢云母粉砂岩、板理化砂质泥质粉砂岩、板理化绢云母粉砂岩。岩石颜色有紫灰色、灰色等。变余砾质结构，变余砂质结构，变余不等粒砂状结构，变余粉砂质结构。变余层理构造，板理构造。主要组成有砾屑，砂屑和基质。砾屑复成分有石英岩砾、安山岩砾、粘土岩砾、绢云母岩砾、粉砂岩砾等，砾石呈棱—次棱角状；砂屑成分有碎屑石英、斜长石碎屑、粘土岩屑、片状白云母等。基质主要组成有绢云母、泥质、石英细粉砂。

板岩类：主要类型有砂质绢云母板岩、细粉砂质绢云母板岩、含粉砂绢云母板岩、砂屑泥质绢云母板岩、含砂屑粉砂质绢云母板岩等。岩石颜色多为灰黑色。变余泥质结构(图 4-3)，变余粉砂泥质结构。板理构造，变余层理构造(图 4-4)。主要组成有绢云母、泥质、石英等。

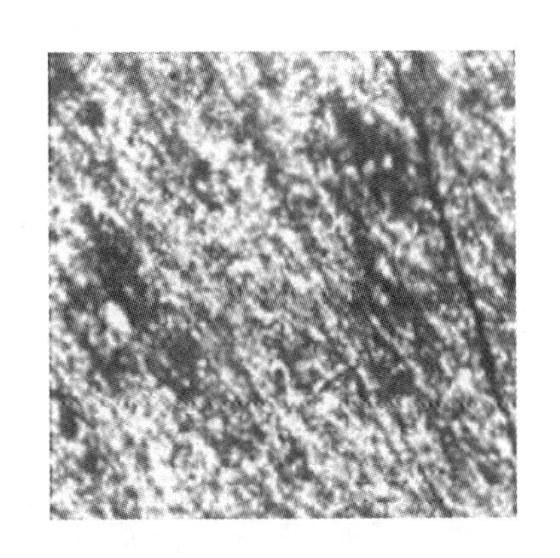

图 4-3　板岩样品中变余泥质结构(10×10 正交)

图 4-4　变余层理构造

2. 库赛湖-约巴巴颜喀拉山群浅变质带变质岩

该带位于昆仑山脉以南、高山山脉以北，近东西向展布，宽度约 40km，出露岩层以一套粒度较小的岩层为主，主要有砂岩、板岩互层和板岩夹砂岩，属于一套低级变质岩。

岩石学特征：该带主要岩石是一些具有板理化的砂岩、粉砂岩和板岩，以及具极低级变质的砂岩。

板理化砂岩、粉砂岩类：主要类型有变菱铁矿绢云母粉砂岩、变不等粒砂屑绢云母粉砂岩、板理化中—细粒砂质泥质绢云母粉砂岩、板理化绢云母泥质细—粉砂岩、板理化含细砂含钙泥质细粉砂岩、板理化含钙泥质不等粒细砂粉砂岩、板理化含钙不等粒砂岩。岩石多呈灰色，风化色为土灰色、褐黄色等。变余砂质结构，变余不等粒砂状结构，变余粉砂质结构，基质有鳞片变晶结构。变余层理构造，板理构造。主要组成有砂屑和基质。砂屑成分有碎屑石英、斜长石、正长石、片状白云母、粉砂岩、褐铁矿化菱铁矿等。基质主要组成有绢云母、泥质、石英细粉砂、细晶方解石等，绢云母有大面积同时消光。

板岩类：主要类型有粉砂质绢云母板岩、绢云母砂质板岩、细粉砂质绢云母板岩。岩石颜色多为灰黑色。变余泥质结构，变余粉砂泥质结构。板理构造，变余层理构造。基质主要组成有绢云母、泥质、石英等。碎屑组分有碎屑石英、斜长石、正长石、片状白云母、粉砂岩屑、褐铁矿化菱铁矿等。

3. 楚玛尔河巴颜喀拉山群近变质带变质岩

该地位于高山山脉以南、直达日旧山脉以北，近东西向展布，宽度约 20km，出露岩层以一套粒度中等的碎屑物为主，主要有砂岩夹板岩单元和砂岩、板岩互层单元，属一套近变质岩。

该带主要岩石是一些具极低级变质的砂岩和板岩。

极低级变质的砂岩类：主要类型有变粉砂—泥质含砾不等粒砂岩、变泥质不等粒砂岩、变细砂岩、变砂屑绢云母粉砂岩。岩石颜色呈灰色，风化色土灰色、褐黄色等。变余不等粒砂质结构，变余细砂质结构，变余粉砂质结构。变余层理构造，板理构造。主要组成有砂屑和基质。砂屑成分有碎屑石英、斜长石、正长石、粘土岩、片状白云母等。基质主要组成有绢云母、泥质、石英细粉砂等。

板岩类：主要类型有砂质绢云母板岩、细粉砂质绢云母板岩、含细砂绢云母板岩等。岩石颜色多为灰黑色。变余泥质结构，变余细砂泥质结构。板理构造，变余层理构造。主要组成有绢云母、泥质、石英等；碎屑组分有碎屑石英、碎屑长石等。

4. 五道梁巴颜喀拉山群近变质带变质岩

该带位于图幅的东南部，五道梁山脉的西端，近东西向展布，出露宽度约 10km，出露岩层以一套粒度中等的碎屑物为主，主要有砂岩夹板岩，砂岩、板岩互层及粉砂质板岩夹砂岩单元。

岩石学特征：该带主要岩石是一些具有板理化、片理化的砂岩和板岩，以及具极低级变质的砂岩和变中基性岩脉。

板理化、片理化砂、砾岩类：主要类型有板理化绢云母岩屑质粉砂岩、变砂岩、变细砂岩等。岩石颜色多呈灰色，风化色褐黄色。变余砂质结构，变余细砂结构，变余粉砂质结构(图 4－5)。变余层理构造。主要组成有砂屑和基质。砂屑成分有石英粉砂、铁质微粒、泥质微纹带、碎屑白云母、绢云母化粘土岩屑等。基质主要组成有绢云母、泥质、石英细粉砂等。

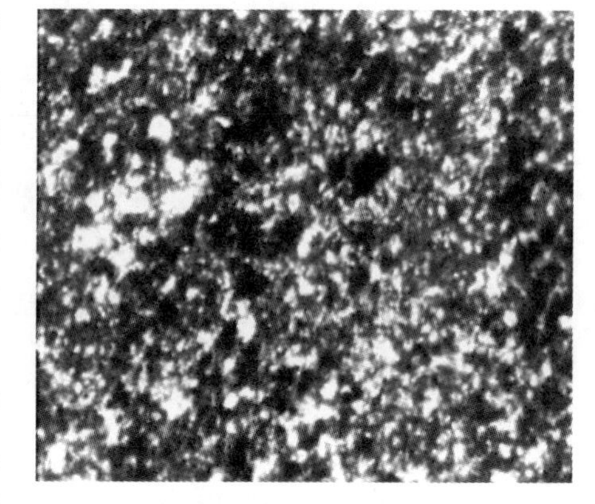

图 4－5　变余粉砂结构(10×10 正交)

板岩类：主要类型有砂质绢云母板岩、细粉砂质绢云母板岩、含粉砂绢云母板岩、含泥质绢云母板岩等。岩石颜色多为灰黑色。变余泥质结构，变余粉砂泥质结构。板理构造，变余层理构造。主要组成有绢云母，炭质微粒，泥质微粒及泥质显微纹带状鳞片，微晶石英等。

强蚀变闪长玢岩岩石颜色为灰黑色，变余细粒结构，变余板状、似斑状结构，块状构造，主要组分为变余斑晶(15%)、基质(85%)。变余斑晶有斜长石，仅保留外形，晶粒已强蚀变为绢云母，个别颗粒可见聚片双晶；变余斑晶角闪石，已强蚀变为绿泥石，碳酸盐，外形仍可见六边形。基质也是斜长石和角闪石，均强蚀变为绢云母和绿泥石。

(三)西金乌兰单元变质岩

该带位于测区的西南角阿尕日旧一带，近东西向展布，分布宽度约 15km，在测区出露面积不大，根据岩石组合及变质程度可以分为 2 个变质岩带，即错达日玛阿尕日旧-乌石峰低级变质岩带和错达日玛阿尕日旧-苟鲁山克措组低级变质岩带，后者更靠近图幅南边。

1. 西金乌兰单元错达日玛阿尕日旧-乌石峰低级变质岩带变质岩

该带位于巴音莽鄂阿至阿尕日旧一带，近东西向展布，出露一套变质程度为高绿片岩相的低级变质岩。属西金乌兰单元变质岩带。

该变质岩带由变质碎屑岩、变质岩浆岩和变质化学沉积岩组成，岩石种类比较多。

(1)变碎屑岩主要类型：千枚岩化、片理化变质砂岩，板岩，千枚岩，片岩等。

A. 千枚岩化、片理化变质砂岩类：主要类型有片理化细粒石英杂砂岩，千枚岩化细粒岩屑杂砂岩，千枚板岩化细粒岩屑石英杂砂岩，千枚岩化钙质石英粉砂细砂岩，千枚岩化石英粉砂细砂岩，变质中细粒石英杂砂岩，变中粒石英砂岩，变细粒岩屑砂岩，变含砾粗粒岩屑砂岩，变细砂粉砂岩，变质细粒石英砂岩，糜棱岩化绢云母细粒石英岩。这类岩石的颜色多为黄绿色、灰绿色。结构有变余细粒砂状结构、变余粉砂结构，局部可见显微粒状鳞片变晶结构、显微鳞片变晶结构。变余层理构造，局部可见片理构造、千枚理构造。主要组成有变余砂屑，多为细粒级，次棱角状、次圆状，成分以石英为主，见少量硅质岩屑、白云母和长石；原岩基质多已变质结晶，变质矿物有绢云母、变生石英、白云母、黑云母和绿泥石。矿物定向排列，集合体呈条带状，变晶石英微粒多分布于片状矿物间或其条带中。原岩多为碎屑砂岩。

B. 板岩类：主要类型有硅质千枚板岩，绢云母方解石石英千枚板岩，含细砂绢云母千枚板岩(图4－6)。岩石颜色多为灰黑色。变余含砂泥状结构，变余硅质泥状结构，局部可见显微鳞片变晶结构。劈理构造，变余层理构造，显微千枚理构造。岩石主要组成有石英、方解石、绢云母(白云母)及少量绿泥石、铁质、变余砂屑、变余泥质等。石英为粒状变晶—变余砂状；方解石为不等粒粒状变晶，为原岩钙质变质重结晶而成；绢云母(白云母)呈淡绿色调细小片状。原岩为泥灰质细砂—粉砂岩，粉砂质泥岩，硅质泥岩。

C. 千枚岩类：主要类型有含硅质千枚岩，硅质千枚岩，绢云母千枚岩(图4－7)。岩石呈灰—银灰色，灰—深灰色。显微粒状鳞片变晶结构，显微鳞片变晶结构。显微片理构造，千枚状构造。主要组成有绢云母、石英、少量黑云母和铁质。绢云母含量45%～70%，石英25%～40%，黑云母0～25%，铁质0～3%。原岩为硅质泥岩、泥岩。

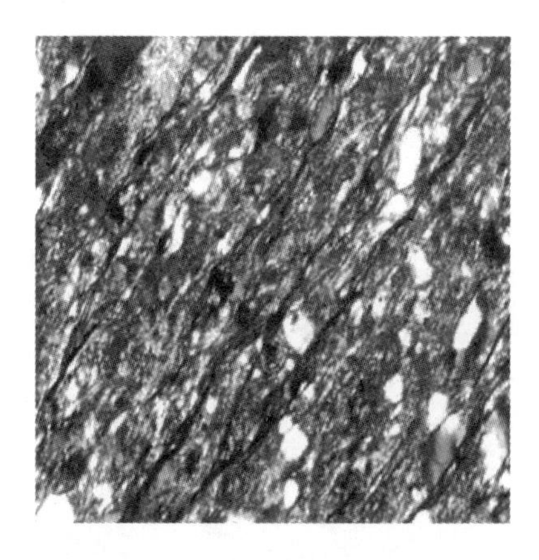

图4－6　含细砂千枚状板岩(10×4正交)

图4－7　千枚岩(10×4正交)

D. 片岩类：主要类型有糜棱岩化绢云母石英千枚片岩，绢云母千枚片岩，炭质绢云母千枚片岩，阳起石绢云母片岩，二云母白云质石英片岩。可分为千枚片岩和片岩两大类。

a. 千枚片岩类：岩石颜色为灰绿色。显微粒状变晶结构，显微鳞片粒状变晶结构。显微片理构造，片理构造。主要物质组成有石英、绢云母、绿泥石、炭质。石英多为粒状变晶，较粗者集合体多呈长透镜体状、条带状，长轴与片理一致；绢云母呈细小片状，集合体呈条带状，含有少量黑云母，定向排列形成显微片理构造；炭质呈粉尘状微粒，将绢云母条带染成黑色，显示密集的板劈理，劈理与片理一致。原岩为细砂—粉砂质泥岩或泥质粉砂—细砂岩。

b. 片岩类：岩石颜色为灰绿色。阳起石绢云母片岩具显微粒状鳞片变晶结构，片理构造。主要矿物有绢云母、石英、阳起石及少量白云母、黑云母、铁质、斜长石。绢云母、白云母(>45%)：鳞状、片状，部分粒径大于0.1mm，集合体呈长透镜体状、条带状，含粉尘铁质色素，部分进一步变质成黑云母。阳起石(<15%)：长柱状，纤维状，横截面见角闪石式解理，浅绿色，多色性微，少部分粒径较大，粒径为0.7 mm×1.3 mm，呈眼球状变斑晶。片状、柱状、纤维状矿物定向性极强，构成片理构造，同时，铁质色素黑条带显示劈理。劈理和片理一致，且受应力作用发生褶皱弯曲。石英(30%)：多数为变晶状，部分变晶被拉长，长轴与片理一致，石英间分布极少量长石。方解石(3%)：粒状变晶，粒径多为0.1mm±，与石英一起呈条带状分布。铁质为5%，黑云母为2%。二云母白云质石英片岩呈显微粒状鳞片变晶结构、鳞片变晶结构(图4-8)，显微片理构造。岩石由变质片状矿物白云母(绢云母)、黑云母、变质粒状矿物白云石、变生石英及少量磁铁矿碎屑、铁质微粒组成。一些碎屑因边部变质结晶形态多为不规则状，成分以石英占优，少量长石、白云母、磁铁矿、电气石。变质片状矿物白云母、黑云母定向排列，形成显微片理构造、条带状构造。部分条带被变质结晶析出的铁质微粒染黑。白云石不规则粒状变晶分布于其他变质颗粒间或片状矿物条带中。白云母、变生微粒石英变质重结晶化的粉砂屑使岩石呈现粒状变晶结构外貌。原岩为泥质细粒砂质—粉砂质石英杂砂岩。

(2)变化学沉积岩岩石主要类型：燧石团块石英岩，绢云母细粒石英岩，灰白色细粒大理岩。可分为石英岩类和大理岩类。

A. 石英岩类：岩石呈灰色。不等粒粒状变晶结构，微粒—细粒不等粒粒状变晶结构，细粒粒状变晶结构。变余层理构造。主要组成有石英、绢云母、方解石，并含少量粉尘状铁质。石英有两种类型：一种是原岩燧石岩的主要矿物，重结晶程度极低，仍为显微粒状，使岩石仍保留原岩燧石岩的外貌；另一类石英为不等粒变晶状，颗粒之间为镶嵌状紧密相连，颗粒内部波状消光、斑状消光明显。燧石岩呈团块状，团块与变晶石英之间，粒径由小到大逐渐过渡，同时见到变晶石英脉体切穿燧石岩团块与周围变晶石英岩体相连，表明变晶石英是燧石岩变质重结晶的结果，燧石岩团块是变质重结晶后的残留体，石英岩中的铁质微粒、粉尘相似，其条带在团块内外相连，也说明了上述结论。

B. 大理岩类：颜色为白色，灰白色。不等粒粒状变晶结构(图4-9)。变余层理构造。主要组成有方解石，微量泥、铁质。方解石呈不等粒晶形，粒径从0.04～0.9mm不等，闪突起明显，高级白干涉色，为原岩碳酸盐矿物不均匀变质重结晶所致，可见聚片双晶。原岩为灰岩。

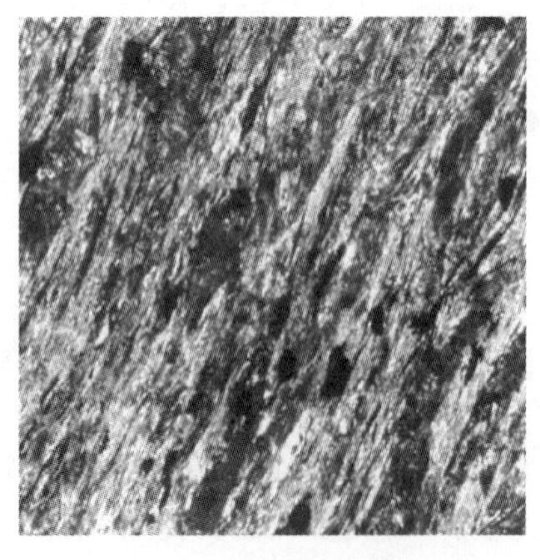

图4-8　鳞片变晶结构(10×4 正交)

图4-9　粒状变晶结构(10×4 正交)

(3)变岩浆岩岩石主要类型:变质玄武岩,变质粒玄岩,变辉绿岩,变辉长岩,变质辉石岩,纤闪石化辉石岩,蛇纹纤闪石化橄辉岩。可分为变火山岩类,变基性侵入岩类,变超镁铁质岩类。

A. 变火山岩类:变玄武岩类、变粒玄岩类,这类岩石变质后通常形成钠长阳起绿帘石岩、钠长绿帘阳起石岩。岩石颜色呈灰绿色。显微柱、粒状变晶结构,显微粒状纤状变晶结构,变余粒玄结构,变余拉斑玄武结构。主要组成有绿帘石、阳起石、钠长石、石英及少量白钛矿,有的薄片见有残存普通辉石、斜长石、绿泥石。绿帘石、黝帘石(30%):微粒状集合体,集合体呈不规则斑块状,高突起,色调显得浑暗,为原岩斜长石的蚀变产物。阳起石(20%):单体长柱状、纤维状、针状,集合体呈束装,不定向分布或形成不明显的片理,单体粒径多小于 0.04 mm×0.4 mm,淡绿色,多色性微,为原岩暗色矿物(辉石类)的蚀变矿物。钠长石、石英(30%):常一起共生,其中部分钠长石呈板条状,隐约可见聚片双晶,石英多为不规则微晶状,为原岩斜长石的蚀变产物。碳酸盐(方解石 15%):微粒状单体,集合体呈不规则团块状,混有白钛矿,色调较暗。白钛矿(<5%):粒状、云雾状,集合体呈不规则条带状定向分布显示密集的劈理或片理。岩石变质程度:绿片岩相—高绿片岩相。

B. 变基性侵入岩类:变辉绿岩和变辉长岩。岩石多变为绿帘阳起石岩,阳起绿帘石岩,钠长阳起绿帘石岩。岩石多为灰绿色。变辉绿岩为纤状粒状变晶结构,变余辉绿结构(图 4-10),纤状柱状变晶结构,变余粒玄—细粒辉绿结构;变辉长岩为纤状粒状变晶结构,斑状变晶结构。块状构造。主要组成有绿帘石、阳起石、钠长石、白钛矿、黝帘石,纤闪石、绢云母、碳酸盐、钛铁矿、绿泥石等。绿(黝)帘石,半自形—他形粒状,粒径多小于 0.09 mm×0.16mm,集合体呈斑块状,为原岩斜长石的蚀变产物;阳起石(纤闪石),纤维状—近等轴粒状,较大者达 1.2 mm×1.7mm,淡绿色调,多色性微弱;钠长石,多为不规则状,见双晶,有的仍保留原岩斜长石的假象;白钛矿,不规则粒状,粒径多为 0.3~0.5mm,絮状,反射光下呈白色。岩石变质程度:绿片岩相—高绿片岩相。

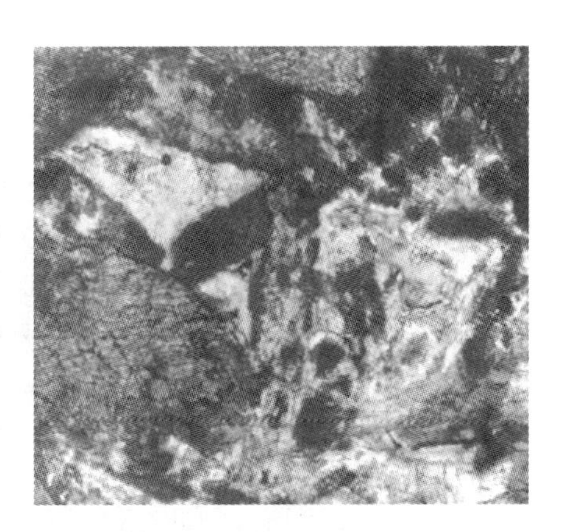

图 4-10　变余辉绿结构(10×4 正交)

C. 变超镁铁质岩类:变辉石岩,纤闪石化辉石岩,蛇纹纤闪石化橄辉岩。灰黑色,变余粒状结构,鳞片变晶结构—粒状鳞片变晶结构,纤状变晶结构。主要组成有变余辉石、纤闪石、黝帘绿帘石、绿泥石、蛇纹石、白钛矿、黑云母、透闪石、滑石、棕色角闪石、磁铁矿和碳酸盐等。变余辉石,短柱—不规则状,无色,见有近四边形的八边形横切面,为透辉石或富镁的普通辉石;棕闪石,多为不规则状,交代蚕食辉石,较大者 2 mm×3mm,深褐—浅黄褐多色性;黑云母,不规则片状,大者约 0.5mm,暗褐—淡褐色,交代辉石和角闪石;斜长石,分布辉石粒间,显示其最后结晶,多强烈黝帘石绿帘石化,少数者可见聚片双晶;纤闪石,显微鳞片状,可能是辉石的蚀变产物;蛇纹石,显微鳞片状,与镁质绿泥石共生,进变质形成纤闪石,集合体呈不规则粒状假象,有可能为橄榄石的蚀变产物。

2. 西金乌兰单元错达日玛阿尕日旧-苟鲁山克措组低级变质岩带变质岩

该带位于巴音莽鄂阿至阿尕日旧乌石峰蛇绿混杂岩的南边,近东西向展布,出露一套变质程度为高绿片岩相的低级变质岩。属西金乌兰单元变质岩带。

该变质岩带主要由一套石英岩组成,有中细粒二云母石英片岩、细—微粒绿泥石石英片岩、中细粒黑云母石英片岩、细粒绿泥石绿帘石石英片岩、细粒含石榴石黑云母石英片岩,局部夹有千枚状板岩。

中细粒二云母石英片岩(图 4-11),灰黑色,细鳞片变晶结构、中粒状变晶结构,片状构造,主要组成有石英、黑云母、白云母(绢云母),少量钾长石。石英,多数细粒状,少数粗粒状,含量 82%;黑云母，细鳞片状，深褐—浅黄褐色，长轴定向，呈细级带状分布，含量10%；白云母(绢云母)，细鳞片状，粒径小于0.05mm，含量6%。

细—微粒绿泥石石英片岩，颜色为灰黑色，中—细粒鳞片变晶及细—微粒状变晶结构，片状构造，薄片局部见有褶皱构造，主要组成有石英、绿泥石、方解石、黑云母。石英，80%，他形粒状，多数粒径小于0.05mm，少数粒径为0.1～0.2mm；绿泥石，12%，片状聚集，呈断续纹带状分布；方解石，5%，晚期贯入，粗晶结构，个别呈透镜状，多数分散呈扁豆体；黑云母，3%，片状晶形，具黄—黄褐色多色性，定向排列，与绿泥石共生。

中细粒黑云母石英片岩(图4-12)，细粒含石榴石黑云母石英片岩岩石颜色灰黑色，中—细粒鳞片变晶结构及中—细粒状鳞片变晶结构，片状构造，主要组成石英、黑云母、正长石、石榴子石、炭质填屑物等。石英，80%，他形粒状，晶粒间呈镶嵌状接触，粒径0.05～0.4mm；黑云母，7%，鳞片状，深褐—浅黄色，定向排列呈断续带状分布；正长石，8%～10%，他形粒状，粒径0.2～0.3mm；炭质填屑物，0～5%，呈不规则状，为原岩残留物；石榴子石，0～3%，具筛状构造，晶粒中多包有细粒石英，半自形—他形，粒径0.25～0.50mm。

图4-11　二云母石英片岩
(10×4 正交)

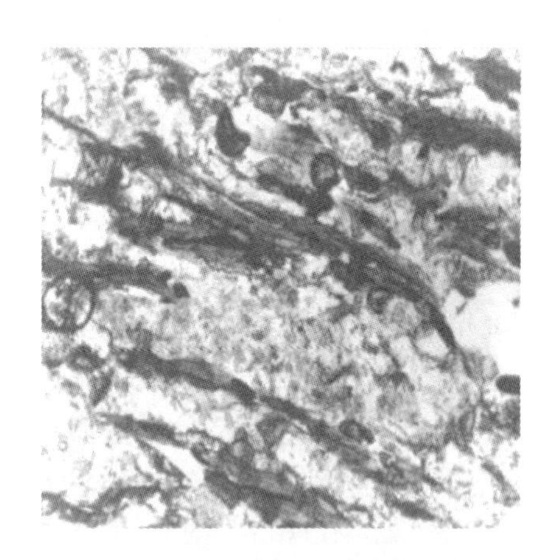
图4-12　黑云母石英片岩
(10×10 单偏)

细粒绿泥石绿帘石石英片岩，颜色为灰黑色，细粒鳞片变晶结构及细粒粒状变晶结构，片状构造，主要组成有石英、绿帘石、钾长石、黑云母等。石英，他形粒状，颗粒间呈镶嵌状接触，略有定向，粒径0.10～0.30mm，80%；绿帘石，他形细粒状，呈分散及团状聚集，粒径0.05～0.25mm，8%；正长石，他形粒状，粒径0.2～0.4mm，8%；黑云母，多数已经绿泥石化，定向排列呈断续分布，粒径0.15～0.30mm，4%。

板岩类，为千枚状板岩，以夹层形式出露，颜色为灰绿色，粒状鳞片变晶结构，千枚状板状构造，主要组成有绢云母、石英等。

二、区域动热变质作用

(一)区域变质相带的分布及一般特征

根据测区构造特征，以及测区变质岩、变质矿物的组合及矿物特征，将测区变质相及变质相系做了初步划分，其结果见表4-1和图4-1，从表中可以看出测区区域变质岩存在从葡萄石-绿纤石相到高角闪岩相，总体变质程度不高，但测区压力普遍较高，为低至中压，少数达高压。鉴于测区巴颜喀拉山群分布面积较大，变质程度又低，对其变质相的划分，一般方法又不行，本次特利用伊利石

结晶度和 bo 值划分出变质相和变质相系，结果见表 4－1。下面就测区变质作用特征进行描述。

1. 阿尼玛卿单元

该单元一部分位于昆仑山脉，这里称昆仑山脉马尔争组低级变质岩带，该单元变质相为绿片岩相。变质相系为低压变质相系。

2. 巴颜喀拉单元

该单元位于昆仑山脉以南至错仁德加—错达日玛之间，依据伊利石结晶度共分为 4 个变质岩带，即昆仑山脉巴颜喀拉山群近变质—浅变质岩带、库赛湖-约巴巴颜喀拉山群浅变质带、楚玛尔河巴颜喀拉山群近变质带、五道梁巴颜喀拉山群近变质带。由北往南 4 个变质岩带的变质相分别为：①葡萄石-绿纤石相、绿纤石-阳起石相、低绿片岩相，②低绿片岩相，③葡萄石-绿纤石相、绿纤石-阳起石相，④葡萄石-绿纤石相、绿纤石-阳起石相。变质相系均为中—低压变质相系。该单元多处见有印支期岩体，并伴随有接触变质带，褶皱构造变形和断裂构造广泛发育。

3. 西金乌兰单元

该单元位于图幅西南角的错达日玛阿尕日旧附近，在测区出露面积不大，可以分为 2 个带，即西金乌兰单元错达日玛阿尕日旧-乌石峰低级变质岩带和西金乌兰单元错达日玛阿尕日旧-苟鲁山克措组低级变质岩带。变质相均为高绿片岩相，变质相系分别为高压变质相系和中—低压变质相系。

（二）阿尼玛卿单元二叠系昆仑山脉马尔争组变质作用

1. 矿物共生组合

通过显微镜观察，马尔争组变质矿物共生组合（图 4－13）如下。

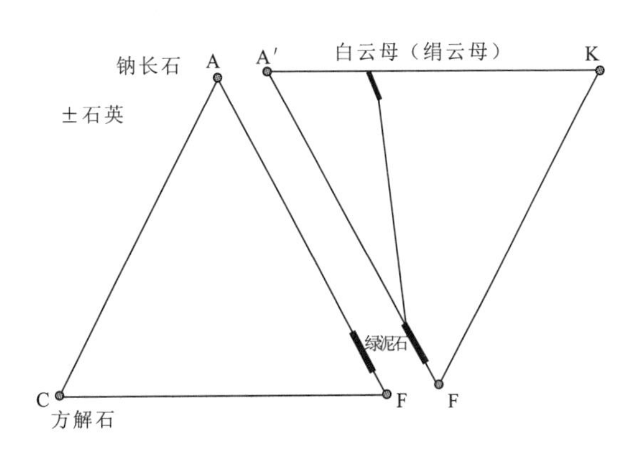

图 4－13　马尔争组变质矿物共生组合

长英质变质岩：绢云母（白云母）＋石英＋方解石；
泥质变质岩：绢云母（白云母）＋石英＋绿泥石。
从矿物组合特征可以看出，马尔争组具极低级—低级变质岩相矿物组合。

2. 变质矿物成分、结构特征

在马尔争组变质岩中选取 4 个样品做白云母、绢云母电子探针分析和 X 射线衍射分析，结果见表4－2和表 4－3。

表 4-2 马尔争组绢(白)云母探针分析结果

样品编号	B4595-2-1	B4596-1-1	B4596-2-1	B4596-3-1
样品名称	绢云母	绢云母	绢云母	白云母
SiO_2(%)	51.44	49.83	51.17	48.67
TiO_2(%)	0.19	0.47	0.29	0.43
Al_2O_3(%)	32.94	35.77	36.47	35.63
FeO(%)	1.58	1.38	1.18	2.02
MgO(%)	2.05	0.96	0.85	0.86
CaO(%)	0.00	0.04	0.01	0.02
Na_2O(%)	0.27	0.37	0.47	0.50
K_2O(%)	8.49	8.66	8.01	7.92
合计(%)	96.96	97.48	98.45	96.05
Si^{4+}	3.300	3.180	3.220	3.160
Ti^{4+}	0.010	0.020	0.010	0.020
Al^{3+}	2.500	2.690	2.700	2.730
Fe^{2+}	0.080	0.070	0.060	0.110
Mg^{2+}	0.200	0.090	0.080	0.090
Ca^{2+}	0.000	0.000	0.000	0.000
Na^+	0.040	0.050	0.060	0.070
K^+	0.700	0.710	0.640	0.660
离子数总和	6.830	6.810	6.770	6.840
Al^{VI}	1.810	1.890	1.930	1.910
RM	0.280	0.160	0.140	0.200
$Na^+/(Na^++K^+)$	0.054	0.066	0.086	0.096
结晶度		0.16		
bo 值		8.998		
T(℃)		374	454	454

表 4-3 马尔争组绢(白)云母离子数及差值

	样品编号	B4595-2-1	B4596-1-1	B4596-2-1	B4596-3-1	低压相系	中压相系	高压相系
	样品名称	镁铁白云母	镁铁白云母	白云母	镁铁白云母	绢云母	绢云母	绢云母
绢(白)云母离子数	Si^{4+}	3.3	3.180	3.22	3.16	3.110	3.250	3.280
	Al^{3+}	2.500	2.690	2.700	2.730	2.590	2.210	2.275
	Al^{VI}	1.81	1.89	1.93	1.91	1.700	1.460	1.555
	Mg^{2+}	0.125	0.138	0.056	0.070	0.085	0.190	0.365
绢(白)云母离子数差值	Si^{4+}	0.190	0.070	0.110	0.050	0.000	0.140	0.170
	Al^{3+}	−0.090	0.100	0.110	0.140	0.000	−0.380	−0.315
	Al^{VI}	0.110	0.190	0.230	0.210	0.000	−0.240	−0.145
	Mg^{2+}	0.040	0.053	−0.029	−0.015	0.000	0.105	0.280

a. 白云母成分特征：从表中可以看出，马尔争组白云母均为多硅白云母，只有少量样品接近普通白云母。利用薛君治等(1985)白云母温度公式：

$$T=21.568+47.767(par)-1.565(par)^2+0.0214(par)^3,\ par=100Na/(Na+K)(mor\%)$$

得出的变质温度列于表 4-2，可以看到，马尔争组变质温度多数在 370～570℃之间。

依据白云母成分中硅、镁铁及六次配位铝离子数与三波川白云母成分绘出的马尔争组成分压力特征图见图 4-14。从图 4-14 中可以看出昆仑山脉马尔争组白云母的变质压力多数是低压—

中压，只有 B4595－2－1 样品表现为中—高压，而 B4595－2－1 样品采集于断裂带，为构造片岩样品。图 4－14 中 Bp 编号为不冻泉幅样品。

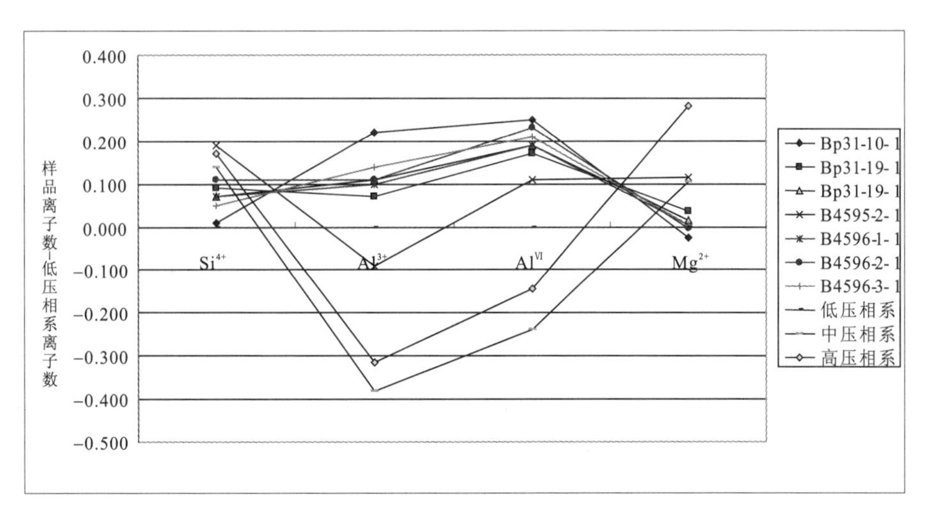

图 4－14　昆仑山脉马尔争组绢云母成分压力特征

b. 白云母结构特征：根据表 4－2，昆仑山脉马尔争组变质岩白云母结晶度为 0.16，Kuble(1967)根据结晶度划分出极低级带，Frey 等(1987)又将晶度与变质相、变质温度联系起来得出变质级、变质相、变质温度与结晶度的关系结果(表 4－3)。故将其归属于绿片岩相，变质温度为370～560℃之间。昆仑山脉马尔争组有一个样品做了 bo 值测试，Sassi(1976)提出了白云母 bo 值压力计，并以 bo 值大小把压力划分为以下几个类型：bo＜9.000 为低压相，9.000＜bo＜9.040 为中压相，bo＞9.040 为高压相，昆仑山脉马尔争组属低压变质相系。

综合以上岩石的矿物共生组合和绢云母成分、结构特征，可以初步确定阿尼玛卿单元昆仑山脉马尔争组变质压力为低—中压，变质温度 350～570℃，变质相属绿片岩相。

(三)巴颜喀拉单元三叠系昆仑山脉巴颜喀拉山群变质作用

——矿物共生组合

通过显微镜下观察，昆仑山脉巴颜喀拉山群变质矿物共生组合(图 4－15)如下。

长英质变质岩：绢云母＋石英＋绿泥石；

泥质变质岩：绢云母＋绿泥石＋石英＋方解石。

从矿物共生组合特征可以看出，巴颜喀拉山群的矿物组合比较简单，为极低级变质—低级变质相组合，其变质相应该是极低级变质岩相—低绿片岩相。

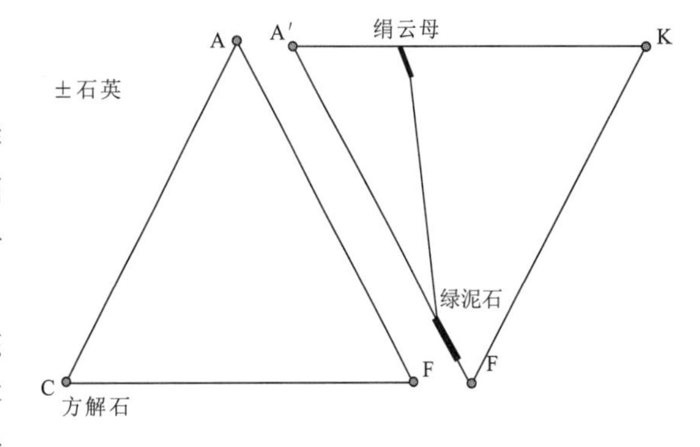

图 4－15　昆仑山脉巴颜喀拉山群矿物共生组合图

综合以上岩石的矿物共生组合，结合邻近不冻泉幅绢云母成分、结晶度特征，可以初步确定巴颜喀拉单元昆仑山脉巴颜喀拉山群变质岩有葡萄石-绿纤石相、绿纤石-阳起石相、低绿片岩相，变质相系为低中压，变质温度 170～400℃。

(四)巴颜喀拉单元库赛湖-约巴巴颜喀拉山群变质作用

1. 矿物共生组合

通过显微镜观察,库赛湖-约巴巴颜喀拉山群变质矿物共生组合如下。

长英质变质岩:绢云母+石英+绿泥石;

泥质变质岩:绢云母+绿泥石+石英+方解石。

从矿物共生组合特征可以看出,库赛湖-约巴巴颜喀拉山群的矿物组合比较简单,与昆仑山脉巴颜喀拉山群矿物组合相近,为极低级变质—低级变质相组合,其变质相应该是极低级变质岩相—低绿片岩相。

2. 变质矿物成分、结构特征

在邻近的不冻泉幅和本区库赛湖-约巴巴颜喀拉山群变质岩中选取绢云母、绿泥石做电子探针分析和 X 射线衍射分析,结果见表 4-4、表 4-5、表 4-6。

表 4-4 不冻泉-库赛湖-约巴巴颜喀拉山群绢云母样品探针分析结果

样品编号	B4522-1	B4541-1-1	B4563-1-1	B4571-1-1	B4573-1-1	B4602-2-1
样品名称	绢云母	绢云母	绢云母	绢云母	绢云母	绢云母
SiO_2(%)	51.79	50.21	47.50	50.08	53.20	51.53
TiO_2(%)	0.37	0.42	0.23	0.14	0.24	0.21
Al_2O_3(%)	34.57	30.87	32.82	36.56	27.99	32.48
FeO(%)	1.69	2.39	4.02	0.53	4.91	2.55
MnO(%)	0.03	0.00	0.00	0.00	0.00	0.00
MgO(%)	1.42	2.01	2.59	0.94	2.92	1.87
CaO(%)	0.04	0.16	0.01	0.04	0.05	0.02
Na_2O(%)	0.29	0.43	0.28	0.99	0.18	0.16
K_2O(%)	8.40	8.59	7.36	6.69	7.50	8.38
合计(%)	98.6	95.08	94.82	96.65	97	97.18
Si^{4+}	3.270	3.310	3.160	3.220	3.450	3.310
Ti^{4+}	0.020	0.020	0.010	0.010	0.010	0.010
Al^{3+}	2.570	2.400	2.570	2.730	2.140	2.460
Fe^{2+}	0.090	0.130	0.220	0.030	0.270	0.140
Mn^{2+}	0.000	0.000	0.000	0.000	0.000	0.000
Mg^{2+}	0.130	0.200	0.260	0.090	0.280	0.180
Ca^{2+}	0.000	0.010	0.000	0.000	0.000	0.000
Na^{+}	0.030	0.060	0.040	0.130	0.020	0.020
K^{+}	0.680	0.720	0.620	0.550	0.620	0.690
离子数总和	6.790	6.850	6.880	6.750	6.790	6.810
Al^{VI}	1.860	1.730	1.740	1.960	1.600	1.780
RM	0.220	0.330	0.480	0.120	0.550	0.320
Na^{+}	0.042	0.077	0.061	0.191	0.031	0.028
bo 值	9.022	9.044	9.058	9.012	9.012	9.060
结晶度	0.210	0.150	0.190	0.200	0.200	0.150
T(℃)	>350	406	358	>350	>350	>350

表 4-5 不冻泉-库赛湖-约巴巴颜喀拉山群绢云母样品离子数及差值

样品编号		B4522-1	B4541-1-1	B4563-1-1	B4571-1-1	B4573-1-1	B4602-2-1	低压相系	中压相系	高压相系
样品名称		绢云母	绢云母	绢云母	绢云母	绢云母	绢云母	绢云母	绢云母	绢云母
绢云母离子数	Si^{4+}	3.270	3.310	3.160	3.220	3.450	3.310	3.110	3.250	3.280
	Al^{3+}	2.570	2.400	2.570	2.730	2.140	2.460	2.590	2.210	2.275
	Al^{VI}	1.860	1.730	1.740	1.960	1.600	1.780	1.700	1.460	1.555
	Mg^{2+}	0.130	0.200	0.260	0.090	0.280	0.180	0.085	0.190	0.365
绢云母离子数差值	Si^{4+}	0.160	0.200	0.050	0.110	0.340	0.200	0.000	0.140	0.170
	Al^{3+}	-0.020	-0.190	-0.020	0.140	-0.450	-0.130	0.000	-0.380	-0.315
	Al^{VI}	0.160	0.030	0.040	0.260	-0.100	0.080	0.000	-0.240	-0.145
	Mg^{2+}	0.045	0.115	0.175	0.005	0.195	0.095	0.000	0.105	0.280

(1)绢云母

表 4-4 为不冻泉-库赛湖-约巴巴颜喀拉山群变质岩 6 个样品绢云母的探针分析和 X 射线衍射分析结果,表 4-5 为绢云母离子数及差值。

a. 绢云母成分特征:从表中可以看出,不冻泉-库赛湖-约巴巴颜喀拉山群变质岩中绢云母均为多硅白云母,只有少量样品接近普通白云母。利用薛君治等(1985)白云母温度公式得出的几个样品变质温度列于表 4-4,可以看出,不冻泉-库赛湖-约巴巴颜喀拉山群变质温度多数在 355~400℃之间。

依据绢云母成分中硅、镁铁及六次配位铝离了数与三波川绢云母成分绘出的不冻泉-库赛湖-约巴巴颜喀拉山群成分压力特征见图 4-16,图中 B40 开头的为不冻泉幅样品。从图中可以看出不冻泉-库赛湖-约巴巴颜喀拉山群绢云母的变质压力多数是中压偏低,主要表现在绢云母的硅、镁铁含量较高;少数为中—高压,尤其是库赛湖西的几个样品,显示可能有断裂带的存在。

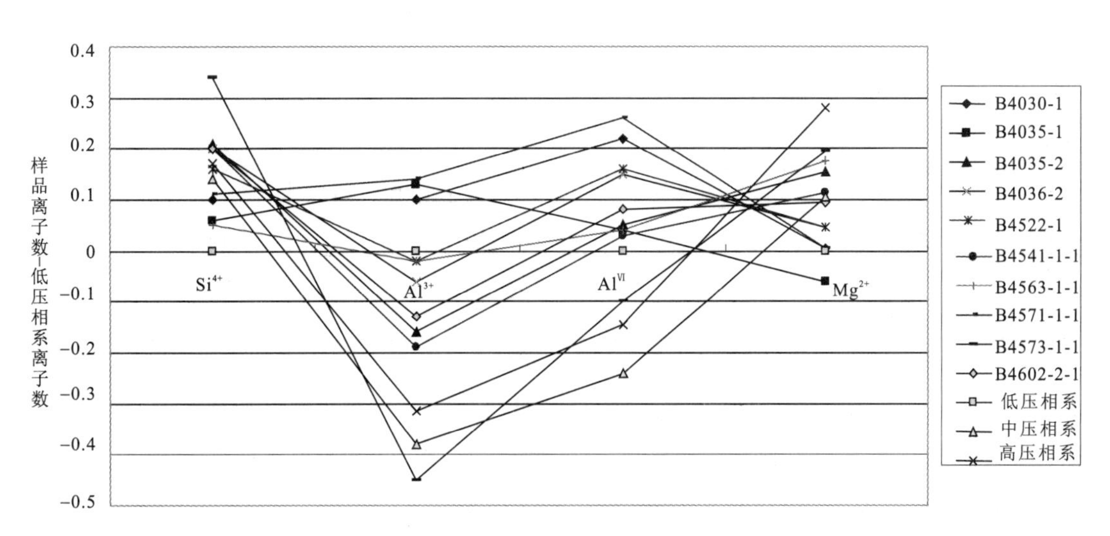

图 4-16 不冻泉-库赛湖-约巴巴颜喀拉山群绢云母成分压力特征

b. 绢云母结构特征:根据表 4-4 中的结果,不冻泉-库赛湖-约巴巴颜喀拉山群变质岩绢云母结晶度在 0.15~0.20 之间,故将其归属于低绿片岩相,变质温度在 350~400℃之间。不冻泉-库赛湖-约巴巴颜喀拉山群绢云母 3 个 bo 值在 9.000~9.040 之间,属中压变质相系,以低中压为主,有

3个样属高压变质相系。

(2)绿泥石

该带共有6个不冻泉-库赛湖-约巴巴颜喀拉山群绿泥石探针分析，结果见表4-6，表中不冻泉-库赛湖-约巴巴颜喀拉山群绿泥石均为鳞绿泥石(X_{Mg}=0.38～0.50)。

表4-6 不冻泉-库赛湖-约巴巴颜喀拉山群绿泥石探针分析结果

样品编号	B4522-1	B4540-2	B4541-1	B4563-1-1	B4573-1	B4602-2
样品名称	绿泥石	绿泥石	绿泥石	绿泥石	绿泥石	绿泥石
SiO_2(%)	24.68	25.83	30.42	25.65	27.17	25.60
TiO_2(%)	0.00	0.00	0.00	0.00	0.36	0.00
Al_2O_3(%)	21.97	24.91	23.84	25.01	20.24	23.19
FeO(%)	26.10	26.87	22.10	28.00	27.53	27.64
MnO(%)	0.00	0.13	0.01	0.01	0.17	0.09
MgO(%)	11.59	11.71	10.36	9.74	10.41	11.99
CaO(%)	0.00	0.00	0.17	0.00	1.72	0.01
Na_2O(%)	0.00	0.00	0.83	0.00	0.02	0.00
K_2O(%)	0.00	0.00	1.54	0.02	0.00	0.00
Cr_2O_3(%)	0.04	0.00	0.00	0.00	0.00	0.00
合计(%)	84.37	89.44	89.29	88.43	87.61	88.35
Si^{4+}	2.130	2.090	2.410	2.110	2.280	2.110
Ti^{4+}	0.000	0.000	0.000	0.000	0.020	0.000
Al^{3+}	2.240	2.380	2.230	2.430	2.000	2.260
Fe^{2+}	1.980	1.820	1.460	1.930	1.930	1.910
Mn^{2+}	0.000	0.010	0.000	0.000	0.010	0.010
Mg^{2+}	1.490	1.410	1.220	1.200	1.300	1.470
Ca^{2+}	0.000	0.000	0.010	0.000	0.150	0.000
Na^{+}	0.000	0.000	0.130	0.000	0.000	0.000
K^{+}	0.000	0.000	0.160	0.020	0.000	0.000
离子数总和	7.840	7.710	7.620	7.690	7.690	7.760
Al^{VI}	0.370	0.470	0.640	0.540	0.280	0.370
Al^{IV}	1.870	1.910	1.590	1.890	1.720	1.890
FM	3.470	3.230	2.680	3.130	3.230	3.380
$Fe^{2+}/(Fe^{2+}+Mg^{2+})$	0.571	0.563	0.545	0.617	0.598	0.565

综合以上岩石的矿物共生组合和绢云母成分、结构特征，可以初步确定巴颜喀拉单元不冻泉-库赛湖-约巴巴颜喀拉山群变质岩为低绿片岩相，变质相系为低中压，变质温度在350～400℃之间。

(五)巴颜喀拉单元三叠系楚玛尔河巴颜喀拉山群变质作用

——矿物共生组合

通过显微镜下观察，楚玛尔河巴颜喀拉山群变质矿物共生组合(图4-17)如下。

长英质变质岩：绢云母＋石英＋绿泥石；

泥质变质岩:绢云母+绿泥石+石英+方解石。

从矿物共生组合特征可以看出,楚玛尔河巴颜喀拉山群的矿物组合比较简单,与昆仑山脉巴颜喀拉山群、库赛湖约巴巴颜喀拉山群矿物组合相近,为极低级变质—低级变质相组合,其变质相应该是极低级变质岩相—低绿片岩相。

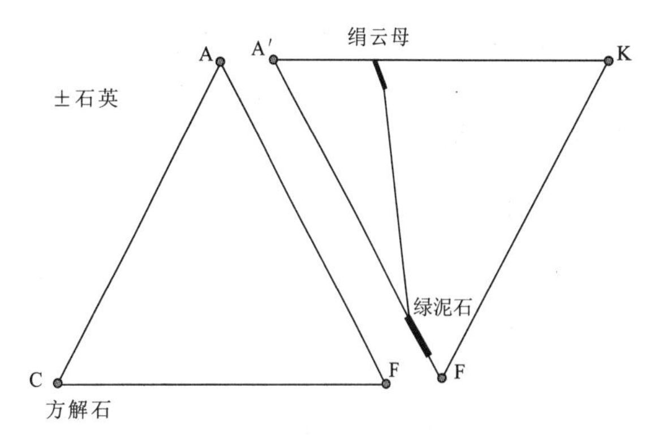

图 4-17　楚玛尔河巴颜喀拉山群矿物共生组合

综合以上岩石的矿物共生组合,结合邻区不冻泉幅绢云母成分、结构特征,可以初步确定巴颜喀拉单元楚玛尔河巴颜喀拉山群变质岩为葡萄石-绿纤石相和绿纤石阳起石相,变质温度为 200～350℃之间。变质相系为低中压。

(六)巴颜喀拉单元五道梁巴颜喀拉山群变质作用

——矿物共生组合

通过显微镜下观察,五道梁巴颜喀拉山群变质矿物共生组合(图 4-18)如下。

长英质变质岩:绢云母+石英+绿泥石;

泥质变质岩:绢云母+绿泥石+石英+方解石。

从矿物共生组合特征可以看出,五道梁巴颜喀拉山群的矿物组合同样比较简单,与昆仑山脉巴颜喀拉山群、库赛湖-约巴、楚玛尔河巴颜喀拉山群矿物组合相近,为极低级变质—低级变质相组合,其变质相应该是极低级变质岩相—低绿片岩相。

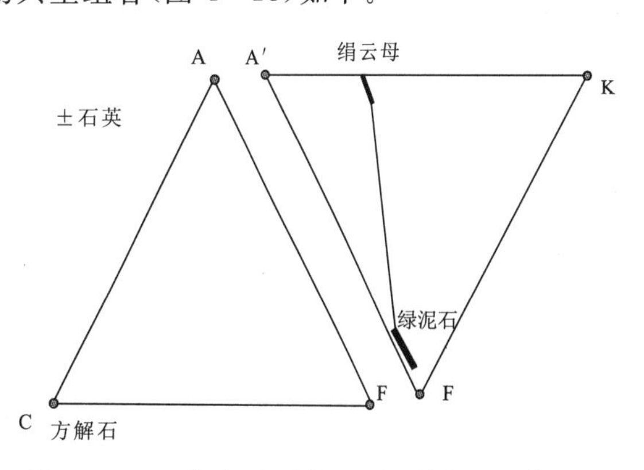

图 4-18　五道梁巴颜喀拉山群矿物共生组合图

综合以上岩石的矿物共生组合,结合邻区不冻泉幅绢云母成分、结构特征,可以初步确定巴颜喀拉单元五道梁巴颜喀拉山群变质岩为葡萄石-绿纤石相和绿纤石-阳起石相,变质温度在 200～350℃之间。变质相系为低中压。

(七)西金乌兰单元三叠系错达日玛阿尕日旧-乌石峰变质作用

1. 矿物共生组合

通过显微镜观察,错达日玛阿尕日旧乌石峰岩组变质矿物共生组合(图 4-19)如下。

钙质变质岩:方解石;

基性变质岩:钠长石+阳起石+绿帘石+石英+黑云母;

泥质变质岩:绢云母+石英+黑云母,石英+绢云母(白云母)+方解石,绢云母+石英;

长英质变质岩:石英+长石+绢云母+绿帘石+黑云母;

镁质变质岩:蛇纹石+纤闪石+绿泥石+方解石。

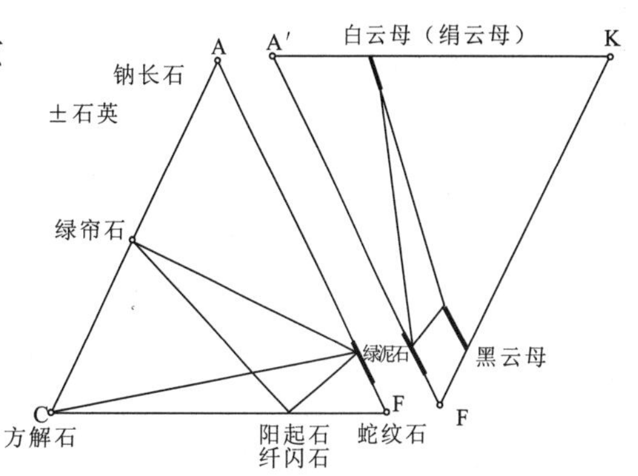

图 4-19　阿尕日旧乌石峰岩组矿物共生组合

从矿物共生组合特征可以看出，错达日玛阿尕日旧乌石峰岩组的矿物组合比较复杂，不同的原岩具有不同的变质矿物组合，是测区变质程度最深的一套矿物组合，但仍为低级变质矿物组合，结合其岩石组构考虑，错达日玛阿尕日旧乌石峰岩组变质相应是高绿片岩相。

2. 变质矿物成分、结构特征

从错达日玛阿尕日旧乌石峰岩组变质岩中选取绢云母、绿泥石做电子探针分析和 X 射线衍射分析，测试结果见表 4－7、表 4－9。

(1)绢云母

表 4－7 为错达日玛阿尕日旧乌石峰变质岩 5 个样品绢云母的探针分析结果，表 4－8 为绢云母离子数及与低压相系绢云母离子数差值。

表 4－7 乌石峰、苟鲁山克措组绢(白)云母样品探针分析结果

	乌石峰					苟鲁山克措组		
样品编号	KP14－2－1	KP14－2－2	KP14－5－1	KP14－5－2	KP14－10－2	KP16－1－1	KP16－2－1	KP16－9－2
样品名称	绢云母	绢云母	绢云母	绢云母	绢云母	白云母	白云母	白云母
SiO_2(%)	52.01	52.05	53.58	52.55	53.05	52.61	48.38	48.89
TiO_2(%)	0.06	0.03	0.00	0.14	0.34	0.38	0.34	0.66
Al_2O_3(%)	24.81	27.55	27.99	31.22	33.30	32.54	34.62	35.87
FeO(%)	2.93	2.48	2.94	2.76	2.82	1.92	2.40	2.70
MnO(%)	0.00	0.00	0.00	0.00	0.00	0.00		0.00
MgO(%)	4.74	3.88	3.47	2.60	2.04	2.04	0.99	0.70
CaO(%)	0.00	0.03	0.00	0.00	0.01	0.04	0.18	0.05
Na_2O(%)	0.02	0.03	0.00	0.20	0.09	0.37	0.57	0.98
K_2O(%)	9.51	9.93	9.34	9.41	5.21	9.14	7.39	8.32
合计(%)	94.08	95.98	97.32	98.88	96.86	99.04	94.87	98.17
Si^{4+}	3.500	3.430	3.460	3.340	3.350	3.320	3.180	3.130
Ti^{4+}	0.000	0.000	0.000	0.010	0.020	0.020	0.020	0.030
Al^{3+}	1.970	2.140	2.130	2.340	2.480	2.420	2.680	2.710
Fe^{2+}	0.160	0.140	0.160	0.150	0.150	0.100	0.130	0.140
Mn^{2+}	0.000	0.000	0.000	0.000	0.000	0.000	0.000	0.000
Mg^{2+}	0.480	0.380	0.330	0.250	0.190	0.190	0.100	0.070
Ca^{2+}	0.000	0.000	0.000	0.000	0.000	0.000	0.010	0.000
Na^{+}	0.000	0.000	0.000	0.020	0.010	0.050	0.070	0.120
K^{+}	0.820	0.830	0.770	0.760	0.420	0.740	0.620	0.680
离子数总和	6.930	6.920	6.850	6.870	6.620	6.840	6.810	6.880
Al^{VI}	1.470	1.570	1.590	1.690	1.850	1.760	1.880	1.870
RM	0.640	0.520	0.490	0.400	0.340	0.290	0.230	0.210
$Na^{+}/(Na^{+}+K^{+})$	0.000	0.000	0.000	0.026	0.023	0.063	0.101	0.150

表 4-8　乌石峰、苟鲁山克措组绢(白)云母样品离子数及差值

	样品编号	KP14-2-1	KP14-2-2	KP14-5-1	KP14-5-2	KP14-10-2	KP16-1-1	KP16-2-1	KP16-9-2	低压相系	中压相系	高压相系
绢(白)云母离子数	Si^{4+}	3.500	3.430	3.460	3.340	3.350	3.320	3.180	3.130	3.110	3.250	3.280
	Al^{3+}	1.970	2.140	2.130	2.340	2.480	2.420	2.680	2.710	2.590	2.210	2.275
	Al^{VI}	1.470	1.570	1.590	1.690	1.850	1.760	1.880	1.870	1.700	1.460	1.555
	Mg^{2+}	0.480	0.380	0.330	0.250	0.190	0.190	0.100	0.070	0.085	0.190	0.365
绢(白)云母离子数差值	Si^{4+}	0.390	0.320	0.350	0.230	0.240	0.210	0.070	0.020	0.000	0.140	0.170
	Al^{3+}	−0.620	−0.450	−0.460	−0.250	−0.110	−0.170	0.090	0.120	0.000	−0.380	−0.315
	Al^{VI}	−0.230	−0.130	−0.110	−0.010	0.150	0.060	0.180	0.170	0.000	−0.240	−0.145
	Mg^{2+}	0.395	0.295	0.245	0.165	0.105	0.105	0.015	−0.015	0.000	0.105	0.280

绢云母成分特征：从表中可以看出，错达日玛阿尕日旧乌石峰变质岩中绢云母均为多硅白云母。利用薛君治等(1985)白云母温度公式得出的变质温度都与实际情况相差较远，这可能是多硅白云母含硅较高，且3T型多型含量较高的原因。

依据测区绢云母成分中硅、镁铁及六次配位铝离子数与三波川绢云母成分绘出的错达日玛阿尕日旧乌石峰成分压力特征见图4-20。从图中可以看出，错达日玛阿尕日旧乌石峰绢云母的变质压力多为高压，只有少数样品表现为中高压。

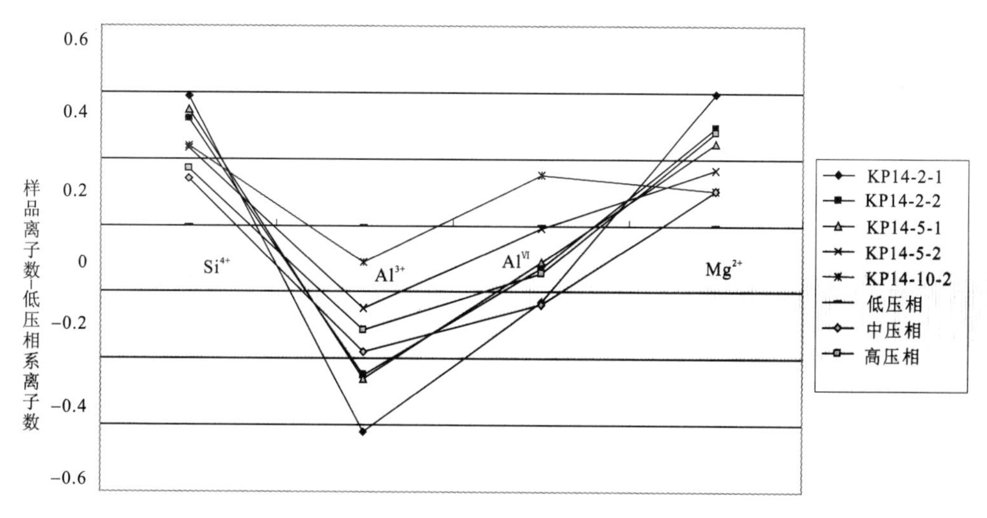

图 4-20　乌石峰岩组绢云母成分压力特征

(2)绿泥石

该带共有3个错达日玛阿尕日旧乌石峰绿泥石探针分析，结果见表4-9，表中错达日玛阿尕日旧乌石峰绿泥石均为密绿泥石(X_{Mg}=0.51～0.67)。综合以上岩石的矿物共生组合和绢云母成分特征，可以初步确定西金乌兰单元错达日玛阿尕日旧乌石峰变质岩为高绿片岩相，变质温度在400～500℃之间。变质相系为高压。

表 4-9 乌石峰岩组绿泥石样品探针分析结果

样品编号	KP13-5-1	KP13-9-1	KP13-1-1
样品名称	绿泥石	绿泥石	绿泥石
SiO_2(%)	27.77	26.47	27.92
TiO_2(%)	0.06	0.02	0.00
Al_2O_3(%)	22.36	21.33	22.84
FeO(%)	23.30	17.37	18.81
MnO(%)	0.64	0.21	0.57
MgO(%)	13.51	19.89	17.61
CaO(%)	0.01	0.14	0.16
Na_2O(%)	0.00	0.00	0.00
K_2O(%)	0.83	0.00	0.00
合计(%)	88.48	85.43	87.896
Al^{VI}	0.344	0.380	0.200
Al^{IV}	1.788	1.750	1.850
Si^{4+}	2.212	2.250	2.150
Ti^{4+}	0.000	0.000	0.000
Al^{3+}	2.132	2.130	2.050
Fe^{2+}	1.246	1.580	1.180
Mn^{2+}	0.038	0.040	0.010
Mg^{2+}	2.080	1.630	2.410
Ca^{2+}	0.013	0.000	0.010
Na^{+}	0.000	0.000	0.000
K^{+}	0.000	0.090	0.000
离子数总和	7.721	7.720	7.810
FM	3.326	3.210	3.590
$Fe^{2+}/(Fe^{2+}+Mg^{2+})$	0.375	0.492	0.329

(八)西金乌兰单元三叠系错达日玛阿尕日旧苟鲁山克措组变质作用

1. 矿物共生组合

通过显微镜观察,错达日玛阿尕日旧苟鲁山克措组变质矿物共生组合(图 4-21)如下。

长英质变质岩:水黑云母+白云母+石英+(石榴子石);

泥质变质岩:绿泥石+石英+黑云母;

基性变质岩:绿泥石+绿帘石+石英。

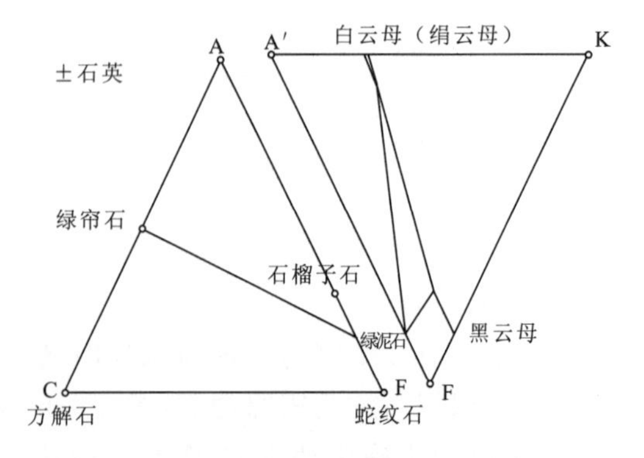

图 4-21 苟鲁山克措组变质矿物共生组合

从矿物共生组合特征可以看出,错达日玛阿尕日旧苟鲁山克措组的矿物组合比较简单,为低级变质矿物组合,结合其岩石组构考虑,错达日玛阿尕日旧苟鲁山克措组变质相应该是绿片岩相。

2. 变质矿物成分、结构特征

从错达日玛阿尕日旧苟鲁山克措组变质岩中选取白云母做电子探针分析，测试结果见表 4 - 7。

表 4 - 7 为错达日玛阿尕日旧苟鲁山克措组变质岩 3 个样品白云母的探针分析结果，表 4 - 8 为白云母离子数及与低压相系白云母离子数差值。

白云母成分特征：从表中可以看出，错达日玛阿尕日旧苟鲁山克措组变质岩中白云母均为多硅白云母。利用薛君治等(1985)白云母温度公式得出 3 个样品的变质温度分别是 367℃、467℃、558℃，都与实际情况比较接近。

依据测区白云母成分中硅、镁铁及六次配位铝离子数与三波川绢云母成分绘出的错达日玛阿尕日旧苟鲁山克措组成分压力特征见图 4 - 22。从图中可以看出，错达日玛阿尕日旧苟鲁山克措组绢云母的变质压力为低中压。

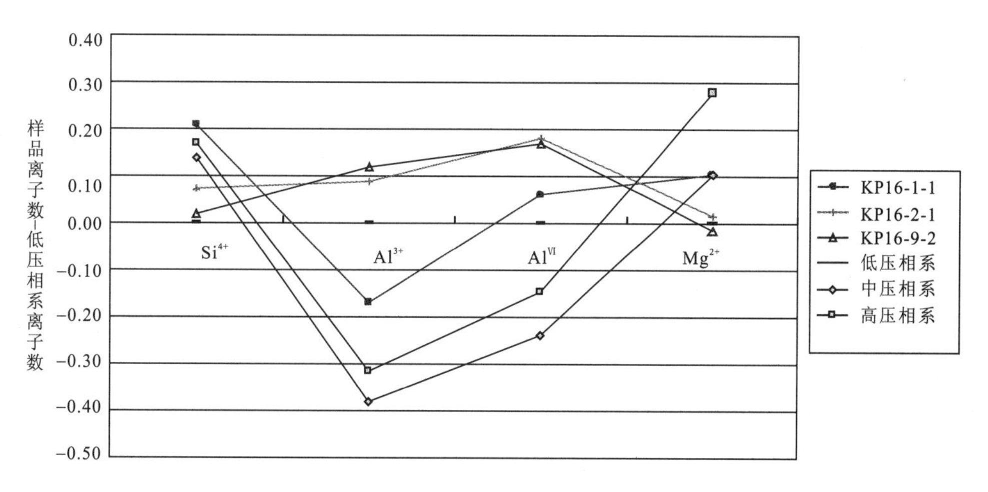

图 4 - 22　苟鲁山克措组白云母成分压力特征

综合以上岩石的矿物共生组合，白云母成分特征，可以初步确定西金乌兰单元错达日玛阿尕日旧苟鲁山克措组变质岩为高绿片岩相，在该变质岩带中，存在石榴石和羟铁云母(水黑云母)共生，该矿物对的共生温度应该是 500℃左右，结合白云母计算的温度，故错达日玛苟鲁山克措组的变质温度应该是 500℃左右。变质相系为低中压。

第二节　接触变质岩与接触变质作用

区内有少量接触变质作用，接触变质岩较发育。接触变质时代主要是印支期，形成的接触变质带宽窄不一，以巴颜喀拉山群接触变质带较为明显，区内主要接触变质岩带、出露地点及变质程度见表 4 - 10。

一、接触变质岩

区内较大的侵入体不多，多呈岩株产出，岩体多产于巴颜喀拉山群中，使之有不同程度的接触变质作用，接触变质岩以条带状出露为主，多分布于岩体边部外接触带周围。以下就表 4 - 10 中接触变质带进行描述。

表 4-10　测区主要接触变质带

接触变质带名称	出露地点		变质相	岩体侵入时代
大雪峰岩体接触变质带	昆仑山以南	大雪峰	钠长-绿帘角岩相	印支期—燕山早期
雪月山岩体接触变质带		雪月山	钠长-绿帘角岩相 普通角闪石角岩相	印支期—燕山早期
约巴岩体接触变质带		卓乃湖南东	钠长-绿帘角岩相	印支期—燕山早期
库赛湖隐伏岩体接触变质带		库赛湖西	钠长-绿帘角岩相 普通角闪石角岩相	印支期—燕山早期

（一）大雪峰岩体接触变质带变质岩

该变质岩带出露于昆仑山脉大雪峰附近，带宽小于0.5km，主要岩石类型：含红柱石角岩、含红柱绢云母千枚岩、角岩化细粒长石砂岩。

含红柱石角岩，颜色灰黑色，具角岩结构，变余层理构造，主要物质组成有石英、绢云母，含少量红柱石，矿物颗粒较细，岩石较坚硬。

含红柱石绢云母千枚岩，岩石颜色呈灰黑色，显微鳞片变晶结构，千枚状构造，主要矿物组成有石英、绢云母、绿泥石、少量红柱石，该岩石中绢云母含量约35%。

角岩化细粒长石砂岩，颜色呈浅灰黑色，变余细粒砂状结构，变余层理构造，主要组成有斜长石、石英、绢云母等。

（二）雪月山岩体接触变质带变质岩

该变质岩带出露于昆仑山脉雪月山附近，带宽约0.8km。主要岩石类型：角岩化细粒长石砂岩、含红柱绢云母千枚岩、红柱石角岩、含黑云堇青石角岩、含堇青石二云母角岩。

角岩化细粒长石砂岩，岩石颜色呈灰黑色，变余砂状结构，变余层理构造，主要组成有斜长石、石英、绢云母、黑云母等，后两者含量较少。

含红柱石绢云母千枚岩，岩石颜色呈灰黑色，显微鳞片变晶结构，千枚状构造，主要组成有绢云母、绿泥石、石英、少量红柱石，红柱石颗粒较小，还含少量黑云母。

红柱石角岩，岩石颜色呈灰黑色，角岩结构，变余层理构造，块状构造，主要组成有石英、红柱石、白云母等。

含黑云堇青石角岩，岩石颜色呈灰黑色，角岩结构，变余层理构造，块状构造，主要组成有石英、堇青石、黑云母及少量白云母。

含堇青石二云母角岩，岩石颜色呈灰黑色，角岩结构，变余层理构造，块状构造，主要组成有石英、白云母、黑云母等。

（三）约巴岩体接触变质带变质岩

该变质岩带出露于约巴南，带宽约0.5km，主要岩石类型：含红柱石绢云母板岩、绢云母板岩、变质砂岩等。

含红柱石绢云母板岩，岩石颜色呈灰黑色，变余泥质结构，板状构造，变余层理构造，主要组成有绢云母、石英及少量红柱石等。

绢云母板岩，岩石颜色呈灰黑色，变余泥质结构，板状构造，变余层理构造，主要组成有绢云母、绿泥石、石英等。

变质砂岩，岩石颜色呈浅灰黑色，变余砂状结构，变余层理构造，主要组成有长石、石英、绢云母、绿泥石等。

（四）库赛湖隐伏岩体接触变质带变质岩

该变质带出露于图幅北，库赛湖西，面积较大，主要岩石类型：长英质角岩。

长英质角岩，岩石颜色呈深灰色，角岩结构，变余层理构造，块状构造，主要组成有石英、长石、白云母、方解石等。

二、接触变质作用

测区接触变质作用均为接触热变质作用，未见到接触交代变质作用，侵入时代为印支期。以下就4个较大的接触变质带的变质作用进行叙述。

（一）大雪峰岩体接触变质带变质作用

大雪峰接触变质带主要矿物共生组合（图4-23）如下。

黑云母＋白云母＋石英；

黑云母＋绢云母＋石英＋绿泥石；

红柱石＋绢云母＋绿泥石＋黑云母＋石英。

根据其矿物组合特征，大雪峰接触变质岩为钠长-绿帘角岩相，为低级接触热变质作用形成。

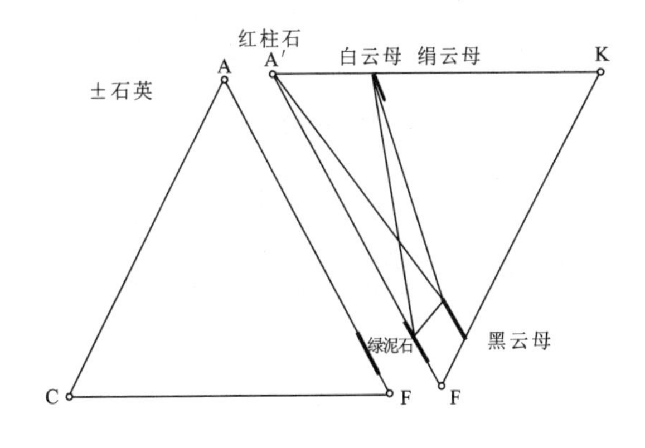

图4-23 大雪峰岩体接触变质带矿物共生组合

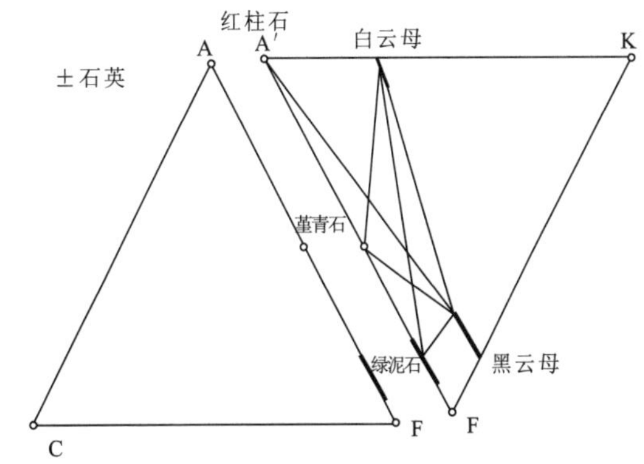

图4-24 雪月山岩体接触变质带矿物共生组合

（二）雪月山岩体接触变质带变质岩

根据雪月山接触变质带特征矿物出现的特征，可以分出2个矿物带，即黑云母带和堇青石带，黑云母带宽约0.3km，堇青石带宽约0.5km，其矿物共生组合（图4-24）如下。

石英＋绢云母＋黑云母＋绿泥石；

石英＋绢云母＋黑云母＋绿泥石＋红柱石；

堇青石＋白云母＋黑云母＋石英；

堇青石＋黑云母＋白云母＋石英。

根据其岩石结构构造及矿物共生组合特征，雪月山岩体接触变质岩具钠长-绿帘角岩相和角闪石角岩相特征，为低级—中级接触热变质作用形成。

（三）约巴岩体接触变质带变质岩

约巴岩体接触变质带矿物共生组合（图 4－25）如下。

石英＋绢云母＋绿泥石；

石英＋绢云母＋绿泥石＋钠长石；

石英＋绢云母＋绿泥石＋（红柱石）。

约巴岩体接触变质岩矿物共生组合比较简单，是较典型的低级接触热变质组合，属钠长-绿帘角岩相。

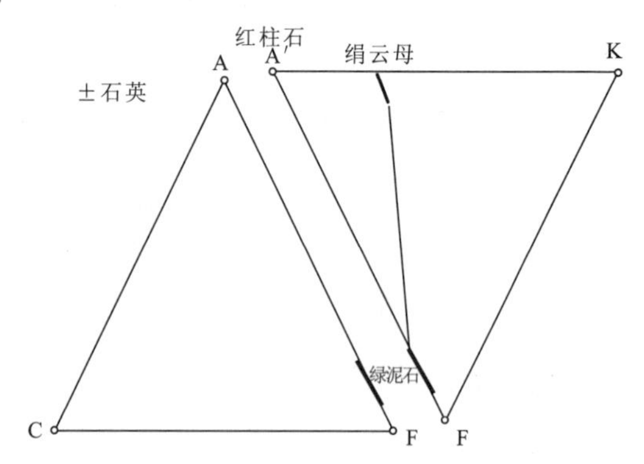

图 4－25　约巴岩体接触变质带矿物共生组合

（四）库赛湖隐伏岩体接触变质带变质岩

库赛湖隐伏岩体接触变质岩出露面积较大，主要是侵入巴颜喀拉山群的砂岩单元中，因此，在隐伏岩体周围主要发育长英质角岩。野外特征上，首先是该接触带颜色普遍较黑，其次是岩石的硬度特别大，以至于可将我们的汽车胎扎破。这些角岩矿物共生组合比较简单（图 4－26）：石英＋斜长石＋白云母＋方解石。

库赛湖隐伏岩体虽然矿物共生组合比较简单，这主要是原岩成分较简单的原因，但根据其变质矿物结构特点（图 4－27），该接触变质带已达到普通角闪石角岩相。

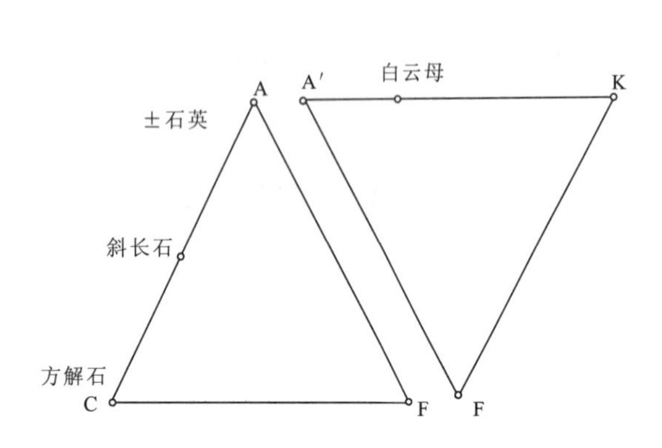

图 4－26　库赛湖隐伏岩体接触变质岩矿物共生组合

图 4－27　角岩结构（10×4 正交）

第三节　动力变质岩

一、概述

除前述区域变质作用、接触变质作用等形成的变质岩外，测区内还存在大量动力变质作用形成的动力变质岩。区域变质作用和动力变质作用都与区域构造作用有关。区域变质作用往往与区域性的面型构造变形有关，出现次生面理的透入性分布。测区下古生界缺失，基底结晶岩系出露少，图幅南侧局部分布元古宇宁多群，它与上古生界马尔争组和中生界巴颜喀拉山群、巴音莽鄂阿构造混杂岩、苟鲁山克措组等都经历了不同程度的区域变质作用。而测区内动力变质岩是各种原岩受局部构造应力作用造成的一种特征类型的变质岩，主要发育在一系列韧性或脆韧性断裂带及其附近。

测区内动力变质作用强烈，动力变质作用与不同期次、不同层次的脆、韧性构造断裂带密切相伴，岩石的变质变形作用形式以浅表层次的脆性变质变形和中浅—中深构造层次的塑性变质变形相为主，其次为介于两者之间的过渡类型，不同期次的变形变质作用也常叠加在一起，具多期活动叠加的特点。动力变质岩往往呈线形分布于区域性的脆性断裂和线形韧性剪切带中，形成宽数米—数百米—数千米、延伸数千米—数十千米的动力变质带。依动力变质带构造岩及构造特征所反映的构造相划分为中深部以黏、塑性流动变形为主的构造片麻岩、糜棱岩构造相韧性剪切带，浅部以逆性流动变质变形的糜棱岩构造相韧性剪切带及表部以脆性破裂变形为主的断层角砾、断层泥、碎裂岩等构造岩的脆性断裂带。因而动力变质岩根据其变形变质行为的不同，可以分为两大系列，即脆性系列动力变质岩和韧性系列动力变质岩。它们分别产于测区的脆性断裂带和韧性剪切带中，并且随产出部位及原岩岩性不同而具有不同的结构和成分特征。测区产于脆—韧性断裂带中的动力变质岩，往往出现应变局部化，通常叠加在区域变质作用形成的岩石之上，在测区北部东昆南构造带中极为发育。

测区脆性断裂极为发育，因而广泛发育了大量脆性系列动力变质岩，主要以断层角砾岩、碎裂岩出现。而区内最具特色的动力变质岩为韧性系列动力变质岩，它们广泛发育于规模不一的各韧性剪切带中，因其原岩成分不同，以及形成的地质环境不同而有不同成分、结构和变质矿物组合。就成分而分，有酸性的、中性的和基性的；按矿物成分而分有长英质的、泥质的、碳酸盐质的、闪长质的及硅质的；就构造而言有眼球状、条痕状、条带状等。测区的韧性系列动力变质岩主要是长英质糜棱岩系列的构造岩。糜棱岩这一术语是1885年由Lapworth提出，最初用来描述苏格兰沿莫因断层发育的一种细粒的、具强烈页理化的断层岩，形成于岩石的脆性破裂和研磨作用。自从20世纪70年代随着高温高压实验的发展和透射电子显微镜在变形岩石中的应用，对糜棱岩的结构、显微构造、形成条件和成因有了全新的认识，普遍认为糜棱岩具有三个基本特征：①矿物颗粒细粒化，粒径减小，这不是由脆性破裂和研磨作用引起的，而是由动态恢复作用和动态重结晶作用产生的；②产于窄而长的线性构造带中；③出现强烈变形的面理或线理。测区强烈动力变质岩区，糜棱岩中某些造岩矿物还发生了明显的塑性变形，这也显示了测区部分糜棱岩的特征。

测区动力变质作用南北差异较显著。北部是东昆仑造山带阿尼玛卿构造带，经历了多期变形变质，韧性剪切带发育，为不同类型糜棱岩的形成提供了良好的地质背景。尤其是在黑山-玉珠峰早三叠世裂陷海盆复理石亚带和园头山晚古生代陆缘复理石亚带中韧性剪切带较为发育，因而形成了大量各类糜棱岩。测区南部西金乌兰构造带动力变质相对较弱，叠加在已变形变质的构造混杂岩和结晶片岩之上。测区中部可可西里第三纪上叠陆相盆地和巴颜喀拉三叠纪裂陷海盆复理石带，由于板岩多，原始的矿物颗粒细小，尽管有韧性变形和动力变质，但很少见到糜棱岩，除广泛分布构造片岩外，局部发育后期形成的断层角砾岩、碎裂岩。

二、浅构造层次脆性系列动力变质岩

脆性断裂遍布全区，以近东西向和北西向的断裂为主，近东西向的断裂切割其他方向延伸的断裂，其中规模最大的为东昆南断裂，具多次活动的特点，因而测区内碎裂变质作用发育，涉及到除第四系外的所有地质单元，断裂带内均有动力变质岩分布。岩石类型为碎裂作用岩类，该类作用的岩石在空间分布上发生在脆性断裂和韧性剪切带附近，岩石受断裂破坏作用形成的主要表现为不同成分、不同强度的碎裂岩、构造角砾岩，碎裂作用的岩石主要以碎裂结构为主，并有变余粒状、变余花岗结构等，岩石类型有碎裂碎屑岩、碎裂火山岩、碎裂花岗岩、碎裂碳酸盐岩等。构造角砾岩主要发生在脆性断裂带内，岩石具角砾状结构，岩石被强烈破坏呈角砾岩化，角砾呈棱角状，大小不一，角砾成分为断层两侧的同类岩，如变质玄武质火山角砾岩、变质（玄武质）凝灰质火山角砾岩、变质流纹质火山角砾岩、硅化构造角砾岩、硅化细晶白云岩质碎斑岩等。排列无序，岩石中的矿物具粒内变质，发生在韧性剪切带附近的角砾岩呈千糜状，矿物颗粒界线不清。在脆性系列动力变质岩中，节理、劈理普遍发育，同时，由于应力作用引起温度升高而发生了重结晶作用。碎裂作用形成的构造岩石有以下几种。

1. 碎裂岩化岩石

岩石中发育揉皱，具明显的压碎、碎裂现象，碎裂岩化结构，岩石中裂隙发育、纵横交错、宽窄不等，裂隙间为少量的同矿物成分碎粒和后期蚀变物充填，如动力变质矿物绿泥石等。矿物被切割成不规则状的断块，碎块间无相对移位现象，岩石中矿物均发育裂纹，矿物具一定的变形，石英波状消光成似机械双晶状的变形带，岩块本身保留岩石压碎前的组构特征，如粒状变晶、粒屑结构、变余花岗结构等，岩石类型除新生代的沉积物外，几乎涉及测区大多数岩石类型，测区内具有的碎裂岩与碎裂岩化岩石大同小异。其中较为发育的是破碎的变质砾岩，如狼牙山一带始新统沱沱河组紫红色砾岩，在断裂强烈活动下被挤入断裂带内，呈“夹层状”出露，岩石十分破碎，在颜色上有似被“加热烘烤过”的现象，所以远观似红层，所含砾石常被断开平移，胶结物均已发生动力变质。

2. 构造角砾岩

测区断裂发育，其构造角砾岩所见不多，岩石由角砾和填隙物或胶结物组成，角砾成分与断层两侧岩石成分基本一致。岩石呈角砾状构造，角砾碎块保留原岩的组构，角砾次棱角状居多，角砾大小 2～30cm 不等，角砾间填隙物为泥质、钙质胶结物。此种岩石多发育在断层接触带部位，一般多与断层泥共存。以上的岩石中皆无同构造期变质新生矿的出现，岩石未发生变质，而碎裂岩化岩石中，变形矿物石英、方解石具波状消光。一般单矿物碎斑具边缘碎粒化，斜长石双晶弯曲，扭折或云母解理弯曲等。

3. 断层泥

测区断层泥非常发育，尤其是在活动断层带中，以灰色、灰白色断层泥为主，局部出现由板岩、砂岩等碎块组成的构造透镜体，定向分布。断层泥在测区内几条活断层带内尤为发育，如 2001 年地震裂缝带中存在大量断层泥。

三、韧性动力变质岩及分区

测区动力变质作用及其形成的动力变质岩与其构造背景、构造演化和构造层次有一定的关系，可分为如下两个区（表 4-11）：①阿尕日旧动力变质区，发育在巴音莽鄂阿构造混杂岩和苟鲁山克措组之中的动力变质岩，分布在西金乌兰构造带阿尕日旧南部前寒武纪结晶片岩亚带；②雪月山动力变质区，产于马尔争组、巴颜喀拉山群等地层中的动力变质岩，分布在阿尼玛卿构造带黑山-玉珠峰早三叠世裂陷海盆复理石亚带和园头山晚古生代陆缘复理石亚带。此外，在测区巴颜喀拉构造带三叠纪裂陷海盆复理石亚带和可可西里第三纪上叠陆相盆地的浅表层次普遍为叠加在脆性条件下由碎裂作用形成的碎裂岩系列。

（一）雪月山动力变质岩区

雪月山动力变质区占测区面积的绝大部分，以马尔争组、巴颜喀拉山群、巴音莽鄂阿构造混杂岩、苟鲁山克措组等古特提斯域地层为原岩，区域挤压构造作用和区域动热变质作用极强，形成紧闭褶皱、透入性劈理和绿片岩相岩石组合。韧性剪切作用和动力变质作用相对较弱，仅在洪水河—

园头山的马尔争组中出现较大规模的韧性剪切带。

表 4-11　测区不同区带动力变质岩的主要特征对比

特征＼分区	阿尕日旧动力变质区	雪月山动力变质区
原岩地层	巴音莽鄂阿构造混杂岩、苟鲁山克措组	马尔争组、巴颜喀拉山群
变质程度	低绿片岩相	主体低绿片岩相
发育程度	发育一般	较发育
构造背景	古特提斯构造域	古特提斯构造域
构造分区	西金乌兰构造带	阿尼玛卿构造带
构造层次	中浅层次	较浅、浅层次
构造演化	形成较晚	形成较晚
峰期变质	印支期	印支期
形成环境	板块碰撞	板块碰撞

NW-SE 向延伸的洪水河-园头山韧性剪切带的原岩为马尔争组变质砂板岩组合，由于强烈的韧性剪切作用，不同岩石组合内部和边界都显示出遭受了韧性剪切作用的强烈影响，依原岩性质不同广泛出现长英质糜棱岩，主要是糜棱岩化，如糜棱岩化砾岩、糜棱岩化砂岩及构造片岩(图 4-28)等不同类型构造岩，可见剪切石英透镜体、旋转碎斑系和 S-C 组构。变质矿物主要是绢云母、绿泥石。下面对该动力变质岩区中的几种主要的动力变质岩进行描述。

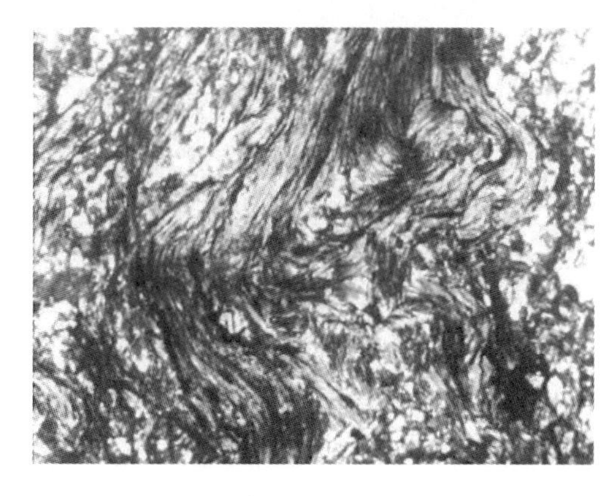

图 4-28　糜棱岩化白云母片岩
(正交偏光 4 mm)

灰色压碎糜棱岩化粉砂岩夹千枚状板岩，板岩十分破碎，滑劈理极为发育，劈理发生强烈揉皱，局部呈皱纹状。糜棱岩化粉砂岩夹千枚状的薄层板岩局部呈岩粉状。糜棱岩化砂岩中，碎斑以长石、石英为主，边部细粒化。基质以石英、绢云母为主，韧性变形明显，绢云母沿剪切面逆冲上滑。

白云母(黑云母)二长花岗糜棱岩(图 4-29)：变余花岗结构，糜棱结构。岩石由石英、斜长石、钾长石、白云母，以及少量副矿物磷灰石和蚀变矿物等组成，各物质组分分别为斜长石 35%、石英 25%、钾长石 30%、黑云母(白云母)8%、磷灰石 2%。镜下石英呈不规则粒状，受到不同程度变形拉长，单个颗粒多小于 0.7mm，原生矿物颗粒可能较大，因碎裂粒度多变细，晶内波状、斑块状消光明显，动态重结晶特征明显，呈条带状显示流动构造。部分斜长石呈眼球状，粒度较大者达 1.4mm×2.5mm，聚片双晶发育，有的聚片双晶纹受变形发生弯曲，轻度高岭石化、帘石化。钾长石受剪切作用变形多为不规则拉长状，粒度与斜长石相似，通常不见双晶或偶见简单双晶，隐约见条纹。白云母呈片状—眼球状，集合体呈弯曲的条带状围绕在石英、长石碎斑周围，显示糜棱面理，白云母解理纹也发生弯曲，沿解理纹分布有帘石、铁质，显示其由黑云母变质而成。

强片理化白云母石英碎裂糜棱岩：岩石主要由斜长石(25%)、石英(60%)、白云母(15%)组成。片状白云母呈现带状聚集，有较强的不均一波状消光，纹带宽 0.2～2mm。在云母纹带之间分布有强烈糜棱岩化、碎裂岩化的中—细粒石英纹带及透镜体，石英波状消光明显，有明显重结晶现象。在细粒石英纹带及白云母纹带间夹有中—粗粒糜棱岩化片状石英岩脉，晶粒间呈拉长片状及紧密镶嵌状接触，少量斜长石双晶弯曲。有后期张性微裂隙并充填有钙质。

白云母斜长花岗糜棱岩(图 4－30)：变余花岗结构，糜棱结构，岩石由石英(35%)、斜长石(35%)、白云母(25%)、钾长石(<5%)及少量副矿物磷灰石和蚀变矿物等组成。石英因受变形多呈不规则透镜体状，不规则粒状者少见，粒度小于 0.9mm，石英晶内波状消光、带状消光明显，较细者动态重结晶特征明显，定向排列呈弯曲条带，显示较强烈的糜棱面理。斜长石呈不规则板状、透镜状、眼球状，粒度较大者达 2.5 mm×4.5mm，聚片双晶解理纹受变形呈波状弯曲。白云母多呈透镜状、眼球状，粒度较大者达 2.0 mm×4.7mm，部分白云母具带状消光(扭折带结构)，解理纹波状弯曲，沿部分白云母解理面有帘石、铁质充填。

图 4－29　白云母(黑云母)二长花岗糜棱岩
(正交偏光 1.63mm)

图 4－30　黑云母斜长花岗糜棱岩
(正交偏光 1.63mm)

在大面积分布的巴颜喀拉山群，板岩矿物颗粒已经很细小，难以形成糜棱岩，不容易观察到其中的韧性剪切带，由雁列石英脉和剪切透镜体表现的韧性剪切带较多。板岩中出现新生的构造面理，可见 S 面理和 C 面理，脆—韧性剪切带十分发育，主要是由一系列雁列的石英脉组成，叠加在韧性剪切带之上。新生变质矿物除绢云母和绿泥石外，常见葡萄石、绿纤石、阳起石等，具低绿片岩相变质变形条件。

雪月山动力变质区动力变质作用受古特提斯演化的制约，与印支期洋陆转换区域构造事件有关，处于浅部构造层次的变形环境。

(二)阿尕日旧动力变质岩区

图幅西南部西金乌兰蛇绿混杂岩带是古特提斯形成和演化的关键部位，动力变质作用应该很强，基底为元古宇宁多群，主要岩石组合为黑云斜长片麻岩、黑云石英片岩、二云石英片岩、斜长角闪片麻岩、石英岩等。该带出露面积小，测区内没有确定大型韧性剪切带，但是岩石的韧性剪切变形较强，有不同程度的糜棱岩化。在该动力变质岩区，区域变质作用表现强烈，岩石普遍片理化、劈理化和糜棱岩化，地层单元之间及地层单元内部的不同岩石组合之间基本上都是构造边界，或为断裂带或为片理化带。岩石类型多样，主要由板岩、千枚岩、片岩、变砂岩、辉长岩、辉绿岩、辉长堆晶岩、枕状玄武岩、硅质岩、大理岩、灰岩及正常碎屑岩组成。阿尕日旧一带巴音莽鄂阿构造混杂岩基性玄武岩和苟鲁山克措组变砂岩和石英岩，均显示强烈的片理化变形和绿片岩相变质，变质矿物主要是绿泥石、绿帘石和绢云母。构造透镜体较发育，由变玄武岩和辉石橄榄岩等角砾岩组成。乌石峰岩组(CP*w*)构造混杂岩系中出现了糜棱岩化千枚岩化(钙质)石英粉砂细砂岩。

第四节　变质作用和构造演化

测区在空间上属柴达木南缘和羌塘稳定地块北缘之间的变质带。构造上分属阿尼玛卿、巴颜喀拉、西金乌兰三大构造带，尽管区内变质程度都不高，但仍有着极复杂的变质作用，主要有区域低温动力变质作用、动力变质作用及接触交代变质作用相互叠加，从而造成区内的变质岩多样性。通过对测区变质岩的研究，结合区域地质背景，可以初步确定测区多为印支期区域变质作用，少数为晋宁期以后的多起叠加变质作用。

1. 晋宁期

西金乌兰构造带中部分乌石峰岩带从区域分布上看，可能经历了晋宁期及以后不同时期的构造运动叠加，具有较强的且主要为挤压构造作用的变质条件，使得部分乌石峰岩带受区域低温动力变质作用的同时，发生中浅构造层次的韧性剪切变质变形作用。区内变质作用显示为低温高压。

2. 印支期

测区大量发育二长花岗岩，本队对测区的二长花岗岩体做了大量锆石 U－Pb 同位素年龄分析，分析结果是，年龄多在 201～208Ma 之间，由于印支期挤压构造运动，造成了大量二长花岗岩体的侵入，形成了区内三叠系巴颜喀拉山群、乌石峰、苟鲁山克措组的极低级—低级变质岩。通过对测区三叠系变质岩的研究，昆仑山脉两边三叠系变质作用类似，均为低温低中压变质；而乌石峰为高低温高压变质，苟鲁山克措组为高低温中压变质，这些反映了其构造环境的不同。

第五章 地质构造及构造演化史

第一节 区域构造与构造单元划分

一、区域构造背景

测区跨越的区域性构造带自北而南包括阿尼玛卿构造带、巴颜喀拉构造带和西金乌兰构造带。有关测区各构造带的划分和特点将在下一步作详细说明，这里主要从更广泛的视域上来对测区所处的区域构造背景作概括。

（一）古特提斯洋盆性质及时限

测区地质记录始于晚古生代，即北侧出现于沿阿尼玛卿构造带分布的早中二叠世马尔争组和南侧沿西金乌兰构造带分布的石炭纪—二叠纪乌石峰蛇绿构造混杂岩系。

早古生代阶段，包括东昆仑在内的北侧广大地区经历了一个完整的洋-陆转化旋回，表现为系列小陆块裂解、多岛复杂小洋盆的形成和其后的软碰撞。这一洋-陆转化旋回是在先期形成的“西域板块”（或全球尺度的 Rodinia 超大陆）基础上，于寒武纪开始裂解，奥陶纪洋盆扩展到最大，志留纪洋盆萎缩，志留纪末最后闭合，形成广泛的泥盆纪磨拉石建造或陆相火山岩—磨拉石建造。

加里东运动之后，测区以北的青藏高原东北部地区总体转化为欧亚板块南部大陆边缘，测区北侧的东昆仑地区基本为一相对稳定的陆内环境或者是滨浅海环境，如东昆南地区的哈拉郭勒组和浩特洛洼组的碎屑岩-碳酸盐岩沉积、东昆北地区的大干沟组和缔敖苏组的海陆交互相碎屑岩—碳酸盐岩—火山岩沉积。在这一总体相对稳定的板内环境中也出现一些自阿尼玛卿洋深入陆内的裂陷槽或坳拉槽，典型者包括经共和缺口深入到祁连宗务隆山的裂陷槽（即宗务隆山—兴海坳拉槽）和深入到东昆中清水泉一带的裂陷槽，裂陷槽代表性沉积在祁连山为石炭纪—中二叠世的中吾农山群，为碎屑岩、中基性火山岩、火山碎屑岩及碳酸盐岩，显示出一定的蛇绿混杂岩带特点，代表阿尼玛卿洋向北分支的一些裂解小洋盆。

晚古生代主体洋盆以阿尼玛卿蛇绿构造混杂岩系和乌石峰蛇绿构造混杂岩系为代表，代表着介于北侧欧亚大陆和南侧冈瓦纳大陆之间的结构十分复杂的晚古生代多岛洋盆体系——古特提斯洋盆。

阿尼玛卿洋盆及相关大陆边缘沉积以马尔争组构造混杂岩系和树维门科组海山相生物灰岩为代表，其时限均主要为早中二叠世。1∶25 万阿拉克湖区域地质调查时，我们在阿尼玛卿构造带马尔争山一带首次厘定出有化石依据的一套早石炭世海陆交互相的碎屑岩、碳酸盐岩含煤地层，反映早石炭世时沿阿尼玛卿构造带已经有海盆出现，但可能并未裂解成洋，真正洋盆出现并达到最大发生在早二叠世。南部沿西金乌兰-金沙江构造带的乌石峰蛇绿构造混杂岩系在组成和时代上与阿尼玛卿晚古生代蛇绿构造混杂岩系并无太大区别，其组成也包括超镁铁质岩、玄武岩、含生物碎屑碳酸盐岩和碎屑复理石等，时代也是石炭纪—中二叠世。阿尼玛卿蛇绿构造混杂岩系和西金乌兰蛇绿构造混杂岩系之间为广阔的三叠系巴颜喀拉山群浊积岩系覆盖，但其中也出现一系列前三叠纪楔冲式断夹块，这些断夹块中发育可与阿尼玛卿构造带马尔争组混杂岩系或西金乌兰构造带乌石峰蛇绿构造混杂岩系相对比的构造混杂岩系统，如具有典型枕状构造的玄武岩和生物碎屑灰岩，从一个侧面反映巴颜喀拉山群的基底实为二叠纪的构造混杂岩系。由此看来，如果将巴颜喀拉山群揭盖，那么夹持于阿尼玛卿构造带和西金乌兰构造带之间的整个区域可能存在一个晚古生代的复杂的构造混杂岩区，这样一个复杂构造混杂岩区中不排除一些古老大陆碎块以岩片形式出现。

以阿尼玛卿蛇绿构造混杂岩系为代表的古特提斯洋盆的闭合时间，是有争论的重大科学问题。主要存在两种基本意见分歧，一种意见认为是闭合于印支期中三叠世末（张国伟等，2004；潘桂棠等，1997），另一意见认为闭合于早中二叠世之交（任纪舜等，2004；王国灿，2004）。我们认为阿尼玛卿洋闭合于中晚二叠世之交的主要理由：①在冬给措纳湖以西的阿拉克湖—得力斯坦一带，沿阿尼玛卿构造混杂岩带发现晚二叠世格曲组的底砾岩角度不整合于阿尼玛卿蛇绿构造混杂岩系之上，从而证明至少在冬给措纳湖以西，阿尼玛卿洋盆在中二叠纪末期已经闭合；②阿尼玛卿构造混杂岩带南侧三叠系巴颜喀拉山群中有一系列前三叠纪楔冲式断夹块，它们应该代表巴颜喀拉山浊积盆地的基底组成部分，这些断夹块中发育可与阿尼玛卿构造混杂岩带相对比的构造混杂岩系统，从一个侧面反映巴颜喀拉山群的基底实为二叠纪的阿尼玛卿构造混杂岩系，即阿尼玛卿洋应该是在巴颜喀拉山群沉积之前闭合；③对阿尼玛卿蛇绿构造混杂岩带南侧巴颜喀拉山群物源的分析（详见第二章）说明，巴颜喀拉山群碎屑物质主要来自北部地区，这就意味着巴颜喀拉山群与东昆仑早中三叠世洪水川组和闹仓坚沟组属同一个大陆边缘沉积体系不同部位的产物，三叠纪期间阿尼玛卿带并不存在分割东昆仑和巴颜喀拉浊积盆地的大洋，即阿尼玛卿洋在三叠纪以前已经闭合。

特别值得提出的是，在西金乌兰湖一带也出现一套角度不整合于晚古生代乌石峰蛇绿构造混杂岩系之上的晚二叠世—早三叠世碎屑岩-灰岩组合——汉台山群（P_3T_1H）（青海省地质调查院，2003；新疆地质调查院，2005），与角度不整合于阿尼玛卿蛇绿构造混杂岩系马尔争组之上的晚二叠世格曲组十分相似。这种相似性进一步说明，晚古生代古特提斯洋盆并不局限于阿尼玛卿构造带，或者说，代表晚古生代古特提斯洋盆系列的蛇绿构造混杂岩系的范围并不局限于阿尼玛卿构造带，而是包括了三叠纪巴颜喀拉山群的基底及更南部的西金乌兰构造带，这样，晚古生代蛇绿构造混杂岩带并非是一个线性的缝合带，而是具有相当宽度的缝合区，它所代表的古特提斯洋盆是具有复杂结构的多岛洋盆。

需要说明的是中晚二叠世之交的古特提斯洋盆的闭合和碰撞并没有引起十分强烈的碰撞造山作用，现有资料显示，东昆仑地区海西期碰撞型岩浆活动并不强烈，过去认为是海西期的花岗岩经重新定年后往往表现为印支期的产物。因此，海西期阿尼玛卿洋的闭合和碰撞具有软碰撞性质，或者说碰撞但并没有造山，而正是这样一种软碰撞的构造背景，才使得包括巴颜喀拉山浊积盆地在内的广大的三叠纪碎屑堆积盆地得以很快打开。

三叠纪的地质发展在青藏高原东北部具有非常特殊的地质背景，以海西期软碰撞形成的褶皱基底及多旋回复合褶皱基底为基础发生裂解形成青藏高原北侧广阔的三叠纪碎屑堆积区，主要堆积区即巴颜喀拉山浊积盆地，另外的重要堆积区为经共和缺口向北伸入到祁连山。在阿尼玛卿构造带以北的东昆南地区也出现一些零星的早中三叠世（洪水川组、闹仓坚沟组、希里可特组）裂陷盆地，物源分析显示它们和南部的巴颜喀拉山群实际上是同一大陆边缘复杂体系中不同性质的盆地沉积，北侧更靠近大陆物源区。早三叠世为伸展裂解环境的另一证据是密集的基性岩墙群的出现，我们在东昆仑1∶25万阿拉克湖幅区域地质调查研究中甄别出一组近东西向的十分密集的辉绿岩墙群，获得良好的锆石U－Pb SHRIMP年龄为248±11Ma，属早三叠世。最大裂解部位当属南侧的西金乌兰-金沙江带，并逐渐发展为三叠纪洋盆。另一水体较深、裂解程度较大部位可能出现在阿尼玛卿构造带东部的阿尼玛卿山一带。阿尼玛卿山及周缘地区的岩石组合主要为一套蛇绿构造混杂岩系，其组成包括碎屑复理石、蛇绿岩组合和生物灰岩组合等，生物灰岩时代为石炭纪—二叠纪，细碎屑岩的孢粉显示为早三叠世(冀六祥等，1996)，放射虫硅质岩有泥盆纪—石炭纪(潘桂棠等，1992)和早中三叠世(姜春发，1992)两种不同时代，据此，过去对阿尼玛卿山一带的蛇绿构造混杂岩系时限确定为晚古生代—中三叠世，从而也成为阿尼玛卿洋盆闭合于三叠纪印支期的重要证据之一。然而，青海省地质调查院最近新编的青海省地质图将早中三叠世沉积从原马尔争组中解体出来，建立下大武组，代表古洋壳残片的蛇绿岩组合均归于前三叠纪的二叠纪和中元古代，新建立的下大武组物质组成十分复杂，包括砂岩、板岩、火山岩、火山碎屑岩、灰岩和硅质岩等，底部还出现砾岩，火山岩属于流纹岩-英安岩-玄武岩组合，化学特征显示为岛弧钙碱性特点，这样一套组合很可能也反映这一小盆地从裂解到俯冲产生岛弧火山岩的全过程。由于这一带三叠纪并未出现真正的洋壳，因此，沿阿尼玛卿构造带的俯冲可能更主要为陆壳的俯冲，而不是真正的洋壳俯冲。

晚三叠世青藏高原东北部转为收缩环境，晚三叠世晚期印支运动影响十分强烈而广泛，造成三叠纪沉积盆地堆积区全面褶皱回返，三叠纪广阔的大陆边缘盆地的闭合，晚三叠世晚期八宝山组陆相碎屑岩-火山岩建造与下伏岩系呈现明显的区域性角度不整合接触关系，南部羌塘地块与北部大陆沿西金乌兰-金沙江缝合带发生碰撞，洋盆闭合，以北地区广泛发育加厚地壳部分熔融的同碰撞—陆内俯冲型花岗岩侵入，青藏高原东北部广大地区从此脱离海侵而转为陆相环境。

(二)中生代陆内演化

晚三叠世晚期的印支运动结束了青藏高原东北部海侵历史，进入陆内构造环境。晚三叠世晚期发育系列山间盆地和火山岩盆地，在山间盆地，晚三叠世晚期—早侏罗世八宝山组陆相碎屑含煤沉积角度不整合于下伏岩系之上，火山岩盆地则表现为晚三叠世晚期鄂拉山组陆相火山岩沉积。对晚三叠世晚期—侏罗纪时期的构造动力环境也存在张性和压性两种截然不同的认识。对鄂拉山一带火山岩的岩石地球化学特征研究反映为收缩构造环境，大多同时期的大量花岗岩的研究结果则指示碰撞—陆内俯冲挤压环境(袁万明等，2000)。但是，我们对东昆仑阿拉克湖地区海德郭勒一带年龄为 204±2Ma 的一套火山岩的岩石学、地球化学系统研究显示，其成分上具典型的裂谷“双峰式”特征，反映为陆内裂谷拉张的构造环境(朱云海等，2003)。因此，青藏高原东北部晚三叠世—早侏罗世时期，尽管总体以挤压收缩环境为主导，但局部(如东昆仑的八宝山—海德郭勒一带)也出现伸展环境，属于同造山期的伸展。

青藏高原东北部中生代侏罗纪—白垩纪的地质历史研究到目前仍十分薄弱，原因在于这一期间的相当大时间段缺乏物质记录。然而地质记录显示这一阶段存在强烈的构造活动。在东昆仑地区，晚三叠世八宝山组—早侏罗世羊曲组盆地沉积发生有强烈的褶皱—冲断变形，其变形程度明显不同于新生代第三系构造层，说明存在强烈的燕山运动。最近的一些研究已经对燕山期构造活动的时间性有所约束。李海兵等(2004)对东昆南剪切带假玄武玻璃的 Ar－Ar 年龄测定获得其于早白垩世活动的年龄记录；Liu Yongjiang et al(2005)对东昆南纳赤台群中的白云母、万保沟群中的黑云母进行的 Ar－Ar 年龄测定，同样记录有中侏罗世和白垩世的构造热事件信息；我们在本项目研究中，对东侧 1∶25 万不冻泉幅区内属于东昆仑构造带的没草沟纳赤台群(OS*N*)变玄武岩锆石 U－Pb 年龄测定结果，显示出 154.7±2.8Ma 的晚侏罗世的构造热事件年龄记录；在 1∶25 万阿拉克湖幅区域地质调查中对巴颜喀拉山群的碎屑锆石裂变径迹颗粒年龄分析则获得 170～180Ma 和 137～142Ma 两组峰值年龄(中国地质大学(武汉)地质调查院，2003)，前者代表巴颜喀拉山群在晚三叠世—早侏罗世主期变形变质后的冷却，后者则与早白垩世区域性大断裂活动的加热有关。由此可见，在东昆仑地区晚侏罗世—早白垩世发生有强烈的构造活动，在变形上表现为强烈的褶皱—冲断。

（三）新生代高原隆升体系

新生代时期是现今意义上的青藏高原演化形成时期，鉴于青藏高原的特殊性及在大陆动力学研究中的重要意义，有关青藏高原的隆升过程一直都是地学界的热点研究问题，已经有大量的文章从不同侧面来探讨新生代高原隆升过程。青藏高原东北部是研究高原隆升十分关键的地域之一，已取得一系列有关成果，而本项目涉及区域就是位于这样一个关键地域，高原隆升在测区留下十分明显的印迹，这里结合本课题对有关研究情况做简单概括。

青藏高原何时达到现在高度一直是人们渴求了解的问题，新生代以来高程变化过程曲线已经出现多种不同认识（施雅风等，1998），概括起来有 3 种基本意见分歧。一种观点以高原出现东西向扩展形成拉张盆地代表了高原地壳缩短为主阶段的结束，地形达到了极限高度，理论认为青藏高原在 14Ma 前已达到最大平均高度，以后东西向拉张塌陷，高度还有所降低（Coleman et al，1995）。第二种观点在构造上的理论与第一种观点基本相同，但以同位素测年资料和南亚植被由森林灌丛（C3 植物）转变为草原（C4 植物）来代表南亚季风显著增强，反映青藏高原增高，以此推断青藏高原在 8Ma 前已达到或接近现在的高度（Harrison et al，1992；Molnar et al，1993）。第三种观点以大多数中国学者的观点为代表，以青藏高原内部及其周围地区广泛出现断陷和巨厚山麓相砾岩代表高原快速抬升并与周围低地形成较大地形反差为理论基础，提出尽管自 36Ma 前印度板块与欧亚大陆碰撞以后，青藏地区经历了多次地形抬升，但均被地貌夷平作用所削平，青藏高原最近一次强烈隆升始于 3.4Ma 前，现在平均海拔在 4500m 以上的高原地形是第四纪才形成的（李吉均等，1979；崔之久等，1996）。越来越多的资料支持新生代高原隆升的多阶段性（钟大赉等，1996；王成善等，1998），钟大赉等（1996）在系统地总结有关资料的基础上，总结出高原隆升的四阶段性，相应的时限分别为：45～38Ma，对应于印度板块与亚洲板块碰撞高峰时期；25～17Ma，对应于印度板块持续向亚洲大陆挤压；13～8Ma 和 3.4Ma 以来，对应于青藏高原强烈隆升时期。

二、深部构造特征

近 20 多年来，围绕青藏高原北部岩石圈三维结构、地壳精细结构、板内构造变形及其大陆动力学过程，中外地球物理学家和地质学家开展的一系列深部探测计划不同程度地涉及本测区。主要有亚东-格尔木地学断面；多轮有关青藏高原形成演化和动力学的国家攀登项目；中美合作“国际喜马拉雅和青藏高原深剖面及综合研究”；中法合作“东昆仑及邻区岩石圈缩短机制”；青藏高原深部三维物性结构、物质状态及其形成的动力学过程（1998—2002）；中国石油天然气总公司和新星石油公司 1993—1996 年在羌塘等地完成的若干条地震和大地电磁测深剖面。这些工作对于深入认识测区及青藏高原的地壳和岩石圈结构、构造和成因具有重要意义。

区域重力场的变化可以反映莫霍面的总体形态。青藏高原 1°×1°布格重力异常图清楚地显示青藏高原腹部存在一个巨大、完整、宽缓、封闭的负异常，说明有大量的地壳低密度物质存在，地壳厚度大。重力梯度带位于青藏高原与周边盆地的过渡带（图 5－1）。测区位于这个“重力盆地”东北缘梯度带的内侧，重力值变化较大，指示东昆仑处于莫霍面向北倾的斜坡带，地壳厚度变化较大，由北向南地壳增厚。

1987—1990 年原地质矿产部、中国科学院等单位合作，共同完成了亚东-格尔木地学断面研究（吴功建等，1989，1991；郭新峰等，1990）。沿断面共作了 29 个大地电磁测深点，其中 3—8 点涉及测区（图 5－2）。在通过二维反演得到的地电模型上可以看出，本区地壳-上地幔电性结构可以从纵向划分为 5 个电性主层，而横向可以分为 6 个断块，反映如下规律（图 5－3）。①纵向分层：第一电性层以电性和厚度变化剧烈为特征，是相对低的电阻率。第二电性层具有明显的横向不均匀性，常表现为电阻率大小的相间突变。第一、二电性层相当于上地壳。第三电性层为壳内低阻层。第四

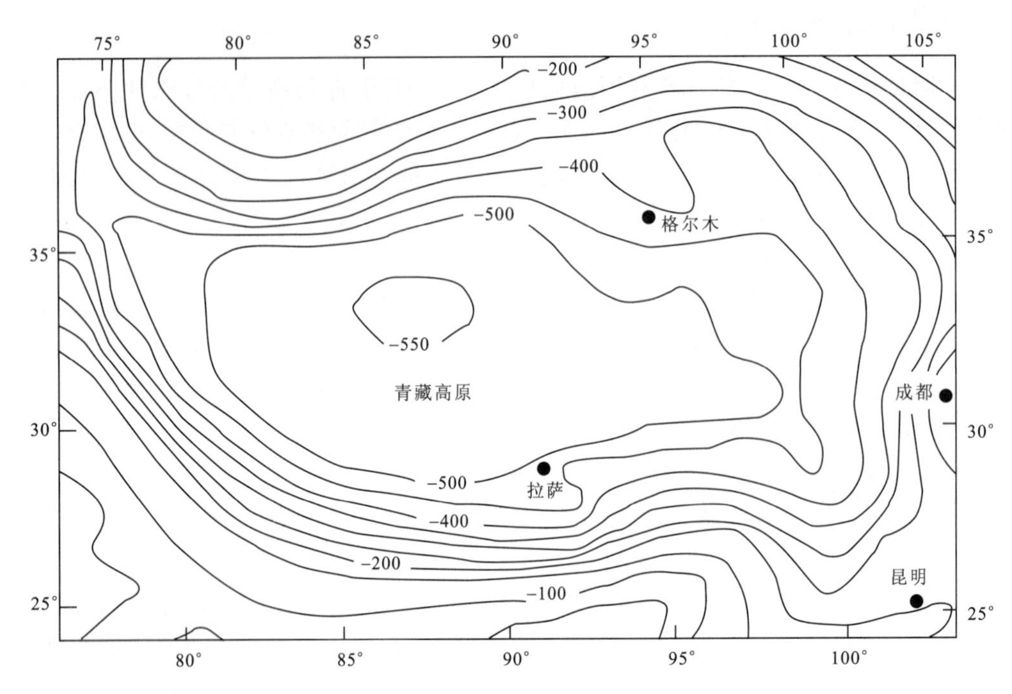

图 5-1　青藏高原 1°×1°布格重力异常(单位:m/s^2)(据杨华等,1987)

电性层为壳幔高阻层,横向变化相对较小,层厚度巨大,达 190km。第五电性层为幔内低阻层,推测为岩石圈的底界,最大深度约 210km,两侧逐渐变浅,约为 130km。②横向分块:青藏高原电性结构横向变化大,构造复杂,断裂发育,可划分出喜马拉雅、冈底斯、羌塘、昆仑、柴达木等多个块体。③低阻层分布:从喜马拉雅向冈底斯方向,壳内低阻层向北倾斜。在定量的地电模型上,低阻层似乎被断裂切割和错动。在定性的深度-视电阻率断面图上则表现为等值线密集的直立梯度带。

亚东-格尔木地学断面爆炸地震测深资料显示(崔作舟等,1992),青藏高原低速层总体发育特征:从南向北,壳内低速层的层数和厚度逐渐减少。这种变化与热结构之间存在密切的关系。沈显杰等(1989)通过大地热流测量初步建立了青藏高原的热流断面,总体似于准正态分布,青藏高原南部较高,热流在 60～146MW/m^2 之间;青藏高原中部(羊应乡至那曲)显示极高的热流异常,大地热流值达 300MW/m^2 以上;青藏高原北部表现出稳定而且较低的热流特征,仅 40～47MW/m^2,比大陆平均热流值 65MW/m^2 还要低。说明青藏高原地壳活动具有明显的南北条带性和不同步热演化史。滕吉文(1996)认为青藏高原高原北部羌塘、巴颜喀拉、昆仑和柴达木具有“厚壳-厚幔”和“冷壳冷幔”的岩石圈结构。

据 INDEPTH-3 的最新研究成果(赵文津等,2002),与先前的地学断面有很大差别,主要是壳内低阻层和低速层十分发育,并改造缝合带。在电性结构上,上地壳内高电阻和高导电性分布图案很复杂,而下地壳的电性普遍呈现高导电性,未见高阻层。青藏高原北部上地壳地震波反射图案显示构造现象丰富,显示脆性特征;下地壳厚度显著加大,地震波反射图案简单,反射同相轴较少,多为近乎平行反射,显示黏塑性特征。说明青藏高原没有刚性的岩石圈,地壳具有分层结构。粘塑性下地壳的流动可能是青藏高原地壳加厚的主因。

曾融生等(1992)利用地震面波和体波的层析成像方法研究青藏高原三维地震速度结构,认为青藏高原中央部位存在一个壳内低速区,其中心在那曲附近,与大地电磁测深确定的下地壳低阻层的分布情况基本一致。该低速区东西向长轴方向长约 500km,南北向短轴方向为 300km,在深度剖面上低速层的中心为 50km,较平稳地延伸到昆仑造山带(图 5-4)。这个低速层正好处在青藏高原巨大宽缓壳根部位的下地壳中,可能与青藏高原地壳物质汇聚和地壳增厚有关。

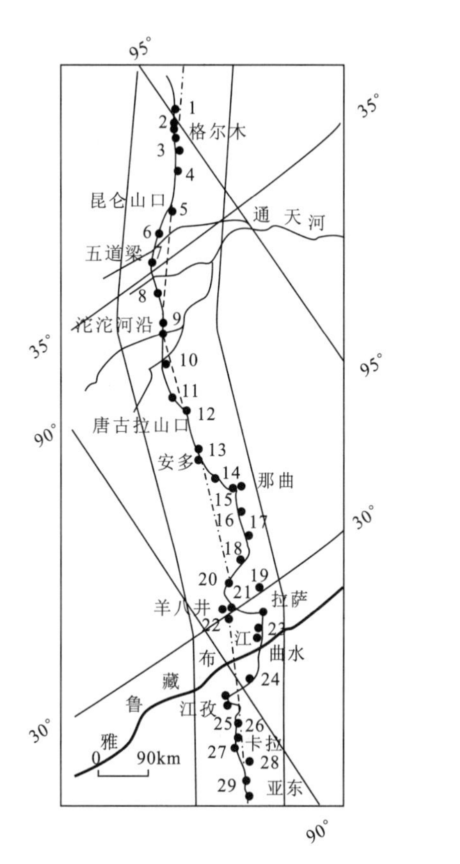

图 5-2 亚东-格尔木 MT 点位布置图

(据郭新峰等,1990)

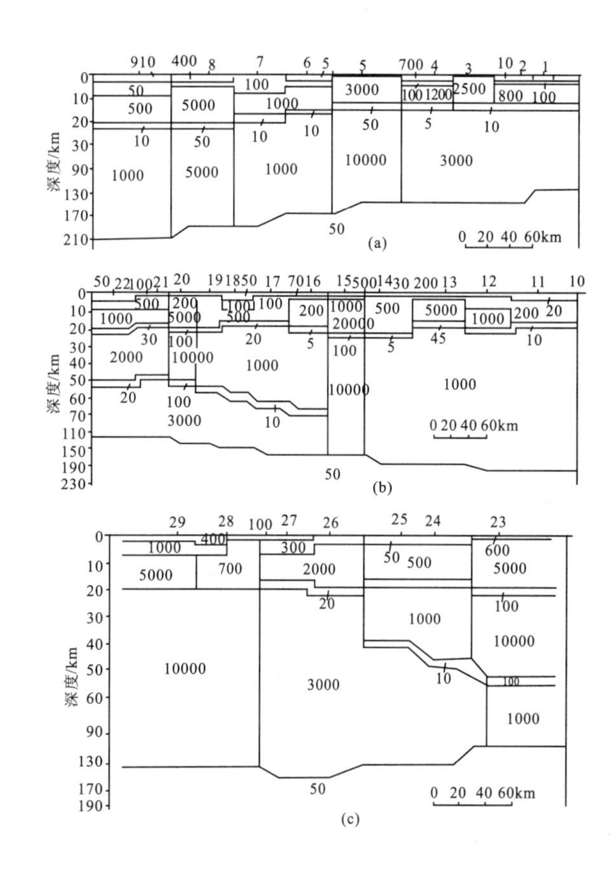

图 5-3 亚东-格尔木大地电磁成果解释图

(据郭新峰等,1990)

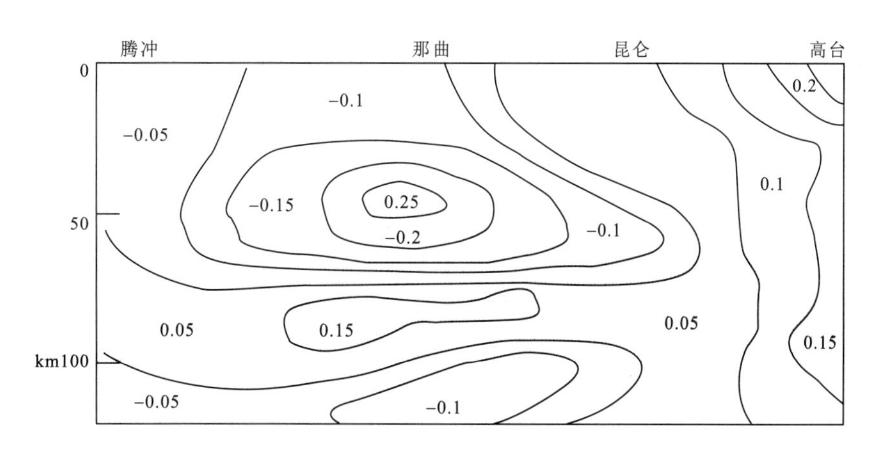

图 5-4 青藏高原地震面波 CT 纵切面图

(据曾融生等,1992)

许志琴等(2001)通过横穿青藏高原北部东昆仑-羌塘地区的格尔木-唐古拉山口(西段)与共和-玉树(东段)两条天然地震探测剖面的综合研究,揭示青藏高原北部岩石圈结构具如下特征:①地壳厚度自南往北由 70~75km 减小至 55~60km;②地壳具高速与低速转换界面相间组成的层状结构;③在 150km 深度范围内岩石圈的物理状态具高速体和低速体相间特征;④岩石圈结构不连续,在 150~250km 深度有 3 条主要的岩石圈剪切断层带,即昆南-阿尼玛卿岩石圈剪切断裂带、金沙江岩石圈剪切断裂带和鲜水河岩石圈剪切断裂带,推测青藏高原北部存在岩石圈规模的向东挤出作用。

三、构造单元划分

不同的大地构造观点会产生不同的构造单元的划分方案，即便在相同的大地构造理论思想指导下，由于不同学者认识的不同或者强调侧面的不同，也会有不同的划分方案或名词体系，因此，在对一个地区进行构造单元的划分时需要有一些限定的划分原则。造山带地区区域地质调查的主要目的是体现造山带的结构与演化，因此，造山带构造单元划分应该是以体现其结构与演化为目的。但造山带演化过程是十分复杂的，存在多旋回多期构造的继承、复合、叠加和改造，因此，区域地质调查的构造单元划分还应突出主要矛盾。结合近些年来在东昆仑地区的工作实践，我们认为 1∶25 万尺度的构造单元划分应该遵循的基本原则如下。

(1)突出主构造旋回的原则。造山带一般都是多旋回构造演化的综合体，因此在复杂的造山带体系中应强调其主构造演化阶段，在进行构造单元划分时必须抓住能体现构造单元地质构造基本轮廓的主构造旋回的基本特征。

(2)地层、岩石、构造及其时空匹配原则。区域地质调查的主要目的是体现造山带的结构与演化，因此构造单元划分必须建立在对造山带组成、结构与演化的高度概括与总结的基础之上，需要建立在对地层、岩石、构造及其时空关系进行良好配置的基础上。能否对不同地质记录之间进行合理的时空配置将直接影响到构造单元划分的正确性和对构造单元特征的深刻认识。

(3)新全球构造理论指导的原则。传统的板块构造理论在解决大陆造山带构造演化时存在明显的缺陷，因此对造山带的结构与演化的深刻认识需要新全球构造理论的指导。众多的研究已经表明中国造山带地区多具有多洋岛、软碰撞、多旋回性的基本特色。经典板块构造理论不能较全面地概括其地质演化特征，而包括测区在内的青藏高原东北部地区所表现的地质特色正是一个具有多洋岛、软碰撞、多旋回性演化的典型例子。

(一)构造单元划分

根据上述构造单元划分原则，我们对测区构造单元的划分见表 5－1 和图 5－5。一级构造单元划分时主要强调具有一定地域性质的构造带，而不突出其性质涵义，二级构造单元是 1∶25 万填图尺度中体现地质结构和演化的重要载体，也是综合研究和认识的重要体现。上述构造单元划分三原则主要是针对二级构造单元划分，各二级构造单元主要涵义作以下进一步说明。

表 5－1　测区构造单元划分方案

<table>
<tr><th colspan="2">一级构造单元</th><th>二级构造单元</th></tr>
<tr><td rowspan="2">阿尼玛卿构造带(Ⅰ)</td><td rowspan="9">可可西里第三纪上叠陆相盆地(KB)</td><td>黑山-玉珠峰早三叠世裂陷海盆复理石亚带(Ⅰ－1)</td></tr>
<tr><td>园头山晚古生代陆缘复理石亚带(Ⅰ－2)</td></tr>
<tr><td rowspan="3">巴颜喀拉构造带(Ⅱ)</td><td>——————东昆南断裂——————</td></tr>
<tr><td>巴颜喀拉三叠纪裂陷海盆复理石带(Ⅱ)</td></tr>
<tr><td>——————楚玛尔河-巴音莽鄂阿断裂——————</td></tr>
<tr><td rowspan="4">西金乌兰构造带(Ⅲ)</td><td>乌石峰晚古生代蛇绿构造混杂岩亚带(Ⅲ－1)</td></tr>
<tr><td>巴音莽鄂阿晚三叠世蛇绿构造混杂岩亚带(Ⅲ－2)</td></tr>
<tr><td>阿尕日旧南部前寒武纪结晶片岩亚带(Ⅲ－3)</td></tr>
<tr><td>乌石峰南部晚三叠世陆缘复理石亚带(Ⅲ－4)</td></tr>
</table>

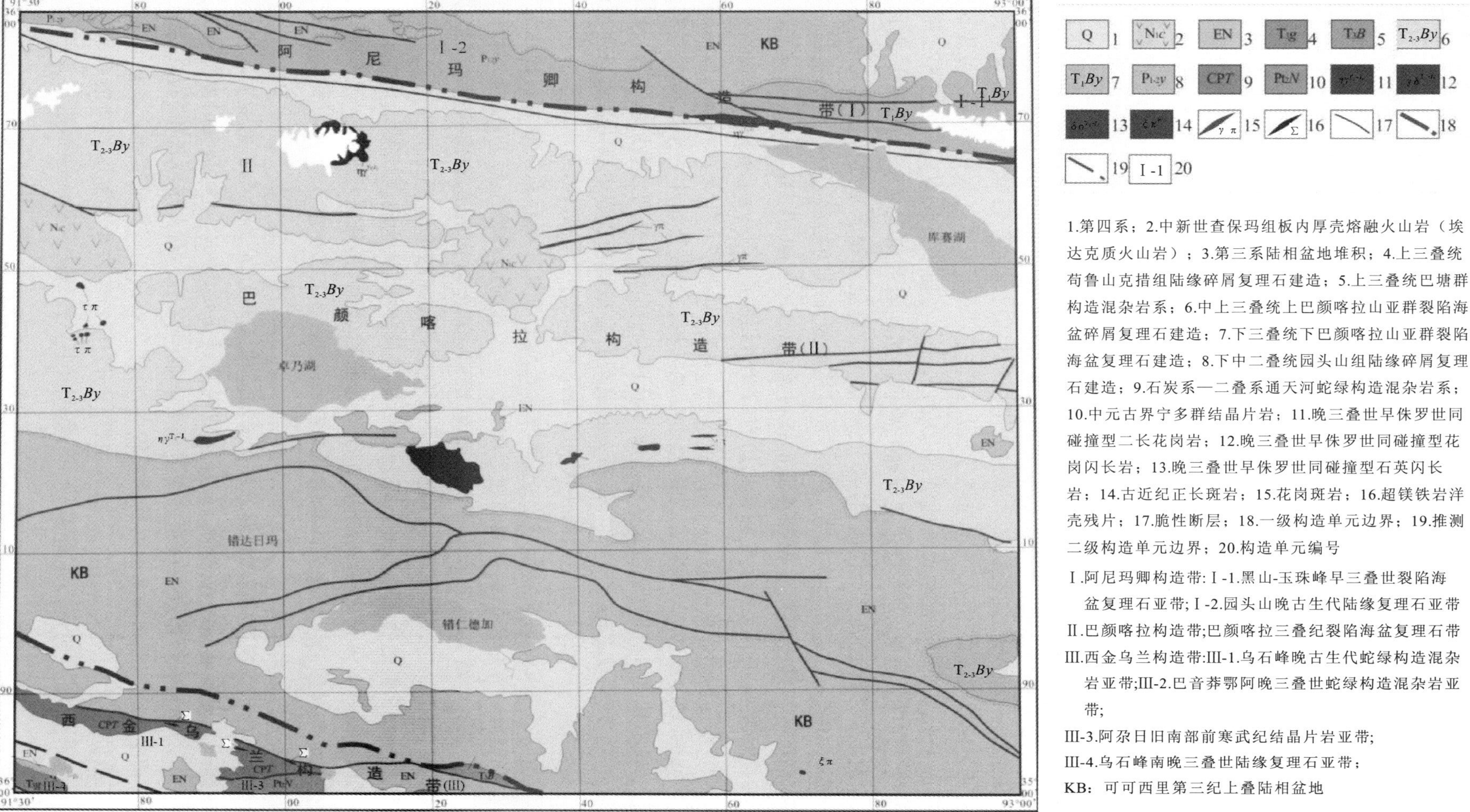

1.第四系；2.中新世查保玛组板内厚壳熔融火山岩（埃达克质火山岩）；3.第三系陆相盆地堆积；4.上三叠统苟鲁山克措组陆缘碎屑复理石建造；5.上三叠统巴塘群构造混杂岩系；6.中上三叠统上巴颜喀拉山亚群裂陷海盆碎屑复理石建造；7.下三叠统下巴颜喀拉山亚群裂陷海盆复理石建造；8.下中二叠统园头山组陆缘碎屑复理石建造；9.石炭系—二叠系通天河蛇绿构造混杂岩系；10.中元古界宁多群结晶片岩；11.晚三叠世早侏罗世同碰撞型二长花岗岩；12.晚三叠世早侏罗世同碰撞型花岗闪长岩；13.晚三叠世早侏罗世同碰撞型石英闪长岩；14.古近纪正长斑岩；15.花岗斑岩；16.超镁铁岩洋壳残片；17.脆性断层；18.一级构造单元边界；19.推测二级构造单元边界；20.构造单元编号

Ⅰ.阿尼玛卿构造带：Ⅰ-1.黑山-玉珠峰早三叠世裂陷海盆复理石亚带；Ⅰ-2.园头山晚古生代陆缘复理石亚带
Ⅱ.巴颜喀拉构造带;巴颜喀拉三叠纪裂陷海盆复理石带
Ⅲ.西金乌兰构造带:Ⅲ-1.乌石峰晚古生代蛇绿构造混杂岩亚带;Ⅲ-2.巴音莽鄂阿晚三叠世蛇绿构造混杂岩亚带;
Ⅲ-3.阿尕日旧南部前寒武纪结晶片岩亚带;
Ⅲ-4.乌石峰南晚三叠世陆缘复理石亚带;
KB：可可西里第三纪上叠陆相盆地

图5-5　库赛湖幅构造单元划分

阿尼玛卿构造带位于测区北部，在测区划分出两个构造亚带，分别为黑山-玉珠峰早三叠世裂陷海盆复理石亚带（Ⅰ-1）和园头山晚古生代陆缘复理石亚带（Ⅰ-2）。黑山-玉珠峰早三叠世裂陷海盆复理石亚带（Ⅰ-1）是以原晚古生代构造地层堆积体为基础裂陷形成的上叠裂陷浊积盆地，原始位态存在两种可能性，一种可能性是原地性质的裂陷槽，另一种可能是南侧巴颜喀拉构造带的三叠纪裂陷海盆复理石由于后期强烈的构造作用而被卷入到阿尼玛卿构造带。园头山晚古生代陆缘复理石亚带（Ⅰ-2）代表晚古生代洋陆转化过程中陆缘的碎屑沉积，虽然也发生强烈构造变形变位，但原始层序并未遭到彻底破坏。

巴颜喀拉构造带占据测区约4/5的面积，由于其组成单调，因此难以作进一步构造单元的划分。巴颜喀拉构造单元洋陆转化的主体时段为三叠纪，形成一套岩性十分单调的浊积岩系——巴颜喀拉山群。对巴颜喀拉浊积盆地性质有多种不同的认识，一种认识认为，松潘-甘孜-巴颜喀拉浊积盆地是介于华北板块和扬子板块之间的残留海盆地（Yin et al，2000），或者是继承巴颜喀拉洋盆闭合后转化为前陆盆地性质的填满（潘桂堂等，1997）。然而，该盆地的巨大范围和巨大厚度用残留海盆似乎难以理解，现今也难以找到如此巨大规模残留盆地碎屑堆积类比物。第二种认识根据松潘—甘孜地区若尔盖一带地球物理资料显示的古老刚性地块的存在（任纪舜等，1980）及该地区三叠纪沉积特征，认为松潘-甘孜三叠纪沉积与扬子板块具有亲缘性，从而把其作为扬子板块西北部的组成部分（Yang et al，1995）或被动大陆边缘，并认为该地体与扬子板块裂离开始于早二叠世茅口期，早三叠世拉丁期强烈沉降，并一直延续到晚三叠世。然而有关研究显示，与扬子板块具有亲缘关系的若尔盖地区并不能代表整个松潘-甘孜-巴颜喀拉三叠纪浊积岩系列的亲缘关系，实际情况要更为复杂（Burchfiel et al，1995；张以茀，1996）。第三种意见认为松潘-甘孜-巴颜喀拉三叠纪浊积盆地是沿南部金沙江缝合带向北俯冲形成的弧后盆地（Burchfiel et al，1995；Gu et al，1994；Hsu et al，1995）。然而，这一观点与三叠纪弧火山岩的分布相矛盾，因为，三叠纪弧火山岩分布于金沙江缝合带以南，而北侧缺少岛弧火山岩，意味着松潘-甘孜-巴颜喀拉山复理石盆地向南俯冲于羌塘地块之下（Yin et al，2000）。第四种意见认为该盆地沉积在特提斯洋中一个广阔的二叠纪碳酸盐岩台地之上（殷鸿福等，1998），理由是在这套复理石岩系中出现一系列二叠纪生物灰岩的断夹块，它们或者是当时大陆斜坡上的滑塌块体，或者是在复理石盆地闭合过程中或闭合后以逆冲断层楔揳入的结果（姜春发等，1992）。问题是断夹块的组成并不仅限于生物灰岩，还出现深海枕状玄武岩及变质程度较高的古老变质岩系，因此统一的碳酸盐岩台地可能并不存在。最后一种意见认为三叠纪复理石系列是建立在以海西期褶皱基底为基础的一个新的活动型海盆上，从早三叠世开始直到晚三叠世—早侏罗世结束经历了一个完整裂解沉降-闭合消亡的完整旋回过程（张以茀，1996）。然而从其发表的论文来看，仅是综合概括，并没有进行详细的论证。

我们通过巴颜喀拉山群的物源分析和区域地层格架关系分析，认为巴颜喀拉山群是在阿尼玛卿晚古生代洋盆闭合基础上具有裂陷海盆特点的上叠浊积岩盆地，其基底是晚古生代复杂多岛洋盆闭合后形成的组成和结构都十分复杂的构造混杂岩系（详见第二章和本节后一部分，以及专题有关论述）。

西金乌兰构造带位于测区西南角，可划分出4个次级构造单元，分别称乌石峰晚古生代蛇绿构造混杂岩亚带（Ⅲ-1）、巴音莽鄂阿晚三叠世蛇绿构造混杂岩亚带（Ⅲ-2）、阿尕日旧南部前寒武纪结晶片岩亚带（Ⅲ-3）和乌石峰南晚三叠世陆缘复理石亚带（Ⅲ-4）。前人研究得出，西金乌兰蛇绿构造混杂岩带中的蛇绿构造混杂岩系的时代跨度较大，时代从石炭纪一直延续到晚三叠世。然而，晚二叠世—早三叠世碎屑岩-灰岩组合——汉台山群（P_3T_1H）与晚古生代蛇绿构造混杂岩系之间的角度不整合接触关系说明，晚古生界石炭系—二叠系与上二叠统—三叠系应该隶属于两个不同的构造旋回，应该将两者解体。

据此，测区含早二叠世放射虫硅质岩的乌石峰晚古生代蛇绿构造混杂岩亚带应该归入乌石峰蛇绿构造混杂岩系，而出现在巴音莽鄂阿一带的晚三叠世巴音莽鄂阿构造混杂岩应该从乌石峰蛇绿构造混杂岩系中解体出来，鉴于其也具有构造混杂岩性质，因此归为晚三叠世构造混杂岩亚带。阿尕日旧南部前寒武纪结晶片岩亚带（Ⅲ-3）中的结晶片岩系测区未获得年龄依据，主要是和邻区1∶25万可可西里湖幅的区域地层对比，为中元古代，应该代表南部羌塘地块（微板块）裂解出来的陆壳碎块。乌石峰南晚三叠世陆缘复理石亚带（Ⅲ-4）主体构成为晚三叠世苟鲁山克措组一套变质碎屑岩系，该岩石地层单位在南部还有相当的分布范围，应该是更南部羌塘地块（微板块）陆缘斜坡相沉积。

测区各构造单元都覆盖有第三系陆相盆地沉积，尽管目前第三纪陆相沉积分布并不连续，但在沉积时应该是统一盆地，并属更大尺度上的可可西里盆地陆相盆地的一部分。由于测区第三纪盆地沉积分布仍保存了相当大的面积范围，因此，我们从构造单元划分角度对可可西里第三纪陆相盆地作出特别强调，在时间上，早于上述各构造单元所限定的发育时间。

（二）各构造单元主要地质特征简述

1. 阿尼玛卿构造带

测区阿尼玛卿构造带呈北西西-南东东向纵贯测区北部，以东昆南断裂与南部的巴颜喀拉构造带为邻。

测区阿尼玛卿构造带主要物质组成为早中二叠世马尔争组、早中二叠世树维门科组、早三叠世巴颜喀拉山群下亚群、第三纪沱沱河组和雅西措组及第四纪不同成因类型沉积。不同岩石地层单元岩石组合概括如下。

(1)早中二叠世马尔争组（$P_{1-2}m$）：构成园头山晚古生代陆缘复理石亚带的主体，为一套具浊积岩特征的砂板岩变碎屑岩系，可能反映了阿尼玛卿洋盆闭合阶段的边缘前陆盆地堆积。

(2)早三叠世巴颜喀拉山群下亚群（T_1By）：构成黑山-玉珠峰早三叠世裂陷海盆复理石亚带的主体，向东延入不冻泉幅。其物质组成单调，为一套浅变质斜坡相碎屑砂板岩系，是以晚古生代构造混杂岩系为基底的裂陷海盆沉积。

(3)古近纪沱沱河组（$E_{1-2}t$）和雅西措组（E_3y）：属于可可西里古近纪陆相盆地的北部边缘沉积，与下伏岩系为角度不整合接触关系（图版18-6）。岩性为一套河湖相紫红色复成分砾岩、含砾砂岩、中细粒砂岩、粉砂岩，上部出现泥岩和石膏。

测区沿阿尼玛卿构造带的侵入岩岩浆活动主要为晚三叠世的碰撞—陆内俯冲型的花岗闪长岩—二长花岗岩—花岗斑岩。晚印支期造山作用导致陆壳加厚，下地壳发生部分熔融而产生花岗质岩浆侵入。岩浆侵入主要受东昆南断裂控制。

测区阿尼玛卿构造带不同构造层的主体构造特点有所不同，早中二叠世马尔争组主要为一系列北西西-南东东向的断片组合，剪切边界或内部构造性质主要表现为透入性的韧性或脆韧性由北向南的逆冲型剪切变形或褶皱-逆冲型韧性剪切变形，是二叠纪多洋岛体系的俯冲和碰撞闭合及晚印支期构造运动的综合构造表现。早三叠世巴颜喀拉山群主期变形表现为一系列北西西-南东东向的褶皱构造及纵向断层的冲断。第三系地层主要表现为开阔向斜构造；新生代随着山体的隆升，出现一系列伸展性质的正断层组合，尤其是山体边缘表现更为明显。

构造活动引起广泛的绿片岩相区域动力变质作用，变质温度350～454℃，低—高压，在构造边界部位有变形变质的强化现象。

2. 巴颜喀拉构造带

北部边界为东昆南断裂，南部边界为楚玛尔河-巴音莽鄂阿断裂。

测区巴颜喀拉构造单元基岩主要出露巴颜喀拉山群上亚群，第三纪沱沱河组、雅西措组、五道梁组和查保玛组。

巴颜喀拉山群是一套岩性十分单调的浊积相陆源碎屑堆积，主要岩石构成为岩屑长石砂岩、粉砂质板岩及板岩。巴颜喀拉山群是在中晚二叠世之交闭合的古特提斯洋基础上再次裂解的上叠裂陷海盆沉积，其沉积基底可与阿尼玛卿构造混杂岩系相对比（详见第二章和专题有关论述）。巴颜喀拉山群之上角度不整合古近纪—新近纪的沱沱河组—雅西措组的陆相河湖相红色碎屑岩-泥岩、膏盐沉积建造，属于新生代可可西里盆地的一部分，其上还发育渐新世—中新世五道梁组的一套湖相碳酸盐岩，其与下伏岩系为角度不整合接触关系，底部常出现复成分底砾岩。在卓乃湖西侧和大帽山还出现中新世的查保玛组——一套反映板内厚壳熔融的埃达克质火山岩。

测区巴颜喀拉构造带中的侵入岩主要为晚三叠世晚期—早侏罗世侵入于巴颜喀拉山群中的碰撞—陆内俯冲型的石英闪长岩—二长花岗岩—斜长花岗岩—花岗（流纹）斑岩系列。另外，由于青藏高原地壳加厚后下地壳部分熔融形成了一些小型的碱性岩体，包括一些零星侵入于雅西措组中渐新世的正长斑岩，以及侵入于巴颜喀拉山群和查保玛组中的中新世粗面斑岩超浅成岩体。

测区巴颜喀拉构造带巴颜喀拉山群构造变形主要表现为系列北西西-南东东向的褶皱及纵向断层，褶皱一般伴有轴面劈理置换。

低级—极低级区域动力变质作用广泛出现于巴颜喀拉山群中，并呈现出一定的分带性。

3. 西金乌兰构造带

该构造带北部边界为楚玛尔河-巴音莽鄂阿断裂。南部延出图外，测区总体处于西金乌兰构造带的北部，岩石地层构成主要由中元古界宁多群结晶片岩（Pt*N*）、石炭系—二叠系乌石峰蛇绿构造混杂岩系（CP*w*）、上三叠统巴音莽鄂阿构造混杂岩（T_3bm）构造混杂岩系、上三叠统苟鲁山克措组（T_3g）一套斜坡相陆缘碎屑复理石沉积和一些不整合于不同岩系之上的古近纪沱沱河组紫红色砂砾岩组合。其中，中元古界宁多群主要为一套角闪岩相的石英片岩、云母石英片岩。石炭系—二叠系乌石峰蛇绿构造混杂岩系组成复杂，可划分出 4 个岩石组合单元，分别是变碳酸盐岩组合（CPw^{Ca}），灰白色大理岩和灰色结晶灰岩；变碎屑岩组合（CPw^{d}），变杂砂岩、云母石英片岩、变硅质岩、板岩；变玄武岩组合（CPw^{β}），灰绿色片理化变基性玄武岩；超镁铁质岩组合（CPw^{Σ}），橄榄辉石岩等。巴音莽鄂阿构造混杂岩组成也比较复杂，可划分出 3 个不同岩石组合单元，分别是变碳酸盐岩组合（T_3bm^{Ca}），灰白色大理岩和灰色结晶灰岩；变碎屑岩组合（T_3bm^{d}），变杂砂岩、云母石英片岩、变硅质岩、板岩；变玄武岩组合（T_3bm^{β}），灰绿色片理化变基性玄武岩。上述不同组合均以断片形式出现，呈现出强烈构造混杂外貌，反映晚古生代和三叠纪时期西金乌兰-金沙江古洋盆具有多洋岛性质的复杂面貌。上三叠统地层之上角度不整合古新统—始新统沱沱河组紫红色砾岩、砂砾岩。

测区该构造带侵入岩浆活动少见，仅在阿尕日旧南侧见侵入于中元古界宁多群中的一辉长岩脉。

两期构造混杂岩系构造特征主要体现为一些北西西-南东东向断片组合，其中乌石峰蛇绿构造混杂岩系中的碳酸岩岩片也往往表现出无根的推覆体外貌。喜马拉雅期，巴音莽鄂阿构造混杂岩以向北的楔状冲断体楔冲于新近系红色碎屑岩沉积中（图版 17－8）。苟鲁山克措组构造变形主要表现为系列北西西-南东东向断裂构造及强烈的片理化。沱沱河组的构造变形主要为北西-南东向的开阔褶皱构造，受北部边界断裂影响，褶皱构造被进一步复杂化，出现系列的倾伏褶皱。

中元古界宁多群主要表现为角闪岩相的区域变质作用，石炭系—二叠系乌石峰蛇绿构造混杂岩系、上三叠统巴音莽鄂阿构造混杂岩系和苟鲁山克措组也均遭受区域变质作用，和北侧巴颜喀拉山群低级—极低级变质作用相比，其变质程度较高，达高绿片岩相，特别是乌石峰蛇绿构造混杂岩系和巴音莽鄂阿蛇绿构造混杂岩系白云母成分压力特征显示出高压特点。

综合上述，测区区域地质特征可概括如下。

(1)测区跨越多个不同时期的构造带，发育多条不同时代的构造混杂岩带，北部园头山晚古生代陆缘复理石亚带是阿尼玛卿晚古生代构造混杂岩带的组成部分，南部西金乌兰构造带包括两个不同构造旋回形成的构造混杂岩系列，即乌石峰晚古生代乌石峰蛇绿构造混杂岩系和巴音莽鄂阿晚三叠世巴音莽鄂阿蛇绿构造混杂岩系。

(2)测区岩浆活动主要为晚三叠世—早侏罗世和喜马拉雅期。其中晚三叠世—早侏罗世岩浆活动主要表现为同构造花岗质岩浆侵入活动，与羌塘微板块和北部大陆之间沿西金乌兰-金沙江缝合带的碰撞闭合和北侧裂陷盆地的全面褶皱回返相伴，与碰撞—陆内俯冲地壳加厚有关。中晚二叠世之交海西期阿尼玛卿洋的闭合碰撞并没有引起强烈的侵入岩浆活动，可能说明海西期的软碰撞特点，地壳并未得到明显加厚。新生代渐新世—中新世的正长斑岩浅成岩—粗面斑岩超浅成岩—埃达克质粗面岩为加厚下地壳的部分熔融，反映该时期青藏高原地壳已经加厚到相当厚度。

(3)除沿西金乌兰构造带分布的中元古代宁多群为角闪岩相区域变质外，其他岩系主要表现为低级—极低级区域动力变质作用。几条构造混杂岩带变质程度相对较高，并呈现出较高压力特点。

(4)碰撞后印支—喜马拉雅期的陆内构造变形复杂多样，显示出多期伸缩及走滑运动的交替。新构造活动频繁强烈，西大滩活动断层和昆仑垭口活动断层呈近东西向或北西西-南东东向横切测区，昆仑垭口活动断层在 2001 年 11 月 14 日发生左旋走滑活动，引起强地震，震中库赛湖地区震级达 8.1 级。

(三)缝合带

测区西南部为西金乌兰-金沙江缝合带通过处。过去一般认为西金乌兰-金沙江缝合带是印支期的缝合带，然而最近沿该带的 1∶25 万区域地质调查显示，存在晚古生代石炭系—二叠系和三叠系两个不同时期的构造混杂岩系，对测区西南角的解剖也显示出两个不同时期的构造混杂岩带，即乌石峰晚古生代乌石峰蛇绿构造混杂岩带和巴音莽鄂阿晚三叠世巴音莽鄂阿蛇绿构造混杂岩带，它们代表着 2 个不同构造旋回的洋陆转换。

1. 乌石峰晚古生代乌石峰蛇绿构造混杂岩带

乌石峰蛇绿构造混杂岩带组成以通天河蛇绿构造混杂岩系为代表，是区域上的西金乌兰-金沙江蛇绿构造混杂岩带的一部分。测区乌石峰晚古生代乌石峰蛇绿构造混杂岩系组成包括代表古洋壳地幔部分的超基性岩组合、洋盆玄武岩-硅质岩组合、深水—半深水陆源碎屑沉积岩组合和海山相的碳酸盐岩组合，体现晚古生代古洋盆结构的复杂性。其中，在与玄武岩伴生的硅质岩中获放射虫化石 *Pseudoalbaillella scalprata rhombothoracata* Ishiga，*Pseudoalbaillella scalprata scalprata* Holdsworth and Jones，该放射虫组合属于 *Pseudoalbaillella scalprata rhombothoracata* 带，可以进行全球对比，地质时代为早二叠世，相当于 Wolfcampian 顶部到 Leonardian 底部。

2. 巴音莽鄂阿晚三叠世巴音莽鄂阿蛇绿构造混杂岩带

测区巴音莽鄂阿晚三叠世巴音莽鄂阿蛇绿构造混杂岩系目前以向北的楔冲式断片楔冲于第三系陆相红色碎屑岩地层中，组成包括有玄武岩-硅质岩组合、深水—半深水陆源碎屑沉积岩组合和海山相的碳酸盐岩组合。根据 1∶20 万错仁得加幅区域地质调查报告，在玄武岩—硅质岩组合中的硅质岩中获得放射虫化石 *Archaeospongoprunum* sp.，*Acanthosphaera* sp.，*Tripocyclia* sp.，*Staurodoras sp.*，*Pentactinocarpus* sp.，这些放射虫常见于美国、欧洲、日本等地的上三叠统中，在我国东北部那达哈达岭地区上三叠统中也有发现，因此时代为晚三叠世。由于缺少古洋壳地幔部分的超镁铁质岩组合和辉绿岩墙，因此该套构造混杂岩系作为古洋壳蛇绿岩套极不完整。然而，这套岩石组合和南北两侧晚三叠世同时代陆缘碎屑复理石相比，其明显表现为水体较深，出现大洋玄武岩和深水硅质岩，表现为产出在裂解程度较大部位。在构造上，尽管遭受后期构造改造和强化，但总体上仍显示出原始的构造混杂岩面貌，不同岩石组合以岩片形式出现，相互间以断层接触，岩片内部表现为明显的片理化，反映出印支期强烈的俯冲和闭合。

从区域上，该混杂岩系代表一个已消失了的小洋盆的残留，属中国西部东特提斯洋的一个小支洋，其向东南延伸可能与三江地区金沙江洋盆相连，该小洋盆是在已经闭合的古特提斯洋盆基础上，于晚二叠世开始羌塘微板块再次与北部的大陆分离裂解，三叠纪裂解程度增强并出现分隔两陆块的有限洋盆。这样的有限裂解洋盆和北部巴颜喀拉山群所代表的裂陷海盆可能同属一个裂解构造体系。晚三叠世晚期洋盆最后闭合，南部羌塘微板块与北部欧亚大陆再次碰撞闭合，并引起北部巴颜喀拉山三叠纪浊积盆地的全面褶皱回返。

第二节　构造形迹

测区主要构造线方向为近东西向(NWW - SEE)，与东昆仑造山带在本区的走向基本一致。测区除广泛发育的节理、劈理、线理等小型构造外，中等尺度的构造形迹是主导构造(图 5 - 6)，测区基底与盖层具有显著不同的构造形迹，其中基底主要包括韧性变形域的流变褶皱、韧性剪切带和脆性变形域的断层，而盖层多为不同位态的压扁褶皱及其相关的逆断层、平移断层及在东昆仑造山带与可可西里盆地演化过程中产生的高角度脆性变形域的平移-正断层(包括活动断层)，它们也是进行区域构造分析的基础。

一、褶皱

测区跨越不同类型的构造单元，经历了不同期次、不同层次、不同体制的构造变形，形成了不同类型的褶皱，表现在褶皱样式上有明显的差异。测区内深构造层次的褶皱主要发育在图幅的南侧元古宇宁多群中，以流变褶皱和面理置换为特征，在测区内出露面积小，并被后期构造强烈改造。

测区褶皱按发育尺度可分为区域性褶皱、岩石露头褶皱、手标本褶皱及显微褶皱；按形态划分有平行褶皱、相似褶皱及协调与不协调褶皱；从位态上看，测区发育的褶皱从直立水平到斜歪都有；从褶皱发育的主次关系来看，测区发育有主褶皱，以及与之有成因联系并有一定几何关系的从属褶皱，同时也发育了一些与主褶皱无直接联系也无一定几何关系的独立小褶皱。在测区广泛出露的巴颜喀拉山群中主期变形表现发育了一系列轴面走向 NWW - SEE 或近 E - W 向的褶皱，在其早期褶皱变形中，层面可能起主导作用，压扁作用造成轴面劈理置换原始层理，随着后期劈理透入性发育，层理只起被动作用。在古近纪地层中，主要为中常—开阔型褶皱，局部受到平移断层影响，具有牵引褶皱性质，尤其是在卓乃湖西侧更为典型。

测区主要褶皱的基本特征见表 5 - 2。几个典型褶皱的基本特征描述如下。

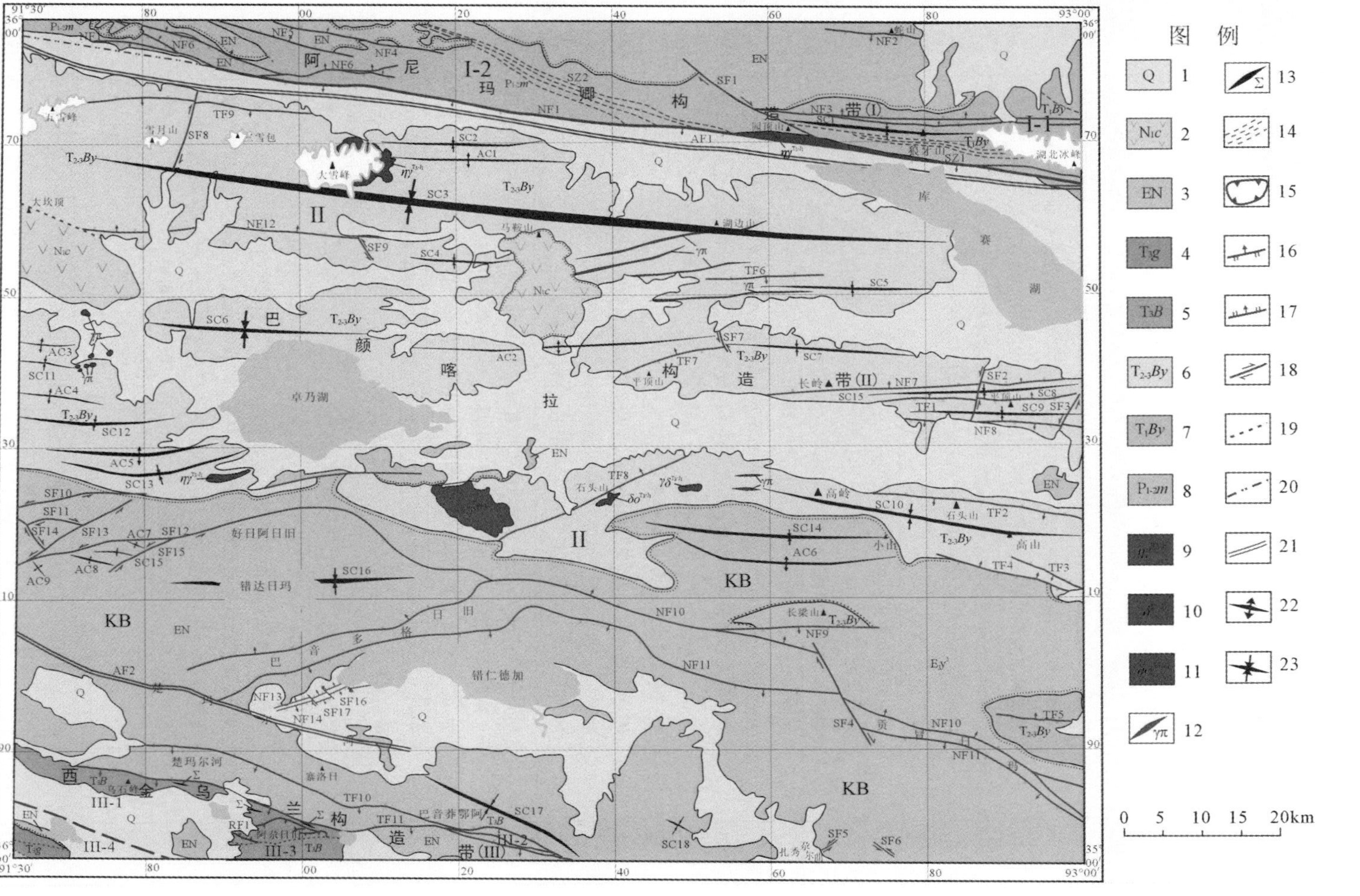

图 5－6　1∶25 万库赛湖构造纲要图

1. 第四系；2. 中新世查保玛组板内厚壳熔融火山岩(埃达克质火山岩)；3. 第三系陆相盆地堆积；4. 上三叠统苟鲁山克措组陆缘碎屑复理石建造；5. 上三叠统巴塘群蛇绿构造混杂岩系；6. 中上三叠统上巴颜喀拉山亚群裂陷海盆碎屑复理石建造；7. 下三叠统下巴颜喀拉山亚群裂陷海盆复理石建造；8. 下中二叠统马尔争组陆缘碎屑复理石建造；9. 晚三叠世早侏罗世同碰撞型二长花岗岩；10. 晚三叠世早侏罗世同碰撞型花岗闪长岩；11. 晚三叠世早侏罗世同碰撞型石英闪长岩；12. 花岗斑岩；13. 超镁铁质岩洋壳残片；14. 韧性剪切带；15. 推覆构造；16. 逆断层；17. 正断层；18. 平移断层；19. 性质不明断层；20. 遥感解译断层；21. 活断层；22. 背斜；23. 向斜

Ⅰ. 阿尼玛卿构造带：Ⅰ－1. 黑山玉珠峰早三叠世裂陷海盆复理石亚带，Ⅰ－2. 园头山晚古生代陆缘复理石亚带；Ⅱ. 巴颜喀拉构造带：巴颜喀拉三叠纪裂陷海盆复理石带；Ⅲ. 西金乌兰构造带：Ⅲ－1. 乌石峰晚古生代蛇绿构造混杂岩亚带，Ⅲ－2. 巴音莽鄂阿晚三叠世蛇绿构造混杂岩亚带，Ⅲ－3. 阿尕日旧南部前寒武纪结晶片岩亚带，Ⅲ－4. 乌石峰南晚三叠世陆缘复理石亚带；KB：可可西里第三纪上叠陆相盆地

表 5-2　测区主要褶皱基本特征一览表

编号	名称	长度(km)	涉及地层	构造特征	发育时代
AC1	大雪峰东背斜	22	$T_{2-3}By1$	分布于红水河南，与SC13平行展布。轴线呈"S"形，总体近东西延伸。西端被大雪峰侵入体破坏，东端被晚更新世洪冲积物覆盖。核部及两翼均由上三叠统上巴颜喀拉山亚群一组($T_{2-3}By1$)变细、粉砂岩夹板岩组成，为同层褶曲，背斜两翼基本对称，岩层倾角西段在45°～60°之间，东段则在35°～55°之间。枢纽东端似有倾伏之势，其形态为一线状开阔褶皱	印支期
AC2	湖东山(5111.8)背斜	35	$T_{2-3}By1$ $T_{2-3}By2$	分布于库赛湖南东山—平顶山北一带。轴线呈曲线延伸，轴向总体为北东东向展布。东端被北东向平移断层(SF7)所截，中段及北翼部分被晚更新世洪冲积物覆盖。由上三叠统上巴颜喀拉山亚群构成，核部及北翼为上三叠统上巴颜喀拉山亚群一组($T_{2-3}By1$)变细、粉砂岩夹板岩组，南翼则由上巴颜喀拉山亚群一组($T_{2-3}By1$)变细、粉砂岩夹板岩和二组($T_{2-3}By2$)板岩夹变细、粉砂岩组共同组成。背斜两翼不对称，岩层倾角在40°～60°之间。轴面倾向向北变化，构造形态属线状斜歪褶皱	印支期
AC3	卓乃湖西黑石山(5323.5)背斜	8	$T_{2-3}By1$ $T_{2-3}By2$	东西向长垣状展布。背斜核部为$T_{2-3}By1$，两翼对称分布$T_{2-3}By2$。北翼岩层产状为5°∠72°，南翼产状178°∠70°。背斜向东倾伏，向西延出图外，为紧闭褶皱	印支期
AC4	卓乃湖西5323高地-5187高地背斜	15	$T_{2-3}By1$ $T_{2-3}By2$	近东西向长条状展布。背斜核部为$T_{2-3}By1$，两翼对称分布$T_{2-3}By2$。北翼岩层产状为5°∠7°，南翼产状178°～185°∠75°～88°。为紧闭褶皱，背斜枢纽向东倾伏，向西延出图外	印支期
AC5	卓乃湖西南4996高地-4906高地背斜	>28	$T_{2-3}By1$ $T_{2-3}By2$	轴迹北西西向，中部略向南凸出的缓形。背斜核部为$T_{2-3}By1$，两翼为$T_{2-3}By2$。向西延伸出图外，西端被第四系洪冲积、冰水堆积覆盖，东端尖灭于卓乃湖并被湖相沉积物覆盖。在测区内断续延伸28km，宽约4km，北翼近核部被沿线性谷地分布的第四系覆盖，北翼倾角在40°～50°之间，南翼产状在30°～45°之间，轴面略向南倾，北斜枢纽呈近水平状	印支期
AC6	错达日玛湖西5128高地背斜	3	E_3y^2	NNW-SSE向展布，主要通过地层产状表现出来，褶皱转折端较圆滑。东翼产状为97°∠35°，西翼产状不清，枢纽向南倾伏。受平移断层SF11和SF14的控制，褶皱形态发育不是很完整，平面形态显示牵引褶皱特征	喜马拉雅期
AC7	错达日玛湖西5317高地背斜	3	E_3y^2	E_3y^2内部的褶皱，主要通过地层产状表现出来，紫红色砂岩中灰绿色砂岩为褶皱标志层，褶皱近东西向展布，转折端圆滑。南翼产状为184°∠66°，北翼产状为38°∠35°，枢纽向东倾伏。是两条平移断层SF16和SF19的牵引褶皱	喜马拉雅期
AC8	错达日玛湖西5183高地背斜	8	E_3y^2	NWW-SEE向展布，主要通过地层产状表现出来，两翼不对称，褶皱转折端圆滑。北翼产状为38°∠24°，南翼产状为192°～210°∠54°～60°，枢纽向南东倾伏。是平移断层SF16和SF19的牵引褶皱，由于断层平移作用，使该区一系列向、背斜呈雁行式排列，并略具"S"形弯曲	喜马拉雅期
AC9	小山(4711.2)南背斜	30	E_3y^2	分布于高岭(5043.3)南部小山一带，轴线呈弧形展布，即西端为北西向延伸，东端则是向北东东伸展，总体轴向为北西西向。核部和两翼均由渐新统雅西措组粉砂质泥岩与石膏层组成，褶皱形态主要由产状和地貌表现出来。南翼岩层倾角相当，均呈东缓西陡之势：东段在10°～20°之间，西段在25°～35°之间。轴向近于直立，枢纽向东倾伏圈闭，构造形态呈一线状平缓褶皱	喜马拉雅期
SC1	狼牙山-湖北冰峰向斜	35	T_1By2	展布于昆仑山脉狼牙山—湖北冰峰一带，轴线近东西延伸，西端被平移断层(SF1)所截，向东延伸到不冻泉幅。核部及两翼均由下三叠统下巴颜喀拉山亚群二岩组(T_1By2)构成，向斜两翼基本对称，岩层倾角在45°～55°之间变化。其枢纽西端似有扬起之势，形态呈一线状开阔—中常褶皱	印支期
SC2	大雪峰东向斜	24	$T_{2-3}By1$	分布于红水河南，与AC7平行展布。轴线呈"S"形，总体近东西延伸。西端在大雪峰北坡被中更新世冰碛物覆盖，东端被晚更新世洪冲积物覆盖。核部及两翼均由上三叠统上巴颜喀拉山亚群一组($T_{2-3}By1$)变细、粉砂岩夹板岩组成，为同层褶曲，向斜两翼基本对称，岩层倾角东缓西陡：岩层倾角西段在45°～60°之间，东段则在35°～55°之间。枢纽东端略具扬起之势，其形态为一线状开阔褶皱	印支期

续表 5-2

编号	名称	长度(km)	涉及地层	构造特征	发育时代
SC3	湖边山-大雪峰-雪月山向斜	>110	$T_{2-3}By2$ $T_{2-3}By1$	近东西向线性分布,核部为 $T_{2-3}By2$,两翼为 $T_{2-3}By1$。北翼产状一般为 178°~190°∠45°~65°,南翼产状一般为 350°~15°∠50°~70°。向斜核部发育花岗岩体和岩脉	印支期
SC4	碎石岭(4960.9)向斜	24	$T_{2-3}By1$	分布于园头山幅(1:10 万)碎石岭一带,轴线呈北西西向展布。东端被马鞍山古近系查保玛组火山岩覆盖,南北两翼大部分被第四系掩盖。核部及两翼均由上三叠统上巴颜喀拉山亚群一组($T_{2-3}By1$)变细、粉砂岩夹板岩组成,属同层褶曲,向斜两翼基本对称,岩层倾角在 40°~75°之间。枢纽两端略具扬起之势,其形态为一线状开阔—中常褶皱	印支期
SC5	湖西(4636.2)向斜	20	$T_{2-3}By1$	分布于库赛湖下游北部湖西山一带,轴线呈北西西向展布。向斜东、南、西三面均被晚更新世洪冲积物覆盖,北段被逆断层(TF6)所截,但其通过岩层产状表现出来的形态依然清楚。核部及两翼均由上三叠统上巴颜喀拉山亚群一组($T_{2-3}By1$)变细、粉砂岩夹板岩组成,属同层褶曲,向斜两翼基本对称,岩层倾角在 60°~70°之间。枢纽变化不明,构造形态为一线状中常褶皱	印支期
SC6	卓乃湖北向斜	>28	$T_{2-3}By2$	发育在 $T_{2-3}By2$ 板岩夹砂岩、粉砂岩地层中,轴迹总体近东西向线性分布,西段略向北偏转,东、西端被第四系覆盖。褶皱构造主要由地层产状表现出来。两翼地层产状较陡,北翼产状一般为 170°~200°∠32°~65°,南翼产状一般为 350°~15°∠45°~70°	印支期
SC7	天池(4880)-长岭(4895.6)北向斜	30	$T_{2-3}By2$	分布于库赛湖下游南部天池—长岭北北坡。轴线略有弯曲,总体轴向呈近东西向延展,东被晚更新世洪冲积物覆盖,西被北东向平移断层(SF7)所截,但其通过岩层产状表现出来的形态依然清楚。核部及两翼均由上三叠统上巴颜喀拉山亚群二组($T_{2-3}By2$)板岩夹变细、粉砂岩组成,属同层褶曲,向斜两翼基本对称。由于断层影响,岩层倾角变化大,一般在 50°~70°之间,局部陡至 80°以上或缓到 35°。枢纽波状起伏,轴面总体直立,构造形态为一线状中常褶皱	印支期
SC8	平顶山(4759.3)北向斜	40	$T_{2-3}By2$	呈东西向展布于平顶山与长岭之间。西起长岭南,东延入不冻泉幅。北南均遭受到东西向正、逆断层 NF7、TF1 切割,并且中部还受到北北东向平移断层(SF2)错断,但通过地层产状和地貌形态表现出来的向斜形态依然清楚。核部及两翼均由上三叠统上巴颜喀拉山亚群二组($T_{2-3}By2$)板岩夹变细、粉砂岩组成,属同层褶曲,向斜两翼略不对称,北翼岩层倾角在 35°~60°之间,南翼岩层倾角在 40°~70°之间。轴面略具南倾,枢纽于西端扬起圈闭,其形态为一线状开阔—中常褶皱	印支期
SC9	平顶山(4759.3)南向斜	24	$T_{2-3}By1$	呈东西向展布于平顶山一带。东端延伸到不冻泉幅,西端被晚更新世洪冲积物覆盖,南北分别被正、逆断层 NF8 和 TF1 切割,向斜形态主要由岩层产状表现出来。核部及两翼均由上三叠统上巴颜喀拉山亚群一组($T_{2-3}By1$)变细、粉砂岩夹板岩组成,属同层褶曲,向斜两翼基本对称,岩层倾角在 50°~60°之间。轴面总体直立,枢纽西端似具扬起圈闭之势,构造形态呈线状开阔褶皱	印支期
SC10	高岭(5043.3)-高山(5231.5)复向斜	40	$T_{2-3}By3$ $T_{2-3}By2$	分布于测区高岭—高山一带。褶皱轴呈北西西向延伸,西端遭受到黑石山侵入体破坏后消失,东端延入不冻泉幅。北翼被晚更新世洪冲积物覆盖,南翼被新生代渐新统雅西措组碎屑岩和晚更新世洪冲积物覆盖。核部地层为 $T_{2-3}By3$,两翼为 $T_{2-3}By2$。北翼岩层倾角为 45°~65°,南翼岩层倾角为 35°~70°。向斜轴面倾向摆动不定,枢纽波状起伏,总体呈线状开阔—中常褶皱形态。南北向次级褶曲极发育,其轴向与主轴方向基本一致,多延伸不远,为圈闭性较好的短轴褶曲	印支期
SC11	黑石山(5323.5)南复式向斜	>4	$T_{2-3}By2$ $T_{2-3}By1$	主轴面与核部次级背斜轴面一致,两翼分别为次级向斜构造。轴迹近东西向展布,西端延伸出图外,东端被第四系覆盖。核部为 $T_{2-3}By2$,两翼为 $T_{2-3}By1$。由北翼向南翼代表性产状有 206°∠40°、6°∠44°、200°∠450°、10°∠44°,两翼轴面相向倾斜,核部发育花岗岩岩脉	印支期

续表 5-2

编号	名称	长度(km)	涉及地层	构造特征	发育时代
SC12	卓乃湖西5210高地向斜	>25	$T_{2-3}By2$ $T_{2-3}By1$	近东西向长垣状分布，西端出图幅，东端止于卓乃湖。核部为$T_{2-3}By2$，两翼为$T_{2-3}By1$。北翼产状为190°∠75°，南翼产状为5°～10°∠60°～66°	印支期
SC13	岩石山向斜	32	$T_{2-3}By2$ $T_{2-3}By1$	总体近东西向线性分布，向南呈弧形突出。核部为$T_{2-3}By2$板岩夹变细、粉砂岩，两翼对称分布$T_{2-3}By1$变细、粉砂岩夹板岩。轴迹与卓乃湖西南4996高地-4906高地背斜(AC3)平行，西端被第四系洪冲积物覆盖，东端止于卓乃湖湖积物之下。两翼地层相向倾斜，北翼产状一般为170°～190°∠40°～65°，南翼产状一般为345°～15°∠50°～75。基本呈轴面近直立的对称状，翼部石英脉及燕山期花岗岩脉发育，脉体走向与轴线平行	印支期
SC14	小山(4711.2)南向斜	35	E_3y^2	分布于高岭(5043.3)南部小山一带，轴线略呈"S"形，总体轴向为北西西向展布，向斜出露完整。核部和两翼均由渐新统雅西措组粉砂质泥岩与石膏层组成，褶皱形态主要由产状和地貌表现出来。两翼不对称，北翼岩层倾角一般在20°～30°之间，南翼岩层倾角在10°～20°之间。向斜中段两翼岩层倾角较两端略缓，轴面略向北倾，两端枢纽扬起圈闭，构造形态呈一线状平缓褶皱	喜马拉雅期
SC15	错达日玛湖西北5231高地向斜	6	E_3y^2	E_3y^2内部砂岩褶皱，主要通过地层产状表现出来，紫红色砂岩中灰绿色砂岩为褶皱标志层，褶皱近东西向展布，转折端圆滑。南翼产状为38°∠24°，北翼产状为201°∠68°，枢纽向西扬起。平面上具不对称性，是两条平移断层SF11和SF14的牵引褶皱，平移断层作用使褶皱呈向北东凸出的缓弧形	印支期
SC16	错达日玛向斜	>30	$T_{2-3}By1$ E_3y^2	构造盆地型褶皱形态十分典型，遥感影像上十分醒目，长宽比约为2∶1，测区内仅出露其北半翼，渐新统雅西措组(E_3y^2)碎屑岩呈长轴近东西的椭圆形，椭圆形中心部位座落着错达日玛湖。在地貌上，由边部向内地势逐渐变低，呈现盆地形态。褶皱展布方向受断层活动控制，褶皱延伸不远即消失，轴迹与断层有一定的角度	印支期—喜马拉雅期
SC17	巴音莽鄂阿北4847高地-4833高地向斜	>18	E_3y^2 E_3y^3	褶皱发育在E_3y地层中，呈NW-SE向展布，由岩性变化及地层产状表现出来。转折端较开阔，核部地层为E_3y^3紫红色粉砂质泥岩，两翼地层由E_3y^2紫红色砂岩组成，NE翼地层产状较陡，SW翼地层产状较缓。北西端被第四系覆盖，南东端止于图幅南部一系列逆断层	印支期
SC18	沟边(4877.8)高地北向斜	>2	E_3y^2 E_3y^3	褶皱发育在E_3y^2紫红色砂岩地层中，呈NW-SE向展布，由地层产状表现出来。两翼地层产状分别为25°∠20°、220°∠21°，在平面上具对称性，由于第四纪覆盖，具体长度不清	印支期

错达日玛湖西5317高地背斜(AC7)：背斜轴长约3km，发育在E_3y^2紫红色砂岩与灰绿色砂岩地层中，主要通过地层产状及地貌形态表现出褶皱构造特征。紫红色砂岩中灰绿色砂岩为褶皱标志层，砂岩褶皱强烈，褶皱近东西向展布，转折端圆滑(图版18-1)，两翼不对称，南翼陡，北翼缓。轴面产状19°∠72°，南翼产状为184°∠66°，北翼产状为38°∠35°，枢纽向东倾伏。褶皱的砂岩节理较为发育，均为张节理。该褶皱是两条平移断层SF12和SF15间伴生的牵引褶皱，指示了两平移断层左行走滑运动。

错达日玛湖西5183高地背斜(AC8)：长约8km，NWW-SEE向展布，发育在E_3y^2紫红色砂岩与灰绿色砂岩中，褶皱形态主要由地层产状及地貌形态表现出来。褶皱转折端圆滑，南翼陡，北翼缓，为两翼不对称的斜歪倾伏背斜(图版18-2)。北翼产状为30°～38°∠24°～30°，南翼产状为

192°～210°∠54°～60°，枢纽向南东倾伏。褶皱的砂岩节理较为发育，测得一组共轭节理产状为321°∠56°，290°∠71°。在该褶皱地层的SE端，强烈褶皱的紫红色砂岩和灰绿色砂岩与未发生褶皱变形的紫红色砂岩间不连续，为断层接触，出现宽约120m的断层破碎带。褶皱AC5发育在该断层的北西盘，背斜轴面与断层走向呈锐夹角相交，指示该断层(SF15)具有左行平移断层性质。

湖边山-大雪峰-雪月山向斜(SC3)：主轴位于大雪峰、雪月山以及湖边山南侧，轴迹北西西向展布，向斜轴长大于110km，褶皱形态主要由地层分布和地层产状表现出来，复向斜枢纽波状起伏，且向西逐渐扬起呈圈闭之势，向东、西两端尖灭，向西延伸到图幅外，东端止于库赛湖，并被湖边第四系湖相粘土层覆盖，是测区最大规模的褶皱。五雪峰、雪月山及大雪峰3个印支期花岗闪长岩岩株沿该向斜核部偏北翼侵位。核部地层岩性为上巴颜喀拉山亚群二组($T_{2-3}By2$)发育密集的水平层理和劈理的板岩夹变细、粉砂岩，自身组成一级向斜构造；两翼次级褶皱发育，两翼地层岩性为上巴颜喀拉山亚群一组($T_{2-3}By1$)纹层和劈理较发育的变细、粉砂岩夹板岩。向斜核部发育花岗岩体和岩脉。该向斜南北两翼局部地段受到逆断层、东昆南边界断层和库赛湖-昆仑山口活断层改造而减薄。该复向斜两翼次级褶曲发育，并表现为在同岩组内反复褶皱，其形态主面呈短轴状或线状的开阔褶曲，轴向均与主轴方向一致。尤其是在北翼，还发育了一系列与逆断层伴生的牵引褶皱(图版18-3)。北翼主要发育次级背斜和向斜，总体轴向近东西，轴线呈"S"形延伸，平行产出，两者共用翼地层的代表性产状一般为178°～190°∠45°～65°，其他两翼地层走向近平行，地层倾角相对共用翼较陡。向斜南翼具有类似现象，南翼产状一般为350°～15°∠50°～70°，向斜两翼次级褶皱轴面显示相向倾斜的特征。该向斜北翼$T_{2-3}By1$变质岩屑长石杂砂岩中发育与层理近直交的透入性劈理构造，杂砂岩表现出系列褶皱构造，在露头尺度上以中常直立倾伏褶皱为基本类型(图版18-4)，枢纽产状为300°∠40°，轴面走向NW-SE，近直立，局部出现轴面劈理，但没有发生劈理置换，因而层理仍清楚。

卓乃湖西5210高地向斜(SC12)：向斜轴长大于25km，褶皱形态主要由地层分布和地层产状表现出来，近东西向长垣状分布，西端延伸到图幅外，东端止于卓乃湖边湖相粘土层。核部岩性为上巴颜喀拉山亚群二组($T_{2-3}By2$)发育密集的水平层理和劈理的板岩夹变细、粉砂岩；两翼地层岩性为上巴颜喀拉山亚群一组($T_{2-3}By1$)纹层和劈理较发育的变细、粉砂岩夹板岩。北翼产状为175°～190°∠70°～75°，南翼产状为5°～10°∠60°～66°。在该向斜北翼发育强烈挤压流变褶皱(图版18-5)及次级倒转向斜(图版18-6)。从宏观上看，该向斜为卓乃湖西褶皱组合中一个规模相对较大的向斜，反映了研究区在印支期遭受到较强的南北向挤压应力作用。

二、断层

测区自元古代以来经受过多次构造运动，在各期的构造运动中，均相应的形成了一系列规模不等、性质不同的断裂构造。测区内断裂构造较为发育，方向以NW—NWW为主，其次还有少量NE和近EW向断裂发育。总体而言，NW—NWW断裂发育较早，具有明显的继承性，表现出长期活动、多次复活的特征；NE向平移断裂生成时代较晚，常常错断早期的断裂。脆性断层十分发育，而且很多断层在新生代强烈活动，还有规模较大、地震活动较强的活动断层，由于其特殊性，将单独描述。

测区断层往往经过多期活动，不同构造期次的断层性质往往有所不同，但是每条断层都有主导的活动期和主要的运动学特征。根据主活动期断层面产状及其两盘的运动方向，将测区断层分为正断层、逆断层和平移断层三类。局部地带断裂密集成带分布，甚至叠加产出，导致部分断层性质难辨。

(一)正断层

正断层是测区重要的断层类型，在测区范围内广泛分布，是在青藏高原隆升的板内大陆动力学背景下形成的，往往与多级盆山体系及构造地貌格局密切相关。

由于测区正断层一般形成较晚，有些正断层控制了第四系松散沉积物的分布，断层面往往是第四系与基岩的界线，常常被现代沉积物覆盖，尽管在构造地貌上表现明显，且线性特征清楚，但是在地质图上不易表达。测区主要正断层的基本地质特征见表 5-3。

东昆南断层（NF1）：区域性大断层，分布于昆仑山南麓，横亘测区，东西两端外延出图，本图幅内总长大于 130km，据区域资料其总长大于 250km，近东西向（NWW-SEE）线性展布，断层面总体向南倾。其规模大，活动期长，连续性好，断层标志十分醒目。该断层为测区一级构造边界，断层南面是巴颜喀拉构造带，北面是阿尼玛卿构造带。

表 5-3　测区主要正断层的基本特征

编号	名称	长度(km)	产状	涉及地层	构造特征	主活动期
NF1	东昆南断层（测区一级构造边界）	>250	180°～190°∠60°～80°	$P_{1-2}m^1$ $P_{1-2}m^2$ T_1By2 $T_{2-3}By5$ $E_{1-2}t$ Qp_3^{pl}	发育良好的断层崖和断层三角面，是东昆仑造山带与可可西里盆地的重要盆山边界断层，控制了盆山格局和库赛湖的形成。正断层叠加在早期逆断层之上，又被地震活动性极强的左旋走滑断层叠加。断层破碎带由断层角砾岩、碎裂岩、断层泥和构造透镜体组成，断层面上发育擦痕、阶步和磨光镜面，铁质浸染严重，节理十分发育	多期活动喜马拉雅期强烈活动
NF2	蛇山(4860.9)正断层	13	近东西向展布	E_3y^3	断层发育在 E_3y^3 紫红色砂岩内部，与岩层呈小角度相交，脆性破裂强，带内断层角砾岩、断层泥及断层擦痕、节理等十分发育，并常见石英脉贯入，中酸性岩脉也极发育。断裂两侧地貌反差明显：北侧山势挺拔，南侧地势低缓平坦	喜马拉雅期
NF3	东昆仑主脊北园顶山北-湖北冰峰北正断层	36	近东西向展布，断层产状6°∠78°	T_1By2 T_1By3 $E_{1-2}t$ E_3y	发育在东昆仑造山带内次级盆山边界，控制新生代陆相盆地的发育。被 NW 向平移断层切割。沿断层带出现线性排列的断层崖和断层三角面，断层面上有擦痕、磨光镜面和阶步，断层带中断层角砾岩、断层泥、碎裂岩有分带性，节理和石英脉广泛发育	喜马拉雅期
NF4	红山(5044 高地)正断层	>27	NWW-SEE 向展布	$P_{1-2}m^1$ $E_{1-2}t$	断层控制了新生代陆相盆地的发育和沉积物的分布。断层带中砂岩劈理极为发育，与层理呈锐角斜交，岩石脆性变形较强	喜马拉雅期
NF5	红山(5044 高地)西 5081 高地正断层	>16	断层产状5°～15°∠40°～65°	$P_{1-2}m^1$ $E_{1-2}t$	断层在一定程度上控制了新生代陆相盆地的发育和 $E_{1-2}t$ 的分布。发育脆性破裂构造	喜马拉雅期
NF6	5148 高地-4853 高地正断层	>38	向南突出的弧形，350°～355°∠42°～60°	$P_{1-2}m^1$ $E_{1-2}t$	断层带以脆性变形为特征，大多叠加在构造面理发育的变砂岩和板岩之上。断层分支和复合现象明显，出现一系列的断片。断层面上可见擦痕、磨光镜面和阶步，断层带中断层角砾岩、断层泥、碎裂岩、节理和石英脉较发育	喜马拉雅期
NF7	库赛湖南缘正断层	45	近东西向展布，向北陡倾	Qp_3^{1pl} $T_{2-3}By1$ $T_{2-3}By2$	该断层控制了新生代陆相盆地和库赛湖湖盆的发育。地貌上垭口、鞍部、小湖呈线状分布，河流至此拐弯，且沿断裂形成平直河谷，航片上线性形迹十分醒目。岩石破碎，以脆性破裂构造发育为特征，产状紊乱，褶曲发育现象沿断裂面出现，并有石英脉沿线发育。常被 NNE-SSW 向平移断层(SF2)错断，东端被晚更新世洪冲积物覆盖	喜马拉雅期

续表 5－3

编号	名称	长度(km)	产状	涉及地层	构造特征	主活动期
NF8	库赛湖南平顶山(4759.3)南正断层	40	近东西走向，向南陡倾	Qp_3^{1pl} $T_{2-3}By1$ $T_{2-3}By2$	河流至此拐弯，且沿断裂形成平直河谷，航片上线性形迹十分醒目，被 NNE－SSW 向平移断层(SF2，SF3)错断。东端延伸到不冻泉幅，中段部分地区被第四系覆盖，西段被晚更新世洪冲积物覆盖。该断层为由 $T_{2-3}By$ 组成的地垒的南部边界断层，控制了新生代陆相盆地的发育。发育碎裂岩和断层角砾岩，带内石英脉发育，节理密布	喜马拉雅期
NF9	错仁德加湖北东长梁山(4954.1)南正断层	15	近东西走向，产状 190°～210°∠30°～45°	$T_{2-3}By1$ E_3y^2	断层的 TM 线性影像较明显。断层线性展布，控制了 E_3y^2 的沉积。断层两盘岩层产状相顶。断层带的脆性变形较强，节理和石英脉发育，可见断层角砾岩和碎裂岩。	喜马拉雅期
NF10	巴音多格日旧-贡冒日玛北正断层	120	向北突出的弧形，主体向北陡倾	$E_{1-2}t$ E_3y^2	在 TM 图上断层的线性影像很清楚。该断层为由 $E_{1-2}t$ 组成的地垒的北部边界断层，控制了新生代陆相盆地和错达日玛湖盆的发育。贡冒日玛西侧被 NW－SE 向平移断层切割。断层带发育节理、碎裂岩和断层角砾岩。部分地段被第四系覆盖	喜马拉雅期
NF11	巴音多格日旧-贡冒日玛南正断层	120	向北突出的弧形，主体向南陡倾	$E_{1-2}t$ E_3y^2	在 TM 图上断层的线性影像清楚。该断层为由 $T_{2-3}By$ 组成的地垒的南部边界断层，控制了新生代陆相盆地和错仁德加湖盆的发育。贡冒日玛西侧被 NW－SE 向平移断层切割。断层带发育节理、断层泥、碎裂岩和断层角砾岩。部分地段被第四系覆盖。可见小型断层崖，断层面上有磨光镜面和擦痕	喜马拉雅期
NF12	雪月山-大雪峰南正断层	39	10°∠60°	$T_{2-3}By1$ $T_{2-3}By2$ $T_{2-3}By3$	产于 $T_{2-3}By$ 变砂岩和板岩中，部分地段被第四系覆盖。局部被 NW－SE 向平移断层切割。断层带发育节理、碎裂岩和断层角砾岩。东段控制了花岗斑岩的分布。	印支期—喜马拉雅期
NF13	错仁德加湖西南 4609 高地正断层	9	342°∠70°	E_3y^2 Qp_3^{gl} Qh^l	线状隆起带北侧正断层，为全新世活动断层，断层控制了泉水的分布和小湖盆的发育，与 NF19 组合成年轻的小型线性地垒，共同上升盘为 Qp_3^{gl}。北侧为现代湖盆，南侧为 Qh^l	喜马拉雅期
NF14	错仁德加湖西南 4704 高地正断层	12	162°∠70°	Qp_3^{gl} Qh^l	线状隆起带南侧正断层，为全新世活动断层，断层控制了泉水的分布和长条状小湖盆的发育，与 NF18 组合成小型年轻地垒，共同上升盘为 Qp_3^{gl}。北侧为现代湖盆，南侧为 Qh^l	喜马拉雅期

断层面总体产状 180°～190°∠60°～80°，该断层线性影像特征十分明显(图版 18－7，图版 19－1)，断层地貌标志非常明显，北高南低的雄伟地貌景观引人注目，断层北盘是东昆仑主脊，为一系列高山、极高山区(现代隆升剥蚀区)，发育良好的线性排列的断层崖和断层三角面，犹如刀切一般，在库赛湖北面尤其突出(图版 19－2)，有的断层崖高度可达 500m，垂直断距达千米级；断层南盘地势平缓，形成规则平直的谷地(第四纪构造盆地沉降区)，大部分地区为冰碛、洪积和冲积，是东昆仑造山带与可可西里盆地的重要盆山边界断层(图版 19－3)，控制了盆山格局、盆地边缘一系列洪积扇和现代湖泊库赛湖的形成。断裂两侧岩浆岩具有一定的差异，北侧偏酸性，以花岗岩类为主；南侧以花岗闪长岩类为主。涉及地层：二叠系下、中统马尔争组碎屑岩组合一套变碎屑岩，三叠系下统下巴颜喀拉山亚群二组(T_1By2)，燕山早期—印支晚期花岗闪长岩体($\gamma\delta_{SC}^{T}$)，三叠系中、上统上巴颜喀拉山亚群五组($T_{2-3}By5$)，古近系古新统—始新统沱沱河组($E_{1-2}t$)，第四系上更新统洪积物

(Qp_3^{pl}),第四系全新世冰碛物(Qh^{gl})。

断层带规模大,挤压脆性破碎带的宽度达千米级,断层破碎带由断层角砾岩、碎裂岩、断层泥、糜棱化岩石、挤压片理和构造透镜体组成(图版 19-4),其中断层泥呈现青灰、褐色、灰白色等多种颜色。断层面上发育擦痕、阶步和磨光镜面,铁质浸染严重,节理十分发育,顺节理侵入大量石英脉体。据断裂带中动力变质岩镜下观察可知:岩石动力变质作用明显,原岩强烈破碎使组构已完全改变;绢云母鳞片定向排列,碎屑外形拉长变形,亦依长轴定向排列,形成片理化;岩石裂隙发育,裂隙间被褐铁矿、碳酸盐、石英脉、粘土矿物、绢云母充填,局部见铁质混染整个岩石,且多与方解石伴生。由节理倾向玫瑰花图(图 5-7)和节理等密图(图 5-8)均可以看出,断层带中节理倾向优势方向为 187°,倾角优势角度为 69.5°。断层中段北盘伴生有较大规模的韧性剪切带,局部地段被晚更新世及全新世冲洪积物覆盖,同时被全新世活动断层改造。在园头山点 1580 处见宽约 500m 以上的断层破碎带,破碎带总体较松散,固结程度低,靠南侧为冰碛泥、砾沉积而成的构造破碎,主要表现为黑色、黄色的断层泥、断层角砾;靠北侧则为基岩砂板岩脆性变形而形成的构造破碎带,表现为变质砂岩的构造角砾岩及板岩的构造劈理化,构造透镜体的排列显示了南盘下降的正断层性质(图版 19-5)。

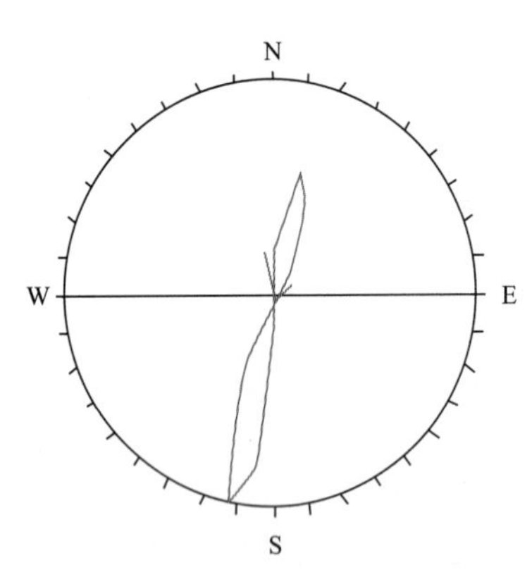

图 5-7　NF1 中节理倾向玫瑰图
(半径 10 条,总数 42)

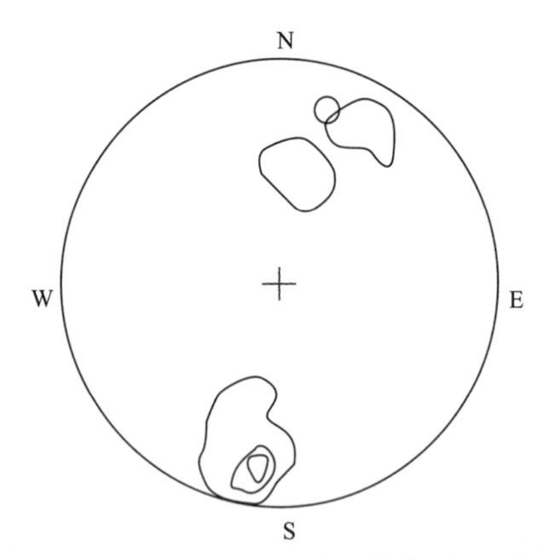

图 5-8　NF1 中节理等密图(上半球投影)
(n=42,等值线:1.2%～13.4%～20.1%～26.8%)

断裂具有长期活动性和继承性:断裂生成于印支初期,印支中期造成北隆南坳,明显控制着上巴颜喀拉山亚群的沉积与分布。燕山期至喜马拉雅期活动强烈,明显控制着昆仑山南麓早古近纪断陷盆地的形成和发展。喜马拉雅期伸展作用形成的正断层特征最显著,正断层叠加在早期逆断层之上,又被地震活动性极强的左旋走滑断层叠加。渐新统粗碎屑岩,中新统细碎屑岩夹泥灰岩,甚至晚更新世冲洪积砂砾石层亦发生较强的变形。挤压破碎带为该断裂早期变形产物,岩石普遍发生糜棱岩化。构造片理发育,次级断层呈南倾叠瓦状排列,切割地质体呈规模不等的透镜体。古近系古新统—始新统沱沱河组紫红色砾岩被断入挤压破碎带中,呈小扁豆体状并发生动力变质作用。断裂带北部变形最强烈,出现了多个构造岩带,如灰色压碎糜棱岩化粉砂岩夹千枚状板岩带、破碎变质砾岩带、断层泥砾带、碎裂岩带、长英质糜棱岩带及挤压透镜体带等。挤压透镜体带中,透镜体由变砂岩、石英脉体构成,大小不等,长轴平行排列,与其周围劈理产状一致(图 5-9)。劈理极其密集,微劈石为压碎板状绿泥石绢云母千枚岩,岩石糜棱岩化强烈;劈理发生强烈的揉皱,局部呈皱纹状。

新构造运动,使东昆南断裂南部边界再次活动,在雪月山南麓山前及洪水河谷地带尤为明显,在早期活动形成的断裂带内亦有活动现象。该断裂早期是区内东昆南构造带与巴颜喀拉构造带两大构造单元的分界,并成为现今东昆仑山脉与可可西里盆地两大地貌单元的界线。平直规则的洪

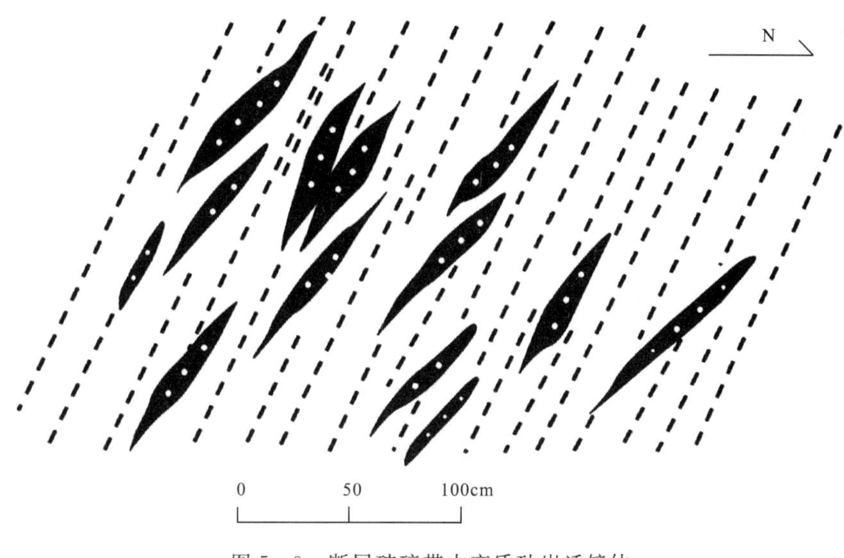

图 5-9　断层破碎带中变质砂岩透镜体

水河断陷谷地是其活动的直接产物。洪水河谷地呈不对称状，北侧谷坡坡脚处发育非常典型的断层三角面。平整宽缓的高阶地位于河北岸，由于次级断层活动又形成线性分布的鼓丘微地貌景观。同级阶地在南岸则基本上分布在山内支流水系两侧，河口处被洪水河截断，前缘高度一般都在 20m 左右，有的高达 60m。现代河道侵蚀谷地南岸，发育两级高差较小的低级阶地。洪水河总体为地堑式谷地形态。主断裂对晚更新世山前冲洪积物的堆积有较大的干扰作用。山前晚更新世砂砾石层在靠近断裂附近呈近于直立状态，向外侧由于断层活动造成旁侧砂砾石层下滑推挤，未固结的泥砂质夹层发生“塑性流变”。在早期断裂中，由于新构造运动叠加的构造变形，使原构造岩石破碎，脉体充填。

东昆仑主脊北园顶山北-湖北冰峰北正断层(NF3)：近东西向展布于园顶山、狼牙山及湖北冰峰北坡，向东延伸到不冻泉幅，本测区内总长约 36km，走向较稳定，断层面总体产状 350°～6°∠65°～78°，发育在东昆仑造山带阿尼玛卿构造带内，是次级盆山边界，控制新生代陆相盆地的发育。沿断裂地貌上构成南侧高大山系与北侧低缓山丘之界线。断层带中次级断层发育，从而在平面上显示出断层有分叉与重合现象。断层活动涉及的地层有 T_1By2、T_1By3、$E_{1-2}t$ 和 E_3y，断层西端被晚期 NW 向右行平移断层切割。沿断层带出现线性排列的断层崖和断层三角面，断层面上有擦痕、磨光镜面和阶步(图版 19-6)，形成数百米宽的挤压破碎带，带中断层角砾岩、断层泥、碎裂岩，节理和石英脉广泛发育。在狼牙山北点 2502 处，该断层呈近东西走向切割了早三叠世砂、板岩层，导致砂、板岩强烈破碎。该高角度断层受到 SN 向河流侵蚀作用形成高达数十米至数百米的断层三角面，断层面上发育擦痕和磨光镜面，局部擦痕产状为 352°∠70°。

巴音多格日旧-贡冒日玛北正断层(NF10)：断层规模较大，总长大于 120km，断层面走向不稳定，呈向北突出的弧形，主体向北陡倾，断层两侧地貌反差强烈，形成北低南高的特殊地形，构造小湖沿线分布，在 TM 图上断层的线性影像很清楚，是可可西里盆地内部次级盆山体系的边界断层。涉及的地层有古近系古新统—始新统沱沱河组($E_{1-2}t$)，渐新统雅西措组中段(E_3y^2)。和走向近于平行、而倾向相反的正断层(NF11)是地垒的北部边界断层，地垒共同的上升盘为沱沱河组紫红色砂岩，组成地垒构造。下降盘控制了新生代陆相盆地和错达日玛湖盆的发育。断层东部贡冒日玛西侧被 NW-SE 向右行平移断层(SF4)切割，错断位移达 5500m。断层带发育节理、碎裂岩和断层角砾岩，部分地段被第四系覆盖。可见小型断层崖，断层面上有磨光镜面和擦痕。断裂带两侧小褶曲极为发育。

根据断层地表出露情况，可以将其分为三段：东段即贡冒日玛北段，该段长35km，断层走向NW－SE，断层面向NNE倾，平直光滑，倾角65°～72°，断裂带宽一般50～100m，带内岩石破碎强烈，发育有扁透镜体。两侧岩层产状紊乱，节理发育，其中走向与断层走向近相同的一组节理相对较发育，可能是断裂的伴生构造。中部约8km的长度被全新世湖沼沉积物覆盖，下盘为 $E_{1-2}t$ 紫红色、砖红色砂岩，发育两组节理，节理由北向南减弱，一组张节理产状24°～30°∠70°～78°，另一组张节理产状200°～208°∠65°～72°，岩石破碎较强烈，沿着贡冒日玛山体分布，构成正地貌。中段即错仁德加湖北段，该段长60km，断层总体走向近EW，断层面向北倾，由断层引起的盆山构造地貌特征明显，表现在断层上盘为 E_3y^2 紫红色砂岩，层理发育，常见交错层理，岩石风化剥蚀强烈，沿山脚和沟谷分布，形成带状分布地势较开阔平缓负地貌；而下盘为 $E_{1-2}t$ 紫红色、砖红色节理较发育的砂岩形成带状分布的一系列地势高陡的山地，层劈关系显示地层向北变新（图版20－1）。西段即错达日玛南马音多格日旧北段，该段长25km，断层总体走向NE－SW，断层面向NW倾，受到后期活动断层改造。

（二）逆断层

测区重要逆断层大多数分布在构造混杂岩带附近，集中发育，成群出现，其发育的构造背景一般与不同地质时期的特提斯开合演化和洋陆转换有关。在红石山一带局部出现与低角度大规模逆冲断层相关的断片。测区逆断层和逆冲断层的基本地质特征见表5－4。

表5－4　测区主要逆(冲)断层特征一览表

编号	名称	长度(km)	产状	涉及地层	构造特征	主活动期
TF1	库赛湖南4788高地-4759高地逆断层	25	东西向展布	$T_{2-3}By2$ $T_{2-3}By3$	地貌上垭口、鞍部、小湖呈线状分布，航片上线性形迹十分醒目。断裂发育地段构造现象极为复杂，正、逆断层、平移断层及褶皱构造相互影响，因而构造面貌不十分清楚。挤压破碎带以脆性破裂构造发育为特征，发育碎裂岩、节理和石英脉，两侧地层小褶曲沿断裂出现。中段被NNE－SSW向平移断层(SF2)错断，错断距离达200m以上；东端由NNE—SSW向平移断层(SF3)作用，构造面貌不是很清楚，可能延伸到不冻泉幅；西端被晚更新世洪冲积物覆盖	印支期
TF2	石头山(5119.7)北逆断层	48	近东西向展布。向南倾斜	$T_{2-3}By1$ $T_{2-3}By2$	地貌上鞍部、垭口排列呈线状负地形，航片上线性形迹清楚。沿断裂带岩石破碎，两侧岩层产状紊乱，构造岩、石英脉发育，节理密布。断层主要发育在 $T_{2-3}By2$ 变砂岩和板岩组合中，西段 $T_{2-3}By1$ 逆冲到 $T_{2-3}By2$ 之上，但由于被晚更新世洪冲积物覆盖，大部分地段出露差。劈理化带，断层上盘发育褶皱，以及岩屑砂岩、板岩角砾岩，断层向东延伸到不冻泉幅	印支期
TF3	高山南逆断层	19	NW－SE向展布，220°∠75°	$T_{2-3}By1$ $T_{2-3}By2$	断层带中节理和石英脉发育，由于断层作用岩石强烈破碎，产状紊乱，断层面上发育擦痕、阶步。断裂南东端被晚更新世洪冲积物覆盖，但在不冻泉幅还可见到断裂发育	印支期
TF5	楚玛尔河南4814高地-4818高地逆断层	10	68°∠23°	$T_{2-3}By1$ $T_{2-3}By2$	$T_{2-3}By1$ 向南逆冲到 $T_{2-3}By2$ 之上，断层带中发育节理和雁列石英脉。岩石风化较严重	印支期

续表 5-4

编号	名称	长度(km)	产状	涉及地层	构造特征	主活动期
TF6	库赛湖西逆断层	15	走向近东西,向南倾	$T_{2-3}By1$	负地形呈线状展布,航片上线性形迹清楚。断层产于$T_{2-3}By1$中,断层两侧发育了多条平行于断层的花岗斑岩岩脉,断层带中变砂岩和板岩发生脆性变形,破碎带宽约50m,节理、石英脉发育,局部可见断层角砾岩	印支期
TF7	4834高地-面743高地逆断层	>13	走向NE-SW,340°∠65°	$T_{2-3}By1$ $T_{2-3}By2$	沿断裂呈线性展布的负地形特征明显,且构造小湖沿线分布。断层破碎带叠加在砂岩和板岩的劈理化带之上,岩石脆性变形强烈,局部出现牵引褶皱,断层SW端被第四纪沉积物覆盖,NE端被左行平移断层(SF7)破坏,因而向NE延伸情况不清	印支期
TF8	约巴东石头山(5162.5)逆断层	24	NE-SW向展布	$T_{2-3}By1$ $T_{2-3}By2$	展布于约巴东石头山一带,断线呈北东60°延伸。沿断裂地貌上呈线性展布的负地形特征明显。$T_{2-3}By1$向南东逆冲到$T_{2-3}By2$之上,两端被晚更新世洪冲积物覆盖,两侧岩层产状紊乱,岩石沿断层破碎,断层破碎带中发育节理、石英脉和断层角砾岩。具有右行平移断层性质	印支期
TF9	雪月山北逆断层	30	走向近东向,向南倾斜	$T_{2-3}By3$ $T_{2-3}By2$	断层主要发育在$T_{2-3}By3$砂岩和板岩组合中,两盘岩石破碎,揉皱发育,形成宽约200m的挤压破碎带,断层破碎带叠加在劈理化带之上,发育节理、石英脉和挤压透镜体,可见断层角砾岩和碎裂岩	印支期
TF10	楚玛尔河-寨洛日旧-巴音莽鄂阿逆断层	>55	NW-SE向展布,185°∠80°	T_3bm^d $E_{1-2}t$ E_3y^2	主体表现为$E_{1-2}t$向NE逆冲到E_3y^2之上,东段为T_3bm^d,逆冲到E_3y^2之上。弧形断层构成断片,东段形成楔状冲断体,断层带发育断层角砾岩和碎裂岩。断层西部被楚玛尔河第四系沉积物覆盖	印支期
TF11	乌石峰北-阿尕日旧-巴音莽鄂阿逆断层	>65	NW-SE向展布,180°~190°∠50°~65°	T_3bm^d $E_{1-2}t$	脆性断层叠加在韧性变形带上,片理化变玄武岩中构造透镜体和反"S"形片理指示上盘正断式运动,透镜状断片构成楔状冲断体。断层带发育碎裂岩,蛇绿混杂岩强烈破碎,呈断层分割的多个断片。断层西部被楚玛尔河第四系沉积物覆盖。沿断裂负地形发育,断裂两侧地貌反差较大	印支期
RF1	阿尕日旧逆冲断层	>20	弧形展布,低角度产出	T_3bm^β T_3bm^d	发育在西金乌兰构造带晚三叠纪蛇绿构造混杂岩带中的逆冲断层,夹有灰岩透镜体,断层角砾岩、断层泥由超镁铁质岩角砾和粉末组成,由于叠加有逆断层和脆韧性剪切带,断层带岩石破碎强烈,断层面不清。岩石片理化现象极强,"S"变形片理广为发育	印支期

楚玛尔河南4814高地-4818高地逆断层(TF5):断层发育长度10km,断层面走向稳定,产状68°∠23°。断裂在航片上显示出明显的线性构造,沿断裂出现负地形,断裂两侧地貌反差大,局部见有断层崖。断层上、下盘地层分别为$T_{2-3}By1$、$T_{2-3}By2$,$T_{2-3}By1$灰绿色节理较为发育的砂岩夹板岩地层向南逆冲到$T_{2-3}By2$深灰色板岩夹砂岩地层之上。断层带发育了宽200m左右的构造破碎带,破碎带由砂岩角砾岩、断层泥等组成,在破碎带中可见3条石英脉,脉体产状56°∠42°,呈左

行雁列式，指示了逆断层性质(图 5－10)。

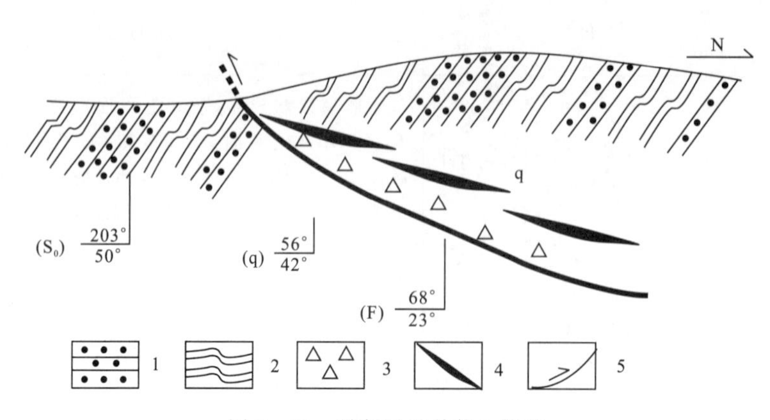

图 5－10　逆断层及其伴生构造

1.砂岩；2.板岩；3.构造破碎带；4.石英脉；5.逆断层

约巴西 5162 高地逆断层(TF8)：断层总长约 24km，断层带总体走向 NE－SW，倾向 NW，产状 320°～345°∠52°～68°，断层北东端被晚更新世洪积物覆盖，SW 端被 E_3y^2 地层掩盖，断层中段约有 2km 的长度被第四纪洪冲积物覆盖。$T_{2-3}By1$ 向南东逆冲到 $T_{2-3}By2$ 之上，断层破碎带中发育节理、石英脉和断层角砾岩。在该逆断层 SW 端，断层带上盘发育一花岗闪长岩岩体，对其中的石英流体包裹体测温研究结果(表 5－5)表明，石英中的包裹体很少，较为细小，形态不规则(图 5－11)，且均为气-液包体(气液比 5%～10%)，富气包裹体极少，这可能与热液活动和流体作用有关，均一温度为 205°～387℃，平均为 284℃。

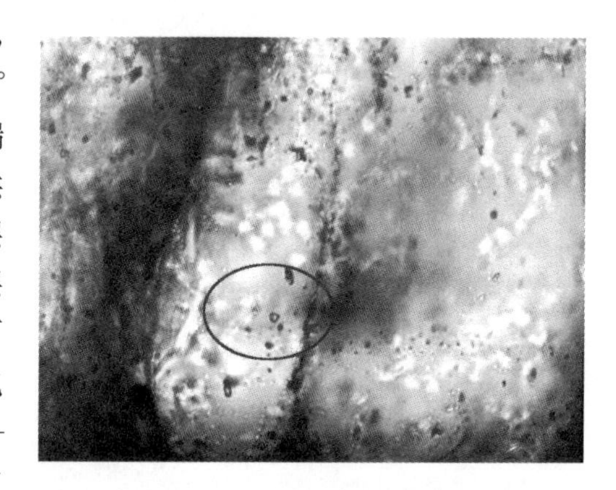

图 5－11　原生石英包裹体

表 5－5　石英流体包裹体测温研究结果

样品号	主矿物名称	包裹体类型	大小(μm)	气液比(%)	所测包裹体数量	均一温度(℃)	平均均一温度(℃)
6586－5	石英	原生包裹体	5～8	5～10	14	205～387	284

楚玛尔河-寨洛日旧-巴音莽鄂阿逆断层(TF10)：断层总长大于 55km，NW－SE 向展布，SE 端延伸到图幅外，NW 端被第四纪沉积物覆盖，断层两侧地貌反差明显，航片上显示出线性构造。区域上为西金乌兰-金沙江断层带的一部分，是重要的边界断层，断层北部为巴颜喀拉构造带，南部为西金乌兰构造混杂岩带。断层产状变化较大，断层面总体向南倾，倾角 50°～85°不等，涉及的地层有 T_3bm^d、$E_{1-2}t$ 和 E_3y^2。断层总体可分为东、西两段，西段主体表现为 $E_{1-2}t$ 向 NE 逆冲到 E_3y^2 之上，东段主体为 T_3bm^d 逆冲到 E_3y^2 之上，弧形断层构成断片，形成楔状冲断体。断面上见有磨光镜面、擦痕和阶步等，断裂两侧派生(次级)小断裂、节理发育，节理走向与断裂走向近于一致的最为发育，还发育一系列与断裂走向斜交的节理系。断层破碎带发育，宽 40～100m，带内发育构造透镜体、断层角砾岩、碎裂岩及少量糜棱岩，糜棱岩的原岩结构基本没有保留，破碎集合体大致定向排列。断层带中还见有褐铁矿化、铜矿化，是测区内一成矿有利部位。

在巴音莽鄂阿东部点1558处发育一宽约40m的变玄武岩破碎带,破碎带产状180°∠55°,在地貌上形成脊状正地形,变玄武岩发生强的片理化和构造破坏,总体呈透镜体状延伸,构造片理与透镜体总体产状相同,片理常呈“S”形弯曲(图版20-5),并显示出由南向北的逆冲运动。片理化表现为强的绿泥石化,根据构造透镜体的总体产状、运动指向与两侧围岩的时代关系,推断该变玄武岩的构造透镜体为一向北楔冲的构造岩片(图版20-6)。该断层局部具有正断层性质,如在巴音莽鄂阿南部断层下盘是具有明显构造破碎的辉石变玄武岩透镜体呈断夹块产出并形成线状高陡地形,而断层上盘是成层有序的古近系沱沱河组紫色中厚层岩屑长石、石英砂岩夹细砾岩(图版20-7)。

乌石峰北-阿尕日旧-巴音莽鄂阿逆断层(TF11):断层总长大于65km,断层面产状变化较大,产状集中为165°~195°∠45°~75°,在平面上表现波状延伸,总体呈NW-SE向展布,SE端与楚玛尔河-寨洛日旧-巴音莽鄂阿逆断层(TF10)交叠导致蛇绿混杂岩强烈破碎,呈断层分割的多个断片,形成构造岩片带,带中发育透镜状灰岩(图版20-8)和变玄武岩。断层向SE延伸到图幅外,断层西端被楚玛尔河第四系沉积物覆盖。涉及的地层有T_3bm^d和$E_{1-2}t$,断层带结构复杂,多期活动,性质变化复杂,脆性断层叠加在韧性变形带上。西段主干断层表现为T_3bm^d向北逆冲到$E_{1-2}t$之上,南侧上盘T_3bm^d中发育多条次级断层;中段断层从$E_{1-2}t$中通过;东段T_3bm^d有多条断层组成断片,向北逆冲系统的后缘出现$E_{1-2}t$在T_3bm^d之上滑动,片理化变玄武岩中构造透镜体和反“S”形片理,指示上盘逆冲式运动,透镜状断片构成楔状冲断体。断层带发育碎裂岩,断层上盘破碎带中发育不对称褶皱指示逆冲式运动(图版21-1)。

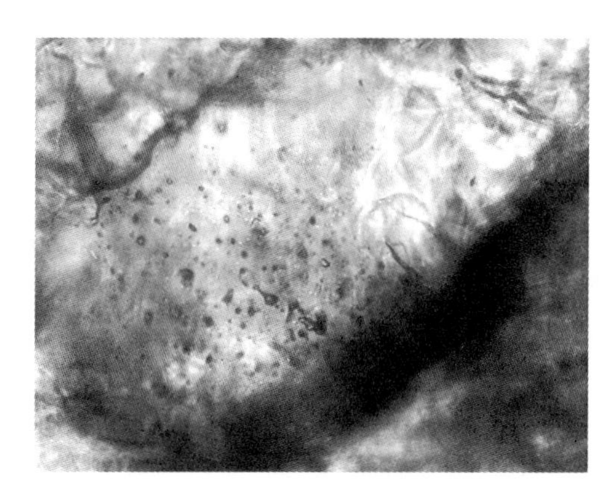

图5-12 方解石中包裹体群

对乌石峰北-阿尕日旧-巴音莽鄂阿逆断层带上盘T_3bm^d千枚岩化钙质砂岩的石英颗粒和方解石颗粒中的流体包裹体测温,包裹体均较小,但成群产出(图5-12)。包裹体形态主要为椭圆状,其次为长条状,偶见有不规则状。以气液包裹体为主(气液比0.05),极少见有富气包裹体,可能与逆断层作用有关。获得的石英中流体包裹体和方解石包裹体均一温度分别为128℃、109~150℃(表5-6)。

表5-6 钙质变砂岩的流体包裹体测温结果

样号	主矿物名称	包裹体类型	大小(μm)	气液比(%)	所测包裹体数量	均一温度(℃)	平均均一温度(℃)
KP14-14-3	石英	原生包裹体	3	5	1	128	128
	方解石		3~5	5	7	109~150	127

(三)平移断层

测区发育不同方向的平移断层,大多数平移断层呈NW-SE向和NE-SW向展布。相对于正、逆断层而言,测区平移断层面较平直,断层走向较稳定,形成时代较晚,以共轭的形式产出,切割先期形成的地质体和地质界线。近东西向延伸的东昆南断层规模巨大,结构复杂,多期活动,性质多样,新生代构造地貌和断层破碎带构造岩显示强烈的伸展作用,形成盆山边界正断层,早期逆冲活动、平移式韧性剪切带被强烈改造。全新世区域性走滑运动表现十分明显,形成东昆仑垭口-库赛湖活动断层,并控制强震,这一活动断层将单独详述。

测区平移断层规模不等。现将测区平移断层的基本地质特征列于表5-7。

表 5-7　测区主要平移断层特征一览表

编号	名称	长度 (km)	产状	涉及地层	基本构造特征	主活动期
SF1	园头山东-库赛湖北右行平移断层	>21	NW-SE 向展布	$P_{1-2}m^2$ T_1By2 $E_{1-2}t$ $\eta\gamma^{T_3}$	呈北西向展布于园顶山一带，北西端没及第四系，南东端被东昆南断层(NF1)所截。沿断裂地貌上呈一连续负地形。该断层切割 $P_{1-2}m^2$、T_1By2、$E_{1-2}t$ 和 $\eta\gamma^{T_3}$，造成印支期白云母花岗岩体 $\eta\gamma^{T_3}$ 北接触带右旋错开约 1000m。断层走向与库赛湖的长轴延伸方向一致，可能与库赛湖的形成有关。断层破碎带中发育节理、石英脉、碎裂岩和构造角砾岩，铁染严重，并见有断层擦痕	燕山期—喜马拉雅期
SF2	库赛湖南平顶山(4759.3)西左行平移断层	7	走向 NNE-SSW，近直立	$T_{2-3}By1$ $T_{2-3}By2$	该断层大角度切割 $T_{2-3}By1$、$T_{2-3}By2$，以及东西向断层 NF7 和 TF1，造成数百米左旋位移。断层两端均被第四系覆盖。断层破碎带中发育节理、石英脉和碎裂岩，改造了先期的韧性定向构造	燕山期—喜马拉雅期
SF3	库赛湖南平顶山(4759.3)东平移断层	5.5	走向 NNE-SSW，近直立	$T_{2-3}By1$	呈北东 25°方向展布于库赛湖南石头沟下游一带，南西端没入晚更新世洪冲积物中，北东端被全新世湖相沉积物覆盖。该断层呈负地貌，遥感影像清晰。据断裂经过处将所有呈东西向展布的构造线(地层、断层 NF8)全部错断，推测其在燕山期形成。断层同时还切割了 $T_{2-3}By1$ 的劈理和层理。断面直立，断裂性质属左行平移断层。断层破碎带中发育节理、石英脉、碎裂岩和断层角砾岩	燕山期—喜马拉雅期
SF4	贡冒日玛西右行平移断层	15	NE-SW 向展布	$E_{1-2}t$ E_3y^2	该断层的线性遥感图像和条带状纹理不连续特征十分明显，断层呈负地貌，导致河流改向，切割了 $E_{1-2}t$ 和 E_3y^2，明显错开了由 $E_{1-2}t$ 及其南北两侧反向倾斜的正断层所组成的地垒。该断层的右旋平错约 7km。断层破碎带中发育断层角砾岩和碎裂岩	喜马拉雅期
SF5	扎秀尕尔曲东4821高地左行平移断层	2.5	NE-SW 向展布	E_3y^2 E_3N_1w	发育在以 $\xi\pi_{WP}^{E_3}$ 为核的环状构造西南部，可能是放射状破裂构造的一个组成部分，该断层在平面上错动 E_3y^2 和 E_3N_1w，出现约 300m 的左旋位移。此外，还可能具有张性特征	喜马拉雅期
SF6	扎秀尕尔曲东4774高地左行平移断层	3	NW-SE 向展布	E_3y^2 E_3N_1w	位于以 $\xi\pi_{WP}^{E_3}$ 为核的环状构造东西南部，可能是放射状破裂构造的组成部分，该断层在平面上错动 E_3y^2 和 E_3N_1w，还可能具有张性破裂特征	喜马拉雅期
SF7	库赛湖西南河流南 4748 高地平移断层	3	走向 NNW-SSE	$T_{2-3}By1$ $T_{2-3}By2$	该断层切割了 $T_{2-3}By1$、$T_{2-3}By2$ 的劈理、层理及 TF7。断层北端被第四系覆盖。断层角砾岩改造了劈理化浅变质岩	燕山期—喜马拉雅期
SF8	雪月山东 5401 高地右行平移断层	>14	走向 NNE-SSW	$T_{2-3}By2$ $T_{2-3}By3$	该断层遥感影像较清楚，主体呈负地貌。断层切割了 $T_{2-3}By3$、$T_{2-3}By2$ 和 TF9。断层南北两端均被第四系覆盖。断层两盘岩层产状不同，地质界线错开。断面近直立，形成不宽的劈理带，带内发育两期岩脉，早期为肉红色花岗斑岩，走向与断面交角较大；晚期石英脉发育，穿插花岗斑岩脉，平行劈理贯入。石英脉壁上常形成与断面产状一致的磨光面，面上发育断层擦痕，显示断层东盘南移下滑运动特征	燕山期—喜马拉雅期

续表 5-7

编号	名称	长度(km)	产状	涉及地层	基本构造特征	主活动期
SF9	大雪峰南左行平移断层	4	NW-SE向展布	$T_{2-3}By2$ $T_{2-3}By1$	发育在大雪峰南坡，规模不大。该断层切割了 $T_{2-3}By1$、$T_{2-3}By2$的劈理、层理及NF12。断层北西端和南东端均被第四系覆盖。使上巴颜喀拉山亚群砂板岩及其中的东西向正断层(NF12)在水平方向上错断位移量约300m，断面北东倾斜，倾角40°左右。断层附近，岩石十分破碎，平行断层走向斜交地层层理的石英细脉发育	燕山期—喜马拉雅期
SF10	错达日玛北西5031高地-卓乃湖南左行平移断层	>45	NEE-SWW向展布，高角度产出	$T_{2-3}By1$ E_3y^1 E_3y^2	断层线性特征明显，向西延伸到测区外。西段切割 E_3y^2、E_3y^1 和 $T_{2-3}By1$，形成宽达百米的构造破碎带；中段从河谷中通过，被第四系覆盖；东段主要在 E_3y^2 和 $T_{2-3}By1$ 之间发育，并将一短轴背斜轴迹及两地层间的不整合界线错断，水平位移量大于300m。断层南盘 E_3y^2 紫红色砂岩中发育牵引褶皱，指示该断层性质为左行平移	喜马拉雅期
SF11	卓乃湖西南5072高地右行平移断层	7	近东西向弧形分布，向北陡倾	E_3y^2	断层切割 E_3y^2 紫红色和灰绿色砂岩层理，被SF13和SF14切割。断层两盘断片 E_3y^2 砂岩中发育平面上不对称的牵引褶皱，指示该断层性质为右行平移	喜马拉雅期
SF12	卓乃湖西南-好日阿日旧北-约巴南943高地左行平移正断层	>65	340°～350°∠80°～86°	E_3y^2	该断层线性影像特征和伴生褶皱十分明显，断层常沿沟谷分布，控制了线性分布的湖泊和河流，并明显地切割岩层面。以砂岩层面为褶皱变形面形成一系列牵引褶皱，断层北盘褶皱轴面近东西走向，与该断层呈小角度相交，指示该断层左行平移。发育不对称的牵引褶皱、节理、断层泥、碎裂岩和断层角砾岩	喜马拉雅期
SF13	卓乃湖西南5269高地南东左行平移断层	>17	NE-SW向展布	E_3y^2	断层线性特征清晰，控制长条形湖盆。断层斜切可可西里古近纪断陷盆地，破坏了北西西向断裂，并切割了 E_3y^2，以及SF11、SF12和SF14。地貌上平移错断山脊，并使山脊因牵引发生弯曲，断层北东端与SF10汇合，南西端被第四系覆盖。该断层两盘 E_3y^2 砂岩中发育一系列不对称牵引褶皱，指示该断层具左行平移性质。断层中部被全新世小型洪积扇覆盖	喜马拉雅期
SF14	卓乃湖西南5269高地东右行平移断层	>5.5	NW-SE向展布	E_3y^2	该断层夹于SF11与SF13之间，切割 E_3y^2 紫红色和灰绿色砂岩层理，砂岩中发育牵引褶皱。断层带砂岩发生较强烈的脆性破裂，出现节理、断层泥、碎裂岩和断层角砾岩	喜马拉雅期
SF15	卓乃湖西南5350高地南左行平移断层	10	NE-SW向展布152°∠83°	E_3y^2	该断层是SF12的分支断层，切割 E_3y^2 紫红色和灰绿色砂岩层理，并造成砂岩的牵引褶皱，断层NW盘牵引褶皱发育完美，褶皱轴向与断层夹角指示左行平移。断层面上有近水平的擦痕、磨光镜面和阶步，断层破碎带中发育碎裂岩、断层泥和断层角砾岩。断层南端被晚更新世洪冲积物覆盖	喜马拉雅期

续表 5-7

编号	名称	长度(km)	产状	涉及地层	基本构造特征	主活动期
SF16	错仁德加湖西南左行平移断层	2.5	走向 NW-SE	Qp_3^{gl} Qh^1	该断层为活动的平移断层，左旋错动了由 NF13、NF14 及其共同上升盘 Qp_3^{gl} 组合而成的年轻的小型线性地垒。水平位移量达 200～300m	喜马拉雅期
SF17	错仁德加湖西南右行平移断层	2.5	走向 NW-SE	Qp_3^{gl} Qh^1	该断层为活动的平移断层，右旋错动了由 NF13、NF14 及其共同上升盘 Qp_3^{gl} 组合而成的年轻的小型线性地垒。与平移断层 SF16 构造性质相近，形成平移断裂带，水平位移量 200～300m	喜马拉雅期

雪月山东 5401 高地右行平移断层(SF8)：断层总长大于 14km，断层面平直，走向 NNE-SSW，该断层遥感影像较清楚，主体发育在山谷中，呈负地貌。断层切割了 $T_{2-3}By3$、$T_{2-3}By2$ 和 TF9。断层南北两端均被第四系洪冲积物和冰水沉积物覆盖，北端受到后期活断层切割改造。断层两盘岩层产状不同，西盘地层比东盘地层产状明显陡，由于其平移性，东西两盘地质界线被错开，错断距离达 200m 以上。断层西盘发育印支期花岗岩体，其 LA-ICP-MSU-Pb 年龄为 207.5±5.7Ma，岩体边部岩石有明显错动表现，对岩体边部的黑云母二长花岗岩石英中流体包裹体测温(表5-8)，包裹体形态以近等轴状为主，少量形态不规则，以单相包裹体为主(图 5-13)，包裹体均一温度为 245～423℃，平均均一温度为 314℃，明显比测区其他断裂带中包裹体温度高，显示了岩浆热液活动的结果。

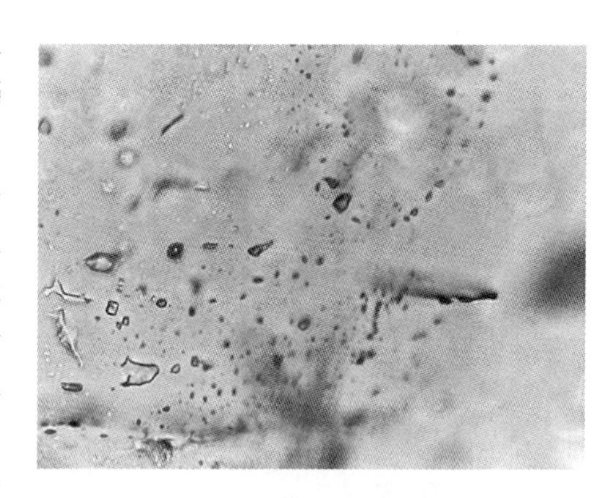

图 5-13 石英中单相包裹体群

表 5-8 二长花岗岩中石英的流体包裹体测温结果

样号	主矿物名称	包裹体类型	大小(μm)	气液比(%)	所测包裹体数量	均一温度(℃)	平均均一温度(℃)
6558-5	石英	原生包裹体	5～10	5～10	15	245～423	314

卓乃湖西南-好日阿日旧北-约巴南 4943 高地左行平移正断层(SF12)：断层总长大于 65km，断层面呈向北突出的弧形，总体近东西向展布，向北陡倾，向西延伸到测区外，沿断裂带出现负地形，向东被第四系覆盖，局部露头上可见其与北倾正断层(NF10)叠合，该断层线性影像特征和伴生褶皱十分明显(图版 21-2)。该断层代表性产状为 340°～350°∠80°～86°。断层发育在 E_3y^2 紫红色和灰绿色砂岩中，灰绿色砂岩是较好的标志层。断层西段呈 NEE-SWW 向线性分布，以砂岩层面为褶皱变形面形成一系列牵引褶皱，断层南盘褶皱轴面与该断层呈小角度相交，指示该断层左行平移。断层所经过之处，岩石破碎，产状紊乱，断层破碎带宽度可达 150m，由断层泥、碎裂岩和断层角砾岩(图版 21-3)组成。断层破碎带中发育不对称的牵引褶皱、节理，节理通常切割层理，其中一组最发育的节理产状为 335°∠56°，局部可见到共轭剪节理将砂岩切割成菱形不规则的块体。断层滑

动面上有擦痕和阶步，擦痕产状近水平，阶步由石英生长纤维显示出来，为正阶步，指示断层左行平移性质。断层东段呈弧形，在好日阿日旧北侧发育断层崖和断层三角面，兼有正断层性质（图版21-5），断层的左行平移活动可能对错达日玛湖的形成有影响。

三、韧性剪切带

测区北部的阿尼玛卿构造带中韧性剪切带十分发育，此外，在巴颜喀拉构造带、西金乌兰构造带中也有一些韧性剪切带，但发育程度较低、规模较小，剪切指向标志以剪切变形的"S"形片理最发育。测区发育的两条规模较大的韧性剪切带的基本地质特征见表5-9。

表5-9　测区韧性剪切带基本特征一览表

编号	名称	长度（km）	产状	原岩地层	发育背景	变形特征	形成时代
SZ1	狼牙山逆冲式韧性剪切带	>40	近东西向展布	T_1By2 $P_{1-2}m^1$ $P_{1-2}m^2$	阿尼玛卿构造带	除发育挤压变形的劈理和褶皱外，局部强应变带也有糜棱岩化和石英脉剪切透镜体，可见S-C组构和黄铁矿不对称压力影	印支期
SZ2	洪水河-园头山逆冲式韧性剪切带	40	NW-SE向展布	$P_{1-2}m^1$	阿尼玛卿构造带	局部强烈变形岩层中出现石英脉和长英质脉的剪切透镜体，有的岩石已糜棱岩化。少数地方可见S-C组构	印支期

狼牙山逆冲式韧性剪切带（SZ1）：剪切带发育长度大于40km，近东西向展布，宽度从西向东由200m到1000m不等，剪切带东端被冰川覆盖，向东可能延伸很远。韧性剪切带由于被东昆仑盆山边界正断层破坏而保存不全。糜棱面理8°～30°∠62°～71°，拉伸线理15°～25°∠54°～65°，发生剪切变形的地层有T_1By2、$P_{1-2}m^1$和$P_{1-2}m^2$。剪切带发育的地段，变砂岩和板岩组合除发育挤压变形的劈理和褶皱外，局部强应变带也有糜棱岩化和石英脉剪切透镜体，顺板理面的剪切置换变形十分强烈，石英脉均呈扁豆体，一些强变形带发育S-C组构和黄铁矿不对称压力影，指示韧性剪切带具逆冲性质。在剪切带中以片理或板理为变形面的褶皱构造强烈而普遍，形成斜歪-倒转褶皱（图版21-6），褶皱呈现出极不协调的特点，$P_{1-2}m^2$变质砂岩层一般呈厚层状，波长较大，而其间的变质泥质因层薄及黏度低而波长较小，从而显示出不协调特点（图版21-7）。由于韧性剪切带叠加在早期脆性逆断层之上，在局部地段可见到发育在逆断层上盘的牵引褶皱，在褶皱岩层中，平行早期片理或板理的石英脉也发生强烈褶皱，形成次级不对称褶皱（图版21-8），指示左旋剪切运动（图版22-1）。褶皱构造的轴面均倾向NNE，枢纽向SEE缓倾；平行轴面的构造置换较强，特别是在褶皱的倒转翼，轴面劈理与片理或层理近于一致，局部可根据劈理与层理的交切关系判断岩层是否发生倒转（图版22-2），由于劈理的强烈发育导致韧性变形的岩石的连续性遭到脆性变形破坏。

洪水河-园头山逆冲式韧性剪切带（SZ2）：剪切带发育长度大于40km，NW-SE向展布，宽度从西向东由300m到3000m不等，剪切带西端延伸到测区外，向西可能延伸很远。带中发育长英质糜棱岩，岩石碎斑主要为石英、长石，剪切变形明显。糜棱面理产状210°～220°∠55°～80°，旋转碎斑常见，旋斑两端常发育清晰的压力影构造。局部强烈变形的变砂岩和板岩中出现石英脉和长英质脉的剪切透镜体，透镜体AB面与劈理面一致，石英脉褶皱变形形成紧闭同斜褶皱，在转折端附近还可见到次级褶皱（图5-14）。有的岩石已糜棱岩化。少数地方可见S-C组构，指示该韧性剪切带具有逆冲性质。强片理化石英糜棱岩具有强的定向排列构造，构造片理十分发育，表现为绢云母、绿泥石等片状矿物的定向排列，岩石中发育透镜状、眼球状长英质脉体，“S”形弯曲的构造面理指示了逆冲式韧性剪切(图版22-3)。

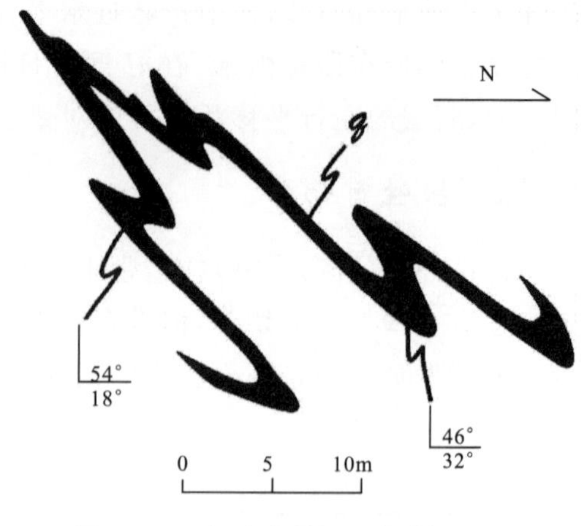

图5-14　板岩中剪切石英脉褶皱

四、活动断层

测区活动断层十分发育，库赛湖-东昆仑垭口活动断层是测区最主要的活动断层，也是东昆仑活动断裂带的主干断层。活动断层与地震的关系十分密切，因而查明活动断层的发育背景、几何结构和运动性质，具有重要的理论意义和实际意义。

东昆仑活动断裂带是在多期活动的东昆南断裂带的基础和背景上重新活动而成。东昆仑活动断裂带主体继承性发育在东昆南断裂带之上，基本上也是东昆仑造山带与巴颜喀拉-可可西里地块之间的活动构造边界。沿着该活动断层多次发生强震，最近的强震发生在2001年11月14日，震中位于测区的库赛湖附近，形成巨大的地表破裂带，西至库赛湖东侧，横贯测区北部，东至尖山南侧，全长420余千米，在测区延伸长度约280km。据前人调查表明，与最近地震活动有关的活动断层的最大水平位移量是6.4m，最大垂直位移为4m。

(一)库赛湖-东昆仑垭口活动断层(AF1)

在测区范围内，库赛湖-东昆仑垭口活动断层西起雪月山北，向东经过库赛湖北、巴拉大才曲、并延伸到不冻泉幅的东昆仑山垭口北，至阿青岗欠日旧南，总体近东西向线性展布，东西两侧均延伸出图幅以外。

根据库赛湖-东昆仑垭口活动断层与东昆南断裂带的叠加、改造关系，以及库赛湖-东昆仑垭口活动断层与所切割的地层的关系，从西向东分为如下四段：①雪月山北—库赛湖段，库赛湖-东昆仑垭口活动断层位于东昆南断层南侧，地表破裂带从第四系中通过；②库赛湖—5428高地南段，库赛湖-东昆仑垭口活动断层叠加在东昆南断层带之上，地表破裂带从断裂破碎带中通过；③5428高地—东昆仑垭口段，库赛湖-东昆仑垭口活动断层分布在东昆南断层南侧，地表破裂带从第四系中通过；④东昆仑垭口—阿青岗欠日旧段，库赛湖-东昆仑垭口活动断层叠加在东昆南断层带之上，地表破裂带与盆山边界断层基本一致。

在库赛湖以西，该断裂明显错断全新世和晚更新世洪、冲积扇，形成上百米长且相间排列的左行左阶断陷区和长梁鼓包，这些构造地貌不仅显示了断裂的左旋走滑活动，而且受到全新世地震活动影响而形成地震破裂带。据历史记载，这一地区1952年10月1日曾发生过一次5级地震，第四系中的土包可能是此次地震所致。而2001年的地震叠加在老地震之上，导致新的地震地貌的形成。雪月山北—库赛湖段活动断层的基本特征如下。

(1)在测区内该段长度为132km，在东昆南断层以南4km的范围内呈线性展布，两条断层在库赛湖东北部和洪水河南侧相距最近，在雪月山北侧相距最远。由地表破裂带南侧向北观察，可以见到活动断层中的地震裂缝和东昆南盆山边界正断层的断层三角面(图版22-4)。

(2)地震破裂带错断晚更新世洪积扇和全新世水系冲沟。该段地震破裂带主要从Qp_3^{pal}灰褐色、灰黄色砂泥砾石层中通过(图版22-5)，切割洪冲积扇(图5-15)。在洪水河以西大部分地段从Qh^{al}灰黑色、黄褐色砾石层、泥质粉砂层中通过，穿过河床、河漫滩和河流阶地，在河床中心常被砂砾覆盖。局部地方切割Qp_2^{gl}灰黄色、土黄色泥砾层，冰碛物中大型漂砾也发生破裂。此外，还有

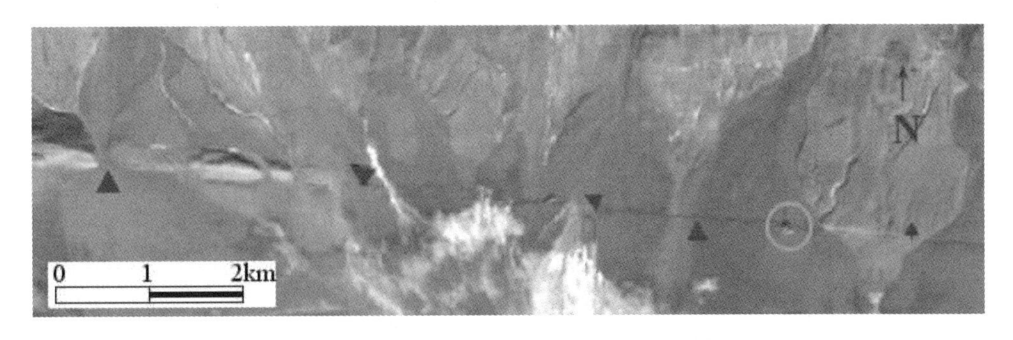

图 5－15　库赛湖震后活动断层 SPOT 卫星影像

两小截地震破裂带从库赛湖湖盆北部通过。

(3)该段地表破裂带主破裂带的宽度一般为 30～35m,地震影响带的宽度为 120～150m。地震破裂带的走向为 NWW278°—SEE98°,分布稳定,地震裂缝主破裂面产状向南陡倾,倾角一般为 70°～80°。

(4)地表破裂带由多组地震裂缝组成(图版 22－6、图版 22－7),主地震破裂带主要由 NWW280°～SEE100°左右的地震破裂面按一定的组合形式组成,这是一组沿着主剪切破裂面发育的地震裂缝,单条地震裂缝的长度一般为 70～150m,多以斜列式、雁列式产出,组合形式主要是左行左阶,局部出现左行右阶。这组地震裂隙地表裂口的宽度一般为 80～120cm。此外,还不同程度地发育三组地震裂缝,其走向分别为:NE40°—SW220°的剪切破裂,具有左旋走滑运动性质,延伸远,可达数百米;NE60°—SW240°的张性裂缝,延伸不远,通常不到 80m,地表裂口较宽,通常为拉分塌陷裂口,可达 1m 以上,呈锯齿状或不规则状;NE80°—SW260°的左旋剪切破裂,与地表主破裂呈小角度“入”字形相交,局部发育(图 5－16)。

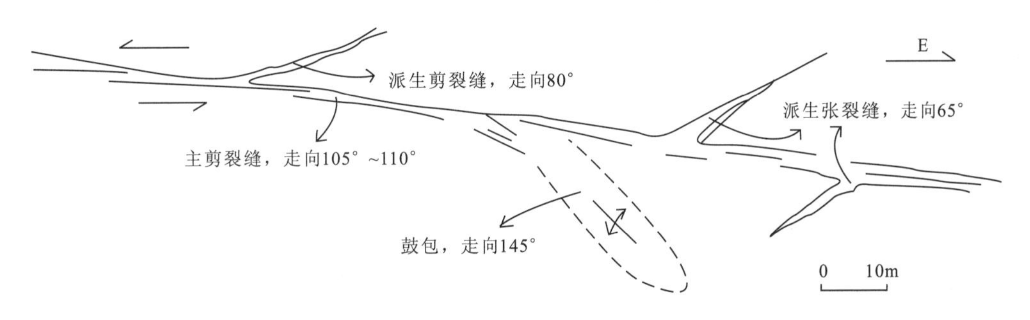

图 5－16　活动断层主剪切裂缝与其派生裂缝及地震鼓包(No. 1579)

(5)地表破裂带中可见地震陡坎。库赛湖西地震破裂面切割 Qp_3^{pal} 灰褐色、灰黄色洪积物,造成地表垂直方向的错动,形成地震陡坎,地震破裂面产状为 SSW188°∠76°,为主剪切地震裂缝,上盘下降,呈正断层式运动,最大垂直断距为 1.38m(图版 22－8)。

(6)1952 年地震导致沿断裂地貌上一系列土包呈串珠状分布,远观形似残存的土堤。在晚更新统洪积扇和早全新统的冲积阶地上保留较好,而现代冲洪积河滩上已被冲刷。断裂作用形成的小土包,长轴方向与断层走向一致,土包高 10～20m,宽 40～100m,沿线多处出露断层泉,并见现代冲沟(河流)产生拐弯或改道现象,在半胶结的砂、砾层中裂隙发育。

(7)地震鼓包十分发育,往往分段局部集中。在库赛湖以西至园头山一带约 20km 范围内出现 30 余个地震鼓包,为孤立浑圆的小丘(图版 23－1),平面上近圆形、椭圆形,长轴长度由数米至数十米,高度一般为 1m 左右,最高可达 15m 左右。在 Qp_3^{pal} 灰褐色、灰黄色洪积物基础上形成的地震鼓包岩石结构松软，裂缝发育。地震鼓包形成于地震破裂带局部挤压应力区，大多数是由左行右阶排列的剪切地震裂缝转换、重叠部位局部挤压作用造成的(图 5－17)。

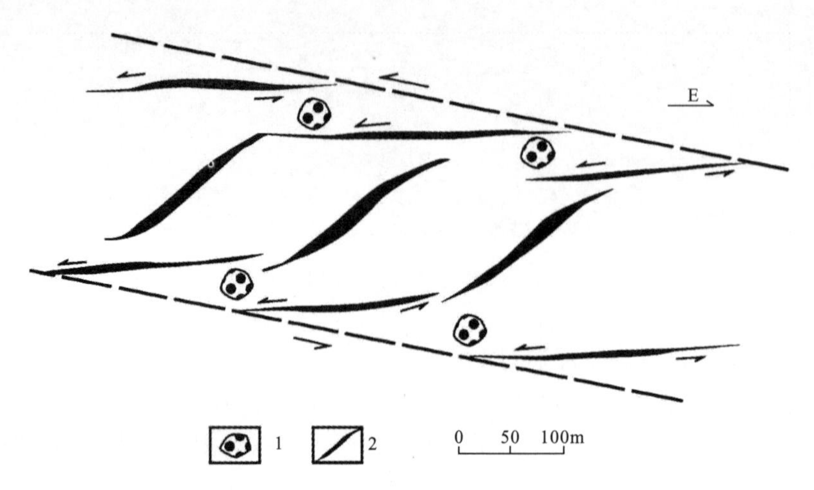

图 5－17　地震破裂带中地震裂缝与地震鼓包(No.2504)
1.地震鼓包;2.地裂缝

(8)地震破裂带中常见地震塌陷，呈线性分布的串珠状洼地，往往分布在左行左阶排列的主剪切地震裂缝转换部位共同的局部收张区(图 5－18)。地震塌陷呈长条形、菱形、椭圆形等，长轴方向长度一般为 2～3m，短轴方向长度一般为 1～2m，深度一般为 50～80cm。地震塌陷中常积水和积雪。

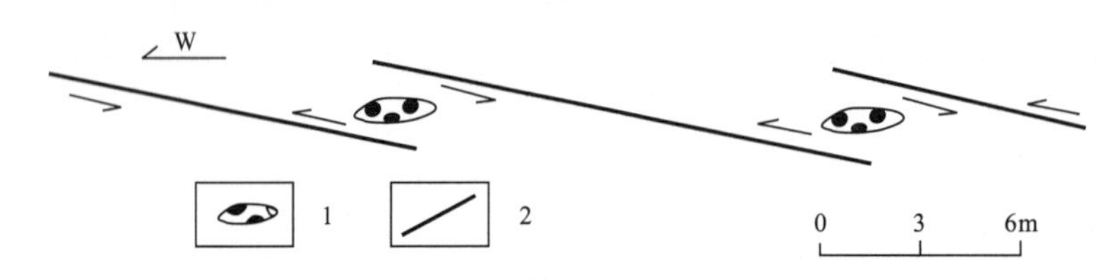

图 5－18　左行左阶地裂缝及地震鼓包(No.2545)
1.地震鼓包;2.地裂缝

(9)地震破裂带控制了水系的分布，造成水系的改向，形成断头河、线性冲沟、沟壁扭错、河流垂角转向等现象，这些现象不仅在野外结构典型，在 TM 图像上也十分清晰，反映该活动断层具有左行平移性质，而且多次活动，在 2001 年 11 月 14 日形成新的地震破裂带之前已有地表破裂带，发育的构造部位基本相同。

(10)地震破裂带常由多条地震裂缝组成，以雁列、斜列的方式产出(图 5－19)，排列方式有左行右阶和左行左阶两种。库赛湖西早期的地震裂缝以左行右阶为主(图版 23－2)，晚期的地震裂缝以左行左阶为主。

(11)库赛湖-东昆仑垭口活动断层和东昆南断裂带与其库赛湖南侧的近东西向隐伏—半隐伏平移正断层一起，控制了库赛湖晚新生代拉分盆地，库赛湖拉分盆地呈典型的菱形形态，长轴方向为 NW305°—SE125°，正处于南北两侧左行走滑断层的局部压应力方向，说明南北两侧断层控盆作用明显，特别是北侧的东昆南断裂带和库赛湖-东昆仑垭口活动断层起主导作用，并继续控制该盆地及周边全新世的湖积和冲积。

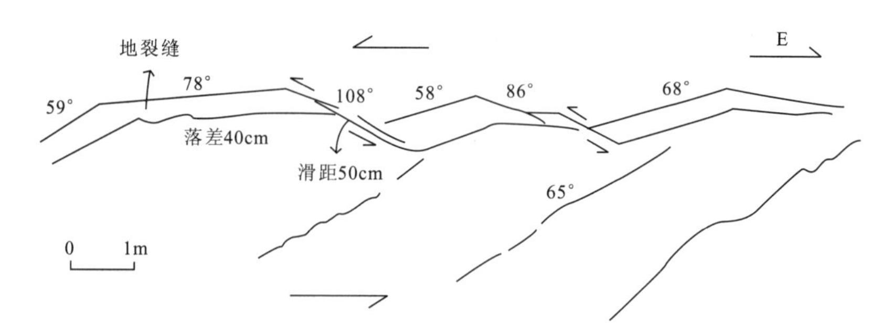

图 5－19　活动断层斜列地裂缝与落差示意图(No. 1564)

库赛湖－5428 高地段活动断层具有如下基本特征。

(1)库赛湖-东昆仑垭口活动断层在库赛湖东北部从第四系进入东昆南断裂带的脆性破碎带(图版 23－3),至 5428 高地南侧再由断层破碎带进入到以第四系为主的松散沉积物中。该段长度为 50km,活动断层与东昆南断层重合,地表破裂带的宽度较小,一般小于 200m,东昆南断层带的破碎带很宽,一般为 500～800m,少数地段可达 1300m。

(2)地震破裂带大部分从断层破碎带中通过,主要是切割灰白色的断层泥。断层破碎带北侧从东向西为 $P_{1-2}m^1$ 灰绿色变砂岩夹板岩和 T_1By2 灰色变砂岩夹板岩,局部出现少量的 $E_{1-2}t$ 紫红色含砾砂岩和砂岩。断层南侧主要是 Qp_3^{gfl} 冰水堆积,为灰褐色砾石层、砂砾层,可见漂砾。有些地段为 $T_{2-3}By2$ 深灰色粉砂质板岩夹变粉砂岩。此外,还有一些晚更新世和全新世的洪积物和冲积物。

(3)该段地表破裂带的走向为 NWW280°—SEE100°,分布稳定,地震裂缝主破裂面产状向南陡倾,倾角一般为 75°～85°,有的地震破裂面向北陡倾。

(4)地表破裂带由不同方向的地震裂缝组成(图 5－20),主地震破裂带由 NWW278°—SEE98°左右的地震破裂面以斜列和雁列的组合形式组成,具有剪切破裂性质,沿着主剪切破裂方向发育,单条地震裂缝的长度一般为 60～160m。这组地震裂隙地表裂口的宽度一般为 80～120cm。与主地震裂缝斜交的两组地震裂缝的走向分别为 NE40°—SW220°和 NE60°—SW240°,前者为剪切破裂,边界较平直,延伸较远,可达 160m;后者为张性裂缝,延伸不远,边界形态不规则状,地表裂口较宽,可达 3m。

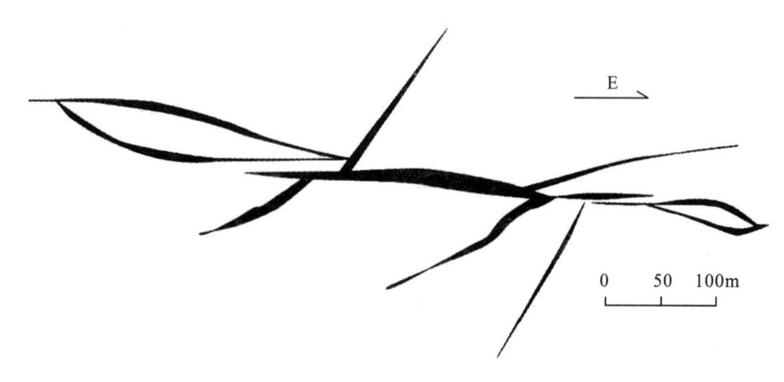

图 5－20　地裂缝平面分布示意图(No. 2533)

(5)地震陡坎较发育,主地震破裂面除平移性质外,还兼有正断层性质,南盘下降 40～80cm。

(6)地震鼓包不太发育,局部出现小型地震鼓包,为椭圆形孤立浑圆的小丘,高度一般为 50～80cm。

(7)地表破裂带中常见地震塌陷,为菱形洼地,线性排列,串珠状分布,长轴长 3～4m,短轴长度为 1～2m,深度可达 1m 以上。地震塌陷中积水和积雪较多。

(8)地震破裂带所代表的活动断层和东昆南断层共同控制了一系列洪积扇扇根和洪积扇扇体的线性排列和裙带状分布。在该段范围内有 11 个大小不等的洪积扇,洪积扇的扇根均位于向南陡倾的断层崖附近,通常处于 2 个断层三角面之间。

(9)地震破裂带由多条地震裂缝组成,有多次活动迹象(图版 23-4)。最近的地震活动形成左行右阶和左行左阶的地震裂缝,指示了活动断层的左行平移运动。这次对该活动断层的野外详细地质调查发现一组指示右行平移运动的早期右行左阶地震裂缝(图 5-21),由数条长度为 70～110m 的地震裂缝雁行排列而成,具有张剪性质,地震裂缝的走向为 NW300°—SE120°,说明先期地震裂缝以右行左阶为主,晚期的地震裂缝以左行左阶和左行右阶为主。两次地震活动形成的地震破裂带在绝大部分地段重合,因而较早形成的右行平移活动断层受到改造,较难观察到。

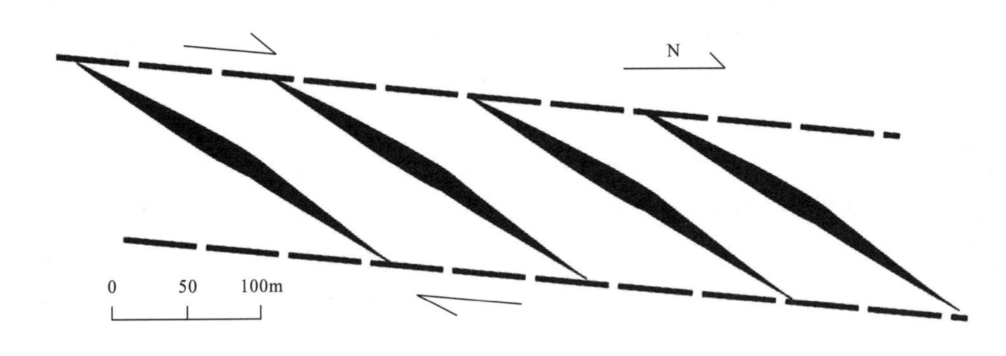

图 5-21　右行左阶地裂缝(No.2536)

该断裂向东延入不冻泉幅不远,便与一级构造边界东昆南断裂复合,这表明该断裂的形成及新生代的活动性均与东昆南活动性大断裂有着密切的关系。

(二)楚玛尔河活动断层(AF2)

在库赛湖幅西南部呈 NW-SE 向展布,西端延伸出图外,长度大于 45km。

该断层西段从 E_3y^2 紫红色砂岩和 Qp_3^{pl} 砂泥砾石层中通过,控制了一些小湖泊和沟谷的分布。断层东段沿着楚玛尔河分布,造成楚玛尔河的线性延伸,导致楚玛尔河出现两次直角转折,造成河流左行错动 16km,显示左旋平移断层特征。该活动断层还控制了一系列串珠状泉水的分布,如清甜的错仁德加泉(图版 23-5)。该活动断层在错仁德加湖西南,引起局部伸展,造成规则的地陷,形成断陷谷地(图版 23-6)和断陷台地等。

楚玛尔河活动断层切割和伴生了两套晚新生代高角度伸展构造组合,一个年轻的伸展构造组合是以巴音多格日旧-贡冒日玛北正断层(NF10)和巴音多格日旧-贡冒日玛南正断层(NF11)夹持的巴音多格日旧-贡冒日玛地垒,共同上升盘由 $E_{1-2}t$ 紫红色砂岩组成。该活动断层可能切割了巴音多格日旧-贡冒日玛地垒。另一个更年轻的伸展构造组合是由错仁德加湖西南 NF18 和 NF19 组成的线状隆起带,活动地垒的共同上升盘为 Qp_3^{pl}。北侧为现代湖盆,南侧为 Qh^l,出现活动的线性断陷湖,本身就是全新世活动断层组合,具有伸展构造性质的活动地垒和相同方向线性延伸的错仁德加裂陷湖盆与楚玛尔河活动断层呈 38°夹角(图版 23-7),与楚玛尔河活动断层左旋剪切的挤压分力方向一致,它们是楚玛尔河活动左旋平移断层体系中局部张应力的伸展构造组合。

第三节　新构造

第三纪以来，青藏地区完全进入陆内演化阶段，包括测区在内的昆仑地区开始了逐步隆升过程，高原经历了一系列的构造隆升事件，逐步形成现代意义的高原。测区保留了大量新生代晚期以来构造运动的印迹。

测区主体属于高原腹地地区，新构造表现内容丰富、形式多样。测区存在不同规模的活动断裂、谷地断陷、拉分盆地等新构造运动具体表现形式，新构造运动与地貌、第四系存在很好的相关性。总体而言，测区新生代晚期以来的构造运动十分强烈，断裂走滑、山体抬升、河流切蚀等的幅度巨大。以下将新构造运动的具体表现形式及其时代作如下阐述。

一、断裂断陷及拉分

测区发育两条显著的活动断裂，一条为昆南活动断裂，另一条为楚玛尔河活动断裂，两条断裂的活动均造成巨大的地貌效应。以下分别对两条断裂进行表述分析。

进入中更新世以来，测区的构造运动十分活跃，从我们收集的一些资料来看，中更新世以来构造运动的走滑作用表现十分醒目。望昆冰碛源区指示 0.7Ma 以来东昆南断裂已经发生 30km 的左行走滑分量，左行走滑速率为 40～50mm/a(崔之久等，1997)，西大滩谷地中活动断裂的 TM 影像线性特征十分清晰，说明这种强烈的走滑作用一直持续到现在。

沿南侧断层西段发育有线状谷地及山体，水系东西向展布，在入湖端形成冲积扇体；西侧断层发育于巴颜喀拉山群地层中，TM 图像明显可见一系列线状分布的断落块体，垮向湖盆(图5－22)；湖盆东侧晚更新世洪积扇体大量发育并且扇体指向与湖盆边界垂直，显示库赛湖位于测区南部地貌单元的北缘，地处昆仑山脉主脊山前，面积 250km^2，呈狭长的平行四边形(图 5－23)；湖泊北侧边界与昆南活动断层相切，野外实际考察发现，2001 年地震形成的地表地裂缝于湖盆北侧隐没于湖中，湖盆南侧与西侧断层在 TM 图像上有明确的扇体发育并受湖盆断陷所控制。同时晚更新世以来气候变化及环境对扇体的形成及湖泊的堰塞作用有积极的促进作用，因而测区包括库赛湖在内的几乎所有湖泊，一般都难以直接见及湖相沉积，湖泊的边界受此影响而呈不规则平行四边形。也正因为如此，库赛湖东侧大面积被入湖的洪积扇体掩盖，无法确定湖盆的东侧边界断层，所以，湖泊的拉分时间、拉分分量等演化过程的重要信息难以获取。根据已经明确的三侧边界断层及东侧的

图 5－22　库赛湖西侧断裂垮塌块体地貌

推测断层，库赛湖拉分盆地沿活动断裂SEE95°方向的拉分量在15～20km以上。另据昆仑山垭口盆地望昆冰碛物的研究（崔之久等，1997）可知，0.6Ma以来昆南活动断裂左行平移量约为30km，如果中更新世以来西大滩活动断裂的左行活动速率稳定，并且和东昆南活动断层相当，那么，据此库赛湖的形成时代应该在0.3～0.4Ma之间，即中更新世中期。库赛湖北侧边界断层即昆南活动断层的左行活动仍然十分强劲，2001年11月14日发生了Ms8.1级大地震，形成400km以上的地表破碎带，因此库赛湖湖盆正处于强烈扩张阶段。昆南活动断裂不仅造成了中更新世以来库赛湖湖盆的拉分，而且造成了西侧红水河谷地的形成，野外调查发现昆南活动断裂的地表破裂带东西穿越红水河谷地，局部第四系沉积中可见明显的沉积错断现象。

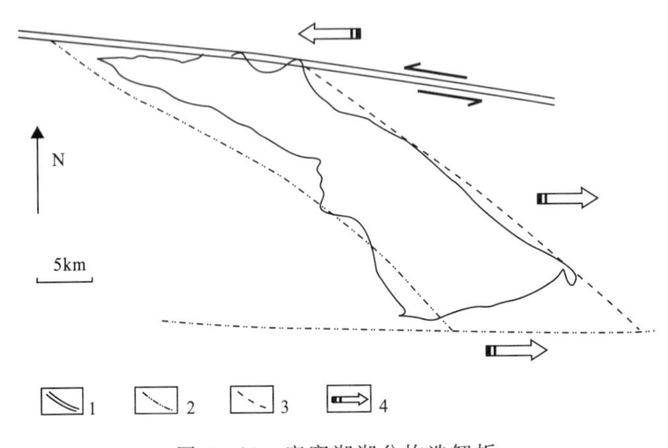

图5-23　库赛湖湖盆构造解析

1. 活动断裂；2. 遥感解译断层；3. 推测断层；4. 块体运动方向

错仁德加又名叶鲁苏湖，面积约为150km²，是测区面积位居第三的大型湖泊，仅次于库赛湖与卓乃湖。叶鲁苏湖形态呈棱角磨圆的不规则平行四边形状（图5-24），其西南边界为活动断层控制，断层的TM线性影像特征十分明显，水系沿断裂发育。野外调查发现，湖盆西南角地垒、裂缝等断裂现象十分丰富，在西侧的断陷谷地中可见断块山体突出于谷地平滩，小型断陷湖泊及泉水等沿断裂带线性分布，断裂南北两侧河流被左行错开，因此该断裂是一个左行性质的活动断裂。

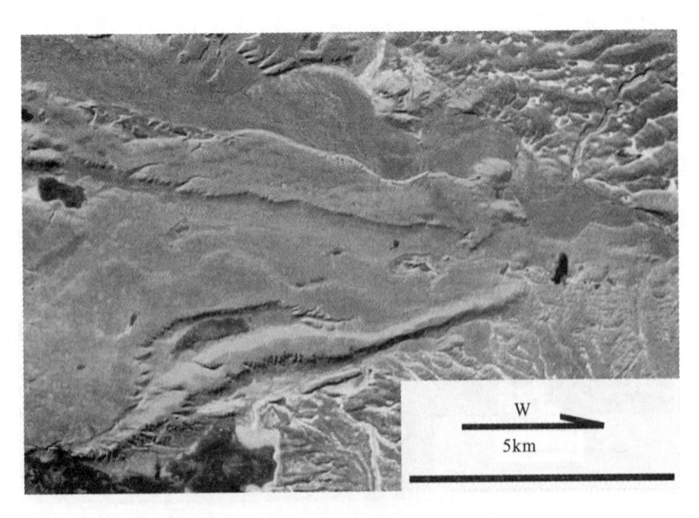

图5-24　错仁德加湖盆构造解析

根据野外调查并结合TM资料，沿叶鲁苏湖东北及西南边界断层边距为15km，即湖盆沿西南边界断裂的左行走滑分量为15km，其西侧水系的错断距离也同样为15km，因而该水系在湖盆拉分之前就已经存在，并且充分肯定了湖盆西南边界断层沿SEE105°方向15km的拉分分量。叶鲁苏湖的西南、西北边界断层的交汇处发育的一些次级地垒及地堑构造(图5-25)，具体表现为长梁状地垒与地堑间隔排列，长梁状地垒的走向与整个湖盆的西北边界活动断层走向平行。地垒上部为第四系褐红色风成黄土沉积，产状南倾8°～10°，表面覆盖少量后期洪积物，洪积砾石成分主体来源于北侧第三系砾岩，下部为第三系的砂砾岩沉积。由此可见，这些地垒是在整个盆地的拉分作用过程中，由边界断层的张裂及重力作用而从周围山体垮塌下来形成的次级构造。地垒上部覆盖产状向南微倾的风成黄土(图5-26)和顶部洪积物及其中所含周缘山体第三系砾岩砾石成分，说明地垒在垮塌之前风成黄土已经沉积覆盖，并且在黄土堆积物之上还有少量洪积物覆盖，湖盆的张裂导致地垒的形成，并使得地垒上部黄土产状微弱倾斜。褐红色风成黄土中上部采集了OSL样品1件，经测试为2.33±0.19ka，根据TM影像数据，这些地垒北侧地堑宽为100～300m，因此2.3ka以来这些次级凹陷的活动相当强烈，速率为40～130mm/a，考虑到地堑受后期水流改造，宽度很可能被拓宽，速率值可能偏大，但是整个盆地的西南边界断层近期及现代的强烈活动是可以肯定的。同库赛湖类似，叶鲁苏湖现代应该仍然处于强烈的扩张阶段。

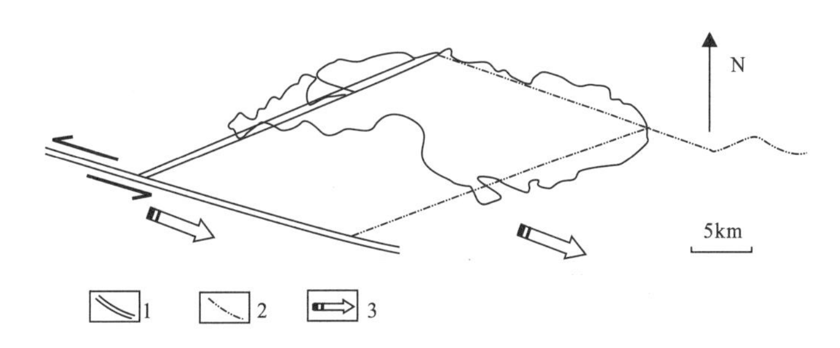

图5-25　错仁德加西南次级地垒地貌

1. 活动断裂；2. 遥感解译断层；3. 块体运动方向

图5-26　地垒顶部覆盖的倾斜黄土及释光取样点

综上所述，测区现代大型湖盆具左行拉分的构造性质，沿主活动断裂的左行拉分分量一般为15～20km。从控制这些盆地的边界断层活动性质看，目前测区现代湖盆仍然处于强烈的扩张阶段。结合昆仑山垭口地区的研究，测区诸多现代拉分盆地的形成诞生于中更新世的0.4～0.3Ma前后。因此测区中更新世以来，左行走滑构造作用十分显著，在此构造背景下形成了一系列的拉分盆地，至今左行走滑作用仍然势头强劲，测区现代湖盆因而也仍然处于强烈的扩张阶段。

二、水系与河流地貌与隆升

红水河的水系特征反映了昆仑山脉的强烈隆升过程，谷地受昆南活动断裂控制近东西向延伸，红水河即在谷地中发育，东西分为两条支流，相向汇流，转折向北曲折深切基岩，最终汇入柴达木盆地，反映了红水河强烈的切蚀和袭夺作用。

晚更新世阶段红水河河谷阶段性地切蚀早期的谷地沉积，形成红水河河谷广泛存在的4级阶地（图5-27），最高级阶地的河拔高程为50m左右。野外调查表明阶地的结构类似于东临图幅昆仑河，均上叠于早期谷地沉积之上，说明晚更新世以来虽然存在短暂的堆积过程，但总体仍然始终保持下蚀的趋势。气候的变化虽然控制了各级阶地的形成，但构造隆升作用导致的谷地与柴达木盆地间的地势加剧，使得河床始终处于均衡剖面以上，这才是河流下蚀作用最根本的动力。因此上述河流水系特征及阶地的发育均强烈地反映了昆仑山与柴达木盆地之间的差异隆升作用。

图5-27　红水河阶地地貌

第四节　构造演化

一、前晚古生代地质背景

测区最老的地质纪录为测区南部呈断块状展布的中元古代宁多群。而从新元古代一直到泥盆纪均缺乏地质记录。因此有关前晚古生代的地质演化主要结合测区南北的区域地质做简单概括。

中元古代宁多群主要岩性为一套云母石英片岩、石英片岩，原岩为一套变质陆缘碎屑岩系。测区宁多群时代主要根据区域地层对比确定，该套岩系与创名于青海省玉树县小苏莽乡宁多村一带的一套以片麻岩为主的中深变质岩系十分相似，其中获得的同位素年龄有1870Ma、1780Ma、1593Ma（西藏区调队1∶20万邓柯幅区调报告，1990），应属中元古代。此外，在岩石构成上，该套岩系与代表羌塘微陆块基底的羌北戈木日群变质岩系也十分相似。在区域上宁多群沿西金乌兰构造带断续零星分布，从其分布状况来看，中元古代宁多群可能反映为晚古生代时期羌塘微板块边缘的系列裂解小块体。

测区阿尼玛卿构造带以北的东昆仑地区在前晚古生代经历了十分复杂的构造演化历史，最古老岩系以金水口岩群为代表，为一套麻粒岩相-角闪岩相的片麻岩、混合岩、斜长角闪岩和大理岩等，既有变质表壳岩系，也有很多的古老侵入体；区域年龄资料显示金水口岩群形成年龄一般不应老于25亿年，而应该在19～25亿年之间，属于古元古代。但我们在1∶25万阿拉克湖幅区域地质调查中，对其上覆的中元古代小庙岩群的锆石SHRIMP年龄测试结果表明，其中出现较多的大于24亿年的碎屑锆石年龄，并且产生24～25亿年的年龄峰值，说明其源区存在太古宙的岩系。因此，金水口岩群的时代可能跨到太古宙，24～25亿年的年龄峰值应该是一次区域构造热事件的反映，而较多的18～19亿年的年龄信息表明在古元古代末期发生了一次强烈的构造热事件，并引起金水口岩群的最后固结。中元古代东昆仑地区的板块构造体制渐趋明朗，出现裂解洋盆。以清水泉蛇绿岩和万保沟群玄武岩为代表的有限洋盆是以当时柴达木地块（或微板块）陆壳为基础裂解的复杂的洋盆体系，在洋盆或活动带中堆积万保沟群，而相对稳定陆缘体系或陆块上沉积小庙岩群碎屑岩-碳酸盐岩和狼牙山组的碳酸盐岩。大约10亿年东昆仑地区发生一次强烈的构造聚合事件，导致中元古代洋盆的闭合，我们在东昆仑地区进行1∶25万阿拉克湖幅区域地质调查中对中元古代小庙岩群两件变质碎屑岩（构造片麻岩）样品进行锆石U-Pb SHRIMP年龄分析，分别获得的1035Ma和1074Ma的锆石U-Pb峰值年龄，代表中元古代系列有限小洋盆的闭合、蛇绿岩的构造冷侵位及引发的强烈构造热事件时间，这一构造热事件奠定了东昆仑基底岩系深层次韧性剪切流动构造的基本格局和以条带状、条纹状及眼球状长英质脉体为代表的深熔作用。鉴于我国西部地区越来越多资料显示10亿年左右板块或陆块聚合的构造热事件的广泛存在，因此，与全球构造对比，可以将这些地质记录归结到Rodinia超大陆的聚合在我国西部地区的表现。这次聚合事件使得测区以南的羌塘地块与北部的昆仑—柴达木—中祁连—阿拉善甚至于包括整个华南、松潘、塔里木、中天山等地块都拼合成统一的块体，并统一到全球系统的Rodinia超大陆体系中。进入新元古代，东昆仑地区处于稳定大陆环境，沉积以青白口纪丘吉东沟组为代表的浅海相的碎屑岩-含叠层石和微古植物的碳酸盐岩组合。震旦纪在西北地区广泛发育可以和扬子板块晚震旦世南沱期冰碛岩相对比的冰碛层，冰碛层上均发育着一套相当于扬子板块灯影期的硅质白云岩及晚震旦世—早寒武世的含磷层，进一步说明在新元古代—震旦纪西部地区和扬子板块实际上为一统一块体，处于十分稳定的构造发展阶段。测区尽管没有这一阶段的物质记录，但也应与这一大背景相符。经过新元古代一段稳定发展阶段之后，早古生代东昆仑地区开始一个新的洋陆转化旋回。早寒武世沙松乌拉组（C_1s）是青海省地质调查院在进行1∶5万没草沟幅和青办食宿站幅区域地质调查时从万保沟群中解体出来新建立的一个岩石地层单元（阿成业，2003），代表东昆仑地区早古生代最早的海相沉积，其岩性主要为一套浅海陆棚相沉积环境中浅变质细碎屑岩系，反映在早寒武世尽管已经开始裂解出现海盆，但裂解幅度不大。奥陶纪纳赤台群蛇绿构造混杂岩系的出现反映东昆南地区洋盆裂解达到最大限度，并呈现为多岛洋盆格局。志留纪多岛洋盆向北俯冲，洋盆逐渐萎缩，出现以赛什腾组为代表的边缘前陆盆地沉积。洋盆收缩导致大量同构造花岗质岩浆侵入活动，从较早期的与俯冲岛弧有关的花岗闪长岩-二长花岗岩-深融眼球状构造片麻岩，逐渐演化为同碰撞型的二长花岗岩-钾长花岗岩-斜长花岗岩组合，东邻1∶25万不冻泉幅区域地质调查在东昆仑构造带所获得的同碰撞花岗质侵入体锆石U-Pb年龄范围主要为423～400Ma，即晚志留世到早泥盆世。在没草沟蛇绿构造混杂岩带中出现高压型的区域动力变质作用。东昆仑多洋岛盆闭合于志留纪末，并引起广泛的透入性的由南向北的逆冲型韧性剪切，形成中元古代—早古生代复合构造混杂岩带。洋盆闭合的时间在区域上以北祁连晚泥盆世老君山组磨拉石建造和柴北缘及东昆仑地区的泥盆纪牦牛山组陆相火山岩-磨拉石建造的出现作为碰撞闭合事件的上限时间。我们对清水泉一带早古生代混杂岩系进行的构造年代学研究显示(Wang Guocan et al，2003)，下古生界由南向北的透入性高角度韧性逆冲变形时间进一步限定在 426.5±3.8～408±1.6Ma，与同碰撞花岗岩的时限大体一致。

二、晚古生代洋陆转化

测区晚古生代地质记录出现于南北边缘地带，北部即阿尼玛卿构造带中的园头山晚古生代陆缘复理石亚带，南部即西金乌兰构造带中的乌石峰晚古生代蛇绿构造混杂岩亚带(图 5－28)。

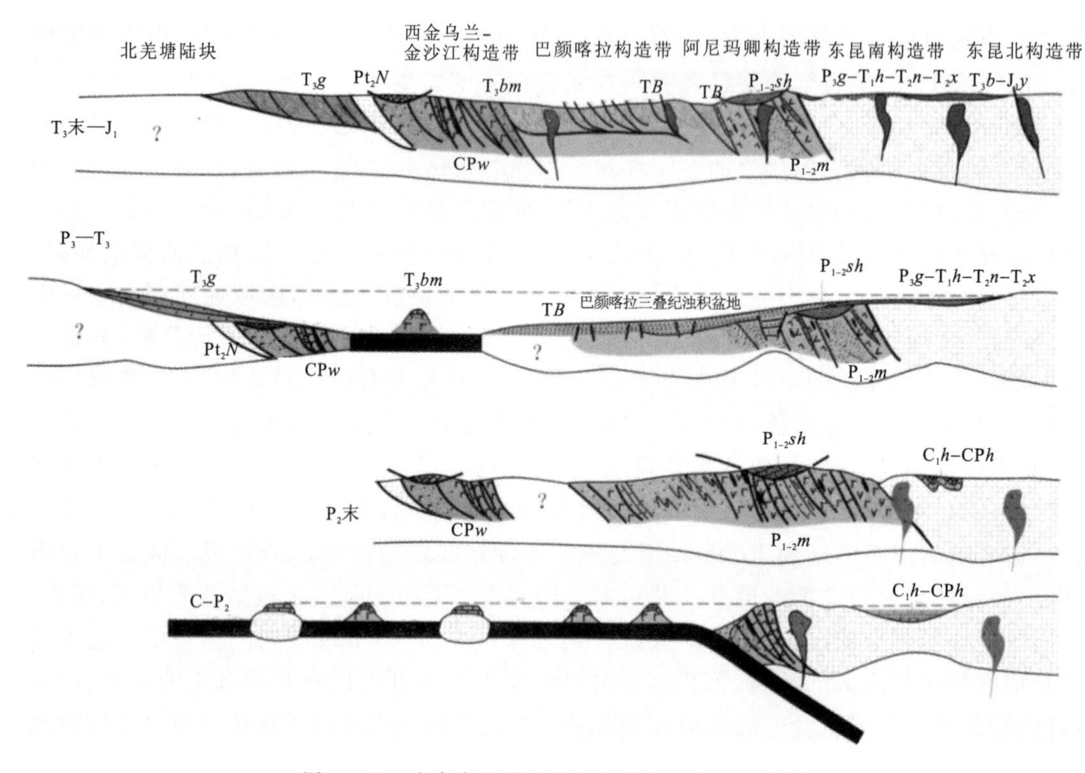

图 5－28　库赛湖幅洋陆转化阶段构造演化示意图

测区北部阿尼玛卿构造带中的晚古生代地层主要为一套陆缘碎屑砂板岩复理石建造，未见代表古洋盆的蛇绿岩系。然而，在区域上，沿阿尼玛卿构造带展布大量的晚古生代蛇绿构造混杂岩系，其时限主要为早中二叠世，组成和形成构造环境十分复杂，包括代表古洋壳地幔部分的超镁铁质岩系、辉绿岩墙、大洋拉斑玄武岩-硅质岩、海山相生物灰岩、陆缘碎屑复理石及一些由前寒武纪变质岩系组成的大陆碎块等，组成中既包括有古特提斯多洋岛盆体系，也包括有北部劳亚大陆南侧复杂大陆边缘体系。测区园头山早中二叠世陆缘碎屑复理石建造实际上是区域上的早中二叠世蛇绿构造混杂岩系的组成部分之一，反映为北部劳亚大陆南侧复杂活动大陆边缘沉积，后卷入到阿尼玛卿晚古生代构造混杂岩系中。阿尼玛卿洋盆及相关大陆边缘沉积时限主要为早中二叠世，然而，我们在进行 1∶25 万阿拉克湖区域地质调查时，在阿尼玛卿构造带马尔争山一带首次厘定出有化石依据的早石炭世一套海陆交互相的碎屑岩、碳酸盐岩含煤地层，反映早石炭世时沿阿尼玛卿构造带已经有海盆出现，但可能并未裂解成洋，真正洋盆出现并达到最大发生在早二叠世(中国地质大学(武汉)地质调查研究院，2003)。阿尼玛卿洋盆闭合于中晚二叠世之交(详见第一节区域地质)，东部 1∶25 万冬给措纳湖幅区域地质调查在清水泉附近的构造年代学研究也显示 267～256Ma 的中二叠世晚期发生有较强的构造热事件，与构造-地层分析显示的结果是一致的。

测区南部既西金乌兰构造带中的乌石峰晚古生代蛇绿构造混杂岩系在时代和组成特点上总体和北部的阿尼玛卿蛇绿构造混杂岩带十分相似，其组成也包括有代表古洋壳地幔部分的超镁铁质岩系、辉绿岩墙、大洋拉斑玄武岩-硅质岩、海山相生物灰岩和陆缘碎屑复理石等，并且也出现有以中元古代宁多群变质岩系为代表的大陆碎块，从而也体现为复杂的多岛洋的构造古地理格局。如果考虑到北侧巴颜喀拉山群的基底组成主要也是晚古生代石炭纪—二叠纪的构造混杂岩系，那么石炭纪—二叠纪从北侧的阿尼玛卿蛇绿构造混杂岩系一直到南部的乌石峰蛇绿构造混杂岩系都可看成是古特提斯的多岛复杂洋盆的构成，从这一意义上说，晚古生代的蛇绿构造混杂岩带并非带状分布，而是具有一定范围的区域，体现古特提斯的复杂多岛洋格局。以阿尼玛卿蛇绿构造混杂岩系和乌石峰蛇绿构造混杂岩系为代表的古特提斯复杂多洋岛盆系统的闭合发生于中晚二叠世之交（见第一节区域地质），东部1∶25万冬给措纳湖幅区域地质调查在清水泉附近的构造年代学研究也显示267～256Ma的中二叠世晚期发生有较强的构造热事件，与构造-地层分析显示的结果是一致的。这一碰撞闭合事件表现为较典型的软碰撞特点，地壳加厚并不强烈，同碰撞的海西期花岗质岩浆活动也较弱，虽然各块体黏合在一起，但可能并未达到动力学上的焊合，形成广阔的构造混杂岩区。从变质作用角度来看，测区阿尼玛卿构造带的区域动力变质的压力也并不大，主体为低压性质。

三、三叠纪印支期洋陆转化阶段

中晚二叠世之交的软碰撞，大陆未能达到动力学上的焊合，到三叠纪，包括巴颜喀拉山浊积盆地在内的广大的三叠纪海盆地很快打开。

阿尼玛卿构造带和巴颜喀拉山构造带发生裂陷的规模较大，形成广阔的以晚古生代阿尼玛卿构造混杂岩系（海西期软碰撞形成的基底）为基底的裂陷海盆，沉积大套以砂板岩为特征的较单调大陆边缘斜坡相的海相浊积岩系，局部地区（测区以东的黄河源一带）在浊积岩的发育过程中有少量中酸性火山岩相伴。裂陷盆地的演化一直延续到晚三叠世晚期，并于大约200Ma的晚印支运动褶皱回返，盆地闭合，并导致广泛的褶皱冲断变形（图5-28）。

西金乌兰构造带是三叠纪裂解海盆裂解程度最大的地区，并可能出现洋壳，测区以巴音莽鄂阿构造混杂岩系为代表的深水盆地的发育时间主要表现为晚三叠世。更南部的晚三叠世的苟鲁山克措组可能是羌塘微板块北部陆缘斜坡沉积。晚三叠世西金乌兰洋壳的俯冲方向有向北和向南俯冲两种不同看法，向南俯冲的主要根据是在治多以南配套的岛弧火山岩主要出现于缝合带以南。就测区来看，我们很难对俯冲方向做出判断。

西金乌兰洋盆最后于晚三叠世晚期闭合，南部羌塘微板块与北部欧亚大陆发生碰撞。这次碰撞是革命性的，它使得西金乌兰-金沙江缝合带以北地区彻底脱离海侵，同时导致地壳加厚，引发广泛的晚三叠世晚期—早侏罗世同碰撞型-陆内俯冲型的花岗岩侵入和陆相火山岩喷发，以及广泛的低级—极低级区域动力变质作用，以巴音莽鄂阿构造混杂岩系为代表的缝合带具有高压变质特点。

四、陆内构造演化阶段

（一）晚三叠世晚期—白垩纪

晚三叠世晚期的印支运动结束了测区海侵历史，全面进入陆内构造环境（图5-28）。

羌塘微板块与北部大陆的碰撞及陆内挤压俯冲，导致陆壳加厚，引发广泛的晚三叠世晚期—早侏罗世同碰撞—陆内俯冲型的花岗岩侵入。

测区没有晚三叠世晚期—白垩纪的沉积记录，根据东邻1∶25万不冻泉幅地质资料，在西大滩南侧阿尼玛卿构造带中发育以侏罗纪羊曲组为代表的山间盆地的碎屑含煤沉积，其中有较多的冲洪积粗碎屑沉积，显示当时也存在较大的地貌反差。区域上以晚三叠世晚期—早侏罗世早期鄂拉山组为代表的陆相火山岩显示总体为收缩构造环境，但局部也出现同造山期的伸展环境，如东昆仑八宝山—海德郭勒一带双峰式裂谷火山岩的出现(朱云海等，2003)。

晚侏罗世—早白垩世发生强烈的燕山运动，导致晚三叠世八宝山组—早侏罗世羊曲组盆地沉积发生强烈的褶皱-冲断变形，并使得西大滩南侧的早侏罗世羊曲组碎屑含煤岩系呈断片状卷入到马尔争组中。

(二)新生代

45～38Ma BP 印度板块与欧亚板块发生陆-陆碰撞，特提斯洋消失，中国西部进入了一个崭新的构造发展阶段。如前所述，钟大赉等(1996)总结出高原隆升的4个阶段，相应的时限分别为：45～38Ma，对应于印度板块与亚洲板块碰撞高峰时期；25～17 Ma，对应于印度板块持续向亚洲大陆挤压；13～8 Ma 和 3.4Ma 以来，对应于青藏高原强烈隆升时期。

新生代测区及相邻地区也表现出和整个青藏高原隆升四阶段相适应的多阶段性。来自于测区以东的昆仑山口—纳赤台一带的系列花岗岩钾长石 MDD 年龄分析揭示开始于 41Ma 的快速冷却(Clairre Mock et al，1999)，体现新生代最早阶段的构造隆升冷却，我们在更东部的 1∶25 万冬给措纳湖幅区域地质调查过程中，对香日德南部昆仑山北坡进行的磷灰石裂变径迹年龄分析也显示，在 55～45Ma 存在强烈的差异断块抬升。第二阶段的构造抬升在测区表现明显，主要体现在可可西里盆地五道梁组(约 23～16Ma)与雅西措组(31.5～30Ma)之间的区域性角度不整合。过去两者之间关系一直含糊不清，本次调查确定出五道梁组底部存在不稳定分布的底砾岩，界线处还可见古风化壳，界线以下的沱沱河组-雅西措组褶皱明显，而五道梁组主体以近水平产出为特点，刘志飞(2001)计算五道梁组与雅西措组之间区域性角度不整合所反映的构造运动造成的地壳缩短量达 42.8%。这次构造运动导致包括可可西里在内的青藏高原大部地区地壳厚度加厚到相当程度，由于地壳加厚，导致下地壳的部分熔融，引起测区贡帽日玛西南君日塔马塔一带侵入于雅西措组中的具有埃达克质特点的正长斑岩体侵入(26.7Ma)，继而形成以查保玛组(N_1c)埃达克质火山岩(18～13Ma)为代表的新近纪火山喷发。第三次构造隆升(13～8 Ma)在测区及相邻区域似乎没有明显地质记录，第三纪可可西里盆地的最终消亡可能意味着这次构造隆升的影响，鉴于五道梁组没有明显的褶皱变形，地层近水平产出，因此，这次隆升可能表现为断块隆升或整体隆升。最后一次快速构造隆升在测区及相邻区域反映极为显著，并引起地貌水系格局的重大变化。其中发生在早中更新世之交的昆仑-黄河运动和中更新世末以来的共和运动是塑造青藏高原北部地貌格局的两次极为重要的构造运动(崔之久等，1998)。昆黄运动在测区的表现不太明朗，而在东部相邻区域，特别是东昆仑地区表现突出，如在东部的 1∶25 万阿拉克湖幅区域内，通过详细的地貌第四纪工作，揭示了东昆仑山的地貌格局主要发生于早中更新世之交的昆黄运动(王国灿等，2003)，伍永秋等(1999)通过测区昆仑山口一带地貌第四纪研究，认为东昆仑山是因在 1.1～0.7Ma BP 之间的构造运动(昆仑-黄河运动)使其剧烈抬升至 3000m 以上，并逐渐接近现代的高度。中更新世末以来的共和运动在测区有明显的表现，是塑造测区现代地貌水系格局的最重要的一次构造活动，测区北侧紧邻昆仑山的红水河谷地—库赛湖明显受昆仑山南缘断层控制，红水河谷地—库赛湖的沉积主要为晚更新世—全新世，反映谷地成型于中更新世晚期，并且在晚更新世进一步断陷。在区域上，测区以东的 1∶25 万不冻泉幅内的东、西大滩谷地也是成型于中更新世晚期的共和运动，晚更新世随着西大滩的进一步断陷，南侧的玉珠峰—昆仑山口—玉虚峰一带才逐渐构成昆仑山主脊位置，并成为柴达木水系与长江水系的分界。中更新世晚期以来的共和运动也引起测区水系变革，如红水河的东西向水系由于柴达木水系向南的强烈溯源侵蚀而被柴达木水系袭夺，形成红水河的“T”形格局，并发育五级河流阶地。在测区中南部区域，共和运动对河流水系的影响较小，地貌反差较小，河流阶地一般发育二—三级阶地。然而，中更新世晚期以来测区中南部广大地区发育系列左行走滑断裂系统，形成系列具有左旋拉分特点的湖盆与断陷谷地，以库赛湖和错仁得加湖最为典型，卓乃湖可能也受到左旋拉分断陷控制，这些现代湖泊断陷作用仍然处于强烈扩张阶段，并继续受到强烈左行走滑断层所控制。

测区新生代另一明显的构造特性是可可西里盆地的发育，根据张以茀等(1994)可可西里陆相盆地范围北至昆南断裂，南至唐古拉山前，西至可可西里腹地鲸鱼湖—向阳湖一线，东达不冻泉东侧，测区在地理位置上处于可可里里盆地的东北部。根据刘志飞等(2001)研究，盆地发育时限始自56Ma，结束于大约16Ma，并划分出7个演化阶段，其中30～23Ma盆地经历抬升变形，发生强烈南北向缩短，没有沉积发生，在测区相当于五道梁组(23～16Ma)与雅西措组(31.5～30Ma)之间的区域性角度不整合。

第六章　经济地质与资源

第一节　矿产资源

一、矿产资源概况

测区以巴颜喀拉山北缘断裂、金沙江-西金乌兰断裂为界，北部区域上归属于阿尼玛卿成矿带，中部属巴颜喀拉成矿带，南部属三江成矿带北西缘。

阿尼玛卿成矿带，由调查区北部通过。带内主体地层为中下二叠统马尔争组砂、板岩，千枚岩，片岩及下三叠统巴颜喀拉山群砂板岩。上叠新生代湖相地层，带内断层构造极为发育，且具多期活动性。东段不冻泉幅昆仑山北坡一带石英脉发育，且多有金矿化带特征，说明该带具有石英脉型金矿的可能。

阿尼玛卿成矿带仅出露于测区北侧，呈近东西向分布的狭长地带，且北部地区多为新生代红色盆地覆盖。因出露面积较小，且为无人区，地势险要，交通极为困难，研究程度较低，故目前尚未发现具有工业价值的金属矿产，仅见砂金矿及含金石英脉矿化线索。在上叠新生代沉积红色盆地中，见有石膏矿点存在。

巴颜喀拉构造带在测区占主导地位，面积约占测区总面积的 4/5，主体地层为三叠纪巴颜喀拉山群砂板岩，上叠新生代湖相地层，沿断裂带近东西向分布有印支期中酸性侵入岩小岩株、中新世查保玛组火山岩。侵入体接触带及其附近普遍发育接触变质，并发育中酸性岩脉及石英脉，脉体中发现多处矿化。区域上巴颜喀拉成矿带已发现矿产有 Au、Cu、Mo、W、Sn、Sb 等，其中大场岩金矿床为大型矿床。该带内有多卡、赛柴沟、大场等大中型砂金矿床，区内民采砂金点不计其数，西临可可西里湖幅红金台砂金矿神话般的淘采过程轰动全国。该区发现多处化探、重砂异常，如黄土沟野驴滩 Au、Ag、As、Cu、Bi、Hg 异常，大雪峰 Cu、Au、Ag、W 异常，盐湖北 Au、W、Sn 异常，雪月山 As、W(伴有 Ag、Au、Bi、Cu)异常，五雪峰北侧 Cu、Sb、Hg、As、Ag 异常，红水河上游 W、Ag、Sb、Cu 异常，五雪峰一带 W、Ag、Au、As、Sb 异常等。矿化线索及成矿元素的地球化学异常较好地反映了测区可能存在岩浆热液型矿产。

测区新生代盆地陆相沉积较发育，分布于卓乃湖—贡冒日玛一带，有自古新世—中新世的沉积，其中雅西措组分布较广，盆地中石膏、粘土矿、岩盐(钾、锂、硼)矿点已发现多处。

金沙江-西金乌兰构造带从测区西南部通过，说明三江多金属成矿带可能延入测区。但因通过测区的面积较小，目前尚未发现具工业价值的矿(化)点(图 6-1)。

测区自 1958 年以来前人曾先后开展过 1∶100 万、1∶20 万区域地质调查，1∶20 万化探扫面、重砂测量及不同性质的考查踏勘工作，发现并检查了一些矿床、矿(化)点、矿化线索、各类化探异常等，取得了一定的成果，获得了一批地质矿产成果。到目前为止共发现砂金矿(化)点 12 处，石膏矿(化)点 4 处，岩盐矿(化)点 3 处，圈定化探异常 6 处，重砂综合异常 1 处。

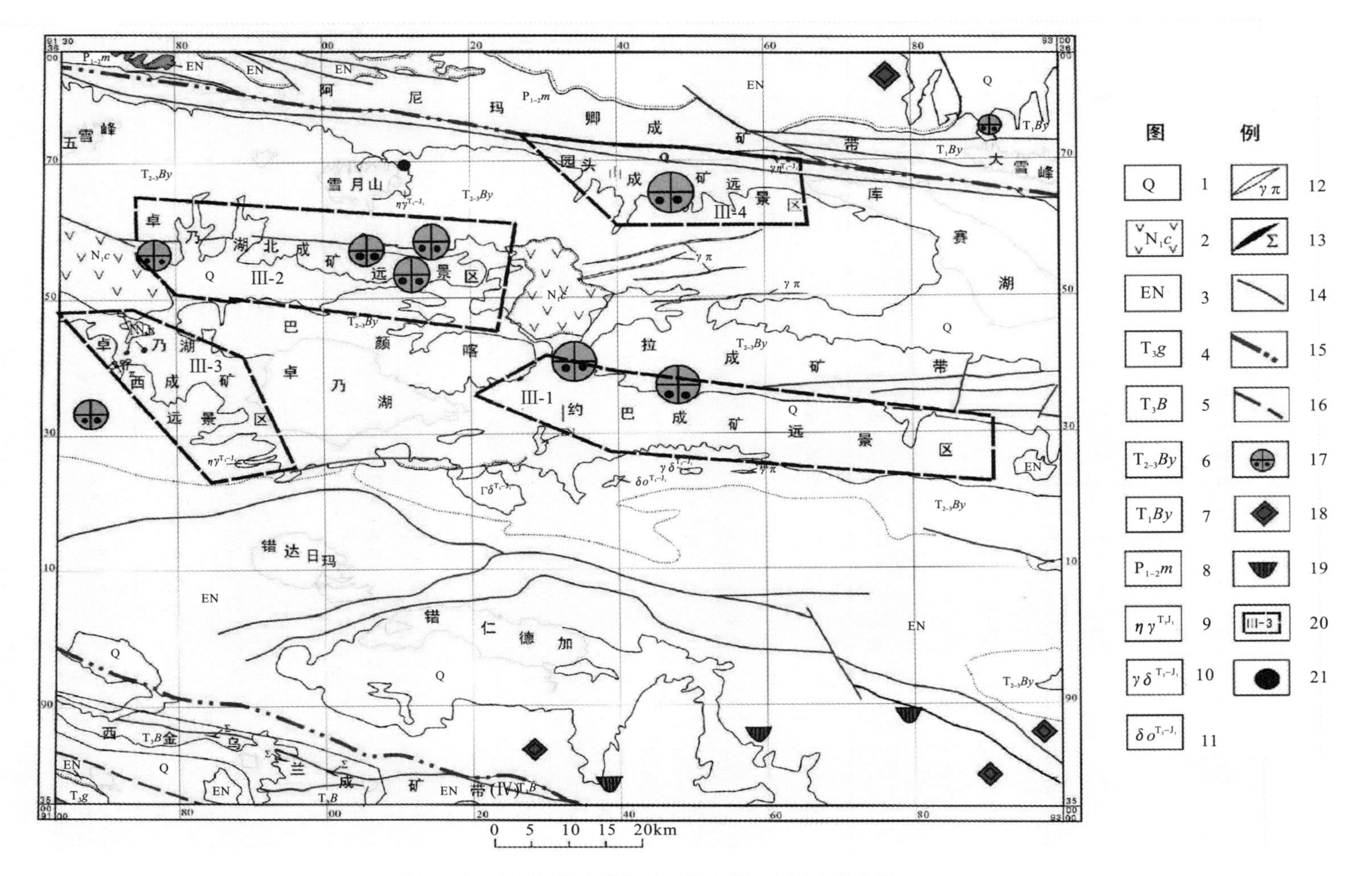

图 6-1　库赛湖幅成矿远景区及主要矿(化)点分布图

1.第四系;2.中新世查保玛组板内厚壳熔融火山岩(埃达克质火山岩);3.第三系陆相盆地堆积;4.上三叠统苟鲁山克措组陆缘碎屑复理石建造;5.上三叠统巴塘群蛇绿构造混杂岩系;6.中上三叠统上巴颜喀拉山亚群裂陷海盆碎屑复理石建造;7.下三叠统下巴颜喀拉山亚群裂陷海盆复理石建造;8.下中二叠统马尔争组陆缘碎屑复理石建造;9.晚三叠世早侏罗世同碰撞型二长花岗岩;10.晚三叠世早侏罗世同碰撞型花岗闪长岩;11.晚三叠世早侏罗世同碰撞型石英闪长岩;12.花岗斑岩;13.超镁铁质岩洋壳残片;14.脆性断层;15.一级构造单元边界;16.推测二级构造单元边界;17.砂金矿点;18.石膏矿点;19.岩盐矿点;20.成矿远景区及编号;21.白钨矿点

目前测区内总计发现有4个矿种，它们分别是有色金属——钨锡矿；贵金属——金矿；化工原料岩盐矿；石膏矿。在这4类矿种中有：矿点7处、矿(化)点10处(表6-1)。矿床成因类型主要为热液型、沉积型、砂矿型三大类(表6-2)。

表6-1　测区发现的各类矿(化)点及矿化线索表

数量＼矿种 规模	钨锡矿	金矿	岩盐矿	石膏矿
矿点			3	4
矿化点	1	9		

表6-2　测区发现的各类矿(化)点及矿化线索矿体成因类型

数量＼矿种 规模	金矿	钨锡矿	岩盐矿	石膏矿
热液型		1		
沉积型			3	4
砂矿型	9			

选择具有代表性矿(化)点予以简述，其余详见矿(化)点一览(表6-3)、区域化探综合异常表(表6-4)、重砂综合异常表(表6-5)。

表6-3　测区主要矿(化)点一览表

序号	名称	地理坐标	矿产地质简况	成因类型	资料来源及工作程度
1	诺日加玉岩盐矿点	E92°19′54″ N35°01′29″	以古近系雅西措组及渐新世—中新世五道梁组($E_3N_1w^2$)为基底的退缩型江水盆地，一般可见3层岩盐矿，各层之间夹有泥砂质成分，各厚1～5m，断续长数百米至2.2km。以晶粒状矿石为主，有的含泥砂质。NaCl含量77.48%～99.68%；KCl含量0.019%～0.038%	蒸发沉积型	1∶20万区调发现，本队补充检查
2	君日玛塔玛岩盐矿点	E92°34′34″ N35°06′04″			
3	贡冒日玛岩盐矿点	E92°47′18″ N35°09′34″			
4	贡冒日玛北石膏矿点	E92°57′05″ N35°06′28″	矿体赋存于古近系雅西措组(E_3y^3)紫红色粉砂岩及泥岩中，矿层2层，各厚0.8～2.4m，长度不详。多呈似层状、结核状	沉积型	本队发现并检查
5	贡冒日玛南石膏矿点	E92°56′08″ N35°03′43″	矿体赋存于古近系雅西措组(E_3y^3)紫红色粉砂岩及泥岩中，矿层2层，各厚0.3～1.4m，长度不详。多呈结核状	沉积型	本队发现并检查
6	蛇山石膏矿点	E92°46′15″ N35°58′28″	矿体赋存于古近系雅西措组(E_3y^3)紫红色粉砂岩及泥岩中，主矿体2层，各厚3～3.5m，长度不详。以粒状矿石为主。含石膏83.13%～96.39%	沉积型	本队发现并初步检查
7	错仁德加湖南石膏矿点	E92°14′20″ N35°03′46″	矿体赋存于古近系雅西措组(E_3y^3)紫红色粉砂岩及泥岩中，矿层2层，各层厚0.3～0.4m，长度不详。多呈结核状	沉积型	本队首次发现并初步检查
8	碎石岭西沟砂金矿点	E92°03′00″ N35°44′29″	矿体赋存于晚更新世—全新世河床冲洪积砂砾石层中	砂矿型	民采点
9	碎石岭西沟沟脑砂金矿点	E92°01′44″ N35°46′24″	矿体赋存于晚更新世—全新世河床冲洪积砂砾石层中	砂矿型	民采点
10	库赛湖昆仑山北坡砂金矿点	E92°39′40″ N35°53′23″	矿体赋存于晚更新世—全新世河床冲洪积砂砾石层中	砂矿型	民采点
11	约巴东北角砂金矿点	E92°29′30″ N35°38′50″	矿体赋存于晚更新世—全新世河床冲洪积砂砾石层中	砂矿型	民采点

续表 6-3

序号	名称	地理坐标	矿产地质简况	成因类型	资料来源及工作程度
12	平顶山西沟砂金矿点	E92°20′40″ N35°35′07″	矿体赋存于晚更新世—全新世河床冲洪积砂砾石层中	砂矿型	民采点
13	大帽山南东沟砂金矿点	E92°18′52″ N35°35′43″	矿体赋存于晚更新世—全新世河床冲洪积砂砾石层中	砂矿型	民采点
14	碎石岭砂金矿	E92°00′40″ N35°41′53″	矿体赋存于晚更新世—全新世河床冲洪积砂砾石层中	砂矿型	民采点
15	马鞍山砂金矿点	E92°11′05″ N35°49′30″	矿体赋存于晚更新世—全新世河床冲洪积砂砾石层中	砂矿型	民采点
16	卓乃湖砂金矿点	E91°31′02″ N35°31′10″	矿体赋存于晚更新世—全新世河床冲洪积砂砾石层中	砂矿型	民采点
17	错达日玛砂金矿点	E91°45′15″ N35°23′50″	矿体赋存于晚更新世—全新世河床冲洪积砂砾石层中	砂矿型	民采点

表 6-4 测区主要化探异常一览表

序号	编号	位置	地理坐标	元素组合特征	地质特征	资料来源
1	AS11	大雪峰以东红水河一带	E92°10′ N35°50′	主元素为 Cu、Au、Ag、W，各元素相互叠加有较好的组合，浓集中心明显	异常区位于昆南断裂带南侧，地层为三叠纪巴颜喀拉山群砂板岩，有印支期花岗岩侵入	青海区调队 1∶20 万化探扫面
2	AS12	黄土沟野驴滩	E92°26′ N35°53′	主元素为 Au、Ag、As、Cu、Bi、Hg，元素组合为低缓异常，As 浓集中心明显。与 AS11 相连	异常区出露二叠纪马尔争组、三叠纪巴颜喀拉山群、第三系及第四系堆积物，断裂发育	
3	2AS7	红水河上游雪月山	E91°42′ N35°54′	主元素为 As、Sb、W，伴有 Hg、Au、Bi、Cu，面积约 57km²，主元素大雪峰以东红水河一带	异常区出露三叠系巴颜喀拉山群，少量古近系地层，断裂发育，在破碎带及中新统查保玛组火山角砾岩中有 As、Sb 显示	青海区调队 1∶20 万化探扫面
4	2AS3	五雪峰北侧	E91°37′ N35°55′	主元素为 Cu、Sb、Hg、As、Ag 组合	异常区出露三叠系巴颜喀拉山群，有印支期花岗岩体侵入，北侧为红水河断裂。有重砂异常套合	
5	32AS9	红水河上游南侧	E91°51′ N35°45′	主元素为 W、Ag、Sb、Cu 组合	异常区出露三叠系巴颜喀拉山群，有印支期花岗岩体侵入，南侧为红水河断裂	青海区调队 1∶20 万化探扫面
6	2AS6	五雪峰一带	E91°31′ N35°46′	主元素为 W、Ag、Au、As、Sb 组合	异常区出露三叠系巴颜喀拉山群，中新统查保玛组有印支期花岗岩体侵入，有白钨矿、锡石重砂异常套合	

表 6-5　测区重砂综合异常表

名称	产地	地理坐标	矿化特征	评价
大雪峰白钨矿化点	库赛湖幅大雪峰一带	E91°31′48″ N35°21′55″	区内出露岩性为燕山期灰—浅灰色似斑状黑云母花岗岩，第四系冰雪覆盖较大，岩石风化剥蚀较强烈。上述花岗岩侵入于下巴颜喀拉山群的砂岩夹板岩中。异常区北为志留系浅绿色片理化岩屑砂岩、长石砂岩、板岩夹片理化砾岩，局部夹大理岩。与下巴颜喀拉山群为断层接触，断层迹象不甚明显。呈北西-南东向展布，与地质构造线基本一致。长椭圆形，面积约 $39km^2$。区内共取自然重砂样 4 个，均有白钨矿出现，最低含量 0.0006g/20kg，最高 0.0403g/20kg(1013)。锡石矿物出现在 3 个样品中，一般含量 22～33 粒/20kg，最高 0.0023g/20kg(0914)。经微化分析，有锡的反应。矿物组合有泡铋矿(含量 2～3 粒/20kg)和少量的独居石、钛铁矿、方铅矿、黄铜矿、辰砂等。从基岩光谱和化探样品分析结果来看，在浅灰色似斑状黑云母花岗岩中均有 Sn 元素的反应，含量$(10\sim30)\times10^{-6}$。并有 W-Sn-Bi-Au 综合异常出现。 依据上述成果，结合区内地质特征、矿物组合及成矿条件，推断该异常的形成与燕山期似斑状黑云母花岗岩关系密切。但由于覆盖较大，研究程度较低	可作为进一步找矿的矿化线索

我们在综合分析区域地质及主要矿化特征的基础上，充分利用各种矿化信息，以各成矿带的典型矿床或矿点及成型矿床类型的成矿背景进行类比分析，有目的地选择重点区段，确定前景较好的矿种进行重点调查，对区段内具有成矿有利的地层、构造、岩浆岩、变质岩、各类脉体的含矿性进行调查，采集必要的分析样品，总结成矿地质背景，为进一步矿产普查提供地质依据。本次区调，主要围绕以下几个方面的工作进行。

(1)充分收集地质、矿产、物化探重砂异常及遥感资料，综合分析厘定找矿有利区段，编制必要的工作图件，部署必要的矿产调查路线。

(2)矿产调查一般随地质路线进行，增强找矿意识，重视路线地质找矿，在新生代上叠盆地中重视各类沉积矿产的调查，尤其注重砂岩型铜矿的调查；对有成矿潜力的构造化蚀变带、脉体采集必要的成矿元素组合分析样品或主要矿种的化学样(样品采集为拣块法)，调查贵金属多金属成矿地质背景，根据蚀变矿化的规模系统采集代表性样品。意义较大的矿化带应重点调查构造的形成期次、性质、含矿性及成矿规律；对围岩蚀变类型的矿化，研究侵入体的岩石特征、岩石地球化学特征、侵位时代、成因环境及含矿性，调查内外接触带的矿化特征；调查各类火山岩各岩相带的含矿性；调查不同类型变质岩的含矿性，分析变质作用与矿产的关系。

(3)对有远景的、区域成矿有代表性的或新发现的矿点进行重点踏勘检查，了解其空间延展及变化情况，采集必要的样品，测制地质草图。

(4)对前人发现和确定的矿(化)点，物、化探异常等，我们只作一般性的了解，一般不再做工作，只收集资料，列表示出，以备后人查询。

测区优势矿种为 Au、Cu、W、Sn、石膏及盐类等。下面按成矿带分别选择具有代表性的典型矿床(点)予以简述。

二、阿尼玛卿成矿带

阿尼玛卿成矿带仅出露于测区北侧，呈近东西向分布的狭长地带，且北部地区多为新生代红色盆地覆盖。因出露面积较小，且为无人区，地势险要，交通极为困难，研究程度较低，故目前尚未发现具有工业价值的金属矿产，仅见砂金矿及含金石英脉矿化线索。在上叠新生代沉积红色盆地中，见有石膏矿点存在。现选择具有代表性的典型矿(化)点(蛇山石膏矿点)予以简述。

(1)地理位置及交通情况

该矿点位于青海省海西蒙古族藏族哈萨克族自治州蛇山东 4825 高地一带，地理坐标为东经 92°46′15″，北纬 35°58′28″，从三岔河往西沿野牛沟有便道可直达矿点，交通较为不便。

(2)研究程度

2003 年本队在进行 1∶25 万区域地质调查剖面测制时发现，并进行了矿点检查。初步确定为具有一定规模的石膏矿点。

(3)矿点地质

矿体赋存于古近系雅西措组(E_3y^3)紫红色粉砂岩及钙质泥岩中，主矿体 2 层，各厚 3～3.5m，长度不详。以粒状矿石为主。含石膏 93.13%～98.39%，剖面上多呈不规则的透镜状、囊状，沿走向断续相连，层位稳定，具有一定的规模。

(4)矿床成因

从矿点地质描述中得知，石膏矿产于古近系雅西措组(E_3y^3)紫红色粉砂岩及钙质泥岩中，故其成因应属于干旱气候条件下的封闭式湖沼沉积。

(5)矿点评价

该石膏矿产出层位稳定，两层石膏矿相隔仅几米，相加总厚度为 6～7m。矿石纯度较高、产状稳定，埋藏浅，易于开采，初步评价为中小型石膏矿床。

三、巴颜喀拉成矿带

测区新生代盆地分布于卓乃湖—五道梁一带，有自古新世—中新世的陆相沉积，其中雅西措组分布较广，盆地中石膏、粘土矿、岩盐(钾、锂、硼)矿点已发现多处。详见测区主要矿(化)点一览表(表 6-3)。现择其重要者简述之。

(一)典型矿床(化)点

1. 错仁德加湖南石膏矿点

(1)地理位置及交通情况

矿点位于错仁德加湖南约 15km，地理坐标为东经 92°14′20″，北纬 35°03′46″，为可可西里无人区，交通困难。

(2)研究程度

本队 1∶25 万区调路线发现并初步检查，确定为矿点。

(3)矿点地质

矿体赋存于古近系雅西措组(E_3y^3)紫红色粉砂岩及泥岩中，可见矿层 2 层，各厚 0.3～0.4m。多呈结核状顺层面分布。因第四系掩盖较多，露头情况较差，故延伸情况不详。

(4)矿床成因

属于干旱气候环境下封闭式湖沼沉积。

(5)矿点评价

该矿点仅见两层石膏矿层，且厚度只有 0.3～0.4m，故不具工业价值。但该矿体所产层位较稳定，均产于古近系雅西措组(E_3y^3)紫红色粉砂岩及泥岩中(如库赛湖北侧的蛇山石膏矿点亦产于该套地层)，具有较好的找矿意义，但因该套地层层位较高，经地表风化剥蚀，故区内残存较少。应注意在其他地区相同层位寻找此类矿床。

2. 诺日加玉岩盐矿点

(1)地理位置及交通情况

矿点位于错仁德加湖东端南东 20km、诺日加玉一带,地理坐标为东经 92°19′54″,北纬 35°01′29″,不通汽车,交通极为不便。

(2)研究程度

1∶20 万区域地质调查路线发现并初步调查,本队补充检查。初步确定具小型矿床规模。

(3)矿点地质

矿体赋存于中新世五道梁组紫红色砂岩及泥岩中,一般见 3 层岩盐矿,每层相距 10~60m 不等,产状近水平,矿点处断续长由数百米到 2.2km,一般厚 1~5m,最厚处达 25m。矿石为灰白色块状,呈晶粒结构,有的含泥、砂等杂质。NaCl 含量 77.48%~99.68%,个别可低到 54.80%,但以大于 90%者为主,普遍含 KCl0.019%~0.0388%,局部含 0.02%~0.49%的 $MgCl_2$。

(4)矿床成因

以五道梁组为基底的退缩汇水盆地沉积、蒸发而成,总体与近代盐湖退缩蒸发相似。

(5)矿点评价

该矿点规模较大,矿层厚度大、延伸长、矿石纯度高,且暴露地表,适合露天开采,如果公路修通,可作为中小型岩盐矿开采。

3. 贡冒日玛北石膏矿点

(1)地理位置及交通情况

矿点位于贡冒日玛北、五道梁西南约 30km,地理坐标为东经 92°57′05″,北纬 35°06′28″,交通较为便利。

(2)研究程度

1∶20 万区域地质调查路线发现并初步调查,本队补充检查。初步确定为矿点。

(3)矿点地质

矿体赋存于古近系雅西措组紫红色粉砂岩及泥岩中,一般见 3 层石膏矿,各厚 0.8~2.4m 不等,多呈似层状、结核状沿层面分布。因第四系覆盖较多,故延伸长度不详。

(4)矿床成因

属于干旱气候环境下封闭式湖沼沉积。

(5)矿点评价

该矿点见有 3 层石膏矿层,且厚度较大(0.8~2.4m),具有一定的工业价值。但该矿体出露处因第四系覆盖较多,延伸长度不详,故其规模难以确定。该矿体产层位较稳定,均产于古近系雅西措组(E_3y^3)紫红色粉砂岩及泥岩中(如库赛湖北侧的蛇山石膏矿点、错仁德加湖南石膏矿点均产于该套地层),具有较好的找矿意义,但因该套地层层位较高,经地表风化剥蚀,故区内残存较少。应注意在其他地区相同层位寻找此类矿床。

4. 雪月山 Sb、As、W 综合异常

(1)地理位置及交通情况

异常位于可可西里北缘洪水河上游南侧雪月山北麓,东经 91°42′00″,北纬 35°54′40″。交通较差,区内属高山中切割区,海拔 4600~5200m,南侧雪月山终年积雪覆盖。

(2)地质概况

地层为巴颜喀拉山群上亚群砂、板岩,有新近纪中新世粗面质火山角砾岩筒。异常区南侧约5km处为印支期斑状花岗闪长岩小岩株,其围岩具明显的接触变质,形成宽度达500m的角岩化带。异常南侧为洪水河断裂带,次级走向断层发育,岩石破碎。火山角砾岩筒北侧见一低温泉,其矿化度较高。

(3)异常特征

该异常是在1∶20万区域化探扫面2AS7的As、W异常基础上重新圈定的。原综合异常主元素为As、W,伴有Cu、Sb、Ag异常,为乙类异常,与2AS3、2AS8、2AS9同属二级找矿靶区。

1∶20万区调查证,水系沉积物加密取样217个,控制面积约57km²,岩石采样剖面1.5km。重新圈定的异常呈不规则状,面积约27km²,其展布方向与区域构造线方向一致。异常主要为As、Sb、W元素,伴有Hg、Ag、Au、Bi、Cu元素异常。在空间分布上除Cu、Bi元素外,其他各元素异常在东部普遍套合较好。主要元素等具有明显的浓集中心和分带现象,衬度较高,变化系数较大,并具有较大面积。其他元素强度弱、规模小。

大雪峰白钨矿化点附近多被第四系残坡积物覆盖,零星露头为巴颜喀拉山群上亚群砂板岩,附近有印支期花岗岩体,白钨矿化产于花岗岩体外接触带的脉体中。岩层为北东倾的单斜,倾角较陡。钨矿化产于花岗岩体之内外接触带中,且与花岗伟晶岩脉、花岗细晶岩脉及石英脉伴生,故应属岩浆期后气化-高温热液成因。白钨矿以稀疏浸染状为主,矿化极不均匀,矿石品位低,因地表覆盖过甚矿化规模不清,但岩体接触带规模较大。

(二)巴颜喀拉成矿带成矿地质背景分析

测区虽然具有上述较好的成矿前景,但目前为止,除遍地分布的砂金矿点和石英脉金矿化点外,尚未发现较好的、成型的基岩金属矿点。

测区内民采砂金矿点分布广泛,可以毫不夸张地说,在巴颜喀拉山群分布区,只要能通汽车的有流水的沟谷地区,就有前人淘金的遗迹。测区主要矿(化)点一览表见表6-3。表中所列砂金矿点仅为此次区调路线中穿越过的区域,而路线未经过的区域砂金矿点数量远大于表中所列数量。

如此众多的砂金矿点,其源金在何处?至今仍然是个谜。区内是否存在大场式蚀变岩型金矿床,是我们此次区调矿产工作的重点。围绕此重点,我们展开了如下工作。

路线地质调查中,注重收集、观察现有民采砂金矿点,并将民采砂金矿点标注在野外手图上。在有砂金矿点产出的地段,要特别注意在其上游收集有关岩金的矿化信息,力求不漏掉有用的矿化线索。

在路线地质调查的基础上,对路线地质调查中发现的矿化线索和矿化信息,有目的地进行矿产专题调查,力求获得矿化的第一手资料。

充分收集前人在该区有关矿产工作的成果和资料,核实其成果和资料的可信度,作为进一步工作的依据。

通过上述工作,我们获得了如下信息。

(1)地层及含矿性

区内地层为三叠系中上三叠统巴颜喀拉上亚群类复理石泥、砂质碎屑岩夹砾质岩,其中夹有富含黄铁矿的板岩和砂岩,以及富含炭质的板岩等夹层产出。

根据青海省东昆仑地区矿产总结及 1∶20 万化探和重砂异常资料显示，区内巴颜喀拉群是 Ag、Au、Cu、As、W 的高背景、高含量区，其中的 Cu、W 等元素可能与岩体的侵入热液作用有关（表 6－4）。

(2)石英脉的分布特征及含矿性

石英脉在测区发育十分普遍，零星分布在巴颜喀拉山群变砂板岩中，多沿劈理或片理面呈不连续的透镜状产出，在地层中所占比例约 5%。石英脉大致可分为两类，一类为乳白色石英脉，分布广泛，含金量多在 $n\times10^{-9}$左右；另一类为与构造破碎带密切相关的石英脉，多呈褐黄色、肉红色，表面可见有褐铁矿化，含金量多在 0.01～0.05g/t 之间（因为是地表拣块样，金元素可能风化流失、贫化）。

(3)断裂的发育特征及其控矿作用

在巴颜喀拉山群变砂板岩中，构造破碎带普遍发育，大多沿劈理面呈近东西向展布，规模不等。除昆北活动断裂和西金乌兰断裂带构成本区巴颜喀拉构造盆地一级边界断裂外，盆地内部亦发育有多级次级盆地，它们的边界均受近东西向断裂的严格控制，构成了测区二级边界断裂。在这些次级盆地的内部，亦发育众多大小不一的断裂和褶皱构造，以及沿断裂侵入的近东西向展布的印支期花岗岩侵入体、花岗岩脉，它们共同构成了测区的基本构造格架。

一级断裂构造控制了巴颜喀拉构造盆地的形成与发展、演化的全过程，是测区主要的导矿控矿构造，构造带内碎裂岩、角砾岩、构造片岩、构造糜棱岩等混杂出现，显示脆韧性特征，反映其具有多期活动的特点。

二级断裂构造控制了新生代盆地的形成、发展与演化的历史，亦控制了测区岩浆的侵入活动。构成了新生代盆地的边界，形成地垒-地堑式断层组合。是测区重要的导矿和储矿构造。

发育于次级盆地内部的构造破碎带，是测区的重要储矿、聚矿构造，只有在构造破碎带发育地段，石英脉才有可能相对集中，才有可能形成规模较大的石英脉型金矿床。

(4)岩浆活动与成矿作用

区内岩浆活动较弱，仅见少量印支期花岗岩及岩脉沿东西向零星分布，在侵入体的外接触带常发生热接触变质作用形成角岩。热液活动形成较典型的中—低温热液蚀变，如硅化、绢云母化、角岩化等。岩浆的侵入，给测区石英脉的形成和金元素的富集、迁移提供了较好的热源条件。

通过对上述资料及矿化信息的分析和研究，我们认为巴颜喀拉成矿带中广泛分布的砂金矿点的成矿地质背景为：金元素高背景、高含量的巴颜喀拉群砂板岩，特别是其中的含黄铁矿板岩、含炭质板岩是测区砂金矿的成矿母岩；广泛发育的石英脉是金元素富集的载体；复杂的、多期次的断裂活动是石英脉及金元素运移的通道和富集的场所；韧-脆性转换和岩浆侵入为测区石英脉的形成和金元素的富集、迁移提供了较好的成矿条件。

上述事实表明，如此广泛分布的砂金矿点，其源头不可能都存在具有工业价值的岩金，即使存在大场式金矿床，也不可能有如此广泛分布的砂金矿点。那么，如此广泛分布的砂金矿点，它们的源金究竟在何处？测区地层金元素含量较高，石英脉广布，且普遍具有金矿化特征。岩金在地表经强烈的风化、剥蚀、淋滤，在洪水、冰川、泥石流等外动力作用、搬运、迁移过程中，金元素进一步次生富集，形成砂金，在山谷、河流的低洼处堆积，形成砂金矿(床)点。

(三)巴颜喀拉成矿带成矿远景区划分及评价

以成矿事实为主要依据，结合成矿地质背景分析，划分成矿远景区。根据任务书的要求，我们对巴颜喀拉成矿带成矿远景区划分仅限于砂金。从上述巴颜喀拉成矿带成矿地质背景分析得知，在巴颜喀拉群分布区域，几乎都有砂金矿的分布，也就是说，在巴颜喀拉成矿带内，砂金矿的分布几乎与地域无关，而与第四系地形地貌及第四系沉积物有不可分割的联系。

该带砂金矿分为如下 4 个成矿远景区（图 6－1）。

1. 约巴砂金矿成矿远景区

远景区位于库赛湖幅约巴北卓乃湖东晚更新世—全新世洪冲积次级盆地中，地理坐标：东经 92°03′—92°50′，北纬 35°25′—35°32′00″，面积约 500km²。从青藏公路有便道可直达区内，交通较为不便。

远景区大构造位置位于巴颜喀拉山成矿带中央地带，区内出露地层为中上三叠统上巴颜喀拉山亚群变质砂、板岩，金元素背景值较高，是区内砂金矿点较重要的矿源层，具有为砂金成矿提供物质来源的基础及条件。

该区为巴颜喀拉构造带的次级构造带，区内发育北西西向、近东西向脆性断裂及韧性剪切带。构成了次级构造带的边缘，研究表明，上述脆性断裂及韧性剪切带的控矿作用明显。

远景区南侧有约巴印支期二长花岗岩侵入体及小型石英闪长岩株、花岗斑岩脉等岩浆侵入活动；北侧有新生代火山岩出露。这些岩浆及火山为矿化提供了较好的热源条件。

区内目前发现的民采砂金矿点两处，全部位于大帽山南东部的巴颜喀拉山群与第四系洪冲积砂砾石层接壤处，由于条件的限制，广泛的砂砾石层堆积区则未见民采砂金矿点，而这些大量堆积的砂砾石层中，可能存在规模较大、品位较富的砂金矿床。

2. 卓乃湖北砂金矿成矿远景区

远景区位于卓乃湖北侧，雪月山与大雪峰南侧的山间盆地，地理坐标：东经 91°34′—92°08′，北纬 35°40′—35°48′00″，面积约 900km²。

区内出露地层为中上三叠统上巴颜喀拉山亚群变质砂、板岩，金元素背景值较高，是区内砂金矿点较重要的矿源层，具有为砂金成矿提供物质来源的基础及条件。在雪月山与大雪峰一带，据 1∶20万区调资料，有雪月山 Sb、As、W 综合异常，大雪峰 Cu、Au、Ag、W 化探异常，说明具有成矿的物质条件。

远景区北侧有印支期大雪峰小型二长花岗岩株侵入，为砂金矿矿源提供了热液活动的热源条件。

目前区内发现的民采砂金矿点有 4 处，均分布于山间河谷的上游地段，而广阔的第四系山间盆地及河床地带，由于条件的限制则未见民采砂金矿点，而这些大量堆积的砂砾石层中，可能存在规模较大、品位较富的砂金矿床。

3. 卓乃湖西砂金成矿远景区

远景区位于卓乃湖西侧黑石山—湖西山一带，地理坐标：东经 91°30′—91°50′，北纬 35°25′—35°38′00″，面积约 300km²。

区内出露地层为中上三叠统上巴颜喀拉山亚群变质砂、板岩，金元素背景值较高，是区内砂金矿点较重要的矿源层。区内石英脉极为发育，具有为砂金成矿提供物质来源的基础及条件。黑石山南东侧广泛发育查保玛组粗面斑岩岩筒，南东端有印支期二长花岗岩侵入，为砂金矿矿源提供了热液活动的热源条件。

目前区内虽然没有发现民采砂金矿点，但广泛分布的晚更新世至全新世洪冲积砂砾石层，以及上述良好的成矿物资基础，充分揭示了本区砂金矿的良好前景。

除上述三个远景区外，还划分了一个面积较小的砂金矿远景区——园头山成矿远景区，它的地质背景、成矿条件与三个远景区大致相同(图 6-1)。实际上，在巴颜喀拉地层分布区的其他地段洪冲积发育区域，亦可能有砂金矿(床)点存在，只不过它们分布比较零散，而远景区则相对集中。

第二节　旅游资源

旅游资源根据其资源的性质、特点及成因，从宏观角度出发可划分为自然景观旅游资源和人文景观旅游资源两大类。自然景观旅游资源是具有观赏价值的各种自然山水与自然现象，又可分为地质景观、地貌景观、气候地貌和构造-气候地貌、水体景观、生态景观、气象、气候等旅游资源。而人文景观旅游资源是人类历史和文化的结晶，是民族风貌与特色的集中反映，它给人们以教育、知识、启迪、乐趣和享受。本次区调工作中，我们主要对测区的自然旅游资源进行了调查，这里特殊的自然地理位置也造就了测区是极佳的野外生存活动场所。

可可西里，蒙语意为“青色的山梁”，被誉为“美丽的少女”，藏语称该地区为“阿青公加”，是长江的主要源区之一。可可西里保护区自然环境严酷、气候恶劣，人类无法长期居住、生产和生活，因而保留了其原始的生态环境和独特的自然景观。区内的高寒植物生态系统具有典型的高寒草原生态和独特的高原生物物种、多样的自然景观及原始的生态环境。区内野生植物资源较为丰富，主要植被类型有高寒草原、高寒草甸和高寒冰缘植被，少量分布有高寒荒漠草原、高寒垫状植被和高寒荒漠等植被。动物区系组成简单，但种群密度大、数量较多，国家一级保护动物藏羚羊、野牦牛、藏野驴、白唇鹿、棕熊等青藏高原上特有的野生动物使这位“少女”更加妩媚动人。可可西里是我国面积最大、海拔最高、野生动物资源最为丰富的国家级自然保护区之一，被誉为“世界第三极”和珍稀野生动植物基因库，在科学研究和生态探险旅游等方面有不可替代的科研和生态价值。测区雪山耸立，河流纵横，河谷深邃，各类地质湖泊分布广泛，旅游资源十分丰富。但由于这里自然环境恶劣，道路不是很方便，以往来此游玩的人不是很多。近些年，随着西部大开发的大号召，测区及周边交通大有改善；同时，电视广播及互联网使藏羚羊、野牦牛、玉珠峰、索南达杰自然保护区、昆仑山口、可可西里等大量名称开始为人们所熟悉；国民经济的不断提高导致人们旅游观念的转变等因素，来这里旅游的游客渐多。不过，他们多是奔藏羚羊、玉珠峰、昆仑山口和西王母瑶池而来，这说明测区的大量其他景点还鲜为人知，也说明研究寻找和开发旅游资源是一件非常迫切的工作。

测区存在如上所述丰富的生态旅游资源、野外生存旅游资源及人文旅游资源，但大量未被开发，这极大地制约了当地及周边经济的发展。我们在积极响应西部大开发战略的时候，不要只把眼光停留在西部正在发展中的城市，同时我们也要考虑一些偏僻、较落后的地区，这些才是我们最终需要解决的问题。由于可可西里地区与众不同，涉及到野生动物保护及环境等问题，所以，开发这里的旅游资源的同时，我们一定要时时刻刻记住，尽量减少对野生动物及当地原始生态环境的破坏。

我们对测区的旅游资源作了初步的调查，结合前人的研究成果，编制了测区内的旅游资源简图，并初步规划出几条旅游路线(图 6-2)。

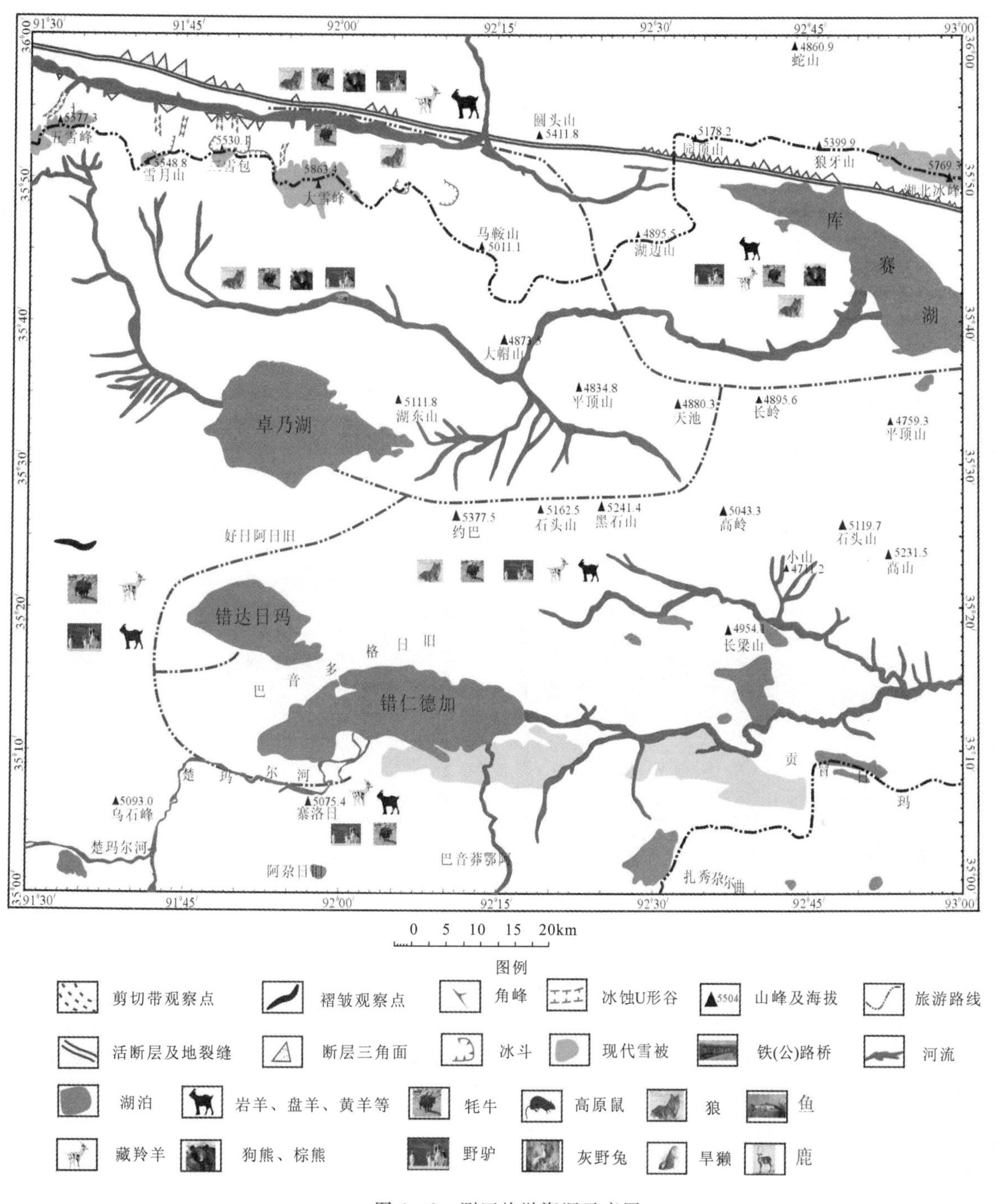

图 6-2　测区旅游资源示意图

一、湖光山色

(一)库赛湖

由青藏公路七十道班向北离开公路,不久就来到海丁诺尔湖和盐湖,从两湖间的简易公路向西北再行 30 多千米就来到了库赛湖东南角。

库赛湖是一个位置很偏僻、难以接近的湖泊，位于东经 92°37′—93°2′，北纬 35°39′—35°51′；是一个由断裂控制的近菱形构造湖泊，长约 37.5km，宽 2～10km 不等，面积 280km²，湖面海拔 4480m。是青藏高原上内陆流域的一个咸水湖，湖区几乎完全被高达 5000～5800m 的峭壁北缘包围，该湖水源来自北面山上的融雪、南面卓乃湖及高原上的一条河流，湖周围植被以苔状蚤缀为优势种的草原植被。2001 年的地震活动同样在湖北侧留下了它那道迷人的裂缝（图版 24－1、图版 24－2）。在湖北侧也可以见到早期活动断层形成的和东大滩一样的地震鼓包。湖北侧一系列由于断层作用而形成的断层三角面在一片蓝天、朵朵棉团般白云衬托下显得更为好看，这时的湖天一色，团云在其间玩耍、翻滚（图版 24－3）。当晚霞的余光照在湖面，你可以在清澈的湖底见到阳光的影子。

（二）园头山

园头山是由库赛湖（图 6－3）进入雪月山必经的地方。这里一山连一山，山外还有山，在众山间有一条不是道路的路可以穿过这一排排的高山。当你在山中穿行，转过一道弯，呈现在你面前的就会有一个火山颈（图 6－4）和躲在火山颈后的断层三角面（图版 24－4），火山颈和断层三角面是喜马拉雅期断层作用的产物。

图 6－3　库赛湖

图 6－4　园头山火山机构

（三）雪月山及地震遗迹

出了园头山一排众山，你的眼前就会一亮，来到了比较开阔的缓倾的洪冲积台地，台地中间是红水河，出山口的地方的河水是向西流的，这与一般河水由西向东流不同，由于西面侧的断裂活动将北面的山脊错断切割及红水河向北的侵蚀袭夺，红水河的河水由南向北流，所以错断的山脊两侧的河水均向那儿汇集，从而使西面的水向东流，东面的水向西流，两水汇合后一齐向北流。在雪月山一带，野生动物比较多，尤其是野牦牛，几乎天天可以见到，并且许多时候是碰到独牛。

图 6－5　雪月山地裂缝与次级裂缝

过了红水河，向北上洪冲积扇台地，也就是红水河阶地，在台地中就可见到呈东西展布的地裂缝，除了主裂缝外，还发育了大量的次级裂缝，有的次级裂缝呈对称状分布在主裂缝两侧（图 6－5），显示张扭性的特征。有些次级裂缝汇合在一起组成强烈陷落地带，陷落落差有的达 1m(图版 24－5)。

（四）卓乃湖

卓乃湖(图 6－6,图版 24－6)一带是个非常迷人的地方。

卓乃湖是一个音译过来的地名,藏族同胞把藏羚羊叫“Zu”,卓乃湖就是藏羚羊聚集的地方。可可西里的藏羚羊占了全世界的绝大多数,而可可西里的绝大多数母羚羊在每年 7、8 月份都会集中到卓乃湖以南一片不大的地区产仔,9 月份返回越冬地与公羊合群。高 5404m 的好日阿日旧雪山下,万羊奔腾犹如阵阵热浪,空气中充满柔和的藏羚羊叫声,壮观景象令人叹为观止。

图 6－6　雪封卓乃湖远观

（五）错达日玛与错仁德加

这是两个紧邻的高原咸水湖,也是构造湖泊,由一系列断层控制,是测区西南部的末端。这里气温较低,常年见冰冻,一天多气象。错达日玛湖近椭圆形,湖面海拔高程 4780m,面积 72km^2 左右。错仁德加湖近长椭圆形,湖面海拔高程 4700m,面积 146km^2。由于常年冰冻,部分泥土中间往往形成一层或多层冰土层,组成三明治结构(图版 24－7),河床地貌也较奇特(图版 24－8)。错仁德加湖(叶鲁苏湖)是个漂亮的小湖(图版 25－1),来看看湖景也是非常不错的事。

二、生态赏目

（一）野生动物观光

1. 藏羚羊

藏羚羊又名藏羚(*Pantholops hodgsoni*),中文别名:长角羊,藏名译音:Zu。属偶蹄目、牛科、藏羚属(*Pantholops*)。国家一级保护动物。为了保护藏羚羊和其他青藏高原特有的珍稀动物,国家于 1983 年成立阿尔金山国家级自然保护区,1992 年成立羌塘自然保护区,1995 年成立可可西里省级自然保护区,1997 年底上升为国家级自然保护区。

藏羚羊喜欢栖息在海拔 4500～5500m 的雪线附近,可可西里一带令人类望而生畏的“生命禁区”正是它们快乐的家园。这些地方植被稀疏,只能生长针茅草、苔藓和地衣之类的低等植物,而这些却是藏羚羊赖以生存的美味佳肴。藏羚羊具有特别优良的器官功能,它们耐高寒、抗缺氧,食料要求简单而且对细菌、病毒、寄生虫等疾病所表现出的高强抵抗能力也已超出人类对它们的估计,它们身上所包含的优秀动物基因,囊括了陆生哺乳动物的精华。夏天的可可西里,到处是沼泽,陷进去很难自救,甚至有生命危险,而动作敏捷、体形轻巧的藏羚羊(图6－7)轻松一跃,就能跨越,它们穿行沼泽如履平地。藏羚羊一般喜欢集群活动(图版 25－2),并且警惕性特高,老远看见人就会迅速地向安全方向跑。但藏羚羊性温和、友善,和人熟络后能亲近。如果是在有藏羚羊活动的地方,经常可以见到被狼捕食或

图 6－7　藏羚羊奔跑的矫健背影

是被盗猎者捕杀而留下的藏羚羊角(图版 25－3)。

2. 藏原羚

藏原羚别名藏黄羊、黄羊、小羚羊、藏原羊。偶蹄目、牛科、羚羊亚科、原羚属。是青藏高原特有种,国家二级保护动物。个体较小,体长不超过 1m,体重不超过 20kg,体格矫健,四肢纤细,蹄狭窄,行动敏捷。吻部短宽,前额高突,眼大而圆,耳短小,尾短,雄性有一对较细小的角,雌体无角。通体被毛厚而浓密,毛形直而稍粗硬,特别是臀部和后腿二侧的被毛硬直而富弹性,四肢下部被毛短而致密,紧贴皮肤。

该物种为典型的高原动物,栖息于青藏高原各种类型的草原上,活动上限可达 5200m,无固定的栖息地,在平缓的山坡、平地及起伏的丘陵等均可见到,一般多集小群生活,数量不等,数只或十数只的群体较为常见,但在夏季也有单只活动的个体,而冬季往往结成数十只甚至上百只的大群一起游荡。性机警好奇,行动敏捷,视、听觉灵敏。遇到异常情况时,总是先抬头凝视(图版 25－4),发现危险后,迅即奔驰逃跑,奔跑的姿势比较特殊,看起来好像一颠一颠的。藏原羚以各种草类为食,但耐粗食的性能不如藏羚。清晨、傍晚为主要的摄食时间,同时也常到湖边、山溪饮水,在食物条件差的冬春季节,则白天大部分时间在进行觅食活动。狼、猞猁是藏原羚的主要天敌。与藏羚相比,藏原羚较难与人接触。

3. 棕熊

棕熊别名藏马熊、哈熊。食肉目、熊科、棕熊属。国家二级保护动物。

棕熊体形庞大笨重,头宽而吻尖长,耳壳圆形,肩高超过臀高,站立时肩部隆起,尾特短,四肢特粗壮,毛被丰厚,毛色变异较大,有棕褐色、褐黑色等。由于人为干扰较少,棕熊在可可西里分布较广,数量也较多。在保护区的高寒草原、高寒荒漠草原和高寒草甸等各种环境中均有棕熊栖息。

棕熊性凶猛而力大,食性杂,主要以翻掘洞穴的方法捕食鼠兔和旱獭。棕熊也吃各种植物。如果你步行碰到棕熊,你大可不必惊慌,但你必须给它让路,或是装着没看见它,慢慢地远离它,否则,你一定会碰到麻烦。但如果你是驱车,你一定会觉得它逃跑的背影(图版 25－5)非常有意思。长期以来有一种“熊全身是宝”的说法,特别是熊胆为名贵的药材,熊掌为肴中珍品,加上过去曾一度把棕熊列为害兽加以猎杀,使其种群遭受巨大灾难。

关于棕熊,听到过这样一个故事。动物学家在一次野外考察中,观察到一只黑熊掏旱獭的场面(图 6－8),十分有趣。在一个有许多旱獭洞的山坡上,黑熊正在掏旱獭,那熊掌像个挖掘机似的,一掌下去,掀起一大片土石,不一会儿便将洞中的四五只小旱獭掏了出来。这些小家伙被突如其来的袭击吓呆了,一个个躺在洞边一动也不敢动。只见大熊先伸出右掌抓起一只旱獭夹在左胳膊下面,然后再伸出左掌去抓另一只旱獭往右胳膊下边夹,可没想到,就在它伸出左掌的同时,胳膊下夹着的旱獭已扑通一声掉到地下。这一摔把旱獭摔“醒”了,打个滚,它便慌慌张张地逃走了。就这样,黑熊抓了这只掉那只,抓了那只掉这只,最后仍然只抓到一只旱獭夹在胳膊下边,它这才觉得似乎有点不对劲,便抬起胳膊左看右瞧,结果连最后一只也逃走了。当你驱车穿行在园头山一带的众山中,你就会看到在某个山上或山坡上有棕熊正在监视着你(图 6－9)。

4. 岩羊

岩羊别名石羊、蓝羊。偶蹄目、牛科、山羊亚科、岩羊属。国家二级保护动物。

体形较大,头狭长,耳小,角比较粗大,但并不很长,角基部圆形或略呈三角形,向外分歧,而不往高生长,角尖朝后,略微偏向上方,角的弯度不大。岩羊是典型的山地动物,栖息于 3900～5200m 的高原地区裸露的岩石和山谷之间的草地,体色与岩石很难分辨,善攀登山岭,行动敏捷,喜在乱岩上跳跃。受惊时，由雄羊先环视四周，辨明危险方位后带领羊群朝安全方向逃窜，决不四分五裂。一般是往岩石上面跑，最终消失在乱石间。冬季生活在海拔较低处，夏季生活在较高裸岩上，黄昏到草地上吃草，整夜都在那里活动和休息，喜群居，很少独栖。岩羊的主要天敌是雪豹。另外，猞猁也偶尔捕食小岩羊。据说岩羊肉味鲜美，皮可制草，特别是头骨美观，长期以来是不法分子捕杀的主要对象之一，其数量和分布范围正在减少。

图 6－8　棕熊正在翻洞抓旱獭

图 6－9　棕熊巡山

5. 野牦牛

野牦牛偶蹄目，牛科，牛亚科、牦牛属。青藏高原特有种，国家一级保护动物，是家牦牛的野生同类。野牦牛体形笨重、粗壮，肩部中央有显著凸起的隆肉，故站立时显得前高后低。头形稍狭长，脸面平直，鼻唇面小，耳相对小，颈下无垂肉，四肢粗壮，蹄大而宽圆，野牦牛雌、雄个体均有角，角形相似，但雄体的角明显比雌性的角大而粗壮，毛色绝大多数呈通体褐黑色。该物种是典型的高寒动物，性极耐寒。终年以游荡的方式栖息于人迹罕至的高山大峰、山间盆地、高寒草原、高寒荒漠草原等各种环境中，其分布高度在海拔 4000～5400m 之间。在暖季，常活动于雪线下缘。雄牛生性凶猛好斗，在交配之间争偶现象非常激烈，胜者率领数只到 20 多只雌牛一起活动，败者往往尾随群体伺机交配，或离开群体另觅新欢。在可可西里周边牧区，雄野牦牛常有混入家牦牛群交配，这对保持这一地区家牦牛体格、耐寒耐粗等优良性状具有非常重要的意义，因此有野牦牛分布地区的家牦牛体格和产肉量要比没有野牦牛分布地区的家牦牛明显优越。

野牦牛在高寒草原或荒凉的寒漠地区，每天大部分时间均在进行摄食，边食边漫游，无十分固定的栖居地，只有大致的分布区。在严寒的冬季，由于植物被冰雪覆盖，因而常在较大范围内做短距离的迁移。善奔跑，时速可达 40km 以上。营群居生活，除个别雄性个体常单独生活外，一般总是雌雄老幼活动在一起，少则数头，多则数百头甚至上千头（图 6－10）。禾本科及莎草科植物是野牦牛食物的主要组成部分，由于野牦牛舌构造特殊，可以长期以垫状植物为食，因而成为特别耐粗食的物种。

成群的野牦牛会主动逃避敌害，遇到人或汽车也会跑走（图版 25－6）。而性情凶狠暴戾的孤牛则恰恰相反（图版 25－7），常会主动攻击在它面前经过的各种对象，能将行驶中的吉普车顶翻，受到伤害的野牦牛不论雌雄，都会拼命攻击敌害，直到力竭死亡。所以，与其狭路相逢是无比惊险可怕的事，但野牦牛发起攻击时首先会竖起尾巴示警，因此在野外工作中必须掌握野牦牛这一特点。野牦牛的主要天敌是狼群，后者常在冬季以围攻的方式将老龄、幼龄和体弱的野牦牛追迫到冰上，待其滑倒后群起而撕食。年老的野牦牛一旦离开群体，会单身生活终身，最后只留牛角在人间（图

6－11)。在雪月山进行河流阶地实测途中,我们见到被狼咬死不久的成年野牦牛,牦牛脖子被咬断了,内脏已基本吃光,身架子还非常完好。

图 6－10　野牦牛集中营

图 6－11　怒目圆睁、傲角尖挺的野牦牛头

6. 狼

在雪月山、海丁诺尔等地带,狼的身影较多。狼的天性是残忍的,而且,这里的狼似乎不怕人,有一次,我们两辆车沿红水河河山交界的乱石堆中行进着,时间是晚上七八点钟,有一只狼居然尾随我们有两三千米的路程。当晚在红水河营地,居然有一只狼在帐篷外转悠,白天当你在山上工作时,不经意间会看到狼在不远处观注着你(图 6－12)。

图 6－12　狼在河谷中远观

7. 藏野驴

藏野驴别名亚洲野驴,体形酷似驴、马杂交而产的骡子,因尾稍似马尾,所以有人又称其为“野马”。奇蹄目、马科、马属。青藏高原特有种,国家一级保护动物。

该物种为高原型动物,栖居于海拔 3600～5400m 的地带,营群居游移生活,对寒冷、日晒和风雪均具有极强的耐受力。清晨从荒漠或丘陵地区来到水源处饮水,白天大部分时间集合在水源附近的草地上觅食和休息,傍晚回到荒漠深处。所以,白天在测区一些湖泊、河流处易见到它们。藏野驴的行走方式是鱼贯而行(图版 25－8),很少紊乱,雄驴领先,幼驴在中间,雌驴在最后,藏野驴走过的道路多半踏成一条明显的“驴径”,在其经过的地方有大堆的粪便,因此很容易辨别出其活动路线。藏野驴视觉、听觉、嗅觉均很敏锐,尤其视、听觉更为发达。奔跑能力强,时速可达 45km,喜欢与越野汽车赛跑。如果你驱车驰骋在可可西里高原,你一定会碰到在不远处与你赛跑的藏野驴,当超过汽车时会停下来回眸注视,然后再跑,一直跑跑停停。有时,它们还会突然从你的车前方横穿过道路,让你吓一跳,以为是撞车的。藏野驴的叫声短促而嘶哑,远不及家驴洪亮,但能从鼻孔中发出与家驴同样的喷鼻声。

8. 盘羊

盘羊别名大头弯羊,大角羊。偶蹄目、牛科、山羊亚科、盘羊属。国家二级保护动物。盘羊是一种体形庞大的羊类,四肢稍短,尾极短小、不明显。通体被毛粗而短,唯颈部的毛较长。盘羊体色一般为褐灰色或污灰色，脸面、肩胛、前背呈浅灰棕色，耳内白色，喉部浅黄色，胸、腹部，四肢内侧和下部及臀部均呈污白色。盘羊是典型的山地动物，喜在半开旷的高山裸岩带及起伏的山间丘陵生活，分布海拔在3500～5500m，可可西里的盘羊分布在海拔5000m以上山区的高寒草原、高寒荒漠、高寒草甸等环境中，夏季常活动于雪线的下缘，冬季栖息环境积雪深厚时，它们则从高处迁至低山谷地生活，有季节性的垂直迁徙习性。盘羊的视觉、听觉和嗅觉相当敏锐，性情机警，稍有动静，便迅速逃遁，常以小群活动。盘羊食性较广，分布区的各种植物均食用，有一种说法是：老龄雄性盘羊由于巨大的角妨碍，往往无法采食，被活活饿死。在交配期间，雄性盘羊争偶激烈，巨角相撞响声巨大，人们在山坡上可以听到山的另一侧雄盘羊争偶时巨角撞击的声音，所以雄盘羊角上一般都能看到许多撞击的痕迹。据说盘羊肉味鲜美，所以猎捕者较多，特别是20世纪末期以来人们追求以动物头骨做居室装饰的时尚，而雄盘羊头骨又被认为是最好的装饰动物头骨，所以盘羊数量下降很明显，目前数量极少。

9. 旱獭

旱獭属啮齿目、松鼠科、旱獭属，是松鼠科中体型最大的一种。测区的旱獭特别多，在野牛沟等地，当你早上出去工作或是晚上归来，你都可以在离路不远的小山包上远远地看见在那儿或是玩耍，或是对你观望的旱獭。它们特别机灵，老远见到人时，它就跑到洞口边观望，有时还会竖起身子像是在向你招手，可等你快近前时，它一溜身就进洞了，所以，一般很难能拍到其狡猾机灵的身影。

旱獭广泛地栖息在我国的山地草原和草甸草原上，在适应生存的环境里，分布密度变化是很大的。地形对旱獭分布密度起着重要的作用，山麓平原区和山地阳坡下缘是旱獭的高密度区；河滩冲积地是旱獭的中密度地区；阶地山坡上部、河谷沟壁地区密度较低。旱獭为穴居动物，体型粗短圆胖，头较小，耳壳不发达，四肢短健有力，趾部尖端具有尖锐强硬的爪，前肢节一趾退化，适于挖洞。旱獭俗称土拨鼠、美洲獭鼠等。

（二）植被花草怡情

测区处在青藏高原高寒草甸高寒荒漠的过渡区，这里没有树，只有草和野花。主要植被类型是高寒草原和高寒草甸，高寒荒漠草原、高寒垫状植被和高寒荒漠也有少量分布。测区内在七、八月间可以见到比较多的花草（图6-13、图版26-1～图版26-3），这些花草的出现，会让你的眼睛为之专注，会让你的心情变得更加舒畅，也会让你的心灵得到花草精神的震撼。

青藏苔草高寒草原，主要分布在北部和西部地区。高寒草甸主要以高山蒿草和无味苔草为建

图6-13　测区的各类花草

群种。前者主要分布在五道梁一带山坡。后者分布于中部和北部山地阳坡或冲积湖滨的冰冻洼地，与其他草原群落复合分布。其分布地域有较为丰富的降水量。这两类高寒草甸群落的种类组成和结构都比较简单。水平结构一般较均匀，在坡地处的则呈块状或条状分布，垂直结构因植物生长低矮且伴生植物个体很少而无明显的层次分化。高寒草原是本区分布面积最大的植被类型，主要有紫花针茅、扇穗茅、青藏苔草等，常见的伴生植物有垫状棱子芹等。高山冰缘植被是青海可可西里地区分布面积仅次于高寒草原的类型，特别是在西北部地区分布广泛。

三、野外生存

库赛湖—约巴—卓乃湖—错达日玛湖—错仁德加湖，这是一条极赋挑战性的野外生存路线，因为这里最具代表性的有红水怒、冻土陷、飘雪寒等极端恶劣地理环境和气候。从七十道班到库赛湖，然后再从库赛湖向西南行进，从这里计算路程，大约有 200km，没有什么路，车可以在一些山上或是山间低地中自创道路，这真正体现了：世上本无路，走的人多了，也就成了路的说法。

（一）红水怒

红水河是雪月山南北两侧高山极高山中间河谷盆地中发育的主河流，南北两山上的雨水、雪融水都汇集在此河中，河谷中的海拔在 4450～4600m，总体东低西高，河两侧阶地较为发育，如果两、三天不降雨，并且气温较低，红水河中的水量就会大减，河道紧缩，河谷中就会呈现出辫状河的特色，当偶一降雨，或是气温升高，河水就会猛涨，河旁的小道就受到了水浸之灾，要想继续向西行，就不得不和我们一样开始修路(图版 26－4)。想要修路其实也很困难，因为有些河段就在山脚，没有很大的工程是不能通行的。2004 年，为了到雪月山更西的地方工作，抢修工作失败后，我们决定找河道较宽的地方横渡红水河，可红水河河底较软，车一不小心就陷进泥沙中，人力不行(图版 26－5)，只好靠车拉车，经过几个小时的努力，才将陷进去的车拉回来。车是过不去的，只好人背人过河才将工作做完(图版 26－6)。红水河河水向北流一是由于断层作用错断了北面的山脊的结果，二是柴达木内陆水系向源侵蚀和河流袭夺作用的结果。

（二）冻土陷

卓乃湖一带是非常迷人的地方，同时也是个极度危险的地方，这里在七、八月间极易陷车(图版 26－7、图版 26－8、图版 27－1)。听说在 20 世纪 90 年代，这里连降一个多月的雨、雪，到处变成泥泞与陷坑，山中淘金人都被困在此，近千人及大大小小的各种运输车未能离开这里而永远沉在了泥泞中。2004 年在那里工作时，我们请了一个曾经在此死里逃生的“金娃子”，他讲的故事让我们经过卓乃湖边时不敢大声说话，怕惊动了“万人坑”中的孤魂野鬼。在卓乃湖一带工作，最好在四、五月份未解冻的时候。一旦解冻，陷车是天天有。2004 年在那里工作时，我们有多少次是因为陷车而不得不当“团长”，即夜晚回不了营地，而只好待在野外。所以，每天都得有陷车的心里准备。一旦汽车陷入泥坑，车上的人就得下来推车，当车轮飞溅起片片泥浆却未能前进一步，这时候就不得不打顶、埋桩、垫板(石)了，否则越陷越深，最后地表下不深的冻土层中的水就会外溢。经过一两个小时，或是四五个小时后，当大家气喘吁吁，一身泥水时，车子才脱离苦海。如果带的木板用完，你还得到处捡石头。

（三）飘雪寒

在测区，除四、五月间没解冻，飘雪天天有之外(图版 27－2、图版 27－3)，在六、七、八月间出现冰封大地、大雪纷飞也是常有的事(图版 27－4～图版 27－7)。在约巴、雪月山一带，几乎天天可以见到下雨或雪，进行工作比较难，饮用水较缺乏，大部分水源都是咸水。2004 年在那里工作时，我们都是取冰化水，在这一带过夜，棉帐篷是必不可少的。但在那里，你依然会碰到一些野生动物。站在约巴的一些高地向北东看，你就会远远地看见在库赛湖北部非常漂亮的呈线状排列的断层三角面(图版27-8)。

第七章　结　论

库赛湖幅涉及昆仑构造带、可可西里-巴颜喀拉构造带和西金乌兰构造带。测区经历多阶段不同类型的构造体制转换，造成该区地貌反差大，地层出露较全，岩石类型丰富，构造极为复杂，地壳活动性强，是开展区域地质调查和研究的理想场所。在中国地质调查局、西北项目办、中国地质大学(武汉)等各级领导的关怀和支持下，在多位专家的指导和帮助下，项目组全体成员通过近3年的艰苦努力，克服东昆仑高山区和可可西里无人区高寒缺氧、气候恶劣、交通极差、通讯不便、物资紧张等重重困难，通过区调与科研相结合，基础与应用相结合，项目实施与人才培养相结合，在地层、岩石、构造、第四纪地质及其地貌、生态、环境和活动构造等各方面收集到了丰富的第一手资料，发现了一些矿化点和矿化线索，培养了一批高素质的年轻区调人才，完成和超额完成了设计工作量，取得了一系列重要的认识。

第一节　主要成果

一、地层

(1)建立地层层序，厘定填图单位。运用现代造山带地层学和沉积学的理论，把构造与沉积学紧密结合起来，对测区地层系统进行了详细的研究，合理地建立了不同构造单元的地层层序，确立了两种地层类型，划分出43个正式地层填图的单位。

(2)基本查明了测区各时代的地层纵、横向上的变化特征，建立了不同类型的地层系统，对构造混杂岩和有序地层采取不同的研究思想和方法。对(蛇绿)构造混杂岩带物质组成、结构和时代等方面提供许多新证据，在乌石峰蛇绿混杂岩变碎屑岩系采获放射虫 *Pseudoalbaillella scalprata rhombothoracata* Ishiga，*Pseudoalbaillella scalprata scalprata* Holdsworth and Jones，确定为石炭系—二叠系。在园头山洪水河和邻幅西大滩南侧甄别出马尔争组，修正了原1∶20万园头山一带马尔争组的地层层序，并建立了马尔争组碎屑岩组合的第一、二段。

(3)对已经消失的洋壳和洋岛进行了构造古地理的恢复。如根据乌石峰蛇绿混杂群生物和洋壳的残留体，该混杂岩碰撞带在石炭系—二叠纪打开，然后喷发巨厚的玄武岩。玄武岩形成海山高地，堆积了富含放射虫的硅质岩和变砂岩、千枚岩、板岩等碎屑岩系，内部可见水平层理。富含放射虫的硅质岩则是在构造活动性相对减弱、较为宁静的深海或半深海环境下所形成。碳酸盐岩很可能属于洋岛(海山)型的沉积类型。其构造古地理自下而上，由洋盆→洋岛(海山)→大陆斜坡→浅海逐步萎缩，最后在海西运动中碰撞。

(4)对造山带深水沉积作用进行了系统研究，划分出有扇大陆斜坡，以邻幅东昆南三叠系中、下统下、上海底扇体为代表，沉积特征十分显著，沉积类型比较单一，以近源和远源浊积岩为代表，可以划分为水进式和水退式扇体；非扇大陆斜坡以马尔争组碎屑岩组合的第一、二段为代表，以远源浊积岩、等深岩、半远洋沉积为特征，沉积类型比较多样。巴颜喀拉山群并不是经典的有扇大陆斜坡，而是两者的过渡类型，既有不太典型的海底扇沉积，也有大陆斜坡之下的等深流沉积，甚至还有半远洋沉积，它们常常相互成层。

(5)测区处于造山带地壳活动区，海平面变化与同稳定地区截然不同。测区绝大部分海平面变化自始至终表现为大起大落，常常呈跳跃式的发展，其海平面变化特征往往与全球海平面变化特征相反，显示地区性地壳垂直升降运动特点。如巴颜喀拉山群内部沉积方式上各异；相序上往往呈跳跃式，其间缺失多个连续相。反映了具有特定的构造背景及造山带构造活动环境始终十分剧烈和持续的特点。

(6)根据测区和邻幅不同构造分区中三叠纪盆地沉积物性质、沉积环境演化和盆地关闭时间，结合中三叠统与上三叠统之间的角度不整合和上三叠统与古近系之间的角度不整合接触关系及其构造线展布的方向，将印支运动划分为早、晚两幕。早期幕为早、中三叠世，以强烈下降和上升为特点，引起沉积相、沉积环境和构造古地理突变，这在测区不同构造分区尤为明显。晚期幕以中三叠世至晚三叠世，也是以强烈的下降和强烈的上升为标志，特别是强烈的上升与早期幕不同，以昆仑海域关闭和西金乌兰洋盆打开为标志。东昆仑中三叠世希里可特组由大陆斜坡半深海、深海沉积迅速转变为晚三叠世八宝山组陆相磨拉石沉积，昆仑海域关闭，与此同时相隔甚远的西金乌兰洋盆同步打开，发生海底玄武岩喷发。而晚三叠世至早侏罗世，表现为继续抬升和剧烈活动，形成巴颜喀拉盆地，西金乌兰三叠纪盆地同时关闭，使得测区侏罗系、白垩系广泛缺失，古近系角度不整合在三叠系之上。

(7)对可可西里盆地沉积、生物、火山岩等诸多方面进行了系统地研究，认为该盆地是一个经历多次构造作用的复杂断陷盆地。确定出五道梁组与雅西措组之间的角度不整合关系，并确定出一套不稳定延伸的底砾岩作为五道梁组下段。来自沉积学、古生物学、埃达克火山岩的证据，在雅西措组和五道梁组发现较为丰富的植硅体化石，不整合面以下的雅西措组中、上部植硅石及含石膏层指示为炎热环境，到雅西措组上部炎热环境达到了顶峰。不整合面以上的五道梁组底部灰黄色含植硅石钙质粘土表现为极端的寒冷事件及埃达克火山事件，揭示本区古气候在古近纪渐新世—新近纪中新世之间存在一次极端炎热的干旱环境和极端寒冷的事件，是全球变冷的事件在测区的表现，也是青藏高原真正发生大规模隆升的标志。

二、岩石

(一)岩浆岩

(1)首次对测区侵入岩进行了较系统而精准的锆石 U－Pb 定年。6 件侵入岩的锆石 U－Pb 年龄表明，测区侵入岩形成于三个时期：400～423Ma、187.8～217.3Ma 和 26.7Ma，即印支晚期—燕山早期和喜马拉雅期。

(2)根据侵入岩的形成时代、岩石类型和形成的构造背景，测区侵入岩划分出了 2 个构造-岩浆旋回、4 个侵入岩填图单元。其中印支晚期—燕山早期侵入岩划分出了 3 个填图单元，喜马拉雅期侵入岩仅有一个填图单元。

(3)对测区侵入岩时空分布的研究发现：印支晚期—燕山早期是测区一次强大的构造-岩浆旋回期，时间跨度为 T_3-J_1。印支晚期—燕山早期侵入岩在空间上主要分布在巴颜喀拉构造带(Ⅱ)内，以广泛分布、高度分散、孤立的岩株状产出为特征；喜马拉雅期侵入岩在测区分布非常有限，仅为局限在测区南部可可西里第三纪盆地(KB)中一个孤立的正长斑岩小岩株。

(4)侵入岩的野外地质、岩石学和岩石地球化学成分表明：测区印支晚期—燕山早期酸性侵入岩是在陆-陆碰撞俯冲背景下引发的壳源岩浆的产物；喜马拉雅期侵入岩形成于板内构造环境，是因地壳加厚引发下部地壳部分熔融所致，属典型的 C 型埃达克岩。

(5)首次对测区晚古生代(CPw^{β})、中生代(T_3bm^{β})和新生代(N_1c)三个时期的火山岩进行了系统的研究,并获得了新生代(N_1c)火山岩比较精准的锆石 SHRIMP U－Pb 年龄为 18.28±0.72～13.09±0.57Ma,即新生代火山岩形成于新近纪中新世时期。

(6)详细的研究工作发现:晚古生代(CPw^{β})火山岩为一套基性火山岩,是测区乌石峰晚古生代蛇绿混杂岩的组成部分;中生代(T_3bm^{β})火山岩为一套基性火山岩,形成于洋盆和岛弧构造环境;N_1c 火山岩为一套中酸性火山岩,属可可西里第三纪陆相盆地(KB)中典型的 C 型埃达克岩,产生于板内构造隆升和地壳加厚的构造环境。

(7)在测区新生代侵入岩和火山岩中发现了大量的壳源包体,该壳源包体的成分与结构很可能代表了测区中—下地壳的物质组构。

(8)根据岩石组合,在测区发现了一条分布在乌石峰一带的晚古生代乌石峰蛇绿混杂岩带(CPw),代表了测区晚古生代时期古海盆洋壳的残留体。

(二)变质岩

(1)通过矿物学、岩石学研究对测区区域变质岩温度、压力进行了估算,划分出了测区区域变质岩的变质带和变质相,特别是首次对巴颜喀拉山群极低级变质岩带、变质相做出了划分。

(2)通过对测区白云母化学成分的研究,初步确定了错达日玛阿尕日旧低级变质岩通天河变质岩带存在高压变质带。

(3)对测区较大岩体的接触变质带、变质相进行了划分,在库赛湖附近发现了隐伏岩体接触变质带,其变质程度达中级。

三、构造

(1)在前人工作的基础上,对测区构造单元进行了进一步研究,根据边界构造的性质、规模、形成和叠加演化关系,合理地划分了测区的构造单元,明确了测区构造单元的展布规律,查明了测区各构造单元的构造属性和基本特征。

(2)在条件十分恶劣的情况下,较详细解剖了测区内西金乌兰蛇绿构造混杂岩带,确定了构造混杂岩带的物质组成、结构及其空间展布,确定了各断(岩)片之间边界断层的构造性质和变形特征。

(3)研究了巴颜喀拉山群的物源,研究了古特提斯形成和演化在测区的表现,探讨其大地构造环境。

(4)对区域构造意义重大的东昆南断层进行了详细调查和研究,其构造性质除前人认为的由北向南的逆冲运动和左旋走滑外,在青藏高原十分重要的喜马拉雅期主要表现为向南陡倾的正断层,形成典型的构造地貌、断层面和断层破碎带,断层崖和断层三角面的高度达 500m,垂直断距为千米级,控制了东昆仑造山带与可可西里盆地的盆山结构,并制约了东昆南活动断层(东昆仑垭口-库赛湖活动断层)的发育和发展。

(5)查明了测区主要的活动断层的分布、结构和活动性,分析了活动断层与地震的关系。首次确定东昆仑垭口-库赛湖活动断层具有多期活动,在左旋走滑运动之前存在右旋走滑运动;认为库赛湖是典型的活动型拉分盆地;发现楚玛尔河左旋平移活动断层,论证了楚玛尔河活动断层与巴音多格日旧-贡冒日玛地垒、错仁德加湖西活动地垒、错仁德加裂陷湖盆的关系,它们是楚玛尔河活动左旋平移断层体系中局部张应力的伸展构造组合。

(6)调查了测区喜马拉雅期多种类型、不同时期的伸展构造系统,以东西向盆山结构为主体,还有 NE－SW 向和 NW－SE 向堑-垒构造。

(7)建立了测区及邻区基本构造格架,恢复了测区构造变形序列及构造演化史。划分出前晚古生代地质演化、晚古生代洋陆转化、三叠纪印支期洋陆转化、晚中生代—新生代陆内构造演化四个构造演化阶段。

四、第四纪及生态环境

（1）测区第四系发育，约占测区面积的2/5，出露从早更新世至全新世地层，成因类型复杂，有冰碛、冰水堆积、冲积、洪积、冲洪积、湖积、沼泽堆积、残坡积、风积等。通过野外调查，年代学研究（OSL、ESR、^{14}C、FT）、孢粉和植硅体分析，结合古地磁，拟定了18个填图单元，其中晚更新世洪积、冰水堆积面积最大。

（2）通过野外调查，在贡冒日玛一带新发现一系列堰塞湖泊的沉积，湖积物表面发育热融塌陷现象，OSL分析结果为120.92±22.91ka BP，为晚更新世早期的产物。

（3）对测区北部红水河谷地貌取得了新的认识。红水河多级阶地的形成年代为晚更新世，阶地形成与气候、环境及构造隆升密切相关，气候变化极大地影响了冰缘环境的变迁，使得冰缘河流的水文条件随之产生显著的响应，造成河流的沉积与搬运的动力学条件发生规律性波动，进而形成多级河流阶地。构造隆升作用同样控制着这一构造地貌动力学过程。多级河流阶地的形成一直没有改变河流下蚀切割作用，说明构造隆升作用始终使河床处于不平衡的下蚀切割状态。

（4）通过对测区典型现代湖泊的构造分析，认为测区库赛湖、卓乃湖、错仁德加、错达日玛等大型湖泊均为构造成因，左行拉分构造作用控制了湖泊的形成。结合TM图像和地貌分析，湖泊形成时代为中更新世中期以前，沿湖盆边界断层的左行拉分分量为15～20km。通过构造地貌分析，测区现代湖泊仍然处于强烈的扩张阶段，结合获得的部分测年资料，全新世晚期以来拉分速率达到40～130mm/a。

五、其他

（一）矿产

（1）在测区发现钨锡、金、岩盐、石膏4个矿种，矿点7处，矿（化）点10个。

（2）初步查明测区石英脉型金矿化主要受韧性剪切带中脆-韧性剪切带的控制，巴颜喀拉山群变砂岩和板岩是测区广泛分布的砂金矿点的源金母岩，普遍发育的石英脉是金元素富集的载体，构造破碎带是石英脉和金元素富集的通道和储藏的场所，岩浆活动为热液成矿提供了热源条件，广泛分布的第四系洪冲积是砂金矿风化、剥蚀、搬运并进一步次生富集的外动力条件。

（3）根据砂金的分布对巴颜喀拉构造成矿带进行初步评价，划分出约巴、卓乃湖北、卓乃湖西三个大型金矿成矿远景区。

（二）旅游

（1）编制了测区内的旅游资源简图，初步规划出该区的旅游路线。每条旅游路线将生态旅游、人文景观旅游、自然景观旅游及地质旅游糅合在一起，使得旅游内容丰富多彩、引人入胜，达到了轻松旅游、健康旅游的目的。

（2）在参考了大量前人的工作基础之上，整合了研究区的生态旅游、人文景观旅游、自然景观旅游，加强了野外生存资源的开发利用。

（三）灾害

调查了2001年11月14日震中在库赛湖一带的8.1级大地震的地表破裂带及产生的破坏和效应，系统调查和研究地震裂缝的展布、结构、类型和成因，分析了活动断层的形成和演化历史。

（四）技术方法

(1)充分利用遥感影像地质信息，紧密结合地表地质调查，建立了测区地层、构造、岩浆岩体和第四系的多种解译标志，准确有效地解译出许多重要的地质现象，特别是在鉴别和研究线性构造、活动构造、环形构造、第四纪地质等方面发挥极其重要的作用。

(2)在野外路线地质调查过程中利用GPS准确定位。

(3)采用SHRIMP等多种高精度定年技术，保证测试数据先进有效。

第二节　存在问题

尽管本项目在许多方面取得了重要进展和新的认识，但在区域地质调查和专题研究过程中，也发现一些有待进一步调查和研究的地质问题，主要如下。

(1)虽然进行了放射虫、牙形石、孢粉大量处理，取得了孢粉的研究成果。但是测区部分地层中没有发现具有可靠年代学依据的化石，晚古生代和中生代火山岩的时代仍然不明朗，还有待进一步研究。

(2)巴颜喀拉山群岩性过于单调，标志层不易建立，化石较少，劈理化粉砂岩与粉砂质板岩容易混淆，因此在1∶25万填图尺度上地质界线的勾连与实际情况相比会出现一些偏差。今后需要以新的思路和方法开展专题研究。

(3)交通、地理、气候等条件限制，局部地区（如测区西北角）填图路线较稀。

(4)测区新生代侵入岩和火山岩中的壳源包体具有十分重要的构造意义，应加强这些壳源包体的岩石学、矿物学、年代学、构造学、流变学和$P-T$条件的研究工作。

此外，在资料整理、综合研究和报告编写过程中尚存在一些疏漏。某些结论和认识还有待今后更多和更深入的工作来检验、补充和修正。

主要参考文献

青海省地质矿产局．青海省区域地质志[M]．北京：地质出版社，1991.

青海省地质矿产局．青海省岩石地层[M]．武汉：中国地质大学出版社，1997.

任纪舜，肖黎薇．1：25万地质填图进一步揭开了青藏高原大地构造的神秘面纱[J]．地质通报，2004(1)：1－11.

任纪舜，等．中国大地构造及其演化[M]．北京：科学出版社，1980.

沈显杰，张文仁，管烨，等．纵贯青藏高原的亚东-柴达木热流大断面[J]．科学通报，1989(17)：1329－1330.

沈显杰，张文仁，杨淑贞，等．青藏热流和地体构造热演化[M]．北京：地质出版社，1992.

沈显杰，张文仁，杨淑贞，等．西藏热流数据最新报道[J]．科学通报，1989(5)：373－376.

沈显杰，张文仁，杨淑贞，等．西藏中部地热区的钻孔热流测量[J]．地质科学，1989(4)：376－384.

施雅风，汤懋苍，马玉贞．青藏高原二期隆升与亚洲季风孕育关系探讨[J]．中国科学(D辑)，1998(3)：263－271.

滕吉文，张中杰，胡家富，等．青藏高原整体隆升与地壳短缩增厚的物理-力学机制研究(上)[J]．高校地质学报，1996，2(2)：122－132.

滕吉文，张中杰，胡家富，等．青藏高原整体隆升与地壳短缩增厚的物理-力学机制研究(下)[J]．高校地质学报，1996，2(3)：308－323.

王岸，王国灿，向树元．东昆仑山东段北坡河流阶地发育及其与构造隆升的关系[J]．地球科学，2003，28(6)：675－679.

王成善，丁学林．青藏高原隆升研究新进展综述[J]．地球科学进展，1998，13(6)：526－532.

王成善，李祥辉，胡修棉．再论印度—亚洲大陆碰撞的启动时间[J]．地质学报，2003(1)：16－24.

王国灿，陈能松，朱云海，等．东昆仑东段昆中构造带晚加里东期逆冲型韧性剪切变形的年代学证据及其意义[J]．地质学报，2003(3)：432.

王国灿，贾春兴，朱云海，等．阿拉克湖幅地质调查新成果及主要进展[J]．地质通报，2004(z1)：549－554.

王国灿，王青海，简平，等．东昆仑前寒武纪基底变质岩系的锆石SHRIMP年龄及其构造意义[J]．地学前缘，2004，11(4)：481－490.

王国灿，吴燕玲，向树元，等．东昆仑东段第四纪成山作用过程与地貌变迁[J]．地球科学，2003，28(6)：583－592.

王国灿，向树元，John I Garver，等．东昆仑东段哈拉郭勒—哈图一带中生代的岩石隆升剥露——锆石和磷灰石裂变径迹年代学证据[J]．地球科学，2003，28(6)：646－651.

王国灿，张天平，梁斌，等．东昆仑造山带东段昆中复合蛇绿混杂岩带及“东昆中断裂带”地质涵义[J]．地球科学，1999，24(2)：129－133.

王国灿，向树元，王岸，等．东昆仑及相邻地区中生代—新生代早期构造过程的热年代学记录[J]．地球科学，2007，32(5)：605－614.

王萍，王增光，雷生学，等．阿尔金断裂东端破裂生长点的最新构造变形[J]．第四纪研究，2006，26(1)：108－116.

王伟铭，陈耿娇，陈运发，等．广西宁明盆地第三纪孢粉植物群及其地层意义[J]．地层学杂志，2003(4)：324－327.

王永吉，吕厚远．植物硅酸体研究及应用[M]．北京：海洋出版社，1993.

魏启荣，沈上越，莫宣学．哀牢山硅质岩特征及其意义[J]．地质科技情报，1998，17(2)：29－34.

魏启荣，李德威，王国灿，等．青藏高原北部查保玛组火山岩的锆石SHRIMP U－Pb定年和地球化学特点及其成因意[J]．岩石学报，2007，23(11)：2727－2736.

吴功建，高锐，余钦范，等．青藏高原“亚东-格尔木地学断面”综合地球物理调查与研究[J]．地球物理学报，1991(5)：552－562.

吴功建，肖序常，李廷栋．青藏高原亚东-格尔木地学断面[J]．地质学报，1989(4)：285－296.

伍永秋，崔之久，葛道凯，等．青藏高原何时隆升到现代的高度——以昆仑山垭口地区为例[J]．地理科学，1999(6)：

481-484.
许志琴,杨经绥,姜枚.青藏高原北部的碰撞造山及深部动力学——中法地学合作研究新进展[J].地球学报,2001(1):5-10.
许志琴,杨经绥,姜枚,等.青藏高原北部东昆仑—羌塘地区的岩石圈结构及岩石圈剪切断层[J].中国科学(D辑),2001(31)(增刊):1-7.
薛君治.镁铁岩岩浆型硫化物现场讨论会[J].宝石和宝石学杂志,1985(1):92.
杨经绥,许志琴,李海兵,等.东昆仑阿尼玛卿地区古特提斯火山作用和板块构造体系[J].岩石矿物学杂志,2005,24(9):369-380.
姚宗富.青海玉树县长青可地区元古界地层特征[J].西藏地质,1992(1):1-6.
伊海生,林金辉,时志强,等.藏北乌兰乌拉湖地区第三纪陆相红层古地磁研究的初步结果及地质意义[J].地球学报,2004(6):633-638.
殷鸿福,张克信.东昆仑造山带的一些特点[J].地球科学,1997,22(4):339-342.
殷鸿福,张克信.中央造山带的演化及其特点[J].地球科学,1998,23(5):438-442.
袁万明,莫宣学,喻学惠,等.东昆仑印支期区域构造背景的花岗岩记录[J].地质论评,2000(2):203-211.
袁万明,莫宣学,喻学惠,等.东昆仑早石炭世火山岩的地球化学特征及其构造背景[J].岩石矿物学杂志,1998,17(4):289-295.
袁晏明,桑隆康,李德威,等.青藏高原可可西里地区三叠系巴彦喀拉山群低级—极低级变质作用[J].地质科技情报,2008,27(3):14-20.
张旗,钱青,王二七,等.燕山中晚期的中国东部高原:埃达克岩的启示[J].地质科学,2001a,36(2):129-143.
张旗,王焰,刘红涛,等.中国埃达克岩的时空分布及其形成背景——附:国内关于埃达克岩的争论[J].地学前缘,2003(4):385-400.
张旗,王焰,刘伟,等.埃达克岩的特征及其意义[J].地质通报,2002,21(7):431-435.
张旗,王焰,钱青,等.中国东部燕山期埃达克岩的特征及其构造-成矿意义[J].岩石学报,2001b,17(2):236-244.
张旗,王焰,王元龙.埃达克岩与构造环境[J].大地构造与成矿学,2003(2):101-108.
张旗,周国庆,王焰.中国蛇绿岩的分布、时代及其形成环境[J].岩石学报,2003(1):1-8.
张文佑.秦岭构造-岩相带的初步认识[J].中国地质,1957(3):1-4.
张以茀.可可西里—巴颜喀拉三叠纪沉积盆地的划分及演化[J].青海国土经略,1996(1):1-17.
张以茀.青海及邻近地区地质构造演化初探[J].高原地震,1994(3):10-16.
赵崇贺.中基性火山岩成分的ATK图解与构造环境[J].地质科技情报,1989(4):1-5.
赵文津,赵逊,史大年,等.马拉雅和青藏高原深剖面(INDEPTH)研究进展[J].2002,21(11):691-700.
钟大赉,丁林.东喜马拉雅构造结变形与运动学研究取得重要进展[J].中国科学基金,1996(1):52-53.
钟大赉,丁林.青藏高原的隆起过程及其机制探讨[J].中国科学(D辑),1996(4):289-295.
朱夏.关于柴达木盆地的几个主要地质问题[J].中国地质,1957(6):1-5.
朱迎堂,郭通珍,彭伟,等.可可西里湖幅地质调查新成果及主要进展[J].地质通报,2004(z1):543-548.
朱迎堂,伊海生,王强,等.青海西金乌兰还东河中二叠世埃达克岩的发现及其意义[J].沉积与特提斯地质,2004(2):30-34.
朱迎堂,伊海生,杨延兴,等.青海西金乌兰湖地区移山湖晚泥盆世辉绿岩墙群——西金乌兰洋初始裂解的重要证据[J].沉积与特提斯地质,2004(3):38-42.
朱云海,张克信,Pan Yuanming,等.东昆仑造山带不同蛇绿岩带的厘定及其构造意义[J].地球科学,1999,24(2):134-138.
朱云海,朱耀生,林启祥,等.东昆仑造山带海德乌拉一带早侏罗世火山岩特征及其构造意义[J].地球科学,2003(6):653-659.

图版说明及图版

图版 1

1. 放射虫化石 *Pseudoalbaillella*
（产于通天河蛇绿混杂岩硅质岩中）

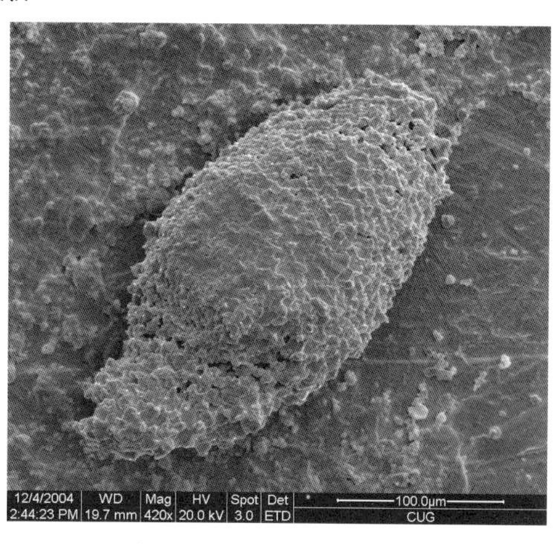

2. 放射虫化石*Pseudoalbaillella*
（产于通天河蛇绿混杂岩的硅质岩中）

3. 放射虫化石*Pseudoalbaillella*
（产于通天河蛇绿混杂岩硅质岩中）

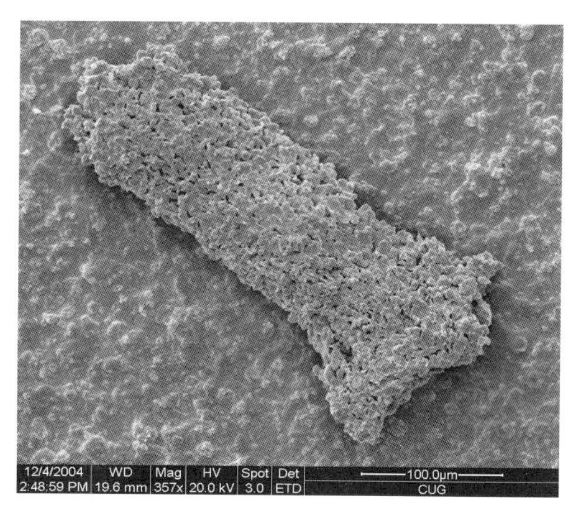

4. 放射虫化石*Pseudoalbaillella*
（产于通天河蛇绿混杂岩硅质岩中）

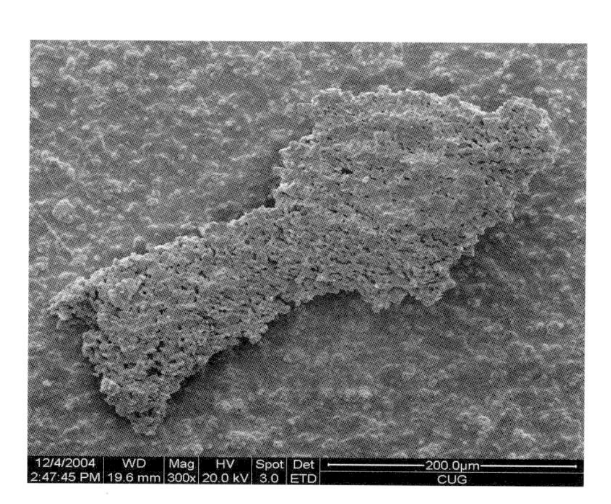

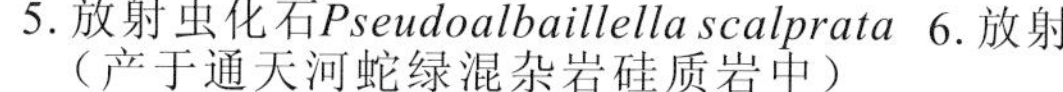

5. 放射虫化石*Pseudoalbaillella scalprata*
（产于通天河蛇绿混杂岩硅质岩中）

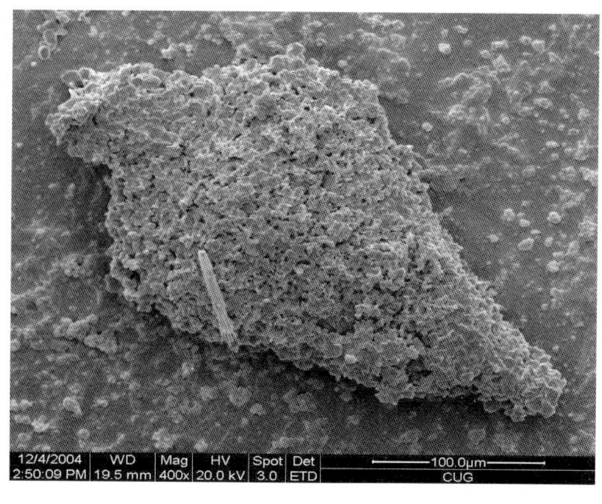

6. 放射虫化石*Pseudoalbaillella scalprata scalprata*
（产于通天河蛇绿混杂岩硅质岩中）

图版 2

本图幅东邻图幅（不冻泉幅）内白日贡玛上巴颜喀拉山亚群第三组遗迹化石
1.*Bergaueria* T_{2-3}*By*3第8层；2.*Monocraterion* T_{2-3}*By*3第4层；
3.*Helminthoidichnites* T_{2-3}*By*3第5、6、7、8层；
4.*Circulichnis* T_{2-3}*By*3第6层；5.*Cosmorhaphe* T_{2-3}*By*3第13层

图版 3

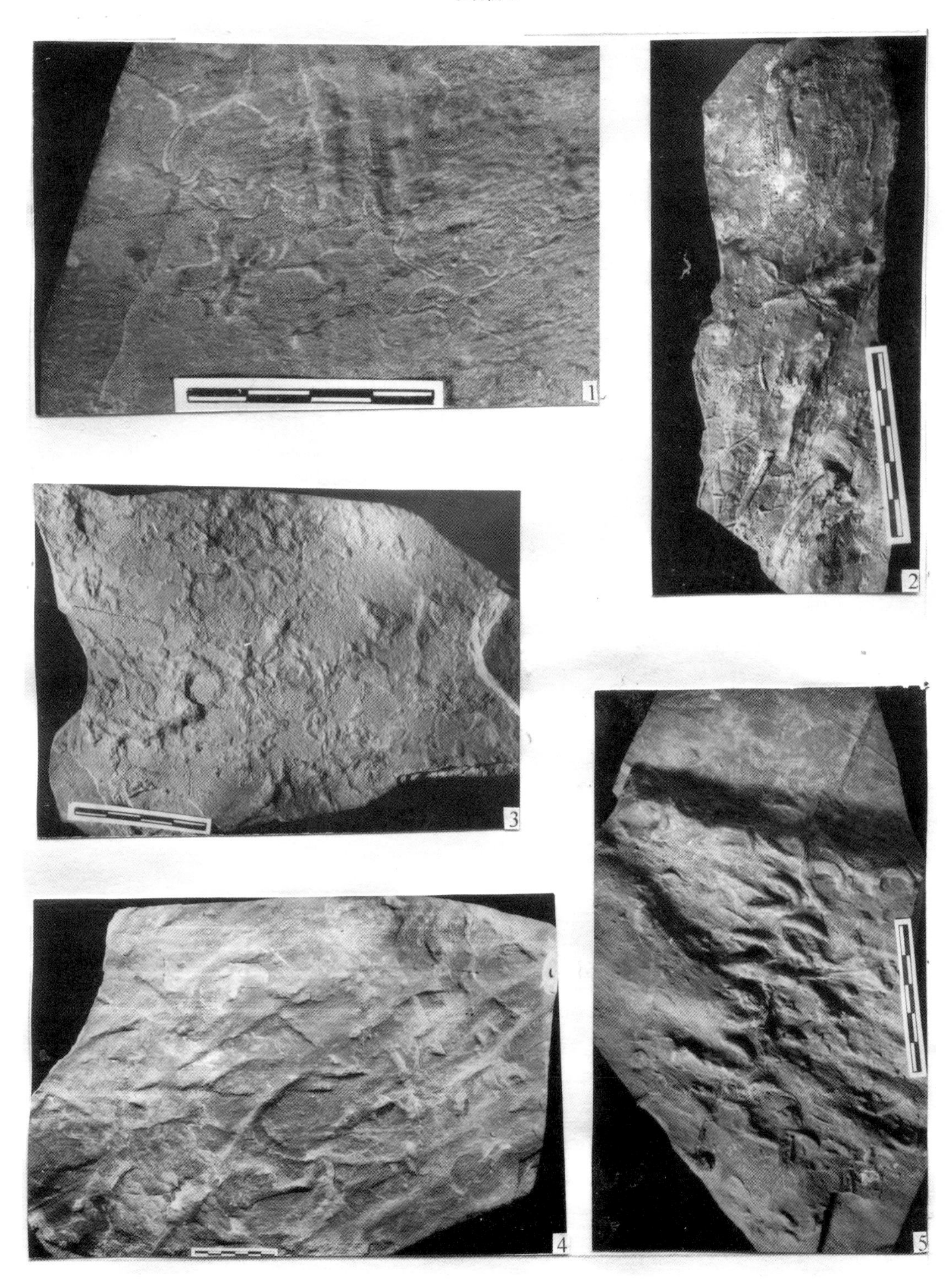

本图幅东邻图幅（不冻泉幅）内白日贡玛上巴颜喀拉山亚群第三组遗迹化石

1．*Helminthoida* $T_{2-3}By3$第8层；2、5．*Paleodictyon* $T_{2-3}By3$第2层；3．*Gordia* $T_{2-3}By3$第13层；4．*Paleophycus* $T_{2-3}By3$第2层

图版 4

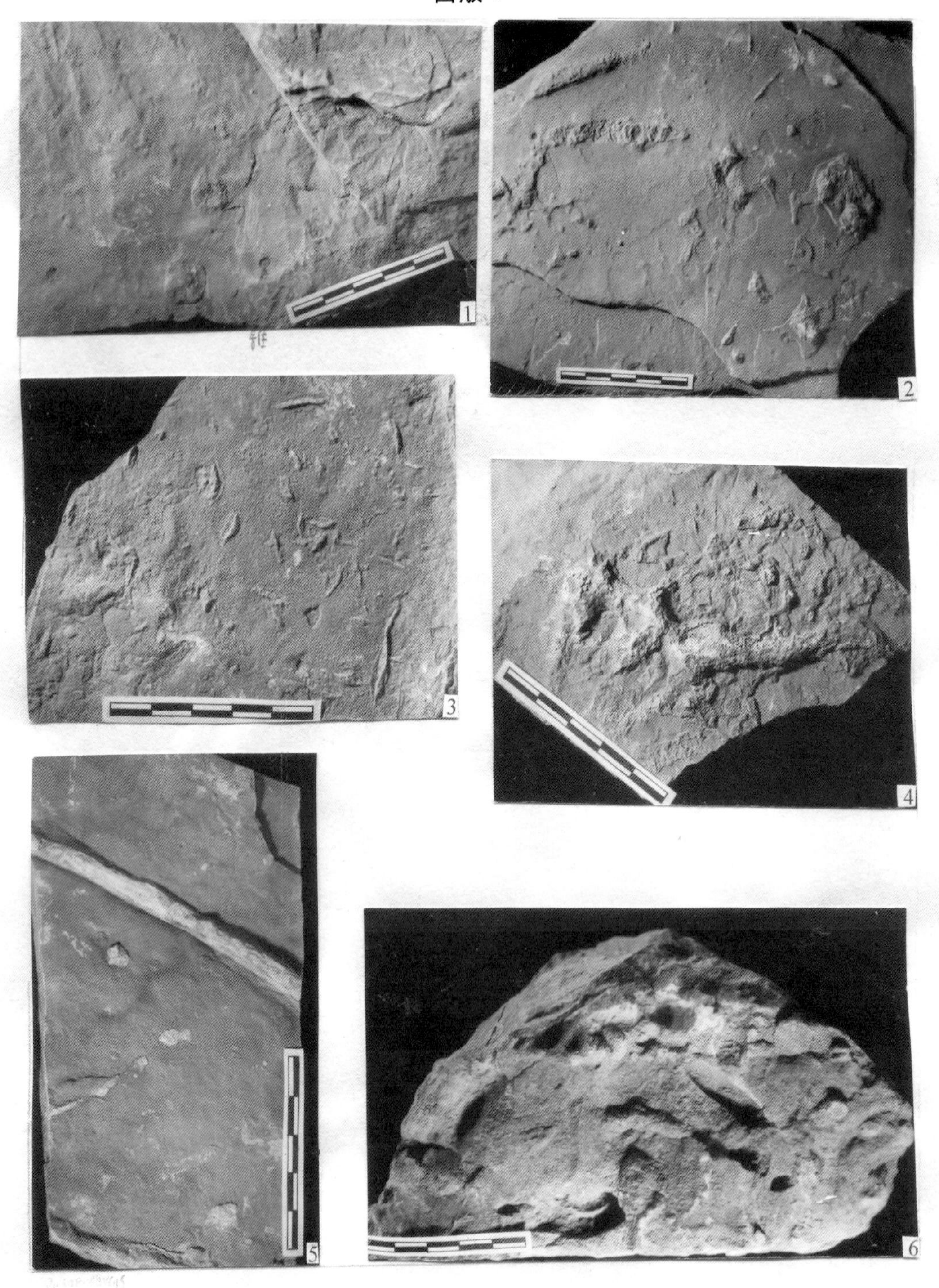

本图幅东邻图幅（不冻泉幅）内五道梁西侧沱沱河组（$E_{1-2}t$）遗迹化石
1.*Skolithos*，产于雅西措组下部的下、上层位；2、4.*Scoyenia*，
产于雅西措组下部的下层位；3.*Lockeia*，产于雅西措组下部的上层位；
5.*Palaeophycus*，产于雅西措组下部的上层位；
6.*Thalassinoides*，产于雅西措组下部的下层位

图版 5

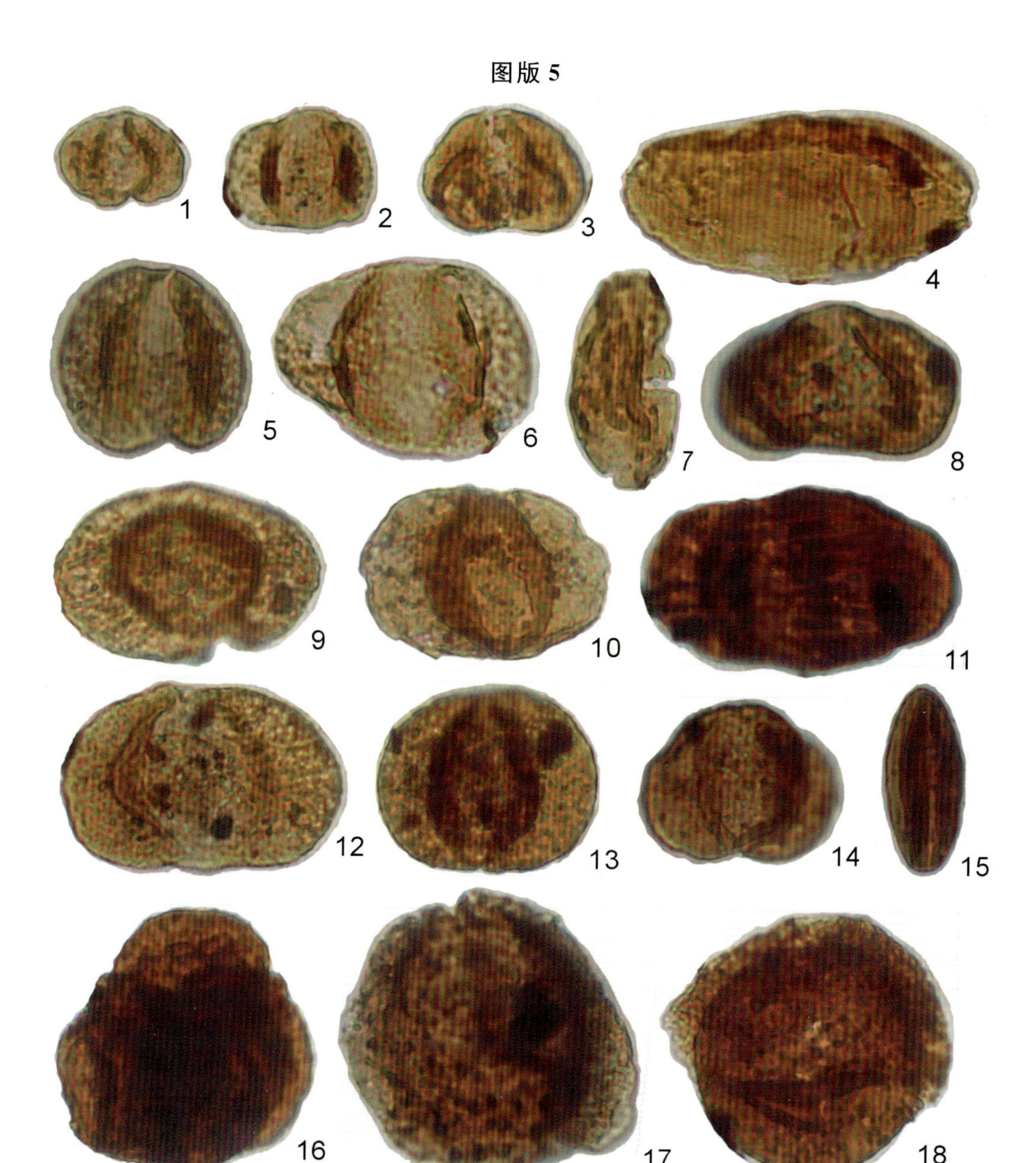

本图幅东邻图幅（不冻泉幅）内西大滩南侧BP31剖面二叠纪孢粉
1、2. *Vitreisporites pallidus* 浅色开通粉；3.*Alisporites parvus* 小型阿里粉；
4. *Laevigatosporites labialis*；5.*Alisporites thommasii* 拖马斯阿里粉；
6.*Gardenasporites* sp. 假二肋粉（未定种）；7.*Decussatisporites*？*multistrigatus* 多肋交叉粉（？）；8.*Pityosporites* sp. 松型粉（未定种）；9.*Potonieisporites* sp. 波托尼粉（未定种）；10、12. *Vesicaspora schemeli*；11.*Striatoabieites leptosetus* 细肋双囊细肋粉；13.*Pityosporites similis* 相似松型粉；14.*Alisporites austrial* 南方阿里粉；15.*Pretricolpiollenites bharodwaji* 巴氏前三沟粉；16.*Crustaesporites speciosus* 灿烂贝壳粉；17. *Lundbladisporites* sp. 伦德布莱孢（未定种）；
18.*Plicatipollenites indicus*印度皱囊粉

图版 6

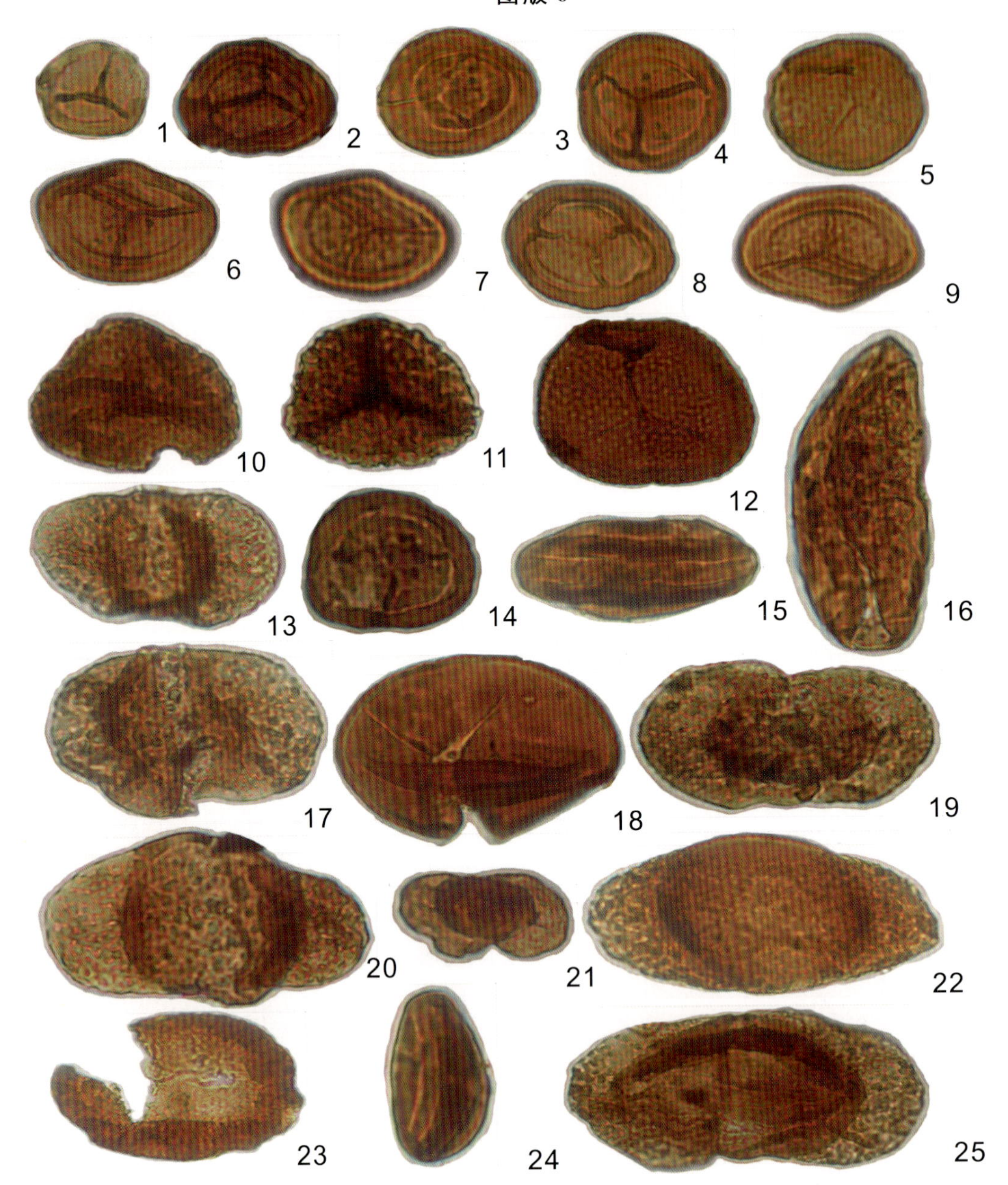

本图幅东邻图幅（不冻泉幅）内野牛沟上游下巴颜喀拉山亚群第一、二组孢粉组合面貌
1、2．*Cingulatisporites scabratus* 粗糙具环孢；3、6、7、9. *Limatulasporites limatulus* 背光孢；
4．*Retusotriletes hercynicus* 赫西恩弓脊孢；5．*Punctatisporites triassicus* 三叠斑点圆形孢；
8．*Retusotriletes* sp. 弓脊孢（未定种）；10．*Lundbladispora* sp. 伦德布莱孢（未定种）；
11．*Lundbladispora nejburgii* 聂氏伦德布莱孢；12．*Apiculatisporites* sp. 圆形刺面孢（未定种）；
13．*Alisporites thomasii* 托马斯阿里粉；14．*Stenozonotriletes* sp. 窄环孢（未定种）；
15、24．*Equisetosporites chacheutensis* 卡谢乌多沟粉；16．*Cycadopites* sp. 拟苏铁粉（未定种）；
17．*Taeniaesporites kraeuseli* 克氏宽肋粉；18．*Calamospora nathorsti* 那氏芦木孢；
19．*Taeniaesporites* sp. 宽肋粉（未定种）；20．*Alisporites australis* 南方阿里粉；
21．*Podocarpidites multesimus* 多凹拟罗汉松粉；22．*Klausipollenites schaubergeri* 舒伯格克劳斯双囊粉；23．*Cordaitina uralensis* 乌拉尔科达粉；25．*Taeniaesporites leptocorpus* 薄体宽肋粉

图版 7

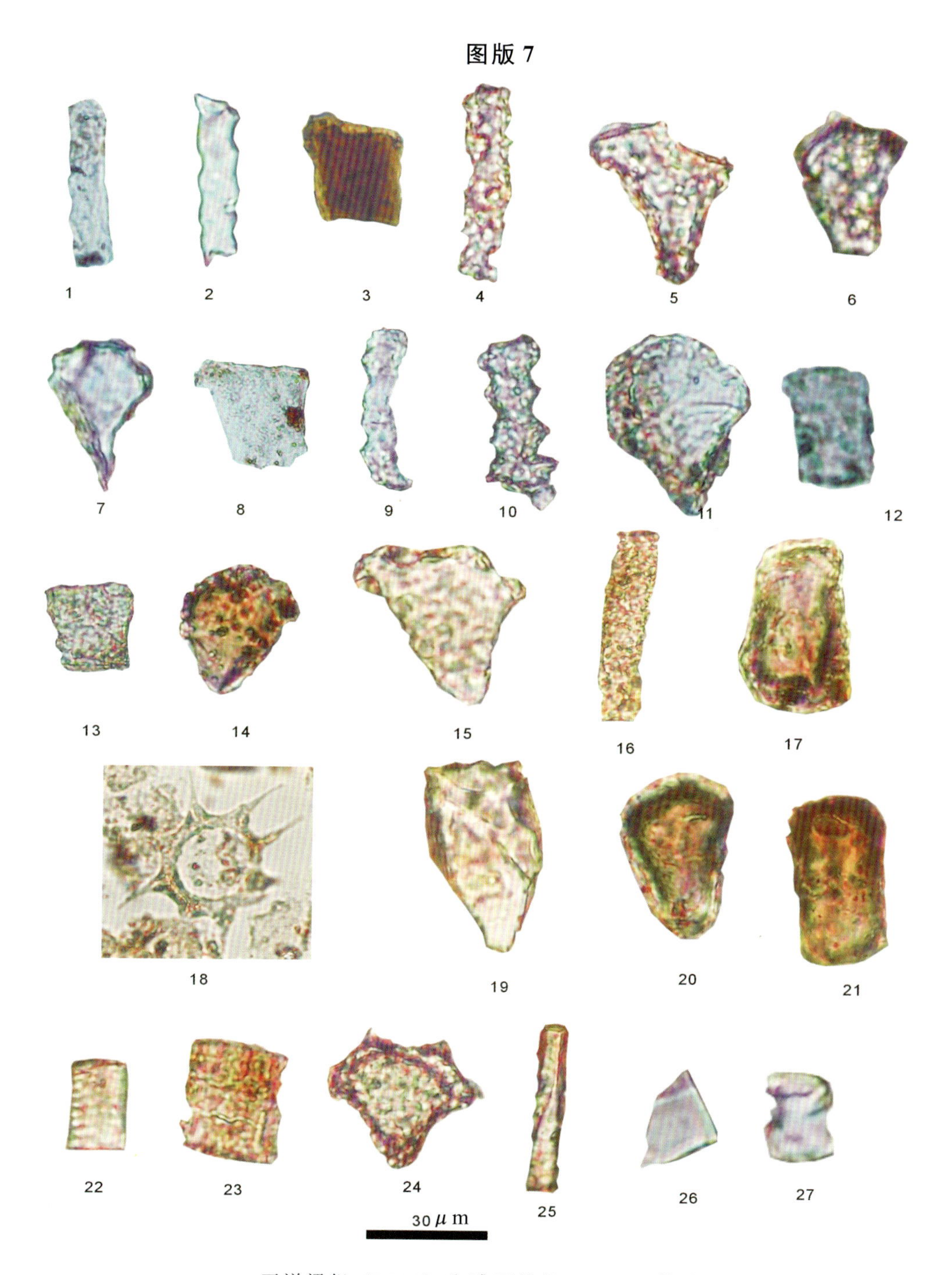

五道梁组（BP33）和雅西措组（KP23）植硅石面貌

1.BP33-1-1平滑棒型；2.BP33-1-1 突起棒型；3.BP33-1-1-3 薄板型；4.BP33-1-4-1突起棒型；5.BP33-1-4-2 扇型；6.BP33-1-4-3扇型；7.BP33-1-4-5扇型；8.BP33-1-4-6薄板型；9.BP33-1-4-7齿型；10. BP33-1-4-8齿型；11.BP33-1-4-9 扇型；12.BP33-1-4-11长方型；13.BP33-1-4-12 方型；14.KP17-4-1-3 扇型；15.KP23-12-1-1 扇型；16.KP23-12-1-2棒型；17.KP23-12-1-3长方型；18.KP23-12-1-7盘星藻；19.KP23-12-1-10 块状；20.KP23-12-1-10扇型；21.KP23-13-2-1 长方型；22.KP23-13-2-3羽纹藻；23.KP23-13-2-4方型；24.KP23-13-2-5扇型；25.KP23-13-2-7棒型；26.KP23-13-3-2多面体型；27.KP23-13-3-5 短鞍型

图版 8

1.昆仑山主脊北侧1586点园头山组$P_{1-2}y$中砂板岩层劈关系指示向北变新层序（镜头向西）

2.通天河蛇绿混杂岩CP*T*中的超镁铁质岩（乌石峰东）

3.通天河蛇绿混杂岩CP*T*中的超镁铁质岩、变玄武岩和碳酸盐岩岩片（阿尕日旧北）

4.通天河蛇绿混杂岩CP*T*中的含放射虫硅质岩（乌石峰东侧）

5.巴塘岩群中的变玄武岩岩片（巴音莽鄂阿）

6.巴塘岩群中的变玄武岩岩片（巴音莽鄂阿东部）

7.沱沱河组（$E_{1-2}t$）复成分砾岩（乌石峰东侧）

8.1501点雅西措组中段砂岩中的板状斜层理

图版 9

1.1543点雅西措组中段砂岩中的楔状交错层理

2.1548点雅西措组中段砂岩中的板状交错层理

3.1510点雅西措组中段砂岩中的不对称波痕

4.1533点雅西措组中段砂岩中的不对称波痕

5.1555点雅西措组上段泥岩中的石膏纹层

6. 1555点雅西措组上段泥岩与厚层石膏互层

7.1557 点五道梁组下段底砾岩——复成分砾岩

8.五道梁组上段白云质灰岩

图版 10

1. $\gamma\delta^{T_3}$黑云母花岗闪长岩体（6586，约巴）

2. $\gamma\delta^{T_3}$与$T_{2-3}By1$角岩化砂岩接触地带（6587，约巴）

3. 呈孤立小山锥状产出在E_3y地层中的喜马拉雅期正长斑岩体（$\xi\pi^{E_3}$）

4. 喜马拉雅期正长斑岩体（$\xi\pi^{E_3}$）近景

5. 喜马拉雅期正长斑岩体（$\xi\pi^{E_3}$）中的壳源包体

6. 喜马拉雅期正长斑岩体（$\xi\pi^{E_3}$）中的壳源包体

7. N_1c黑云角闪粗面安山岩（KP21，大帽山）

8. N_1c粗面岩中发育的两组节理（KP21，大帽山）

图版 11

1. N_1c黑云角闪玄武安山玢岩（KP21, 大帽山）

2. N_1c圆筒状的玄武安山玢岩体（KP21, 大帽山）

3. N_1c粗安岩中发育的气孔和杏仁（KP18,大坎顶）

4. N_1c粗面岩中的大量气孔-杏仁（KP18,大坎顶）

5. N_1c粗面斑岩中含橄榄石的深源包体(大帽山)

6. N_1c粗面斑岩中含石榴石的壳源包体(大帽山)

7. $T_{2-3}By2$板岩中石英斑岩脉($\lambda o \pi$)(1567)

8. $T_{2-3}By1$砂岩中花岗斑岩脉($\gamma \pi$)(6568-1)

图版 12

1. $\eta\gamma^{T_3}$黑云母二长花岗岩(6558-2, 雪月山)(+)

2. $\gamma\delta^{T_3}$黑云母花岗闪长岩(6586-6, 约巴)(+)

3. $\eta\gamma^{T_3}$黑云母二长花岗岩(7615-2, 大坎顶)(+)

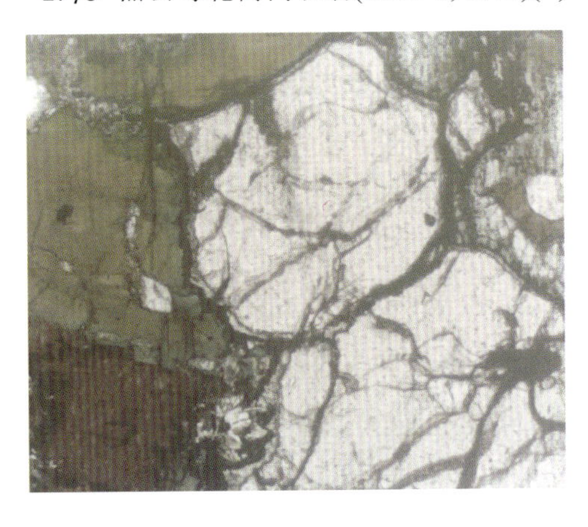

4. $\xi\pi^{E_3}$正长斑岩中的石榴透辉角闪黑云斜长麻粒岩包体(KP6-2-3)(+)

5. $\xi\pi^{E_3}$中透辉黑云二长片麻岩包体(KP6-2-6)(+)

6. $\xi\pi^{E_3}$中黑云透辉麻粒岩包体(KP6-2-8)(+)

图版 13

1.$\xi\pi^{E_3}$中斜长角闪岩包体(KP6-2-11)(+)

2.$\xi\pi^{E_3}$中角闪石岩包体(KP6-2-12)(+)

3.$\xi\pi^{E_3}$中石榴黑云斜长片麻岩包体(KP6-2-2)(+)

4. N_1c粗面岩(KP21-2-1, 大帽山)(+)

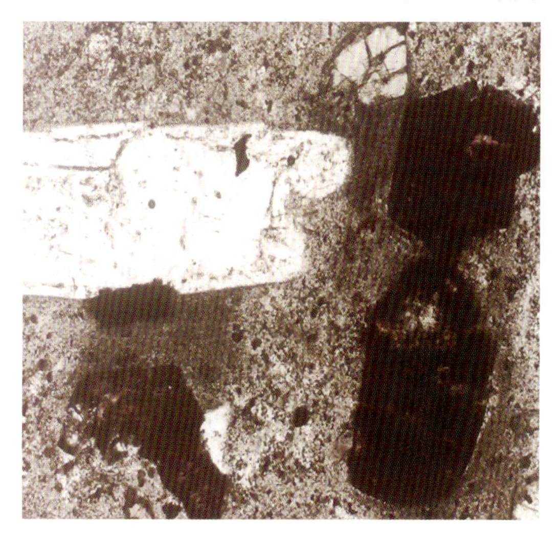

5. N_1c粗面安山玢岩(KP21-3-3, 大帽山)(−)

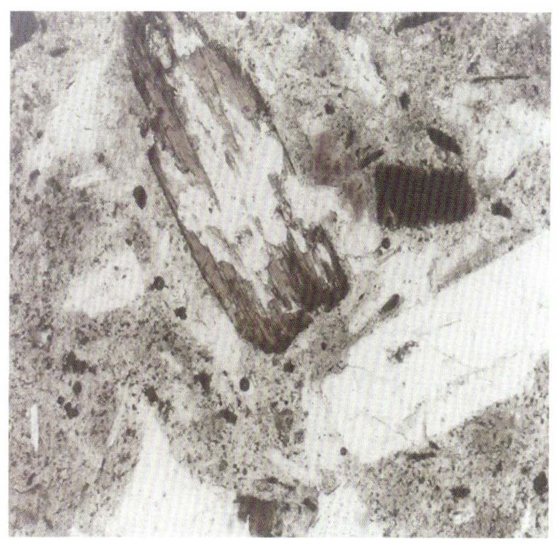

6. N_1c粗面安山岩(KP21-4-5, 大帽山)(−)

图版 14

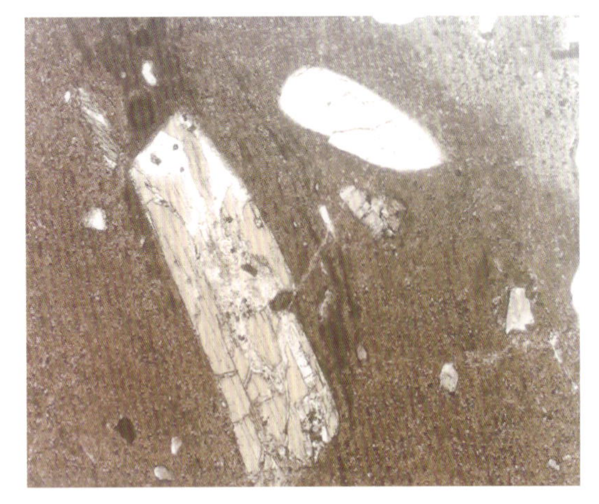

1. N_1c角闪玄武安山玢岩(KP21-5-1, 大帽山)(-)

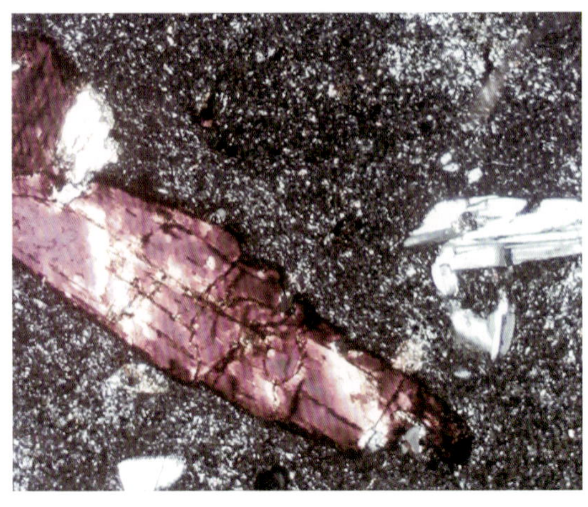

2. N_1c角闪玄武安山玢岩(KP21-5-2, 大帽山)(+)

3. N_1c辉石粗面安山岩(KP18-5-1, 大坎顶)(+)

4. N_1c玄武安山岩(KP18-10-1, 大坎顶)(+)

5. N_1c辉石粗面玄武岩(KP18-15-1, 大坎顶)(+)

6. N_1c拉斑玄武岩(KP18-17-1, 大坎顶)(+)

图版 15

1. CPw^{Σ}超基性岩透镜体(KP15-3, 乌石峰)

2. CPw^{β}变质玄武岩(KP14-4-1, 阿尕日旧)

3. CPw^{d}硅质岩(6516-2, 乌石峰)

4. CPw^{β}变质辉绿岩岩墙(KP14-3-1, 阿尕日旧)

5. CPw^{β}变质辉长岩岩墙(KP14-8-1, 阿尕日旧)

6. CPw^{Ca}细粒大理岩(KP14-1-1, 阿尕日旧)

7. CPw^{d}绢云千枚片岩(KP14-5-1, 阿尕日旧)

8. CPw^{d}糜棱岩化千枚岩化变砂岩(KP14-11-1, 阿尕日旧)

图版 16

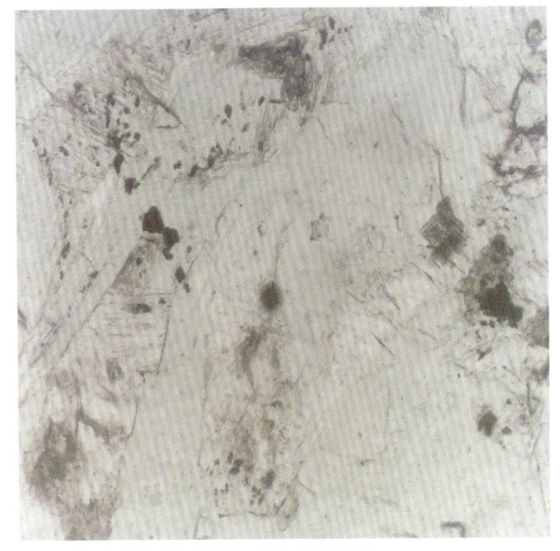

1. CPw^{Σ}蛇纹纤闪石化辉橄岩(KP14-11-2, 阿尕日旧) (−)

2. CPw^{β}变玄武岩(KP14-4-1, 阿尕日旧) (+)

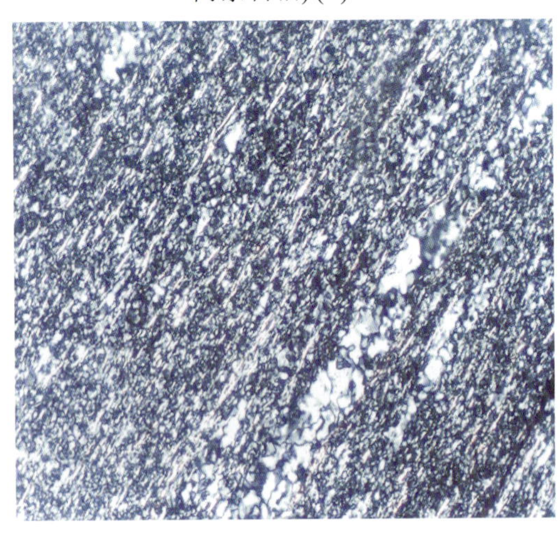

3. CPw^{d}绢云母硅质岩(6516-2, 乌石峰) (+)

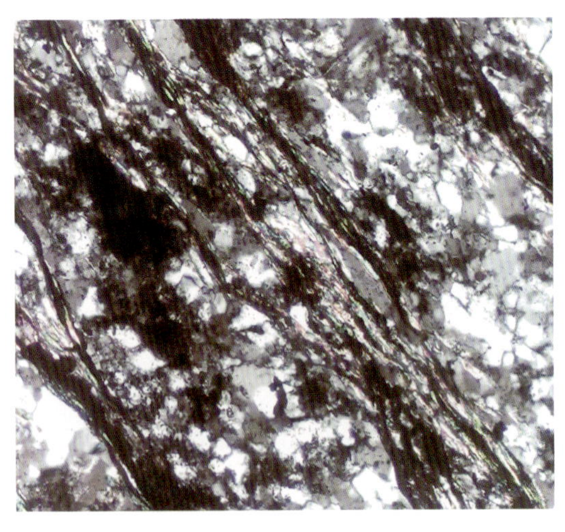

4. CPw^{d}绢云母千枚片岩(KP14-5-1, 阿尕日旧) (+)

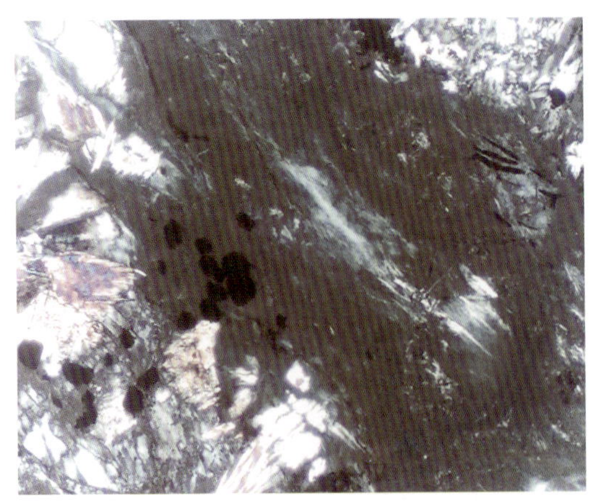

5.CPw^{Σ}蛇纹纤闪石化辉橄岩(KP14-11-3, 阿尕日旧) (+)

6. CPw^{β}变辉绿岩(KP14-3-1, 阿尕日旧) (+)

图版 17

1.DP1586-2园头山组（$P_{1-2}y$）砂岩底模构造指示地层倒转及向北变新层序（红水河北）

2.DP1589-5园头山组（$P_{1-2}y$）变质砂岩夹板岩中向南的褶皱-逆冲断层组合（库赛湖西北）

3.DP1557-1 五道梁组（$E_3N_1w^1$）复成分砾岩（诺日加玉）

4. 查保玛组（N_1c）火山岩（大帽山）

5.KP18-35-1 查保玛组（N_1c）具有大量气孔杏仁构造的粗面岩（卓乃湖西）

6. KP15-6 沱沱河组（$E_{1-2}t$）与通天河蛇绿混杂岩（CPT）之间的角度不整合关系（乌石峰东）

7. DP1535-3通天河蛇绿混杂岩（CPT）中的变玄武岩和透镜状灰岩（阿尕日旧）

8. DP1558-2巴塘岩群变玄武岩构造岩片（T_3B^β）楔冲于古近系地层中（巴音莽鄂阿）

图版 18

1.错达日玛湖西E_3y^2中背斜转折端

2.错达日玛湖西E_3y^2紫红色砂岩背斜

3.雪月山逆断层及其牵引褶皱

4.大雪峰砂岩中直立倾伏褶皱

5.卓乃湖西向斜一翼发育的挤压流变褶皱

6.卓乃湖西次级倒转向斜

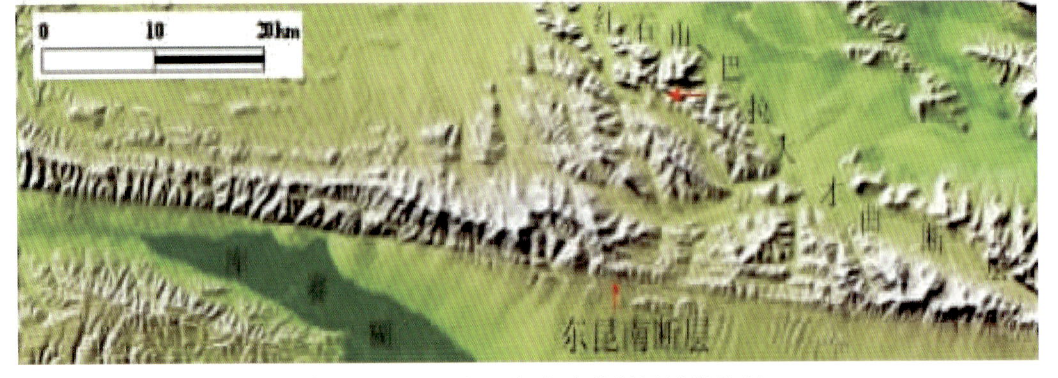

7.东昆南断层和红石山-巴拉大才曲断层影像特征

图版 19

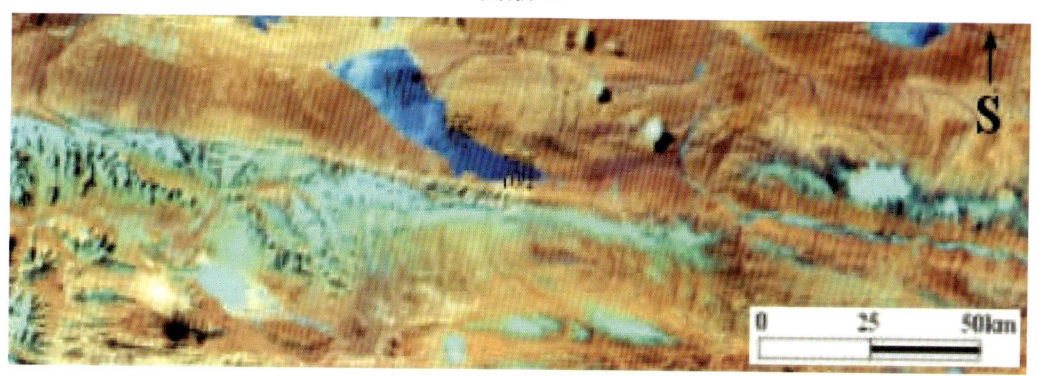

1. 东昆南断层西段测区影像特征

2. 构成盆山边界的东昆南断层，断层三角面、库赛湖和洪积平原

3. 库赛湖北侧盆山边界断层——东昆南断层

4. 库赛湖北东昆南断层带断层泥与构造透镜体

5. 园头山正断层破碎带中构造透镜体

6. 狼牙山正断层擦痕及阶步

图版 20

1. 巴音多格日旧正断层下盘层劈关系

2. 雪月山逆断层上盘发育的平行褶皱

3. 雪月山逆断层上盘的次级牵引褶皱

4. 雪月山逆断层中发育的花岗岩脉

5. 巴音莽鄂阿片理化变玄武岩“S”形片理

6. 巴音莽鄂阿变玄武岩构造岩片

7. 巴音莽鄂阿T_3B与$E_{1-2}t$断层接触地貌

8. 阿尕日旧蛇绿构造混杂岩带及其中的透镜状灰岩

图版 21

1. 阿尕日旧不对称褶皱指示逆冲

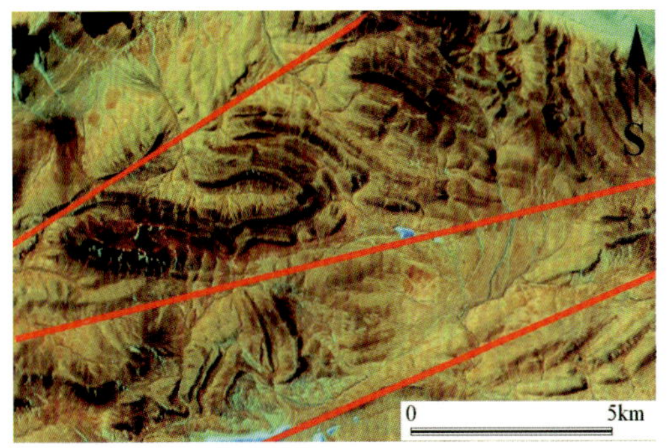

2. 错达日玛湖西侧平移断层与牵引褶皱

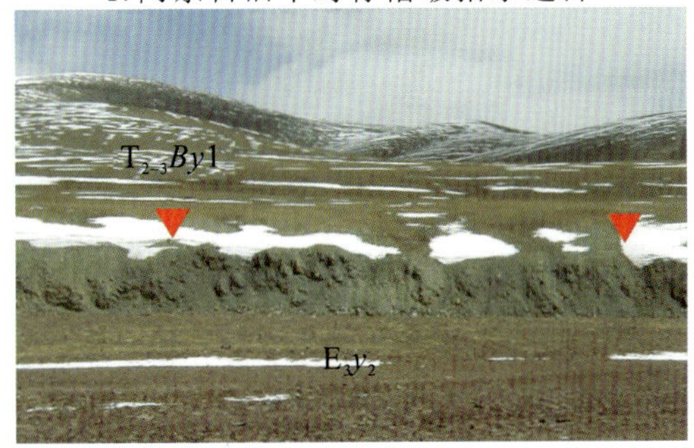

3. 卓乃湖西南沿沟谷分布的平移断层及破碎带

4. 卓乃湖西南断层破碎带E_3y^2构造变形

5. 约巴平移正断层面及其地貌特征

6. 狼牙山剪切带中以片理或板理为变形面的斜歪-倒转褶皱

7. 狼牙山剪切带中不协调褶皱

8. 狼牙山斜歪-倒转褶皱倒转翼上的次级褶皱

图版 22

1.不对称斜歪-倾伏褶皱指示左旋剪切

2.层劈关系指示地层倒转

3.强变形带中“S”形片理指示由南西向北东的韧性逆冲

4.库赛湖北侧地震裂缝与断层三角面

5.叠加在断层泥上并穿过河流的地震裂缝

6.库赛湖北昆仑山南缘的地裂缝

7.库赛湖西侧多组地震裂缝

8.库赛湖西向南陡倾的地震陡坎

图版 23

1. 库赛湖西串珠状地震鼓包

2. 早期的左行右阶地震裂缝

3. 地震破碎带从第四系进入断层破碎带

4. 主剪切裂缝与多条次级地震裂缝

5. 受活断层控制的错仁德加泉水

6. 活断层引起的横张裂隙及地陷谷地

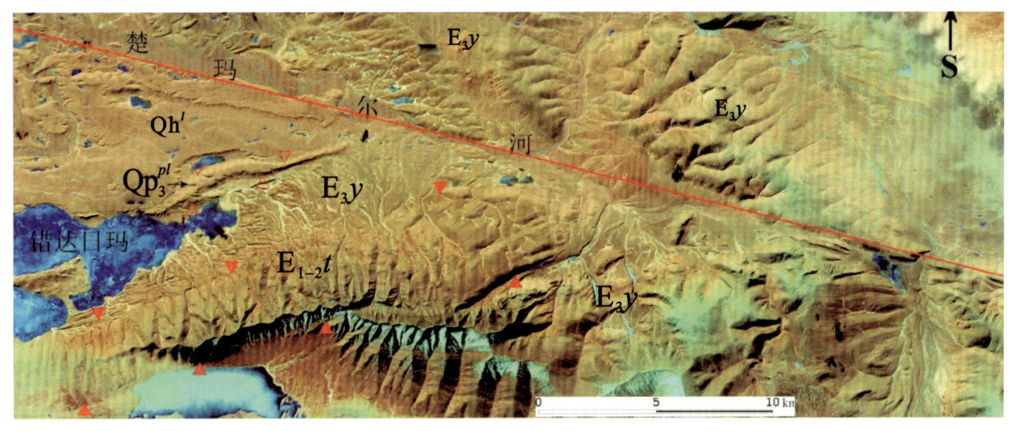

7. 楚玛尔河活动断层及相关堑垒构造的影像特征

图版 24

1. 七月雪封的库赛湖与地裂缝

2. 库赛湖北昆仑山南缘的地裂缝

3. 湖天一色的库赛湖

4. 园头山北断层三角面

5.雪月山地裂缝与次级裂缝引起的地陷

6.卓乃湖及其沙堤

7.错达日玛三明治冻土

8.错达日玛楚玛尔河河漫滩地貌特点

图版 25

1.远观错仁德加湖

2.觅食中的藏羚羊群

3.藏羚羊角和野牦牛角

4.远山观望的藏原羚

5.棕熊肥胖笨拙可笑的背影

6.野牦牛胜利大逃亡

7.与孤独的野牦牛狭路相逢将是无比惊险刺激的

8.藏野驴列队欢迎到此观光旅游的所有游客

图版 26

1.可可西里高寒区七月份小白花

2.可可西里高寒区七月份紫花

3.可可西里高寒区七月份宽叶小草

4.涨水时抢修红水河公路

5.愤怒的红水河吞车后，人拉车不行

6.背人过河工作

7.地质工作有时就是野外生存

8.陷车后随地而营的傍晚篝火

图版 27

1.想要生存必先解决陷车

2.可可西里四月冰封大地

3.可可西里错达日玛五月雪纷飞

4.可可西里约巴雪中棉帐篷过六月

5.可可西里狼牙山七月雪盖地

6.可可西里七月冰河

7.八月雪中沉寂的雪月山

8.可可西里约巴雪中的断层三角面